"十三五"国家重点研发计划"建筑垃圾源头减量化关键技术及标准化研究与示范"课题（2017YEC0703301）资助项目

建筑垃圾治理系列丛书

建筑垃圾减量化技术

马合生　鲁官友　田兆东　主　编

李文龙　荣玥芳　徐玉波　副主编

中国建材工业出版社

图书在版编目（CIP）数据

建筑垃圾减量化技术 / 马合生，鲁官友，田兆东主编 . —北京：中国建材工业出版社，2021.4
　ISBN 978-7-5160-1114-0

　Ⅰ.①建…　Ⅱ.①马…　②鲁…　③田…　Ⅲ.①建筑垃圾—垃圾处置　Ⅳ.①TU746.5

中国版本图书馆 CIP 数据核字（2021）第 037330 号

建筑垃圾减量化技术

Jianzhu Laji Jianlianghua Jishu

马合生　鲁官友　田兆东　主　编
李文龙　荣玥芳　徐玉波　副主编
出版发行：中国建材工业出版社
地　　址：北京市海淀区三里河路 1 号
邮　　编：100044
经　　销：全国各地新华书店
印　　刷：北京雁林吉兆印刷有限公司
开　　本：787mm×1092mm　1/16
印　　张：20
字　　数：490 千字
版　　次：2021 年 4 月第 1 版
印　　次：2021 年 4 月第 1 次
定　　价：**98.00 元**

建筑垃圾治理系列丛书编委会

本书编委会

编写人员

第1章　绪论
中国建筑股份有限公司技术中心：石云兴、张燕刚、倪坤、张发盛、李国友等

第2章　评价体系
深圳大学：段华波、张宁、王晓华、柏静、张宇、马艺，郑丽娜；田园清泉（北京）环保科技有限公司：王丽丽、陆洋等

第3章　工程渣土减量化
浙江大学：詹良通、孟涛；浙江理工大学：徐辉、陈萍；中国建筑第三工程局有限公司：朱孝庆、饶淇、邓兰艳、丁文轩、孙照俊等

第4章　工程垃圾减量化
中建科技集团有限公司：张仲华、周鼎、齐贺、高昊元、迁晓轩、梁琨；建筑垃圾国家课题减量化施工团队：鲁官友、张肖明、侯磊、王宗葳、安东子、张丹武、段旭、罗志海、李阳、傅晓日、谭国霞等

第5章　拆除垃圾减量化
中建西部建设股份有限公司：王军、张凯峰、齐广华、徐芬莲、陈全滨、王晓波、刘小琴等

第6章　装修垃圾减量化
上海市建筑科学研究院有限公司：江燕、杨利香、钱耀丽、陆美荣等

第7章　工程泥浆减量化
浙江理工大学：徐辉、陈萍；浙江大学：詹良通等

第8章　规划减量化
建筑垃圾国家课题减量化规划团队：荣玥芳、姚彤、孙啸松、孙晓鲲、陈冰、张燕刚等

第9章　设计减量化
建筑垃圾国家课题减量化设计团队：史杰、张信龙、侯鹏程、刘庆东等

第10章　施工减量化
中国建筑一局（集团）有限公司：薛刚、陈蕾、周子淇、何艳婷等

第11章　建筑垃圾减量化验证方法（遥感）及案例
二十一世纪空间技术应用股份有限公司：纪中奎、张波、刘双丽、王楠、田薇等

第12章　回顾与展望
武汉工程大学：张慧、蒋尹华；中国建筑股份有限公司技术中心：鲁官友、秦翠翠、赵丹青；中建中环工程有限公司：周军、秦翠娟等

统稿：李文龙
校订：田兆东、李文龙、荣玥芳、徐玉波、司常钧、姚彤、孙晓鲲、孙凯利、曹明利、徐跃卫、纪勇志等

序

    "十三五"期间，国家提出了"无废城市"的先进城市管理理念，旨在通过创新、协调、绿色、开放、共享的新发展理念引领形成绿色发展方式，要求持续推进固体废物源头减量和资源化利用，最大程度减少填埋量，以将固体废物对环境的影响降至最低。2018年国务院办公厅在16个城市和地区开始推动"无废城市"建设试点工作，同期住房城乡建设部在北、上、广、深等35个城市进行建筑垃圾治理试点工作。2020年9月，新修订的《中华人民共和国固体废物污染环境防治法》开始实施，将建筑垃圾从生活垃圾条款中单独区分作为一大类固体废物进行管理，要求推进建筑垃圾源头减量，建立建筑垃圾回收利用体系。在此基础上，住房城乡建设部印发了《关于推进建筑垃圾减量化的指导意见》(建质〔2020〕46号)和《施工现场建筑垃圾减量化指导手册》(建办质〔2020〕20号)，明确了建筑垃圾减量化的总体要求、主要目标和具体措施，并将其作为指导建筑垃圾源头减量化工作、推进城乡建设绿色发展的重要文件。这标志着我国建筑垃圾治理工作的全面推进，在关注建筑垃圾处置和资源化利用的基础上，进行建筑垃圾全过程管理，尤其从发展方式和工程建设过程重视建筑垃圾源头减量。

    据行业协会测算，近几年我国城市建筑垃圾年产生量超过35亿吨，存量200亿吨，约占城市固体废物总量的40%，建筑垃圾已成为我国城市单一品种排放数量最大、最集中的固体废物。住房城乡建设部提出了到2025年底，各地区实现新建建筑施工现场建筑垃圾(不包括工程渣土、工程泥浆)排放量每1万平方米不高于300吨，装配式建筑施工现场建筑垃圾(不包括工程渣土、工程泥浆)排放量每1万平方米不高于200吨的基本目标。在这样的背景下，本书作为"十三五"国家重点研发计划课题"建筑垃圾源头减量化关键技术及标准化研究与示范"的研究成果集成，恰逢其时。本书由直接或间接参与国家课题研究的18家研究单位和研究人员编写，他们来自本专业的各个领域，从建筑设计到现场工程施工，从理论评价方法研究到卫星遥感技术监测技术，从建筑垃圾处置规划机构到建筑垃圾减量、分类与资源化的实施。

    现阶段国内对建筑垃圾的处理更多投资于其清运、处置与资源化利用等过程，而对顶层规划、前端设计等环节重视不够。在建筑规划、设计阶段的减量化理念控制，在工程建设各阶段利用技术手段减少建筑垃圾的排放，在处置阶段对已产生的建筑垃圾有效再生利用，是建筑全生命周期避免、消除和减少建筑垃圾的有效方法。建筑垃圾减量化的实现与工程全过程中各阶段的目标密切相关，既受工期、场地、经济指标等各因素影响，也与不同城市和地区经济和管理水平、建筑垃圾治理不同阶段等大环境有关。本书从实用的角度出发，依据工程实践中不同阶段的目标，用狭义减量化与广义减量化两种思维来讨论各类建筑垃圾的减量化技术的实现。狭义减量化，主要指从建筑垃圾的产生、中转、处置的全过程来说，减少进入末端处置设施的量；广义减量化，主要指运用资源化的手段，减少最终填埋的量。这就避免了"资源化"与"减量化"在概念上的独立和割裂，将"资源化"作为建筑垃圾广义减量化的方式和手段之一。

　　本书在建筑垃圾减量化技术发展现状基础上，梳理和分析了建筑垃圾的减量化技术方法、定量评估体系和减量化管理体系，从工程渣土、工程垃圾、拆除垃圾、装修垃圾和工程泥浆五类建筑垃圾分类控制减量化理论和技术，从建筑规划、设计、施工三大建筑工程阶段的减量化理念和实操，对建筑垃圾全生命周期减量化评价以及建筑垃圾减量化验证方法等方面进行了翔实的阐述。希望本书的出版为国内建筑行业从业者和建筑垃圾治理服务机构提供实用技术指南和参考，为各地主管部门提供建筑垃圾减量化管理的依据，为科研工作者提供经验总结和技术趋势展望。推进建筑垃圾减量化是建筑垃圾治理体系的重要内容，将推动工程建设生产组织模式转变，希望本书为促进绿色建造、推动建筑业转型升级、推进城乡建设绿色发展做出贡献。

中国工程院院士

2021 年 2 月 26 日于北京

目　　录

第1章 绪 论

1.1 概述

我国是世界第一人口大国，近几十年来经济和社会的建设正处于高速发展时期。特别是近十年来，房建和基础设施的新建、改扩建以及拆除的规模总量处在世界第一位，由此产生的建筑垃圾总量也居世界第一，据有关部门测算，截至 2015 年，建筑垃圾每年增量 35 亿 t 左右，存量已达 200 亿 t，但得到科学和有效处理的建筑垃圾只占其中的一小部分。多年来，在我们获得经济社会发展丰硕成果的同时，伴随其产生的负面影响也在日益显现，而且已经影响到人们的生活。

巨大的存量且与日俱增的建筑垃圾总量已经对环境产生了严重影响，如对土地和空间的侵占，垃圾释放出的有害成分使大气、土壤、河流以及地下水污染，垃圾转运给交通带来的沉重压力等，都已成为影响到国计民生、整个经济和社会可持续发展。

另一方面，由于大规模的房建和基础设施建设对天然资源的大量消耗，砂石作为大宗建筑材料的天然不可再生资源，已日趋匮乏，有些地区几近枯竭。所以将建筑垃圾资源化，再生利用，既可以减轻环境压力，又可解天然资源匮乏的燃眉之急，是实现我国经济和社会可持续发展，建设美丽中国，利国利民之重大举措。

自然循环生生不息是整个自然界的法则，建筑垃圾的原组分皆为来自大自然的成分，从理论上讲它都是可以被转化为资源而循环利用的，正所谓"建筑垃圾是放错地方的资源"。将建筑垃圾重新转变为建筑材料得以循环利用而不是采取简单遗弃的方法，实现最大程度的排放减量化正是遵循了自然法则，特别是在天然资源面临匮乏的当下具有很深远和现实的意义。

建筑垃圾的处理和加工再生虽然是将其利用的基本途径，但终将要发生能耗，处理过程也对环境产生一定负面影响，如能够从源头减量化，少产生甚至不产生垃圾才是更高的智慧。所以，对建筑垃圾的管理不仅仅是个如何加工处理的问题，而是一个系统工程，做好源头减量化、过程减量化、环境无害化，再生资源化，并以信息手段做好管理的每一个环节，才是建筑垃圾管理的大智慧。

本书共 12 章，其中用 10 章篇幅，在现有的建筑垃圾减量化技术基础上，梳理和分析建筑垃圾的定量评估体系、减量化管理体系和减量化技术方法，包括工程渣土、工程垃圾、拆除垃圾、装修垃圾和工程泥浆五类建筑垃圾减量化理论和技术，以及规划、设计、施工三大建筑工程阶段的减量化理念和实操分析、建筑垃圾全生命周期减量化评价以及建筑垃圾减量化验证方法。

1.2 建筑垃圾的概念与分类

根据我国现行标准《建筑垃圾处理技术标准》（CJJ/T 134-2019）规定，建筑垃圾是指工程渣土、工程泥浆、工程垃圾、拆除垃圾和装修垃圾等的总称，包括新建、扩建、改建和拆除各类建筑物、构筑物、管网等以及居民装饰装修房屋过程中所产生的弃土、弃料及其他废弃物，不包括经检验、鉴定为危险废物的建筑垃圾。其中，工程渣土是指各类建筑物、构筑物、管网等基础开挖过程中产生的弃土；工程泥浆是指钻孔桩基施工、地下连续墙施工、泥水盾构施工、水平定向钻及泥水顶管等施工产生的泥浆；工程垃圾是指各类建筑物、构筑物等建设过程中产生的弃料；拆除垃圾是指各类建筑物构筑物等拆除过程中产生的弃料；装修垃圾是指装饰装修房屋过程中产生的废弃物。

《中华人民共和国固体废物污染环境防治法》（2020年4月29日通过修订）将"建筑垃圾"从"生活垃圾"单独分出来，单独作为一大类进行管理。在这之前，固体废物分为"生活垃圾、工业固体废物和危险废物"三大类，"建筑垃圾"是"生活垃圾"的一小类；按照新的分法，固废分为"工业固体废物""生活垃圾""建筑垃圾""农业固体废物"和"危险废物"五大类，将"建筑垃圾"与"生活垃圾"并列为一大类，实现了"建筑垃圾"的相对独立管理，将其管理提高到一个新的层次。

日本对建筑垃圾统称为建设副产物，又进一步分为建设废弃物、建设发生土和有价物料，其详细划分包含关系如表1-1所示。该分类方法有利于建设副产物的分类管理和资源化利用，对安定型废弃物可现场直接利用，对管理型废弃物需有条件的使用；在特别管理产业废弃物一类，主要指一些可能对环境有负面影响，不宜直接使用，需要按照有关规定管理的建筑垃圾；对有价物料可直接出售于相关专业机构。可见日本对建设副产物的分类比较科学合理，依废弃物的性质进行不同方式的利用和管理，区别对待可现场利用、运出和出售的等不同性质的副产物，对于有环境安全问题的废弃物要进行有效管理，避免盲目利用产生新的隐患。

表 1-1 日本对建筑垃圾的划分

建设副产物	建设废弃物	一般废弃物	
		产业废弃物	安定型废弃物：混凝土块、沥青混凝土块、旧砖瓦等
			管理型废弃物：污泥、建设过程中发生的木材物料等
		特别管理废弃物	
	建设发生土：建设和土地开发产生的砂土以及相近的土类		
	有价物料：废旧塑料等能有价售出的物料		

美国环境保护署（EPA）将建筑垃圾定义为"从建造、装修、修缮和拆除建筑物中产生的废物"，对建筑垃圾处理和利用实行"四化"政策，即"减量化""资源化""无害化"和"产业化"。

美国将建筑垃圾分为三个级别，一是"低级利用"，现场分拣利用，一般性回填等；二是"中级利用"，用作建筑或道路的基础材料等，或生产再生骨料、再生砖等；三是"高级利用"，如将有些建筑垃圾还原成水泥原料，废旧沥青道路拆除料还原成沥青等。

德国对建筑垃圾的定义为，建造和拆除构造物发生的待利用或待处置的废件和废料等。德国的建筑垃圾综合利用率约97%。

一些对建筑垃圾利用较好的国家，都是对建筑垃圾从源头进行分类，精准地处置和利用，而且他们对建筑垃圾的定义就包涵了可利用资源的内涵，而不是作为只可排放的废弃物。

1.3　建筑垃圾产生量的测算

对建筑垃圾发生量的准确测算是其减量化与资源化的基础，而各种类型的、结构的施工和拆除所产生的垃圾差别也较大，因此测算反映出的是基本量，尽管不一定很精确，但仍然是后续工序的重要基础性工作。

1.3.1　不同类型建筑结构产生的垃圾量

各类建筑结构单位面积垃圾的产生量如图 1-1 所示，民用建筑和工业建筑单位面积产生的垃圾量的成分构成分别如图 1-2 和图 1-3 所示。

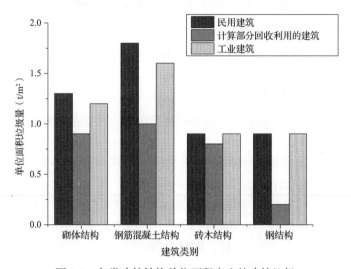

图 1-1　各类建筑结构单位面积产生的建筑垃圾

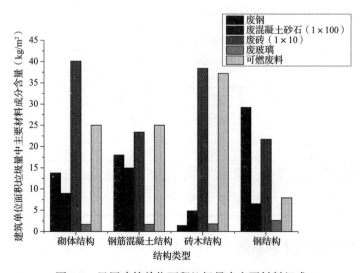

图 1-2　民用建筑单位面积垃圾量中主要材料组成

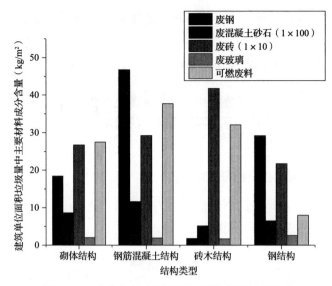

图 1-3　工业建筑单位面积垃圾量中主要材料组成

1.3.2　拆除垃圾测算的基数

拆除垃圾是建筑垃圾的主要来源，而不同类型的建筑产生的建筑垃圾的数量和种类有很大差异。

（1）民用房屋建筑按照结构类型确定为：砌体结构 1.3t/m²，钢筋混凝土结构 1.8t/m²，砖木结构 0.9t/m²，钢结构 0.9t/m²。

（2）计算部分回收利用的房屋建筑，在考虑综合因素后按结构类型确定为：砌体结构 0.9t/m²，钢筋混凝土结构 1t/m²，砖木结构 0.8t/m²，钢结构 0.2t/m²。其中，部分回收利用是指在拆除前已回收利用了门、窗、木材、钢材等构配件。

（3）工业建筑按照结构类型确定为：砌体结构 1.2t/m²，钢筋混凝土结构 1.5t/m²，砖木结构 1.0t/m²，钢结构 0.9t/m²。

（4）单位面积垃圾量中主要材料成分含量如表 1-2 所示。

表 1-2　建筑单位面积垃圾量中主要材料成分含量　　　　　　　（kg/m²）

分类		废钢	废弃混凝土	废砖	废玻璃	可燃废料	总计
民用建筑	砌体结构	13.8	894.3	400.8	1.7	25.0	1336
	钢筋混凝土结构	18.0	1494.7	233.8	1.7	25.0	1773
	砖木结构	1.4	482.2	384.1	1.8	37.2	907
	钢结构	29.2	651.3	217.1	2.6	7.9	908
工业建筑	砌体结构	18.4	863.4	267.2	2.0	27.5	1179
	钢筋混凝土结构	46.8	1163.8	292.3	1.9	37.7	1543
	砖木结构	1.8	512.7	417.5	1.7	32.1	966
	钢结构	29.2	651.3	217.1	2.6	8.0	908

1.3.3　主体结构施工测算的基数

除了拆除以外，建筑垃圾的另一个产生源是房屋施工，施工产生建筑垃圾量＝建筑面

积 × 单位面积垃圾量，建筑面积依据施工图所标的建筑面积计，单位面积的垃圾产生量参考表 1-3 取值。由表 1-3 可见，砖混结构按 0.05 ～ 0.06t/m²，其主要成分为：碎砖块、落地灰、混凝土块、砂浆等；框架结构按 0.045 ～ 0.05t/m²；框架 – 剪力墙结构按 0.04 ～ 0.06t/m²，其主要成分为：混凝土、砂浆、碎砌块等。

表 1-3　房屋主体施工单位面积垃圾量范围值及主要成分

序号	结构类型	垃圾量（t/m²）	主要成分
1	砖混结构	0.05 ～ 0.06	碎砖块、落地灰、混凝土块、砂浆等
2	钢筋混凝土结构	0.03	混凝土、砂浆、钢筋等
3	框架结构	0.045 ～ 0.05	混凝土、零星砌体材料等
4	框架 – 剪力墙结构	0.04 ～ 0.06	混凝土、砂浆、碎砌块等

1.4　国内外建筑垃圾管理与利用的状况

1.4.1　各国基本情况

美国政府的《超级基金法》规定了任何生产有工业废弃物的企业，必须自行妥善处理，不得擅自随意倾倒等内容，从源头上限制了建筑垃圾的产生量，促使各企业自觉寻求建筑垃圾资源化利用途径。

日本将建筑垃圾视为"建筑副产品"，十分重视将其作为可再生资源和重新开发利用。对于建筑垃圾的主导方针是：尽可能不从施工现场排出建筑垃圾；建筑垃圾要尽可能重新利用；对于重新利用有困难的则应适当予以处理。

法国 CSTB 公司专门统筹在欧洲的"废物及建筑业"业务，是欧洲首屈一指的"废物及建筑业"集团，针对废物管理整体方案，公司提出了通过对新设计建筑产品的环保特性进行研究，从源头控制工地废物的产出量和在施工、改善及清拆工程中，对工地废物的生产及收集作出预测评估，以确定相关回收应用程序，从而实现废物管理层次的两大目标。

总体来讲，上述这些国家大多施行的是"建筑垃圾源头削减策略"，即在建筑垃圾形成之前，就通过科学管理和有效的控制措施将其减量化；对于产生的建筑垃圾则在保证环境安全的前提下，采用科学手段尽可能使其转变成再生资源。

德国、美国、日本、新加坡等，从城市规划手段、技术手段、法律法规、经济政策和监管措施等多方面进行建筑垃圾资源化。

城市规划手段是从城市发展的角度对建筑垃圾进行减量化研究，可包括以法律法规的形式确定建筑垃圾回收率的目标和通过对建筑垃圾处理场进行设计两个方面，如新加坡一方面在 2002 年 8 月推行《绿色宏图 2012 废物减量行动计划》，另一方面建立循环工业园，并对园内企业进行支持。如 Sarimbum 循环工业园内的福泉丰环保有限公司占地约 15000m²，每年可清运 20 万 t 建筑垃圾，其中 50% 可实现回收利用。另外，新加坡政府将实马高岛作为垃圾埋置场，并将其分为 11 个区，并对该岛进行绿化改造，从而形成一个人工宝岛。

技术手段是建筑垃圾能够再生利用、资源化的保障，随着技术的发展，使很多原来不能进行再生的建筑垃圾，也能通过新的技术手段进行重新利用。各国结合自身情况，从建筑垃圾减量化设计、建筑垃圾分离处理和建筑垃圾再生利用方面进行技术研发，形成了比较完整的技术体系，并制定相关标准规范加以推行；除了建筑垃圾处理的本身相关技术外，一些国家还利用信息手段进行垃圾资源化流程的管理，提升了建筑垃圾管理的层次。

法律法规是以法律条文的形式明确相关责任人及单位的责任和义务，对此，各国都做了大量工作，出台的各项法律法规充分体现了"谁生产谁负责"的原则，明确了涉及建筑垃圾相关个人及单位的责任和义务。德国《废弃物处理法》规定垃圾的生产者或拥有者有义务回收垃圾；日本《废弃物处理法》详细介绍了各种废弃物的处置方法，《循环型社会形成推进基本法》规定了建筑垃圾放置、回收、处理和利用的具体行动方针；《建筑再利用法》规定混凝土、砂石、金属类等再生资源的利用和处置方法，同时对垃圾的资源化管理者提出要求，规定拆除者对于特定的建筑材料要进行分类拆除和资源化，并进行登记，同时对主管官员、地方政府、建设业者、工程发包商的责任进行了规定。韩国《建筑垃圾再生促进法》明确了政府、排放者和建筑垃圾处理企业的义务，也明确了对建筑垃圾处理企业资本、规模、设备、技术能力的要求。

经济措施主要指各国政府通过优惠及处罚对建筑垃圾资源化进行引导及管理，体现了政府的政策导向。经济措施包括提高税收、财政补贴及减免税收和政府采购三个方面。丹麦政府对填埋和焚烧建筑垃圾征收赋税，1999 年填埋税达到 50 欧元 /m³。瑞典政府规定，随意倾倒垃圾将被征收惩罚性罚款。英国《垃圾填埋税》规定，倾倒建筑垃圾必须缴纳相当于新材料价格的 20% 的税收。在德国，经过回收处理后的建筑材料价格比原生建筑材料价格低，再生材料更具优势。英国政府从 2005 年到 2008 年，共从填埋税中拨出 2.84 亿英镑支持《企业资源效率和废弃物计划》，其中有超过 65% 的款项被用于废弃物管理措施，美国几乎各个州都对政府采购再生材料进行了规定，联邦人员有权对未按要求采购的行为进行处罚。

监管措施反映政府对建筑垃圾资源化的管理力度，主要包括对建筑垃圾的排放环节、生产环节以及使用环节的监管。在排放环节，英国与丹麦采用"收管制型"模式，即采用税收政策引导建筑垃圾的处理方式，德国、瑞典等国采用"收费控制型"模式，美国和日本则采用准入制度和传票制度保障建筑垃圾正常回收。在生产环节，美国和新加坡通过政府和市场相结合的方式，建立了垃圾处理的行政许可制度，对建筑垃圾处理企业发放特许经营牌照，并对企业的资质进行监管。在使用环节，各国主要通过政府倡导和鼓励，韩国同时规定了建筑垃圾再生产品的使用义务，美国通过政府采购的方式使用再生材料。世界发达国家对建筑垃圾的利用率达到 65% ~ 90%，有的甚至超过了 95%，这些得益于国家有明确的法规、有效的管理措施、技术支持和较高的投入等方法，这些做法和经验值得我们借鉴。

一些参考数据：2014 年英国总人口 6500 万人，拆建过程产生的建筑垃圾约 5500 万 t（主要包括废弃的混凝土、沥青、木料、木托盘、油毡、地毯等），占全部垃圾产生量的 25% 左右，产生的各种垃圾所占比例如图 1-4 所示。全英拆建产生的建筑垃圾循环利用率从 2010 起，稳步提升至 90%，远超了《可持续建筑战略（2008）》设定的远期目标（图 1-5）。

欧洲国家的建筑垃圾利用率大多在 70% 以上，部分国家达到 95% 以上，基本情况如图 1-6 所示。

1995 年—2008 年日本建筑副产物再利用率数据如图 1-7 所示。从图中统计数据可以看出，建筑副产物再利用率逐年提高，其中建设废弃物、沥青和混凝碎土等占比从 2002 年起就已经达到 90%，2008 年，日本产生建筑垃圾近 7000 万 t，再利用率超过了 90%。2010 年日本的资源化率已经达到 97% 以上，基本实现建设工程建筑垃圾零排放的目标。

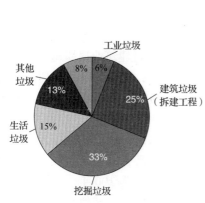

图 1-4　英国各种垃圾所占比率

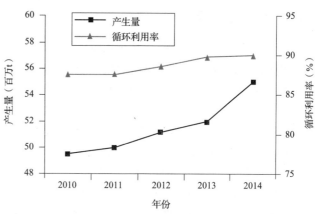

图 1-5　2010-2014 年英国建筑垃圾产生量与循环利用率

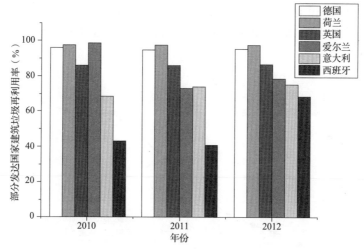

图 1-6　部分发达国家建筑垃圾的利用率

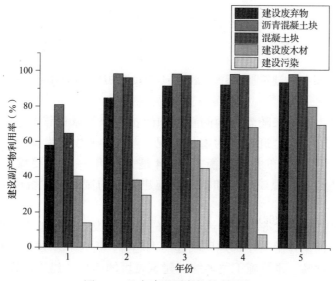

图 1-7　日本建设副产物的利用率

1.4.2 我国基本情况

1. 我国建筑垃圾的数量及其分布特点

我国建筑垃圾存在数量快速增长和地域分布不平衡等特点。通过建筑业房屋施工面积来分析我国建筑垃圾的数量增长和区域分布状况：从 2006—2014 年，我国建筑业房屋施工面积呈指数型增长，建筑垃圾数量也呈指数型快速增长的趋势；2014—2017 年，我国建筑业房屋施工面积基本与 2014 年持平。

从存量来看，我国过去 50 年间至少生产了 300 亿 m³ 的黏土砖，在未来 50 年大多会转化成建筑垃圾；我国现有 500 亿 m² 建筑，未来 100 年内也大都将转化为建筑垃圾；按照我国《民用建筑设计通则》，重要建筑和高层建筑主体结构的耐久年限为 100 年，一般建筑为 50～100 年。"十一五"期间，共有 46 亿 m² 建筑被拆除，其中 20 亿 m² 建筑在拆除时寿命小于 40 年。

据测算，每 10000m² 建筑施工面积平均产生 550t 建筑垃圾，建筑施工面积对城市建筑垃圾产生量的贡献率为 48%，则各年度施工面积与建筑垃圾产生量的对应关系如图 1-8 所示。

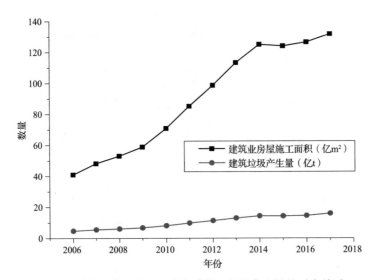

图 1-8　建筑业房屋施工面积与建筑垃圾的产生量的对应关系

统计数据表明，近年来随着我国的新建和改扩建以及基础设施进入建筑垃圾的高发期，图 1-9 是我国几年来建筑垃圾的增长情况，与图 1-8 数据大体吻合。我国建筑垃圾总量在不断增长，但是分布并不均衡，表 1-4 是 2014 年一些主要城市的建筑垃圾产生情况，可见在一些处在大规模房建和基础设施建设期的城市，垃圾产生量明显高于其他城市。

河南省是我国中部的大省，其建筑垃圾中的施工垃圾、拆除垃圾、装修垃圾的所占比例如图 1-10 所示。河南伴随着中部地区崛起的大趋势，拆迁和新建工程较多，建筑拆除垃圾约占建筑垃圾的 60%，建筑施工垃圾约占建筑垃圾的 30%，建筑装修垃圾约占建筑垃圾的 10%。

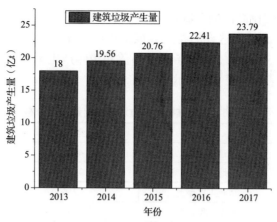

图 1-9　我国近年来建筑垃圾的产生量

表 1-4　我国一些主要城市的建筑垃圾发生情况（2014 年）

序号	城市	产生量（万 t）	序号	城市	产生量（万 t）	序号	城市	产生量（万 t）
1	北京	3900	11	郑州	10000	21	海口	680
2	上海	14400	12	长沙	2550	22	昆明	760
3	天津	2000	13	济南	4500	23	乌鲁木齐	835
4	重庆	4000	14	广州	3600	24	南昌	150
5	石家庄	2400	15	沈阳	1000	25	西宁	600
6	太原	1500	16	长春	400	26	深圳	6000
7	西安	5500	17	哈尔滨	530	27	青岛	1200
8	南京	1500	18	兰州	150	28	厦门	600
9	福州	2300	19	成都	3800	29	许昌	400
10	武汉	2000	20	银川	150	30	邯郸	500

　　湖南省建筑垃圾的产生情况如图 1-11 所示，其中主要是拆除垃圾，所占份额之高超过了河南省，可见处于中部崛起进程中的大省都有类似的情况。

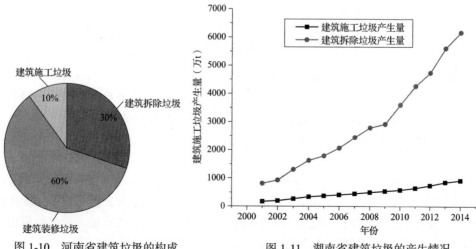

图 1-10　河南省建筑垃圾的构成　　　　　图 1-11　湖南省建筑垃圾的产生情况

　　一些处于基础设施建设高潮期的城市产生的建筑垃圾的特点是工程下挖土比较多，例如西南某市建筑垃圾的构成就有这样的特点，该市年产生建筑垃圾总量为 6265 万 m³，其中：工程弃土年产生量为 5750 万 m³，工程弃料和拆除垃圾年产生量为 463 万 m³，装修垃圾年产生量为 52 万 m³，分布情况如表 1-5 所示。

表 1-5　西南某市建筑垃圾年产出量及其分布　　　　　　　　　　　　万 m³

分类	项目	全市域	中心城区
工程弃土	新建房屋弃土	4900	2140
	地铁弃土	600	520
	市政工程弃土	250	100
工程弃料和拆除垃圾	房屋工程弃料	230	82
	旧城改造拆除垃圾	233	160
装修垃圾	装修垃圾	52	33

　　处在基础设施建设高潮期的东北某市有类似的特点，图 1-12 是其产出量和分布情况，预计 2023 年左右的渣土总量为 14550730m³，2023 年与远期规划线路的渣土总量约为 37773695.08m³。

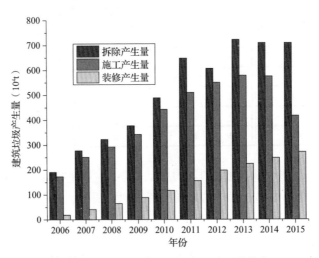

图 1-12　东北某市建筑垃圾产生量及其分布

2. 近年我国建筑垃圾管理和利用新举措与动态

　　我国幅员辽阔，区域间发展差异较大，从建筑垃圾的利用整体来看比较滞后，但是有些地区还是做得比较有特色，取得了良好效果，下面是一些有代表性的实例。

　　（1）北京市的若干实例

　　①政企推进模式

　　近年来，北京市的某乡采取"政企推进模式"，加大了拆违力度，2017 年度拆除违建 430 万 m²，采用的"绿色拆除"的方式，虽然前期分拣工作耗时较长，但是建筑垃圾产生量与以往相比大幅减少，而且保证了建筑垃圾资源化处置后再生骨料的质量。通过政府统筹规划，政企合作推进的模式，建筑垃圾处置和资源化利用的工作得以顺利推进。

据测算，区域内处置建筑垃圾 40 万 t，可生成约 37 万 t 再生骨料，其中大部分已经通过场地平整、地面硬化和再销售等方式使用，排放量很少。

②"一体化运作"模式

北京市某区的棚户区改造土地开发项目是北京市确定的 2017 年重点棚户区改造项目，占地面积 251 公顷，据测算，拆迁产生的建筑垃圾约 267 万 t。

区政府采取"一体化运作"模式，棚改项目建筑垃圾就地资源化再利用，减少建筑垃圾运输消纳费用约 10670 万元。通过对再生骨料进行深加工，为这一地区配套的市政道路、小区配套设施、园林绿化项目建设等提供约 7000 万元市值的再生骨料产品。

③"企业产品多样化"模式

某区某镇建立全封闭式资源化处理厂，占地面积约 100 亩，年处理建筑垃圾量可达 200 多万 t，建筑垃圾资源化利用率达到 96% 以上，所生产的再生骨料和延伸产品已经用于亦庄经济开发区万亩滨河森林公园道路、南海子公园与瀛海镇、京台高速、首都环线高速公路等项目中，实现较为良好的技术经济和环境效益。

（2）其他城市的若干实例

我国西部某市采用 GIS 方法对建筑垃圾产生量进行估算。运用 GIS 估算建筑垃圾首先要建立建筑存量数据库，具体包括建筑编码、建筑名称、层数、建筑类型、结构类型、建筑面积等信息。通过建立 2017 年建筑存量数据库，结合面积估算法可以得到全市建筑垃圾产出量数据库。经过计算可以得到 2017 年主城区施工惰性建筑垃圾及拆除惰性建筑垃圾产生量，将两者相加可以得到主城区惰性建筑垃圾产生量。

2017 年该市的城北区施工建筑垃圾产生量为 11.81 万 t；城东区施工建筑垃圾产生量 11.73 万 t；城中区施工建筑垃圾产生量 0.47 万 t；城西区施工建筑垃圾产生量 2.45 万 t。2017 年全市主城区施工建筑垃圾产生量为 26.46 万 t。

2017 年城北区、城东区、城中区、城西区拆除建筑垃圾产出量分别为 233.21 万 t、102.61 万 t、5.86 万 t、112.80 万 t。2017 该市主城区拆除建筑垃圾产出量为 454.48 万 t。城北区、城东区、城西区拆除惰性建筑垃圾产生量较大，如图 1-13 所示。

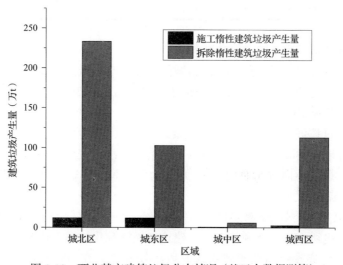

图 1-13 西北某市建筑垃圾分布情况（基于大数据测算）

1.4.3 我国与国外情况的比较

1. 总体情况

跟欧美发达国家相比，我国对建筑垃圾源头减量化研究起步较晚，20 世纪 80 年代末 90 年代初，我国开始对建筑垃圾进行研究，国家和地方政府制定了相关政策以促进建筑垃圾的综合利用，这一系列的法律规范构成了我国建筑垃圾管理的法律法规体系，详见表 1-6。

表 1-6 我国建筑垃圾相关政策一览表

序号	时间	政策
1	1992 年	《城市市容和环境卫生管理条例》
2	1995 年	《中华人民共和国固体废物污染环境防治法》
3	2001 年	《城市房屋拆迁管理条例》
4	2003 年	《城市建筑垃圾和工程土渣管理规定》
5	2005 年	《城市建筑垃圾管理规定》
6	2009 年	《建筑垃圾处理技术规范》
7	2015 年	《促进绿色建材生产和应用行动方案》
8	2015 年	《2015 年循环经济推进计划》
9	2017 年	《建筑垃圾处理技术规范（2017 年征求意见稿）》

我国建筑垃圾管理与利用与国外比较如表 1-7 所示，总体来看我国的建筑垃圾产生量大，利用率低，投入较少，因此建筑垃圾的利用任重道远。

表 1-7 我国建筑垃圾产生与利用现状与国外情况的比较

国家	年均产出量（万 t）	处理处置率（%）	资源利用率（%）	回收处理费（t）
中国	10.97×10^4	≤ 10	≤ 5	35 元
美国	4.8×10^4	100	75	35～102 元
韩国	6.8×10^3	100	97	150 元
新加坡	126.97	99	50～60	381 元
日本	7500	100	≥ 97	120 元
德国	2.135×10^4	≥ 95	87	77～620 元

2. 建筑垃圾处理市场逐步向资源化转移

近年来，我国城市化进程不断提速，新城区的建设与老城区的改造，产生了大量的建筑垃圾。结合住房城乡建设部公布的最新规划可以测算出，到 2020 年我国建筑垃圾产生量将达到峰值，预计会突破 30 亿 t。

现阶段我国建筑垃圾处理行业的收入主要来自建筑垃圾运输收费与建筑垃圾处置收费，费用标准一般是各地方发展改革委员会出台价格指导标准，按市场情况进行浮动，不同地区的指导标准不同。以行业内普遍使用的 35 元 /t 为建筑垃圾运输及处理处置费计算，2017 年该市场空间为 557.55 亿元。

2017 年，国家发改委等 14 部委联合印发《循环发展引领行动》，到 2020 年，城市建筑垃圾资源化处理率达到 13%。就现状而言，建筑垃圾资源化处理率依旧不足 10%。

目前，我国已建成投产和在建的建筑垃圾年处置能力在 100 万 t 以上的生产线仅有 70 条左右，小规模处置企业几百家，总资源化利用量不足 1 亿 t；相关企业以民营为主，已建成规模化的生产线实际产能发挥不到 50%，且大多处于非盈利状态。建筑垃圾总体资源化率不足 10%，远低于欧美国家的 90% 和日韩的 95%。

对我国建筑垃圾资源化的数量、经济效益和资源化价值的评估如表 1-7 所示，可见所列主要指标远远不能满足实际需求，资源化所占建筑垃圾总量的份额仍然很小，产出的效益和价值也较低，所以建筑垃圾的减量化和资源化已是亟待解决的，关系国计民生的现实问题。

表 1-8　我国建筑垃圾资源化利用总量（估算）

年份	建筑垃圾资源化产出量（亿 t）	建筑垃圾资源化经济效益（元 /t）	测算建筑垃圾资源化价值（亿元）
2012	0.77	200	154.60
2013	0.80	220	176.22
2014	0.84	235	198.46
2015	0.87	242	211.15
2016	0.90	250	225.13
2017	0.97	285	275.03

1.5　建筑工程不同阶段的减量化理念

本书作所说的建筑垃圾减量化是指源头减量化和过程减量化，就是在建筑物包括设计阶段在内的全生命周期内使产生的垃圾量达到最小化甚至不产生垃圾，即从规划阶段着眼于长远发展，设计阶段进行优化，在建造时减少浪费并及时利用，到结构物拆除时分类管理，于现场就地利用及时转变为资源，减少垃圾外运的一条龙作业。

建筑垃圾减量化的实现与全过程中各阶段的目标密切相关，既受工期、场地、经济指标等各项工程因素影响，也与不同城市经济和管理水平、建筑垃圾治理不同阶段等大环境有关。从工程应用角度而言，无法用一种广而大的统一标准的技术来要求国家各个城市和区域水平某一类建筑垃圾的减量化。本书中所研究的建筑垃圾减量化，强调工程应用，依据不同地区、不同类型和不同工况水平进行指南性的经验总结和技术趋势展望。

1.5.1　规划阶段的减量化

盲目建设是产生大量建筑垃圾的最主要的源头之一，大量的建设工程由于缺乏长远规划，建成后不久或数年内，在远远没有达到结构物的设计服务年限就不得不拆除，提前变为建筑垃圾。因此，规划是减少垃圾的最前端的源头，城市规划必须着眼国家的长远发展战略和城市未来发展的要求，从城市的人口变化、环境变化和经济发展以及从城市建设的全局和长远发展规划考虑，最起码考虑到 50 年内的城市发展，避免为了一时利益，盲目和随意建设项目。因此，对规划与项目的建设前必须科学决策，并且要通过科学评估程序，避免由于规划错位而导致的"前建后拆""前铺后挖""建筑垃圾陡然增量"的情况发生。

项目建设至少应符合以下要求：

（1）城市规划至少着眼于今后 50 年城市的发展，符合绿色、低碳的长远发展目标，对环境无污染，对不可再生资源的消耗尽可能最低，并符合国家产业政策；

（2）生产性建设必须考虑市场需求和资源的承受能力，并且不属于重复性建设；

（3）居民住房建设必须对人口总量随着时间轴的变化和未来发展对住房的需求总量做出

科学预判，建设总量与需求在总体上相符合；

（4）基础设施建设必须考虑当前和今后几十年内人口总量和流动量的变化，其承载能力与城市的发展相适应。

1.5.2 设计阶段的减量化

设计阶段的减量化就是在进行规划阶段的建筑垃圾减量化的基础上，在具体建筑物的设计阶段实施建筑垃圾减量化，主要内容包括如下几方面：

（1）结构设计应考虑优先选用强度较高的结构材料，以便在不降低承载能力的前提下，缩小部品或结构断面，达到减少材料用量的目的。

（2）建筑设计应优化建筑物的集约空间，以达到在同样的耗材情况下，提供最大的可利用空间；或在达到同样的可利用空间的条件下，建筑材料耗量最小。

（3）工程设计要从结构物的全生命周期和材料的耐久性以及环境对建筑的影响等方面综合考虑，来进行结构物的使用寿命设计，材料选用必须满足结构的可靠度设计和建筑物服务年限的要求，避免由于结构物使用寿命未达到设计年限而提前拆除。

（4）工程设计人员应力求做到设计方案的完善，以避免开工后由于设计不合理，不得不进行设计变更而产生额外的建筑垃圾。

（5）在有条件的地区，尽可能采用预制装配式结构，其中应优先推行装饰、节能和防水一体化装配式结构体系，以减少现场作业产生的建筑垃圾。

（6）在设计阶段应提出建设项目的建筑材料最低耗量和最高耗量指标，以及建筑垃圾资源化和循环利用比例的指标要求。

（7）工程建设方应在施工前做好设计决策，避免施工阶段修改和变更而造成建筑垃圾大量产生。

（8）应避免边设计、边审批、边施工的"三边工程"项目和人为追求时间节点的"抢工工程"，防止由于工程质量问题进行事后修补返工而产生建筑垃圾。

（9）住宅工程应采用全装修设计，避免因二次装修产生建筑装修垃圾。

1.5.3 施工阶段的减量化

建筑垃圾在施工阶段的减量化是指在施工现场对产生的建筑垃圾就地就近利用，使向外运出的垃圾量减至最低甚至零排放。在建筑垃圾于施工现场利用之前，首先要确认所用建筑垃圾通过了无害化评估，确保在其利用过程中或建筑物服役期内对生活环境、自然环境不会产生有害的影响，否则就应按照国家的有关规定进行管理。施工阶段的建筑垃圾减量化主要有以下内容：

1. 施工方案的制定

（1）根据《建筑工程绿色施工规范》《建筑工程绿色施工评价标准》和《建筑垃圾处理技术规范》的要求，制定"绿色施工组织方案"，按照节约、高效的原则，根据工程建设的进度，对所使用材料的采购、进场时间和批量、维护以及合理使用进行统筹安排，使材料损耗量降到最低。

（2）"绿色施工组织方案"应包括对现场产生建筑垃圾的分类预估、分类处置和就地利用的内容，建筑垃圾的自利用率不低于40%，对于无法实现自利用的建筑垃圾应委托有资质的建筑废物资源化处理企业进行依法依规处理利用。

2. 施工过程管理

（1）按照"绿色施工组织方案"要求组织施工，必须保证工程质量，避免由于"豆腐渣"工程产生"建筑废物增量"。

（2）施工过程应尽量减少因装卸、运输和储存过程中的遗撒、损坏和浪费，避免建筑材料未经使用就变成建筑废物。

（3）施工应尽量采用先进技术，临时设施、周转材料等应选用易于回收材料，避免因技术、材料落后增加建筑废物。

（4）施工过程中严格执行"绿色施工方案"，实施建筑废物的分类收集、分类堆存，提高处理和利用效率，优先对建筑废物进行就地快速处理利用。

（5）施工过程中应开展精准施工和标准化施工，尽量减少由于施工不当导致的后续"剔凿"、"切割"和"返工"作业，以减少建筑废物排放；

（6）对模板的使用应进行优化拼接，减少裁剪量，尽量使用周转率较高的钢模板；对木模板应通过合理的设计和施工增加重复使用率，以减少废旧木模板建筑废物。

（7）施工中的非实体性材料（模板、脚手架、临设等），尽量采用可周转重复使用的材料，避免采用周转次数低，难回收降解的材料（如现浇混凝土硬化路面应禁止采用），鼓励采用新型模板支撑体系（如塑料模板、铝合金模板及独立支撑等）、可周转使用的现场围挡、楼梯栏杆、可拆卸式加工棚、集装箱式办公等标准化临建设施等。

（8）鼓励采用"久代临"方式施工，即先期采用永久性设施代替临时设施使用，如先做永久性围墙的基层代替临时围墙使用，永久性道路基层代替临时道路使用，工程永久性消防水池代替现场雨水收集池使用等。

（9）工程槽土的减量化处置

①工程槽土应分层挖取，表层土作为环境绿化的种植土，中、下层土可作为回填土，砂石层可作为工地即产即用的原材料；

②对一些性能符合要求的下挖土，可以用来修筑固化土路面。

（10）旧砖瓦、混凝土的减量化处置

①宜采用移动式快速加工机械，将旧砖瓦、旧混凝土就地分拣、破碎、分级，尽可能变为即产即用的粗、细骨料和微粉；

②粗骨料可直接作为透水基层的骨料，细骨料和微粉可以作为砂浆的组分材料就地使用；

③利用现场的再生骨料就地生产混凝土砌块、混凝土砖和透水砖、植生混凝土砌块。

（11）其他建筑垃圾的减量化

对不能就地利用的废旧钢材、旧模板、废旧塑料等要分别运至建筑垃圾专业处理厂进行加工和资源化处理，不能进行再生利用的部分装修垃圾等应运至焚烧站进行"热回收"，剩下少量不能"热回收"的运至填埋厂处理。

1.5.4 施工准备阶段（拆除）的减量化

旧结构物拆除阶段属于施工的前期准备阶段，其减量化的主要内容分为来源的评估、拆除的评估与方案论证、科学合理的实施拆除与分类管理措施等。此阶段的具体减量化技术在本书的论述中，将其纳入到第 5 章"拆除垃圾减量化"中详细阐述。

1. 来源的评估

（1）对建筑垃圾来源的科学评估是实施资源化和减量化的基础，评估内容包括：来源的合法性、资源的安全性、可利用价值和途径等。

（2）建筑垃圾来源的评估工作由所在行政区域的省、自治区建设主管部门负责管理，评估的实施由城市人民政府市容环境卫生主管部门负责组织。

（3）建筑垃圾的源头评估由建筑物所有权的单位向城市市容环境卫生主管部门提出申请，主管部门对其进行核准，并组织必要的评估，评估结果应报上级主管部门备案。

2. 来源的合法性评估

（1）建筑垃圾按产生的源头分为：建筑工程槽土、建筑结构物拆除的废物、在建与装修产生的垃圾和市政工程产生的垃圾。

（2）由城市市容环境卫生主管部门组织评估，按照建筑废物的分类，评估其来源是否符合国家法律、法规和规划等的要求，并根据各类结构物拆除产生的建筑垃圾数量的计算方法，对其进行评估。

3. 来源的安全性评估

建筑垃圾的安全性是指其作为材料使用时对人身和环境是否有害，应依据《中华人民共和国固体废物污染环境防治法》以及《城市建筑垃圾管理规定》《危险废物鉴别标准——浸出毒性鉴别》（GB 5085.3）、《建筑材料放射性核素限量》（GB 6566）和《水泥基再生材料的环境安全性检测标准》（CECS 397）进行评估，确认其作为建筑材料及其制品的原料对环境和人身安全，并符合准入条件，方可进行资源化再利用的实施；列入国家危险废物名录，或者根据国家规定的危险废物鉴别标准和方法认定的具有危险特性的废物一律不得混入作为资源化的建筑垃圾中。

4. 环境影响评估

环境影响是指建筑垃圾在产生、运输、存放和使用过程中对环境的影响，政府市容环境卫生主管部门依据《中华人民共和国环境保护法》《中华人民共和国水污染防治法》和《中华人民共和国固体废物污染环境防治法》，分别对建筑工程槽土、来自建筑结构物拆除的垃圾、在建与装修和市政工程垃圾的产生、运输、存放和使用过程中对大气环境、水资源环境、土壤环境和生活居住环境产生的影响组织评估，评估结论将作为后续拆除、转运和资源化过程中对环境加以保护的指导性意见。

环境影响的评估应包括以下内容：

（1）要明确拆除结构物所处的环境条件，包括周围建筑物的情况、市民的居住和办公情况以及地下工程情况。

（2）拆除过程中产生的噪声对附近市民生活和工作的影响以及降噪的措施。

（3）拆除过程中的粉尘对周围环境的影响以及降低粉尘的措施。

（4）拆除过程中的作业方法对周围环境的影响，如爆破作业的冲击波、飞石等对环境与人身安全的影响；挖掘作业方式对地下管线和设施的影响等。

5. 拆除的评估

（1）拆除评估的基本内容和实施

①进行拆除评估和论证的目的是为了科学地实施拆除，加强建筑垃圾源头分类管理，从源头减少垃圾的产生，并降低拆除活动对环境的影响。

②对通过源头评估的建筑物与设施，还需进行拆除评估和论证，在通过评估和履行审批程序后可实施拆除。

③评估的内容包括结构物性质的确认、拆除原因的确认、拆除产生建筑废物的数量和质量、拆除过程中对环境的影响、拆除方案的论证以及确认相关手续是否齐全等。

④拆除评估由具有结构物所有权的单位组织并向政府主管部门提出申请，拆除实施方提出实施方案，评估由结构物或设施所有权单位组织，通过评估后报政府主管部门审批。

（2）拆除结构物类别和性质的评估

①评估应明确结构物的类别和性质、建设日期、建设单位、所有权、使用年限等相关信息。

②结构物的类别包括民用建筑、工业建筑、商业建筑、基础设施和市政工程等；结构物性质的内容包括钢筋混凝土结构、砖混结构、砌体结构、钢结构和木结构等。

6.结构物拆除性质的确认

结构物拆除性质分为：

（1）已到了使用寿命或设计年限的结构物或设施。

（2）因规划要拆除的结构物或设施。

（3）受不可抗力损害，已不具有正常使用功能的结构物或设施。

（4）除此之外其他原因拆除的，应经过充分的科学论证。

7.结构物拆除产生废物的数量和质量的评估

（1）结构物拆除产生废物的主要种类有：砖瓦、混凝土、钢筋、型钢、木材、塑料和玻璃等。

（2）对结构物拆除产生废物的种类、数量、质量情况进行评估，分别对可直接利用、需加工成制品再利用的以及不能利用的建筑废物的种类、数量进行确认。

8.拆除方案的论证与评估

（1）由拆除方提出拆除实施方案，并作为论证和评估的内容之一，拆除方案应包括以下内容：拆除顺序、拆除过程中的环保措施、建筑废物分类、数量的预估、分类管理以及减量化的技术途径。

（2）拆除顺序应为：设备的拆除、屋顶的拆除、非承载围护结构的拆除、承载部位的拆除和基础的拆除；对涉及有毒有害物质的关键部位拆除，应制定专项拆除方案及处置应急预案。

9.拆除建筑垃圾的现场分类管理

1.6 建筑垃圾不同类别的减量化理念

本书采用狭义减量化和广义减量化两种思维讨论各类建筑垃圾的减量化技术的应用。狭义减量化，主要指从建筑垃圾的产生、中转、处置的全过程，减少进入末端处置设施的量；广义减量化，主要指运用资源化的手段，减少最终填埋的量。在讨论和研究的过程中，本书的作者避免资源化和减量化在概念上的独立和割裂运用，将资源化作为建筑垃圾广义减量化的方式和手段。

1.6.1 工程渣土减量化

工程渣土是新建、改扩建或拆除产生的弃土、弃料、淤泥、余渣等固体废弃物，工程渣土的资源性指标包括颗粒级配、矿物组成、杂质含量等；工程性指标包括密度、含水率、含砂率、液塑限、圆锥指数等；污染性指标包括 pH 值、有机污染物、重金属的浸出等。

含有砂石的渣土可以将石子、砂、土和杂物分离，石子可用作混凝土的粗骨料、路基填料等，砂可用作混凝土和砂浆的细骨料。

对于分离出砂石后的渣土的处理方法有回填、堆山造景、生产烧土建筑制品和修筑固化土路面等。而回填又分为建筑工地回填、低洼地回填、新地块回填和路基回填等方式；生产烧土制品分为烧制黏土砖、瓦、陶粒等；修筑固化土路面主要工艺过程是加入土壤固化剂，充分搅拌均匀，摊铺在路基之上后压实。固化土路面的特点是生态环保，有一定弹性，行人的舒适感强，如有行人摔倒后不会伤人；固化土路面能够耐雨水冲刷，适合于人行路，公园内的园路，幼儿园和娱乐场所的地面铺装等。

1.6.2　工程垃圾减量化

工程垃圾产生于建筑建造施工的全过程，主要成分有混凝土、砖和砌块、砂浆、金属、木材，常见成分还包括石材、陶瓷和瓦片、塑料、纸皮、玻璃等。不同结构形式的建筑物，其施工所产生的工程垃圾成分比例有不小的区别，例如砖混结构所产生的碎砖块比框架结构和框剪结构明显要多。

工程垃圾减量化需采取合理的方法，从源头进行预防，控制工程垃圾的产生量，并对已产生的工程垃圾进行资源化回收利用。在设计阶段，需进行设计和施工工艺优化，保证设计方案切实可行，力求减少工程变更，利用 BIM 技术参与建筑、结构、机电等所有专业全过程设计，建立规则制度，对设计师进行减量设计的技术培训，建立减量化措施数据库，提高减量化设计水平。在施工阶段，开发推广节材环保施工技术，对使用的材料进行控制，增强施工人员环保意识，实行分类管理制度。工程垃圾的分类直接决定了工程垃圾在产生后减量化的难易程度，作为资源化利用或合理处置的前提，工程垃圾的分类对于工程垃圾减量化具有重要意义。

1.6.3　拆除垃圾减量化

拆除垃圾占建筑垃圾的绝大部分，主要为废旧混凝土、旧砖瓦块、木料、金属、碎玻璃和渣土等。因结构物的类别不同而产生各种垃圾的占比也不同。旧民居的拆除中，旧砖瓦砾、混凝土块、渣土约占 80%；旧工业建筑一般为钢结构和钢混结构，前者主要为钢材、玻璃、砌块和防水材料等；后者的混凝土块约占 50% 以上，其余为钢筋、旧砖瓦砾、玻璃和防水材料等；旧楼宇的拆除中，混凝土块约占 60% 以上，其余为砖块、钢材和旧玻璃等；而旧的基础设施拆除产生的建筑垃圾主要为混凝土、钢材和旧砖块等；还有近年积极实施的老旧小区升级改造工程，也产生大量拆除垃圾，以旧砖瓦砾、木材、混凝土和渣土为主。

可见，拆除垃圾的减量化和资源化首先要搞好分类，安排好拆除顺序，便于拆除过程中进行分拣归类，安排不同的利用和处置方式。

旧混凝土和旧砖瓦可以用来生产再生骨料，在现场就可以用于路基回填、道路铺设和制砖等工程项目中。伴随再生骨料加工过程而产生的再生细粉，可以用作混凝土掺合料以及用于路基的灰土。

再生骨料生产成透水混凝土、透水砖、路面砖、草坪砖等，由于旧砖瓦有吸水性，便于保湿，适合作为植生混凝土的骨料。

1.6.4　装修垃圾减量化

装修垃圾是住宅、办公室、教室等室内建筑装修过程中产生的垃圾，其成分复杂，主要包括废弃装修材料、废弃混凝土、砖块、瓷砖、废油漆和废木材。装修垃圾的组成因装修材料、装修风格、装修程度等不同存在较大差异，在新建房屋装修和二次装修过程中均会产生，装修垃圾的产生时间一般集中在住宅建设完工后到人们入住前的这段区间，其中产生量最多的时期是在前三月。装修垃圾组成类型复杂多样，其中某些组成类型（如胶黏剂、废油漆、人造板材等）含有一定量的有毒成分，具有持久危害性。

推广预制装配式结构体系设计、绿色建材的使用不但可以削减装修垃圾的产生量，还有利于降低装修垃圾的回收利用难度，体现了从末端治理转向源头控制的原则。同时把控好装修垃圾的统一收运与投放工作，切实做到收运和考评及时，同生活垃圾一样对装修垃圾进行监督管理。装修垃圾比其他类建筑垃圾成分更复杂，处理难度更大，对分拣和分选的要求极高，需对装修垃圾进行预处理。分拣后的装修垃圾经过粗加工，主要形成两种原料：塑料颗粒和骨料。塑料颗粒是分拣出的轻物质经过低温溶解、拉丝、切料后制成的，可以用来加工制作木塑板、垫仓板、垃圾袋、燃烧棒等产品。

1.6.5　工程泥浆减量化

近些年，随着我国基础设施建设规模的提升，每年产生大量的工程泥浆，这些工程泥浆含水率较大，特别是钻孔灌注桩打桩产生的泥浆含水率在120%～135%，所以首先要进行脱水处理，使含水率可降至70%～80%以下。目前，工程中常用脱水方法有：离心法、压滤法、土工管袋法等。

（1）离心法脱水处理是利用离心沉降和密度差原理，当工程泥浆进入离心机后，伴随离心机内快速的旋转运动，在离心力、向心浮力、流体拽力作用下，泥浆中的固体颗粒会在径向上与流体发生相对运动，从而达到分离的目的。

（2）压滤法脱水是依靠过滤介质两侧的压力差，将工程泥浆中水分经过过滤介质形成滤液，并使固体颗粒截留在介质上形成滤饼的方式来实现脱水的过程。采用压滤法进行脱水的机械主要有带式压滤机、板框式压滤机和隔膜式压滤机三大类。

（3）土工管袋是由聚丙烯或聚酯纱线编织而成的具有过滤结构的管状土工袋，尺寸可根据需要确定，最大长度可达200m，具有很高的强度、过滤性能和抗紫外线性能。通过包裹砂类泥土、污泥，形成柔性、抗冲击的管状包容结构，可高效经济地对多种泥浆进行排水固结。

泥浆如含有砂石，应先通过砂石分离机进行砂石分离，分离出砂石后的泥浆再进行压滤，泥浆滤饼可进行资源化利用，砂石可在现场作为骨料使用或生产混凝土砖。

1.7　本章小结

本章总结了迄今为止建筑垃圾处理方面的经验和技术积淀，介绍了国内外对建筑垃圾分类、减量化和资源化的历史和现状，提出了具有我国特色的建筑垃圾处理的技术途径。

全书共 12 章，其中用了 10 章篇幅，在现有的建筑垃圾减量化技术现状基础上，梳理和分析建筑垃圾的定量评估体系、减量化管理体系和减量化技术方法，包括五类建筑垃圾减量化理论和技术、三大建筑工程阶段的减量化理念和实操分析、建筑垃圾全生命周期减量化评价以及建筑垃圾减量化验证方法等。

本书中所研究的建筑垃圾减量化，强调工程应用，依据不同地区、不同类型和不同工况水平进行指南性的经验总结和技术趋势展望。本书采用狭义减量化和广义减量化两种思维讨论各类建筑垃圾的减量化技术的应用。狭义减量化，主要指从建筑垃圾的产生、中转、处置的全过程来说，减少进入末端处置设施的量；广义减量化，主要指运用资源化的手段，减少最终填埋的量。

本书将为建筑垃圾的分类控制减量和从建筑垃圾规划、设计、施工全过程减量两种方式提供有效的技术参考。

参考文献

［1］ 中华人民共和国行业标准. 建筑垃圾处理技术标准：CJJ/T 134—2019［S］.

［2］ 全国人民代表大会常务委员会. 中华人民共和国固体废物污染环境防治法［S］. 2020 年 4 月修订版.

［3］ 朱玉龙. 发达国家如何做到建筑垃圾资源化［J］. 中国与世界，2017.

［4］ 王国田，单彦名. 境外建筑垃圾处理的经验与启示［J］. 城乡建设，2019.1.

［5］ 河南省建筑垃圾计量核算办法（暂行）.

［6］ 胡乔亦. 新加坡利用垃圾造宝岛［J］. 党的建设，2007.

［7］ 张卫杰，张启. 浅谈日本建筑垃圾资源化：建筑工程技术与设计［J］. 理论与实践，2014（10）：12.

［8］ 韩选江，陆海洋. 建筑垃圾资源化利用新技术及产业链构思：未来与发展［J］. 科学与技术，2011（11）：31-35.

［9］ 何更新，田欣. 国内外建筑垃圾相关法规标准概述［A］. 中国科协第十一届年会地震灾区固体废弃物资源化与节能抗震房屋建设研讨会论文集［C］. 2009.9：267-271.

［10］ 赵茜瑞，姜红，石洪影. 英国建筑垃圾减量化压力和措施［J］. 科技与生活，2012.15.

［11］ 孙金颖，张国东，等. 国外建筑垃圾回收回用政策对我国的借鉴研究［A］. 第十届国家绿色建筑与建筑节能大会暨新技术与产品博览会论文集［C］. 2014.3：1-6.

［12］ 张守城，王巧稚. 英国建筑垃圾管理模式研究［J］. 再生资源与循环经济，2017.12，38-40.

［13］ 张宁，段华波. 国内外建筑垃圾分类管理方法及其处理模式比较研究［A］. 中国环境科学学会学术年会论文集［C］. 2017.10，1826-1838.

［14］ 柴琦，黄小琴，张玲，等. 国内典型城市建筑垃圾资源化利用现状［J］. 节能与环保，2019.2，62-64

［15］ 陈亮，李欢. 湖南省建筑垃圾资源化处置情况研究［J］. 环境与可持续发展，2017.6，140-142.

［16］ 黄柯柯，陶冶，张德强，等. 建筑垃圾再生骨料产业环境及综合利用研究进展［J］. 商品混凝土，2018.9，15-18.

［17］ 王科林. 成都市建筑垃圾处理现状及可持续发展对策［J］. 环境卫生工程，2017.12，13-15.

［18］ 张信龙，刘庆东，秦文萍，等. 沈阳市建筑垃圾存量统计及未来产生量预测研究［J］. 建筑节能，2019.2，138-143.

［19］ 京发改［2018］1135 号文. 关于印发北京市建筑垃圾资源化处置利用典型案例的通知.

［20］ 高云甫，龚志起. 西宁市建筑垃圾处理处置设施现状分析［J］. 福建建材，2019.2，5-6.

［21］ 张小娟. 国内城市建筑垃圾资源化研究分析［D］. 西安：西安建筑科技大学，2013.

［22］ 陈家珑. 我国建筑垃圾资源化利用现状与建议［J］. 建设科技，2014（01）.

［23］ 国家统计局. 中国统计年鉴（2015 年度数据)［M］. 北京：中国统计出版社.

［24］ 中国建筑垃圾资源化产业技术创新战略联盟. 中国建筑垃圾资源化产业发展报告（2014）［EB/OL］.

［25］ 中国建筑设计研究院，建筑垃圾回收回用政策研究（2014）.［EB/OL］.

［26］ 国家发展和改革委员会. 中国资源综合利用年度报告（2014）.［EB/OL］. http：//www.sdpc.gov.cn/
xwzx/xwfb/201410/W020141009609573303019.pdf.

第2章 评价体系

建筑垃圾在固体废弃物中占有非常大的比重。以简易堆置为主的粗放处理模式既侵占宝贵的土地资源，同时也会存在不同程度的安全隐患，并给生态环境造成巨大压力，也是对可再生建材资源的极大浪费。针对建筑垃圾进行环境影响评价、安全隐患评价及减量化潜力与技术评价是推动建筑垃圾的规范化管理与资源化利用，促进建筑行业长效可持续发展的基础工作。

2.1 建筑垃圾产生特性简述

目前，我国仍处于快速城镇化阶段。2015年末，我国城镇人口已经超过7.7亿人，比上年末增加2200万人，且仍保持快速增长（图2-1），全国各地区建筑业总产值达到181千亿元，占国内生产总值的26.7%，且年均增长率达10%以上；房屋施工面积也逐年扩大，2015年达到124亿 m^2（是美国的15倍，日本的60倍），同样年均增长率保持在10%以上。

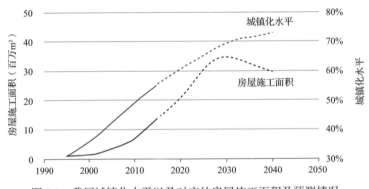

图2-1 我国城镇化水平以及对应的房屋施工面积及预测情况

快速的城市化进程带来城市用地的需求越来越大，而且目前地方政府仍然强烈依赖土地出让金作为财政收入的重要来源，许多新区被不断批准。然而土地资源的供给十分稀缺，特别是在国家确定18亿亩耕地"红线"背景下，城市用地扩张面临的形势愈发严峻。正是在这种形势下，中央连续召开两次城市方面的重要会议，正式提出今后我国城市发展由向外扩张为主逐步转向以内部结构调整为主，这意味着城市发展模式将发生根本性转变。在以北京、上海、广州、深圳为代表的城市建设中，对既有城区进行"三改一拆""旧城改造"和"城市更新"等方式的规模化拆除和新建已成为城市更新的重要手段。

一般而言，城市总是经常不断地进行着改造和更新，经历着"新陈代谢"的过程。持续稳定的城镇化促进大规模的城市发展与更新改造活动，在促进社会经济发展的同时，也产生了大量的建筑垃圾。在拆除过程中产生的废弃建材经过简单分选后即被运至填埋场或简易堆置，这种拆除及管理方式极大地加剧了废弃物回收利用的难度，增加了管理成本，加大了环境治理的难度。根据国家发展与改革委员会《中国资源综合利用年度报告》（2014 年）公布的较为粗略的数据，我国建筑垃圾年产生量超过 10 亿 t（约为全国生活垃圾清扫量的 5 倍以上，且不含工程弃土），其中来自由于城市更新而拆除建筑的量占总建筑垃圾量的 74%。此外，2015 年，建筑垃圾资源化产业技术创新战略联盟发布的《中国建筑垃圾资源化产业发展报告（2014 年度)》显示我国每年产生的建筑垃圾总量约为 15.5 ～ 24 亿 t 之间。我国主要城市建筑垃圾产生量如图 2-3 所示。

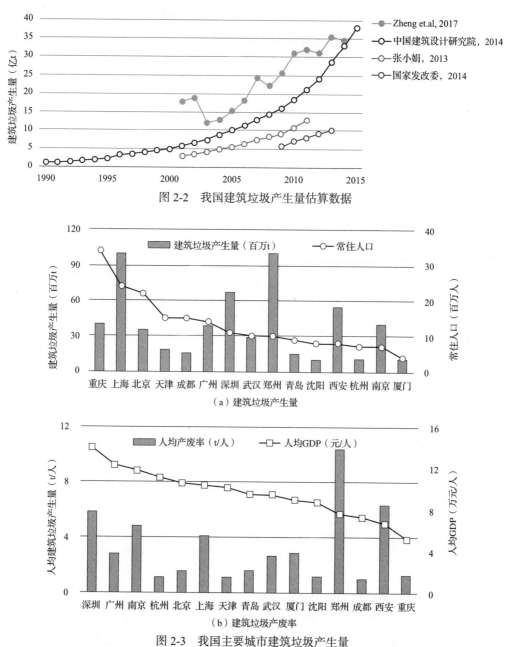

图 2-2　我国建筑垃圾产生量估算数据

（a）建筑垃圾产生量

（b）建筑垃圾产废率

图 2-3　我国主要城市建筑垃圾产生量

基于对工程建设项目、拆除项目和装修装饰工程项目的建筑垃圾产废率的调查，并结合城市建筑总面积、既有房屋拆除面积和装修装饰面积的统计数据，计算得到我国 2015 建筑垃圾产生量超过 20 亿 t（图 2-2），其中主要为拆除废弃物。与全球其他主要国家和地区的统计数据相比，我国建筑垃圾产生量占到全球总量的 75% 以上（图 2-4），是欧盟 28 国总和的 4.5 倍，人均产生量也高于其他国家，达到 2.45t，是欧盟的 1.8 倍。

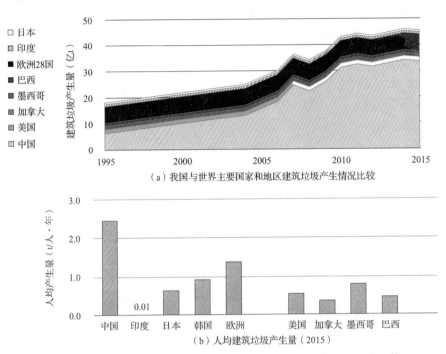

图 2-4　我国建筑垃圾产生量及人均年产出量与其他国家和地区的比较

2.2　减量化理论与方法

2.2.1　直接法

建筑物或构筑物的生命周期一般包括规划阶段、设计阶段、施工阶段、装修阶段、使用阶段、拆除阶段等。直接法可对建筑项目不同工程阶段的建筑垃圾理论产生量或实际减少量进行评估。公式如下所示，不同阶段建筑垃圾的减量（以质量或体积计，R_{CDW}）可表示为建筑垃圾理论产生量（T_G）与实际产生量（A_G）的差值；而建筑垃圾的减量率（P_R）则可表示为建筑垃圾的减量（质量或体积）与实际产生量的比值。

$$R_{CDW} = T_G - A_G \tag{2-1}$$

$$P_R = R_{CDW}/A_G \tag{2-2}$$

2.2.2　间接法

除了直接量化建设各阶段建筑垃圾的减量（质量或体积），通过一系列间接因素也可对建筑垃圾的减量化效果进行评价。如通过对工程各个阶段的实际成本投入与工程预算进行评估或从综合环境影响（如碳排放）的角度来评价减量化效果。同样，如专家打分法、层次分析法等半定量分析方法也可作为建筑垃圾的减量化间接评价方法。

2.3　生命周期评价方法

由于各地建设活动密集，很多旧建筑被"夷为平地"，随之新房"拔地而起"，由此产生大量的建筑垃圾。随着民众健康意识和环保意识的增强，由城市房屋施工拆除带来的空气环境问题也引发关注。各地区尤其是北、上、广、深等一线城市尽管加大了对建筑垃圾的管理，但在建筑垃圾综合管理和资源化利用方面却依然面临严峻的形势，由此带来的环境问题比较严重，环境污染也应当是建筑垃圾处置评价标准之一。现在对于环境评价主要应用的方法是生命周期评价（Life Cycle Assessment，即 LCA）。作为新的环境管理工具和预防性的环境保护手段，生命周期评价主要是通过确定和定量化研究能量和物质利用及废弃物的环境排放来评估一种产品、工序和生产活动造成的环境负载；评价能源材料利用和废弃物排放的影响以及评价环境改善的方法。ISO 14040 对生命周期评价的定义是：汇总和评价一个产品、过程（或服务）体系在其整个生命周期的所有及产出对环境造成的和潜在的影响的方法，生命周期评价理论与方法被广泛应用于环境管理领域，以下将介绍生命周期评价方法。

1. 生命周期评价技术框架

国际环境毒理学和化学学会（SETAC）提出的生命周期评价方法论框架，将生命周期评价的基本结构归纳为四个有机联系部分：定义目标与确定范围（Goal and Scope Definition）；清单分析（Inventory analysis）；影响评价（Impact assessment）和改善评价（Improvement assessment）。其相互关系如图 2-5 所示。

ISO 14040 将生命周期评价分为互相联系的、不断重复进行的四个步骤：目的与范围确定、清单分析、影响评价和结果解释。ISO 组织对 SETAC 框架的一个重要改进就是去掉了改善分析阶段。同时，增加了生命周期解释环节，对前三个互相联系的步骤进行解释。而这种解释是双向的，需要不断调整。另外，ISO 14040 框架更加细化了生命周期评价的步骤，更利于开展生命周期评价的研究与应用，如图 2-6 所示。

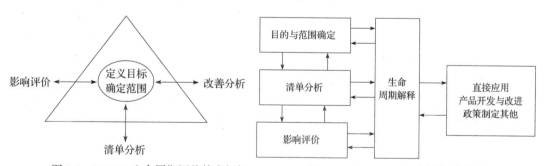

图 2-5　SETAC 生命周期评价技术框架　　　　图 2-6　ISO 14040 生命周期评价框架

2. 目的与范围确定

生命周期评价的第一步是确定研究目的与界定研究范围。研究目的应包括一个明确的关于生命周期评价的原因说明及未来后果的应用。目的应清楚表明，根据研究结果将做出什么决定、需要哪些信息、研究的详细程度即动机。研究范围定义了所研究的产品系统、边界、数据要求、假设及限制条件等。为了保证研究的广度和深度满足预定目标，范围应该被详细定义。由于生命周期评价是一个反复的过程，在数据和信息的收集过程中，可能修正预先界定的范围来满足研究的目标。在某些情况下，也可能修正研究目标本身。

目的和范围的确定具体说来应先确定产品系统和系统边界，包括了解产品的生产工艺，确定所要研究的系统边界。在建筑垃圾的减量化评价中，采用生命周期评价进行环境影响评估首先应该将评估系统确定在建筑材料的废弃处理处置阶段，针对施工工艺各个部分收集所要研究的数据，其中收集的数据要有代表性、准确性、完整性。在确定研究范围时，要同时确定产品的功能单位，在清单分析中将收集的所有数据都要换算成功能单位，以便对产品系统的输入和输出进行标准化。

3. 清单分析

清单分析是生命周期评价基本数据的一种表达，是进行生命周期影响评价的基础。清单分析是对产品、工艺或活动在其整个生命周期阶段的资源、能源消耗和向环境的排放（包括废气、废水、固体废物及其他环境释放物）进行数据量化分析。清单分析的核心是建立以产品功能单位表达的产品系统的输入和输出（即建立清单）。通常系统输入的是原材料和能源，输出的是产品和向空气、水体以及土壤等排放的废弃物（如废气、废水、废渣、噪声等）。清单分析的步骤包括数据收集的准备、数据收集、计算程序、清单分析中的分配方法以及清单分析结果等。

清单分析可以对所研究产品系统的每一过程单元的输入和输出进行详细清查，为诊断工艺流程物流、能流和废物流提供详细的数据支持。同时，清单分析也是影响评价阶段的基础。在获得初始的数据之后就需要进行敏感性分析，从而确定系统边界是否合适。清单分析的方法论已在世界范围内进行了大量的研究和讨论。美国环境保护署制定了详细的有关操作指南，因此相对于其他组成来说，清单分析是目前生命周期评价组成部分中发展最完善的一部分。

4. 影响评价

影响评价是运用清单分析的结果对产品生命周期各个阶段所涉及的所有潜在的重大的环境因素影响进行评估。评价的过程是将清单分析的数据与具体的环境影响联系起来，并进一步分析这些影响。研究的深度、环境影响的类别以及评价方法的选择均取决于生命周期评价研究的目的与范围。在生命周期评价中，全球变暖潜力（Global Warming Potential，GWP）、富营养化（Eutrophication Potential，EP）、酸化（Acidification Potential，AP）、臭氧消耗潜值（Ozone Depletion Potential，ODP）等作为主要评价指标，皆具有对综合环境影响进行评估的功能。

5. 解释说明

结果讨论是将清单分析和影响评估的结果与研究目的、范围进行综合分析得出结论与建议的过程。结果讨论与清单分析和影响评估过程是紧密关联的。三个阶段中的任意一个阶段完成后即应进行结果讨论，考察原先确定的研究范围是否合适，是否需要做必要的调整，所收集的数据是否符合研究的目的，哪些数据对结果的影响最灵敏等。结果讨论中得到的结论和建议将提供给生命周期评价研究的委托方作为决定、采取行动的依据。

2.4 层次分析法（AHP）

层次分析法（Analytical Hierarchy Process，AHP）是美国运筹学家、匹茨堡大学教授萨蒂（A.L.Saaty）于 20 世纪 70 年代初提出的，是系统分析中的一种实用的决策方法。在 AHP

中，从系统的层次性出发，把系统与环境分开，由高层次到低层次进行逐级分解，把整个系统分解为一个金字塔式的树状层次结构。层次分析法解决问题时，首先根据问题的性质和要达到的目的，将系统分解为不同的组成要素，然后按要素间的相互关联影响和隶属关系，由高到低排成若干层次；在每一层次按某一规定规则，对该层次各要素逐对进行比较，写成矩阵形式，利用一定数学方法，计算该层各要素对于该准则的相对重要性次序的权重以及对于总体目标的组合权重，并进行排序，利用排序结果，对问题进行分析和决策，AHP 总体思路图如图 2-7 所示。

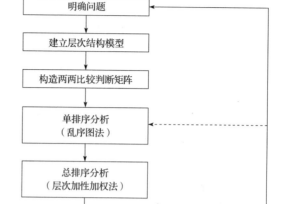

图 2-7　AHP 总体思路图

2.4.1　层次分析法（AHP）的步骤

1. 建立层次分析结构

这是 AHP 中最重要的一步，即把复杂问题分解称之为元素的各组成部分，把这些元素按属性不同从上至下分成若干组，同时下一组元素受上一组元素支配，从而形成了一个递阶层次。处于最上层的元素是分析问题的预定目标或理想结果。中间的层次一般是准则、指标层。

2. 构造两两比较判断矩阵 *A*

建立递阶层次结构以后，明确了上下层次之间元素的隶属关系。假定上一层次的元素 H 为准则，对下一层次的元素 A_1，A_2，$\cdots$，A_n 有支配关系，我们的目的是在准则 H 之下按它们相对重要性赋予 A_1，A_2，$\cdots$，A_n 相应的权重。

$$A = \begin{pmatrix} a_{11} & a_{12} & \cdots & a_{1n} \\ a_{21} & a_{22} & \cdots & a_{2n} \\ \cdots & \cdots & \cdots & \cdots \end{pmatrix} \tag{2-3}$$

在对各指标重要程度进行判断时，采用 Saaty 的 $1 \sim 9$ 比例标度法，对重要程度标度划分为 1、3、5、7、9 共 5 个，将 2、4、6、8 作为中间值，并遵循一致性原则，见表 2-1。

表 2-1　AHP 的比例标度

相对重要性的权数	定义	解释
1	等同重要	对于目标两个活动的贡献是相等的
3	一个因素比另一个因素稍微重要	经验和判断稍微偏爱一个活动
5	一个因素比另一个因素明显重要	一个活动明显受到偏爱
7	一个因素比另一个因素强烈重要	一个活动强烈地受到偏爱
9	一个因素比另一个因素极端重要	一个活动极端地受到偏爱
2、4、6、8	上述两相邻判断的中值	
上述非零数的倒数	如一个活动相对于另一个活动有上述的数字（例如 3），那么这个活动相对于第一个活动就有倒数关系（例如 1/3）。	

3. 层次单排序及一致性检验

这一步要解决在准则 H 下，n 个元素 A_1，A_2，$\cdots$，A_n 的排序权重的计算问题，并进行一致性检验。

（1）将判断矩阵 A 中的各元素按列作归一化处理，得另一矩阵 $B = (B_{ij})$，其元素一般项为

$$b_{ij} = \frac{a_{ij}}{\sum\limits_{j=1}^{n} b_{ij}} (i, j = 1, 2, \cdots, n) \tag{2-4}$$

（2）将矩阵 B 中各元素按行分别相加，其和为

$$r_i = \sum_{j=1}^{n} b_{ij} (i = 1, 2, \cdots, n) \tag{2-5}$$

（3）对向量 $r = (r_1, r_2, \cdots, r_n)^T$ 作归一化处理，即得各元素相对权重的计算

$$w_i = \frac{r_i}{\sum\limits_{j=1}^{n} r_j} \tag{2-6}$$

（4）计算 A 的最大特征根 $\lambda_{\max}$

$$\lambda \frac{1}{n} \left(\frac{\sum\limits_{j=1}^{n} a_{2j} w_j}{w_1} + \frac{\sum\limits_{j=1}^{n} a_{2j} w_j}{w_2} + \cdots + \frac{\sum\limits_{j=1}^{n} a_{nj} w_j}{w_j} \right)_{\max} \tag{2-7}$$

（5）相容指标的计算

在判断矩阵的构造中，要求判断有大体的一致性。因为出现甲比乙极端重要，乙比丙极端重要，而丙比甲极端重要的情况总是违反常识的。而且，当判断偏离一致性过大时，排序权向量计算结果作为决策依据将出现某些问题。因此在得到判断矩阵后，需要进行一致性检验。一致性检验通过，则说明矩阵可行，否则，说明矩阵不可行，需重新构建判断矩阵。通常认为矩阵的一致性比率 $CR < 0.10$ 时，判断矩阵具有可以接受的一致性。一致性比率的计算如式（2-8）和式（2-9）所示。

$$CR = \frac{CI}{RI} \tag{2-8}$$

$$CI = \frac{\lambda_{\max}}{n-1} \tag{2-9}$$

RI 的取值如表 2-2 所示。

表 2-2　RI 的取值

维数	1	2	3	4	5	6	7	8	9	10
RI	0.00	0.00	0.58	0.90	1.12	1.24	1.32	1.41	1.45	1.49

（6）层次总排序及一致性检验

层次总排序即计算同一层次上所有元素对于最高层相对重要性的排序权值。若上一层次 A 包含 m 个元素 A_1，A_2，$\cdots$，A_m，基层次总排序权值分别为 a_1，a_2，$\cdots$，a_m，下一层次 B 包含 n 个元素 B_1，B_2，$\cdots$，B_m，它们对于 A_j 的层次单排序权值分别为 b_{1j}，b_{2j}，$\cdots$，b_{nj}（当 B_K

与 A_j 无关系时，$b_{kj} = 0$ ），此时 B 层次总排序见下表。

表 2-3　总排序表

层次	A_1	A_2	$\cdots$	A_m	B 层次总排序权重
	a_1	a_2	$\cdots$	a_n	
B_1	b_{11}	b_{12}	$\cdots$	b_{11}	w_1
B_2	b_{21}	b_{21}	$\cdots$	b_{2n}	w_2
$\vdots$	$\vdots$	$\vdots$	$\vdots$	$\vdots$	$\vdots$
B_n	b_{n1}	b_{n2}	b_{nj}	b_{nm}	w_n

对于递阶层次组合判断的一致性检验，需要类似地逐层计算 CI。若分别得到了第 $k-1$ 层次的计算结果 CI，RI 和 CR，则第 k 层的相应指标为：

$$CI = (CI_k^1, CI_k^2, \cdots, CI_k^n) a^{k-1} \tag{2-10}$$

$$RI = (RI_k^1, RI_k^2, \cdots, RI_k^1) a^{k-1} \tag{2-11}$$

$$CR = \frac{CR_{k-1} + CI_k}{RI_k} \tag{2-12}$$

2.5　建筑垃圾填埋环境及安全评价

建设工程是我国经济增长的关键，对国民经济的发展有重要意义。然而，建设工程产生的建筑垃圾会对周边环境产生负面影响，传统填埋方式会破坏原有地貌类型，影响城市生态系统完整性。采用专家调查法可以确定建筑垃圾填埋对城市生态环境影响及安全影响的监测指标。监测指标一般指可以比较明显反映填埋场的变化情况，如建筑垃圾填埋场的数量或面积变化。指标权重的确定采用德尔菲法（又称为专家咨询法）。德尔菲法是一种定性的评估方法，它是依靠专家的知识和经验，通过调查研究对问题做出分析和预测。

建筑垃圾填埋对城市生态环境影响指数（Impact Index of CDW Landfill on Urban Ecological Environment，I_{UEE}）：

$$I_{UEE} = Y_1 \times (-0.40) + Y_2 \times 0.35 + Y_3 \times 0.15 - Y_4 \times 0.10 \tag{2-13}$$

式中，Y_1、Y_2、Y_3、Y_4 分别为各个指标的变化值，其权重和影响见表 2-4。建筑垃圾填埋对城市生态环境影响分级见表 2-5。

表 2-4　建筑垃圾填埋对城市生态环境影响评价指标及权重

指标	权重	影响
填埋场面积变化率（Y_1）	0.40	负
饮用水域变化率（Y_2）	0.35	正
景观破碎度变化（Y_3）	0.15	正
归一化植被指数变化（Y_4）	0.10	负

表 2-5　建筑垃圾填埋对城市生态环境影响分级

级别	基本无影响	略有影响	显著影响	极显著影响
指数（I_{UEE}）	<0.1	0.1 ~ 0.5	0.5 ~ 0.7	>0.7

2.5.1 土壤毒害性污染

建筑垃圾本身存在一定的环境危害特性，其中砖石、混凝土等惰性类废弃物及其再生骨料可能会混有多种重金属。那些含防腐剂和涂料的木质建材、工矿企业拆除废弃物或与生活垃圾共混的建筑垃圾则可能含有 Cu、As、Cr、Zn 和 Hg 等危害元素。石膏板则可能含有硫化物和硫酸盐类污染物。对于非惰性类建筑垃圾，如含涂料的木质建材、胶粘剂、保温和隔热塑料、海绵橡胶材料等，还可能含有 PAHs 类污染物。需要特别指出的是，含危害组分的建筑垃圾在不规范的堆填过程中以及与生活垃圾共同填埋处置的过程中可能会进一步加大其环境风险。

建筑垃圾中还有另一类有机污染物质——溴化阻燃剂（持久性有机污染物，POPs），其尚未引起关注。比较典型的包括多溴联苯醚（PBDEs）和六溴环十二烷（HBCD 或称 HBCDD）。这两类物质分别于 2009 年和 2013 年被新增进 POPs 清单，其使用与流通及其废弃物环境管理近年来备受关注。在流通领域，PBDEs 被广泛用于电子产品、塑料、涂层等制品中，HBCD 则用于对针织物、丁苯胶、胶粘剂和涂料，以及不饱和聚酯树脂（如发泡塑料）进行阻燃处理。其中，部分阻燃剂材料已证实直接用于建筑材料，如泡沫塑料等隔热保温建材以及建材胶粘剂等。例如 PBDEs 主要用于聚氨酯硬质泡沫（PUR）保温建材。基于物质流分析表明在瑞典的各类含阻燃剂物品中 HBCD 的年使用约为 11600t，其中 85% 用于膨胀聚苯板（EPS）和挤塑聚苯板（XPS）保温建材阻燃；而中国环境科学研究院的黄启飞研究员课题组（2015）则通过理论分析表明，在我国 90% 以上的 HBCDs 被广泛用于 EPS 和 XPS 等保温建材中。除了建材本身，建筑垃圾粗放式的管理模式，特别是其未加以分类分级，且往往与生活垃圾共混处置，其同样可能含阻燃剂类 POPs 物质将带来潜在的较大环境风险。

由于建筑垃圾对土壤的污染物主要集中于其中的重金属部分，且具有一定的隐蔽性。因此，对于土壤重金属污染的检测与土壤质量的评价就显得相当重要。目前，评价重金属生物有效性的方法主要有化学提取法和生物学评价法。其中生物学评价法又包括植物吸收指示法、动物指示法和发光菌法等，前两者是目前应用前景较好的方法。

1. 化学提取法

化学提取法主要利用不同的化学试剂或其组合来分离与土壤不同组分结合的重金属。不同提取剂可提取的重金属金属量与植物吸收量之间的相关性取决于该植物利用该提取剂所分离金属的能力。提取的特定形态含量并不等同于其生物有效性，通过统计分析后，才能衡量其和生物有效性的相关性。化学提取法的核心是选择提取剂，对于不同的提取剂和土壤环境，提取机制、提取效率都存在差异。因此，要依据提取率选择合适的提取剂，更要分析提取量与植物体吸收量之间的相关程度。

2. 生物学评价法

（1）植物指示法

这是近年来发展起来的一种新方法，即利用植物吸收的重金属含量判断重金属污染程度或评价重金属的生物可利用性，该方法经济、简便且可靠。由于指示植物能有效吸收重金属，而且这种吸收能力取决于土壤中重金属的生物有效性，人们由此可以依据指示植物体重金属元素的含量直接评价污染土壤中重金属的生物有效性。目前发现的指示植物较多，不同植物对重金属的吸收能力差异较大。因此，应了解植物组织部位及各生长阶段的特征，探讨其适用范围，选择适宜的指示植物，这也是应用植物指示法的关键。

（2）微生物指示法

目前，一些基于单一菌株（发光菌）的荧光性或特异性酶活性的金属有效性测试技术被成功应用于污染物的生物有效性评价中，由此促进微生物法的应用和发展，但是目前该方法的普及范围并不广泛。

2.5.2 空气污染

建筑物拆除过程中产生的扬尘，建筑施工过程中建筑垃圾不能及时进行有效的清理，没有采取围护、苫盖、固化等措施，导致建筑垃圾直接暴露于空气之中，经风吹扰动、机动车碾压等产生的扬尘，还有建筑垃圾的运输或遗撒、乱倒乱卸产生的扬尘，且有较长持续性。

相关数据表明：深圳建设活动中的工地扬尘污染对深圳 $PM_{2.5}$ 的贡献率达到 7%；广州市环保局正式对外发布的扬尘排放对 $PM_{2.5}$ 的贡献也达到了 10.4%；同样，根据北京环保部门的监测和分析，扬尘污染约占 $PM_{2.5}$ 来源的 15.8%，主要来自建筑工地的施工扬尘和车辆运输扬尘。

环境空气质量评价的方法很多，包括模糊数学法、空气质量指数法、密切值法、物元分析法、聚类分析法、主成分分析法、灰色关联度法、距离判别法、人工神经网络法等。考虑到空气环境的各种不确定性因素与模糊性。模糊综合评价的方法是现在常用的空气质量数学评价方法。

确定评价集 $U = \{u_1, u_2, \cdots, u_n\}$。依照《环境空气质量标准》，选取 SO_2、NO_2、PM_{10}、$PM_{2.5}$、CO 及 O_3 因子，其中 CO 和 O_3 缺乏年均值标准，根据《环境空气质量技术规范（试行）》，利用日均浓度的百分数进行评价。将各污染因子对大气环境的污染程度分为四个等级，优、良、轻度污染和中度污染，即 $U = \{$优，良，轻度污染，中度污染$\}$，空气质量评价因子为数值越大污染程度越大，选用降半梯形函数建立隶属函数。最终按照隶属度原则确定空气质量等级。

2.5.3 水体污染

建筑垃圾在堆放和填埋过程中，由于发酵和雨水的淋溶、冲刷，以及地表水和地下水的浸泡而渗滤出的污水——渗滤液或淋滤液，会造成周围地表水和地下水的严重污染。由于废砂浆和混凝土块中含有的大量水合硅酸钙和氢氧化钙、废石膏中含有的大量硫酸根离子、废金属料中含有的大量重金属离子溶出，堆放场建筑垃圾产生的渗滤水一般为强碱性并且含有大量的重金属离子、硫化氢以及一定量的有机物。如不加控制，会造成地下水、河流、湖泊的严重污染，且垃圾渗滤液内不仅含有大量有机污染物，而且还含有大量金属和非金属污染物，水质成分很复杂。一旦饮用这种污染的水，将会对人体造成很大的危害。

根据《环境影响评价技术导则 地下水环境》（HJ 610—2016）中的有关规定，以及建筑垃圾填埋项目对地下水环境影响的特征确定项目所属于的地下水影响类型。按照 I 类（指在项目建设、生产运行和服务期满后的各个过程中，可能造成地下水水质污染的建设项目）建设项目地下水环境影响评价工作等级的划分依据，评价等级判定见表 2-6。

表2-6 地下水评价等级判定表

划分类型	划分依据	划分结果
包气带防污性能	项目场地现为平整的原垃圾填埋场堆肥、焚烧厂区，地表大部分为厂房及混凝土硬化地面，包气带地层为素填土、含砾砂质粉质黏土，包气带厚≥2.0m，分布连续、稳定，渗透系数 $k = 8.5 \times 10^{-5} \sim 6.8 \times 10^{-4}$m/s	弱
含水层易污染特征	含水层及包气带主要由素填土及黏土组成，渗透性不强；项目场地无溶洞、土洞等，项目区域不属于多含水层且水力联系较密切的区域；地表水与地下水联系不密切	不易
地下水环境敏感程度	项目场地不涉及集中式饮用水源地准保护区以外的补给径流区；不涉及特殊地下水资源（如矿泉水、温泉等）保护区以外的分布；地下水下游村庄分布有分散式居民饮用水水源等	较敏感
污水排放量	项目外排废污水主要为渗滤液处理站外排水（159m³/d）及生活污水（18.6m³/d），总排放量为177.6m³/d<1000m³/d	小
污水水质复杂程度	项目排水主要为生活污水和垃圾渗滤液，项目主要污染物（CODcr、BOD₅、NH₃-N、SS、铅）类型≥2，需预测的水质指标<6个，污水水质中等	中等

在评价过程中，需结合实际建筑垃圾填埋场项目受纳期间对地下水可能造成的影响范围及面积进行考虑。

2.5.4 安全风险评价

由于运输成本高且管理不规范，目前我国绝大部分建筑垃圾以在城市近郊简易堆填为主进行处置。据测算，平均每1万t建筑垃圾占地约2.5亩。基于建筑垃圾产生量估算和预测，仅2015年我国建筑垃圾填埋所侵占的土地达到600km²（约为深圳市土地面积的1/4）；若仍按粗放式的简易堆填处置方式，截至2040年（2005—2040年）累积土地侵占面积将接近20000m²，约为深圳市陆域面积的10倍，香港地区陆域面积的20倍，且均为城市土地资源开发价值相对较高的近郊区域。

目前大多数城市建筑垃圾堆放地的选址在很大程度上具有随意性，留下了不少安全隐患。在外界因素如降雨或其他地质自然灾害的影响下，建筑垃圾受纳场极易出现崩塌，带来安全隐患。此外，在郊区堆填建筑垃圾的场地以坑塘沟渠居多，这导致了地表排水和泄洪能力的降低，严重影响水体的调蓄能力和生态安全。

2015年12月20日，深圳光明新区凤凰社区恒泰裕工业园发生山体滑坡重大事故。国务院深圳光明新区"12·20"滑坡灾害调查组对此次滑坡的认定如下："此次滑坡灾害是一起受纳场渣土堆填体的滑动，而不是山体滑坡，不属于自然地质灾害，是一起生产安全事故。"原因则是由于当地政府并未对受纳场内的建筑垃圾进行有效处置，任其堆砌，最终堆积的渣土和建筑垃圾量超过了巨坑的最大容纳量。堆积坡度过陡，从而发生了失稳崩塌。

根据《深圳市余泥渣土受纳场专项规划（2011—2020）》2015年前深圳全市新建12座建筑垃圾受纳场，总库容约1亿m³。在此基础上，各区政府或新区管委会还根据辖区实际情况选址增建一批临时受纳场，总库容约2000多万m²。此外，在其他大中城市如广州，目前的余泥受纳场大部分是临时性质的。广州每年产生大约2400t建筑垃圾和余泥渣土，只有部分能重新循环利用，以及运到外地回填（如运到珠海填海），其余部分则主要通过临时受纳场简易堆置。这些受纳场一般位于郊区，多为废弃的采石场。

随着城市功能定位的转变以及突发性事故的增多，许多生产企业或工厂逐步被迁出主城区。比如，2015 年"8.12"天津港危险品仓库爆炸事故导致受污染的建筑面积达到 191.7 万 m²，其在"改 – 迁 – 建"的过程中所产生的废弃物可能含重金属或高毒性有机污染物，使得建筑垃圾的处置安全与环境问题更为严峻。

随着城市建筑垃圾量的增加，垃圾堆放点也在增加，而垃圾堆放场的面积也在逐渐扩大。垃圾填埋场发生垃圾堆体崩塌主要是因为垃圾堆体的稳定性欠佳，在偶然的外力作用下发生的。影响垃圾堆体稳定性的因素很多，填埋场作业不规范、垃圾填埋场产生的渗滤液不能及时导排而在垃圾堆体中形成含水层、填埋场设计缺陷、地表径流或持续暴雨的冲刷都可降低垃圾堆体的稳定性。

对建筑垃圾堆场进行安全评价目的是查找、分析和预测工程、系统存在的危险、有害因素及危险、危害程度，提出合理可行的安全对策措施，指导危险源监控和事故预防，以达到最低事故率、最少损失和最优的安全投资效益。

目前国内外常用的安全评价方法有数十种，主要评价方法如下：（1）概率法评价方法，其是安全评价的一个发展方向，也是一种精度较高的定量安全评价方法。这类方法通过综合分析系统最基本单元元件的性能及其致灾结构关系，推算整个系统发生事故的概率，通过对灾害后果的估计，来综合反映系统的危险程度，并同既定的目标相比较，判定其是否达到预期的安全要求；或者，将危险概率值划分为若干等级，作为系统安全评价及制定安全措施的依据。此种方法要求数据准确、充分，分析完整，判断和假设合理，并能准确的描述系统的不确定性。（2）安全检查法，是对系统进行科学分析，将一切可能导致事故发生的不安全因素和岗位的全部职责列表，对系统进行逐一检查评分。安全检查表法的优点在于可以事先编制，有利于"群防"和周密分析，避免或减少遗漏重要的不安全因素，方法具体实用。（3）事故分析法，在逻辑推理方法的基础上找出系统中的不安全因素和各种事故的原因。具有如下特点，能详细描述事故原因及其相互之间的逻辑关系，便于发现系统中存在的潜在危险和状态，通过分析、能寻找出控制事故的要素和不安全状态的关键环节，易于进行数理逻辑运算和定量计算，并实现分析计算机化。（4）综合评价法：因为被评价系统多数模糊对象，广泛应用的综合评价法是模糊综合评价法。（5）模糊综合评价法是在模糊数学的基础上逐渐形成并在与工程技术整合中不断完善起来的一种科学研究方法。因它具有适应性强的特点、能很好地处理复杂系统的安全评价问题，成为目前应用最为广泛的评价方法。模糊综合安全评价是借助模糊变换原理和最大隶属度原则，考虑与被评价系统相关的各个因素，对系统安全性做出综合评判。模糊综合评价法可以进行多层次的评价，它根据影响安全因素的层次关系和因素的危险度值，能清晰的反映出多因素的危险状态。这种方法能较好地处理复杂系统的安全评价。但此法最关键的是合理确定各层的因素集数向量集、最末层的因素危险度值、合理的诱导算子、评价集及因素的集化方式。

2.6 建筑垃圾减量化潜力评价

建筑拆除活动产生的垃圾应该作为管理过程中重点控制产出量的对象，促进其高效回收利用将是实现建筑垃圾减量化的有效手段。拆除垃圾作为产出水平最高的类型，要重点针对拆除垃圾，制定提高废弃物利用效率的相关规定。混凝土和砖渣作为体量最大的废弃物，具有最高的回收利用潜力，因为金属类材料具有较高经济价值，因此回收利用率处于最高水平，未来可提高的空间不大，而混凝土和砖渣在回收利用技术不断发展的未来，可提高的利用率具备较大空间。建筑垃圾资源化不仅可以节省原生材料的开采，节约资源消耗，减少温室气体排放量，而且可以减少土地资源占用带来巨大的环境效益，因此，应重视对废弃物的资源化管理。政府应加大对建筑垃圾资源化的扶持力度，从技术研发层面给予相应补贴，并在社会宣传方面给予发挥政府的推广效应，支持资源化企业拓宽产品市场，帮助其实现产品利润的提高，激发企业建筑垃圾资源化回收的积极性。

2.6.1 评价方案

根据建筑施工步骤，建筑垃圾减量评价可分为设计阶段评价，施工阶段评价，拆除阶段评价。

1. 设计阶段减量化评价

设计阶段减量化的方案主要依赖于设计方的意识。根据相关学者的一些调研，建筑垃圾的设计阶段减量化与建筑设计师的工作年限、教育背景和工作量等不无关系，以及国家对于绿色建筑评估系统、建筑垃圾设计减量化等政策的推进。所以在此阶段要进行评价专家打分法是首要选择。

专家打分法是指通过匿名方式征询有关专家的意见，对专家意见进行统计、处理、分析和归纳，客观地综合多数专家经验与主观判断，对大量难以采用技术方法进行定量分析的因素做出合理估算，经过多轮意见征询、反馈和调整后，对项目方案可实现程度进行分析的方法。

专家打分法的程序分为以下步骤：

（1）选择专家；

（2）确定影响债权价值的因素，设计价值分析对象征询意见表；

（3）向专家提供债权背景资料，以匿名方式征询专家意见；

（4）对专家意见进行分析汇总，将统计结果反馈给专家；

（5）专家根据反馈结果修正自己的意见；

（6）经过多轮匿名征询和意见反馈，形成最终分析结论。

2. 施工阶段减量化评价

施工阶段有各种各样的减量化手段，若要做相关评价。可从减量上进行分析。如多个单项工程，具有类似的设计方案，可从不同的施工工艺入手，对比其材料消耗量与剩余材料量。

3. 拆除阶段减量化评价

拆除阶段的减量化评价应该从产生量的分类方面探讨。建筑垃圾产出量的源头与设计阶段有直接关系，如果设计阶段采用装配式建筑等设计方案建造，拆除时的建筑垃圾产出量也会随之减少。另外国内工程现场并没有对各类建筑垃圾进行科学地分类。实施建筑垃圾分类是资源化利用的基础，可实现就地利用，达到进一步减量化的效果，同时通过分类集中外运，有利于提高资源化阶段的利用率，并减少二次废弃物的产生。

2.6.2 资源化能耗估算及碳排放效益评估

资源化技术方面，虽然我国建筑垃圾从工业化生产和应用方面的技术整体来看与国外相比还有一定差距，但在个别领域，我国建筑垃圾资源化技术已经处于国际先进水平，已有的废弃物再生技术足以保证进行建筑垃圾资源化。但是在资源化技术层面，我国学者大多都针对技术研发进行研究，但在废弃物资源化能耗评价上的效益研究较少。基于此，本节根据对全国不同城市的资源化能耗调研结果估算了资源化的能耗，如表 2-7 所示。

表 2-7 建筑垃圾资源化处理不同机械能耗

资源化处理过程	不同机械耗电量（kW·h/t）				平均耗电量（kW·h/t）
（1）给料	0.12	—			0.12
（2）破碎 *	3.56	0.90	2.96	0.47	1.97
（3）除铁 *	0.03	1.90	—	0.05	0.66
（4）筛分	0.18	0.90	0.44	0.47	0.50
（5）轻物质分离	—	—		0.05	0.05
（6）洗选	—	—		1.72	1.72
总计	3.89	3.70	3.40	2.76	5.02

注：* 渣土资源化机械能耗不需进行。

在实地调研中发现，建筑垃圾资源化机械的能耗分为三部分：水耗、油耗和电耗。水耗在于防止机器过热，油耗在于机械连接部位的润滑作用。水耗和油耗均属于微量消耗，可以忽略不计。因此，本文以电耗作为资源化过程的能耗代表指标进行估算。资源化过程中的碳排放量为耗电所产生的碳排放量，填埋过程中的碳排放量为厌氧填埋碳排放与原生材料开采碳排放量之和。计算公式如下。

$$E_y = E_r + E_l = CDW_y \cdot R \cdot B \cdot B_c + CDW_y \cdot LR \cdot LR_c + CDW_y \cdot LR \cdot S_c \qquad (2\text{-}14)$$

式中，E_y 为第 y 年建筑垃圾处理处置的碳排放总量，E_r 为资源化处理碳排放量，E_l 为填埋处理碳排放量，CDW_y 是第 y 年建筑垃圾（或渣土）的产出量，R 为资源化率，B 为资源化过程中的耗电量，B_c 为国家（分为南方、华北、华中、华东、西北电网）电网数据库中耗电碳排放因子，LR 为填埋率，LR_c 为厌氧填埋碳排放因子，S_c 原始石材（或砂土）开采碳排放因子。

本节将填埋与资源化进行对比，计算范例以每 1t 为单位。提供每单位 t 建筑垃圾与工程渣土的填埋与资源化能耗对比。

表 2-8 填埋及资源化过程碳排放因子

类型	碳排放因子	单位
（1）南方电网电力传输	0.78	kg CO$_2$ eq/kW·h
（2）华北电网电力传输	1.24	kg CO$_2$ eq/kW·h
（3）华中电网电力传输	0.77	kg CO$_2$ eq/kW·h
（4）华东电网电力传输	0.94	kg CO$_2$ eq/kW·h
（5）西北电网电力传输	0.96	kg CO$_2$ eq/kW·h
（6）全国平均电网电力传输	0.94	kg CO$_2$ eq/kW·h
（7）厌氧填埋	1.108	kg CO$_2$ eq/t
（8）原始石材开采	26.79	kg CO$_2$ eq/t
（9）原始砂土开挖	39.82	kg CO$_2$ eq/t

（1）单位吨工程渣土填埋：

$$E_y = CDW_y \cdot LR \cdot LR_c + CDW_y \cdot LR \cdot S_c \qquad (2\text{-}15)$$

1t 工程渣土 100% 填埋会产生 40.928kg 二氧化碳排放。

（2）单位吨工程渣土资源化：

$$E_y = CDW_y \cdot R \cdot B \cdot B_c \qquad (2\text{-}16)$$

1t 工程渣土 100% 资源化会产生 2.247kg 二氧化碳排放。

（3）单位吨建筑垃圾填埋：

$$E_y = CDW_y \cdot LR \cdot LR_c + CDW_y \cdot LR \cdot S_c \qquad (2\text{-}17)$$

1t 建筑垃圾 100% 填埋会产生 27.898kg 二氧化碳排放。

（4）单位吨建筑垃圾资源化：

$$E_y = CDW_y \cdot R \cdot B \cdot B_c \qquad (2\text{-}18)$$

1t 工程渣土 100% 资源化会产生 4.719kg 二氧化碳排放。

综上结果对比，无论是资源化建筑垃圾还是工程渣土，都会比填埋减少大量的二氧化碳排放。

2.7 建筑垃圾减量化途径

垃圾减量化（waste minimisation）是一种从源头避免、消除和减少垃圾的方法。在 2020 年新修订通过的《中华人民共和国固体废物污染环境防治法》中，很多条款都体现了"资源化""减量化""无害化"的三化原则。在我国，建筑垃圾是城市垃圾的一个重要组成部分，目前占城市垃圾总量的 30% ～ 40%，所以建筑垃圾的减量化（construction waste minimization）能够有效地减少城市垃圾的产生。

建筑垃圾的再生利用首先要在源头削减建筑垃圾的数量，即从工程设计、施工管理和材料选用等源头上控制和减少建筑垃圾的产生和排放数量。

2.7.1 设计阶段

在建造过程早期的垃圾减量化设计（design out waste 或 waste minimisation by design）可以为建筑垃圾的减量化提供大量的机会。建筑垃圾减量化设计意味着通过建筑设计本身，尽可能减少建造过程中废弃物的产生，并对已产生的垃圾进行再循环、再利用，从而达到减少建筑垃圾总量、节约资源、保护环境的目的。

建筑设计师要尽量的优化设计，降低变更频度，选用少产生建筑垃圾的设计方案，而且设计应便于将来的维修、改造和拆除；推广建筑工业化，扩大使用标准化构件，有利于节约建材原料，可有效减少施工阶段的建筑垃圾；尽可能采用绿色、高性能材料，减少材料用量，促进建筑垃圾再生产品的应用。

2.7.2 施工阶段

改进施工管理和技术，首先要优化施工组织和管理，将建筑垃圾减量化与绿色施工要求相结合，编制建筑垃圾减量化的专项施工组织设计；强化图纸会审和技术交底工作，减少由此导致的施工错误，减少不必要的返工、维修、加固甚至重建工作；尽可能采用新工艺，改进施工效率；还需加强建材管理，认真核算施工用料，减少材料余量，对各类施工余料进行统筹再利用。

2.7.3　拆除后资源化阶段

混凝土和砖渣是废弃物中占比最大的两种材料，但是由于处理成本、技术和经济附加值等问题，造成回收利用率极低，目前多是以简易堆填的方式进行处置，并未经循环利用重新投入到建筑生命代谢的过程中，占用宝贵的土地资源。因此，在废弃物的处理过程中，应该重视对混凝土和砖渣废弃物的管理。尽管我国建筑垃圾产生量逐年递增，但是除钢筋和铝材等金属资源的回收效率较高外，砖石混凝土等废弃物的综合利用率不足 5%，且资源化技术与设备水平相对较低，使得我国总体资源化利用率远低于欧盟（90%）和日本（95% 以上）。

在建筑垃圾处理设施建设方面，我国目前列入官方统计（18 个省市）的建筑垃圾堆填或处理厂有 870 座，其中建筑垃圾受纳场约 800 座，占到了处理厂总数的 90%；固定式资源化处理厂约 70 座，占比 7%。可见，在建筑垃圾资源化利用管理上，缺乏政府的扶持，作为企业来说，由于资源化利润较少，因此市场推广暂时处于较低水平。建筑垃圾种类复杂，数量巨大，在管理方面的确会存在较大难度。然而，经过废弃物资源化技术的研发，学者们发现建筑垃圾可以用来丰富城市的地形景观，通过建筑绿化、改造和创意设计，建筑垃圾甚至可以形成城市堆山公园，或者将废弃物材料破碎后形成路基垫层，减少原生石材的开采。循环利用的处理方式使得建筑垃圾可以重新以资源投入的方式进入建筑的生命代谢活动，节约自然资源的开发和消耗，同时减少输出端的环境影响。

根据调研，我们发现建筑垃圾可以在新建或拆除现场进行初步回收利用，比如说废旧的混凝土和砖块可以通过移动式破碎机在现场进行破碎、筛分后形成不同粒径的骨料，这些骨料可以用于低等级道路垫层使用，而筛选出的钢筋等金属可以销售，从而进行二次回炉；而塑料等杂物，由于不具备回收利用条件，因此可以售往发电厂焚烧发电达到再生利用的目的。为了进一步调研我国废弃物资源化工艺，课题组走访了北京、武汉及郑州的资源化工厂和拆除现场，对资源化工艺和过程中所使用的机器进行了详细的调研，资源化工艺流程如图 2-8 所示。

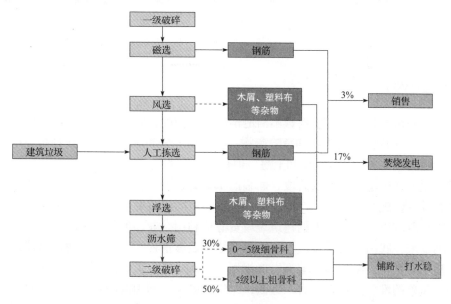

图 2-8　我国建筑垃圾资源化工艺流程

从图 2-8 中可以看到，我国建筑垃圾的资源化过程基本可以归纳为破碎→除铁→筛分→轻物质分离→资源化产品。在破碎阶段，一级破碎和磁选后可以筛分出大量钢筋等金属物质和初级骨料；再利用木屑和塑料等杂物重量较轻，通过风选筛选出此类废弃物；接着利用人工进行钢筋等金属的二次筛选，两次筛选得到的废弃金属送到废品收购站，或者售往周边的冶炼厂，进行二次回炉冶炼，其强度可以满足不同类型的工程要求，同时，回收厂也可以获得一定的经济效益。再者，利用水的浮力作用将木屑及塑料等废物进行二次筛选，得到干净的初级骨料后，进行二次破碎，筛分出不同粒径的粗、细骨料可以作为路面垫层或销售至拌合站制作水稳材料。经过破碎和筛选后的杂物，一般会在回收厂收集完成后，统一运往发电厂焚烧发电。

资源化产品、机械及应用场景如图 2-9 所示。

(a) 资源化粗骨料

(b) 资源化细骨料

(c) 破碎机

(d) 筛分机

(e) 资源化粗骨料垫路基

(f) 细骨料水稳制作

图 2-9　建筑垃圾资源化产品及机械

2.8　本章小结

总体上，我国建筑垃圾存在底数不清的情况。目前列入官方统计数据的主要为城市生活垃圾（清运量）、工业固体废弃物和危险废物，仅极少部分的城市在官方统计报告中对建筑垃圾的产生量列有相关数据（如深圳和上海，但仅为粗略的估算数据）。

在资源化方面则仍处于起步阶段，面临产生量大、资源化利用认识不到位、处理能力不足、技术和设备设施水平不高、产业链不健全等一系列亟待解决的问题。例如，全国已建成投产数十家百万吨以上处理能力的建筑垃圾资源化利用企业，但是其中多数处于亏损或微利状态。长期以来，我国对建筑垃圾再利用没有给予足够重视。一方面，我们对建筑垃圾的管理和再利用不够重视，绝大多数城市发展规划中没有建筑垃圾资源化利用的相关内容，其处理理念仍是简单的堆放或填埋。另一方面，建筑垃圾再生利用制品相关的国家政策法规不健全，产品检测、质量标准及相关宣传报道不足，导致公众对质优价廉的建筑垃圾再生产品认可度不高。

再者，建筑垃圾的处理和利用是一个系统工程，涉及产生、运输、处理、再利用各个层面，其中更是牵扯了建设、发改、环保、工业与信息化等多个行政管理部门，尚未形成建筑垃圾收集、分类、运输、加工、产品检测、市场应用推广的全过程监管体系，现有管理体系实际是相对孤立的，建筑垃圾的处理单凭企业行为和市场运作在初期很难实现。此外，在建筑垃圾产生阶段，缺乏源头减排约束机制。多数发达国家均实行"建筑垃圾源头消减策略"，效果显著。而我国建筑寿命普遍较短、拆除方式粗放，建筑垃圾随意倾倒，导致建筑垃圾产生量大以及由于成本较高造成资源化利用效率低。

建筑垃圾产生量大且以简易堆置和填埋为主的现状造成了极大的资源浪费以及潜在的环境安全影响。《中华人民共和国固体废物污染环境防治法》（2020 年 4 月 29 日通过修订）将"建筑垃圾"从"生活垃圾"单独分出来，明确需单独进行管理。国家发改委在《循环发展引领计划》（征求意见稿，2016 年 12 月）中重点对建筑垃圾资源化的相关政策予以规划。同时，随着我国对废弃物管理和资源化利用的不断重视，一些大中城市随之规划、建设了建筑垃圾填埋场和综合利用中心，并制定了相关的管理办法和激励措施。其中，深圳市作为建筑垃圾资源化的试点城市，相继于出台了《深圳市建筑垃圾受纳场运行管理办法》和《深圳市建筑垃圾运输和处置管理办法》，对建筑垃圾的运输、填埋进行了规范化要求。

总体而言，为进一步加强建筑垃圾的环境管理，确保建筑垃圾相关资源化政策的顺利实施以及妥善处理处置，在获取城市更新改造统计资料数据的基础上，应科学、合理地估算和预测建筑垃圾的产生量及其变化趋势、流向管理特征和环境污染特性，探明不同类型建筑垃圾及其主要组分的有害物质成分与浓度，特别是重金属以及阻燃剂类有机污染物的污染水平和分布特征，解析其产生源并评估其填埋处置过程的溶出特性与环境风险，以提出切实可行的废弃物管理措施和污染控制手段，最大程度地降低其堆填处置或填海带来的环境风险。同时，需要因地制宜地制定相关的配套管理政策、法规、标准和各类激励措施，促进源头减量、过程减量以及提高资源化综合利用效率，节约土地资源，继续加强研究开发高效的资源化工艺技术及设备，规划并设计符合相关标准的资源化设施。

参考文献

［1］ 国家统计局. 2015 中国统计年鉴（年度数据）［M］. 北京：中国统计出版社，国家统计局. 据国家统计局数据库. ［EB/OL］. http://www.stats.gov.cn/tjsj/ndsj/2015/indexch.htm.

［2］ 李平星，樊杰. 城市扩张情景模拟及对城市形态与体系的影响——以广西西江经济带为例［J］. 地理研究，2014（03）：509-519.

［3］ 国家发展和改革委员会. 2014 中国资源综合利用年度报告. ［EB/OL］. http://www.sdpc.gov.cn/xwzx/xwfb/201410/W020141009609573303019.pdf.

［4］ 中国建筑垃圾资源化产业技术创新战略联盟，中国建筑垃圾资源化产业发展报告（2014）. ［EB/OL］. http://news.feijiu.net/infocontent/html/20152/4/4324543.html.

［5］ Lina Zheng, Huanyu Wu, Hui Zhang, et al. Characterizing the generation and flows of construction and demolition waste in China［J］. Construction and Building Materials, 2017, 136:405-413.

［6］ 张小娟. 国内城市建筑垃圾资源化研究分析［D］. 西安：西安建筑科技大学，2013.

［7］ 中国建筑设计研究院. 2014 建筑垃圾回收回用政策研究.［EB/OL］. http://wenku.baidu.com/link?url= UQoesURrEsUM4NvE5ZacHn8kAk5HgZTj5uMfmZEgJFQs6UVEHQ2s8zH7IiTT7DIn96BkxO2eRom4uOp t4aa8TZHdNowIMDfOhATTMR-utL_.

［8］ ISO/DIS14040.EnvironmentalManagement-Life CycleAssessment-Part: PrinciplesandFramework［S］. 1997.

［9］ Huabo Duan, Danfeng Yu, Jian Zuo, et al. Characterization of brominated flame retardants in construction and demolition waste components: HBCD and PBDEs［J］. Science of the Total Environment, 2016, 572.

［10］ Remberger Mikael, Sternbeck John, Palm Anna, et al. The environmental occurrence of hexabromocy-clododecane in Sweden［J］. Chemosphere, 2003, 54(1):9-21.

［11］ Zhiqiang Nie, Ziliang Yang, Yanyan Fang, et al. Environmental risks of HBCDD from construction and demolition waste: a contemporary and future issue［J］. Environmental Science and Pollution Research2015, 22:17249-17252.

［12］ Lebourg A, Sterckeman T［M］. Ciesielski H, Proix N. Inter et dedifferents reactifs d, extraction chemique pour 1, evaluation de labiodi-sponibilite des stations depuration urbaines.1996, Aceme, Angers, France.

［13］ 刘玉荣，党志，尚爱安. 污染土壤中重金属生物有效性的植物指示法研究［J］. 环境污染与防治，2003，25（4）：215-217.

［14］ 党志，刘丛强，尚爱安. 矿区土壤中重金属活动性评估方法的研究进展［J］. 地球科学进展，2001，16（1）：86-92.

［15］ 黄晓锋，云慧，宫照恒，等. 深圳大气 $PM_{2.5}$ 来源解析与二次有机气溶胶估算［J］. 中国科学：地球科学，2014，（04）：723-734.

［16］ 广州市环境保护局. 2015 广州市发布细颗粒物来源解析研究成果.［EB/OL］. http://www.gzepb.gov. cn/hbyd/zjhjbnew/201506/t20150611_80460.htm.

［17］ 北京市环境保护局. 2014 北京市正式发布 $PM_{2.5}$ 来源解析研究成果.［EB/OL］. http://www.bjepb.gov. cn/bjepb/323265/340674/396253/index.html.

［18］ 罗运成. 基于模糊综合评价模型的城市空气质量评价研究［J］. 环境影响评价，2018，40（05）：87-91+95.

［19］ 陈家珑. 我国建筑垃圾资源化利用现状与建议［J］. 建设科技，2014，（01）：9-12.

［20］ 深圳市城市规划设计研究院. 2008 深圳市余泥渣土受纳场专项规划（2011-2020）.［EB/OL］. http://www. sz.gov.cn/csglj/ghjh/ggfwbps_3/201506/P020150626648015178956.pdf.

［21］ 汕头市环境卫生管理局，2016，深圳滑坡事故背后的建筑垃圾处理问题.［EB/OL］. http://www.sthw. org.cn/showxxjy.asp?id=1072.

［22］ Huabo Duan, Jiayuan Wang, Qifei Huang. Encouraging the environmentally sound management of C&D waste in China: An integrative review and research agenda［J］. Renewable and Sustainable Energy Reviews, 2015, 43:611-620.

［23］ 施式亮，何利文. 矿井安全非线性动力学评价及过程可视化［J］. 煤炭学报，2005（06）：746-750.

［24］ 刘永立，刘晓军. 矿井安全评价及其确定方法［J］. 煤炭技术，2002（08）：37-38.

［25］ 张德华. 模糊综合安全评价中初始软划分矩阵的确定［J］. 武汉工业大学学报，1997（01）：92-95.

［26］ 蒿奕颖，康健. 从中英比较调查看我国建筑垃圾减量化设计的现状及潜力［J］. 建筑科学，2010，26（6）：4-9.

［27］ 李欢，金宜英，李洋洋. 生活垃圾处理的碳排放和减排策略［J］. 中国环境科学，2011，31（2）：259-264.

［28］ 李永. 太阳能－土壤复合式地源热泵运行特性研究［D］. 河北工程大学，2007.

［29］ 何琼. 我国建筑节能若干问题及思考［J］. 工程设计与研究，2009（1）：25-29.

［30］ Intergovernmental Panel on Climate Change (IPCC). IPCC Fourth Assessment Report, Working Group 1: The Physical Science Basis of Climate Change, Change in Atmospheric Constituents and in Radiative Forcing［R］. 2007.

［31］ 国家发展和改革委员会. 2014 中国资源综合利用年度报告.［EB/OL］. http://www.sdpc.gov.cn/xwzx/xwfb/201410/W020141009609573303019.pdf.

［32］ Europe Commission. Construction and Demolition Waste Management Report［R］. Europe: Europe Commission. 2015. http://ec.europa.eu/environment/waste/studies/mixed_waste.htm#links.

［33］ Hideko Y. Construction and Demolition Waste Management in Japan［R］. Japan: KAJIMA Corporation, 2014.

［34］ 余毅，建筑垃圾探讨. 第三届全国建筑垃圾资源化经验交流会暨新技术、新产品、新装备及项目现场观摩会研讨课题［C］. 河南郑州. 2016. 郑州：中华环保联合会、中国环境报社.

［35］ 齐长青. 天津市建筑垃圾填埋场堆山造景的研究［J］. 环境卫生工程，2002，3：113-115.

［36］ 王城. 建筑寿命的影响因素研究［D］. 重庆，重庆大学，2014.

［37］ 国家发展与改革委员会. 2011 大宗固体废物综合利用实施方案.［EB/OL］.
http://www.cec.org.cn/d/file/huanbao/hangye/2011-12-30/bb333d8b89c9301c44edf28b6001631b.pdf.

［38］ 科学技术部，发展改革委，工业和信息化部. 环境保护部，住房城乡建设部，商务部，中国科学院，2012，废物资源化科技工程"十二五"专项规划.［EB/OL］. http://www.zhb.gov.cn/gkml/hbb/gwy/201206/t20120619_231910.htm.

［39］ 国家发展和改革委员会. 2016，循环发展引领计划.［EB/OL］. http://www.sdpc.gov.cn/gzdt/201608/t20160809_814260.html.

第3章 工程渣土减量化

3.1 基本原则和方法

3.1.1 减量化原则

国家住房城乡建设部于 2020 年 5 月 8 日印发了《住房城乡建设部关于推进建筑垃圾减量化的指导意见》(建质〔2020〕46 号)。工程渣土的减量化处置应遵循以下几个原则：

1. 减量化优先原则

1996 年生效的德国《循环经济与废物管理法》中明确了减量化优先原则，认为处理固体废弃物的优先顺序为避免产生（即减量化）、反复利用（即再利用）和最终处置（即再循环）。日本基本法《促进建立循环社会基本法》中也确立了固体废弃物处理顺序，将"抑制废弃物的产生"即减量化原则排在最优先位次。

2. 源头减量控制原则

工程渣土的减量化首先要从源头削减，即从规划、设计、施工等源头上控制产生量和排放量。通过科学管理和有效控制措施，在工程渣土形成之前，进行减量化。其次，要建立源头处置责任制，项目开发方无论以任何方式进行土地开发利用，都应承担渣土"谁生产谁清运、谁污染谁治理"的基本社会责任，竭尽全力使渣土的负外部性内部化。

3. 施工现场分类原则

工程渣土的来源不同，其组成和性质也不尽相同，对其进行分类是资源化利用的基础，可实现就地利用，达到进一步减量化的效果，同时通过分类集中外运，有利于提高资源化阶段的利用率，并减少次生废弃物。对工程渣土进行分类，首先要掌握其资源性、工程性和污染性，再确定其减量化途径。资源性指标包括颗粒级配、矿物组成、杂质含量等；工程性指标包括密度、含水率、含砂率、液塑限、圆锥指数等；污染性指标包括 pH 值、有机污染物、重金属浸出浓度等。

4. 循环经济原则

要实现工程渣土减量化，应将城市工程建设纳入循环经济中，按照循环经济的原则指导工程渣土的处置和管理，用"最适资源→最适生产→最适产品→最适消费→最适再生资源"的理念重构经济增长方式和运行过程，最终构建一个"最适生产、最适消费、最适循环、最适废弃"的协调型社会。我国确立的《循环经济促进法》明确了减量化的意义，要求企业进行技术革新和生产方式的变革，改变传统的高投入、低产出、高污染的粗放型方式，建立建筑企业内部的工程渣土循环系统，构建城市工程渣土减量化系统，将排放工程渣土的单位和需要工程渣土的单位有机地结合起来。

5. 安全性原则

工程渣土中可能会含有害物质，如化工园区、加油站、污水泄漏点中产生的工程渣土。这些工程渣土在露天堆放、回填或填埋后，其中的有害物质会随着雨水逐渐下渗，造成：（1）土壤污染，影响土壤的资源化利用；（2）地下水污染，对宝贵的淡水资源造成破坏。这种情况下，需要采取物理阻隔、化学稳定或生物降解技术对这些工程渣土进行无害化处理，确保其在再利用过程中的安全性。

6. 集中处置原则

随着城市化进程的推进，大规模的建设项目越来越少，尤其是市区内的工程，施工用地十分紧张，对工程渣土进行直接就地处置难度较大。工程渣土后端的资源化应以长期的外围集中处理为主，其具有显著优势：（1）外围集中模式不受工程项目地理位置限制，通过统筹布局选点能覆盖全城的工程渣土源头，如杭州市谢村渣土中转码头（图3-1）；（2）便于运行管理，有利于各环节结合，便于实现工程渣土的全面利用，为形成资源化产业体系提供基础条件。

图 3-1　杭州市谢村工程渣土中转码头

3.1.2　减量化方法

（1）规划阶段

将工程渣土的消纳、处置、综合利用等设施的设置列入城市总体规划，在宏观层面实现对工程渣土进行源头减量化的管理；制定的规划一方面要能够在最大程度上满足城市发展的需求，另一方面要尽量做到工程渣土的就地平衡利用，即产出与回填动态平衡，尽可能减少从施工现场排出工程渣土；对于重新利用有困难的则应适当予以处理；加强产生源头管理，做好申报和监督工作，落实"谁产生、谁负责"的原则；建立街道级渣土管理网络及全区渣土管理信息系统，统筹管理，提高效率。

（2）设计环节

优化工程设计方案，加强科学设计，发挥设计方案的前置导向作用。在建筑工程、市政工程、水利工程、交通工程、铁路工程、绿化工程等项目的设计中，结合场地地形地貌，通过合理的竖向设计和基坑支护方案，尽量减少工程渣土的排放量。综合利用提升室外设计地面标高、加强竖向标高规划控制、增加绿化覆土厚度、局部堆坡造景等方式，提高工程渣土就地消纳量。在设计选择上，优选采用经过现场处理的工程渣土作为回填材料；设计单位应在进行工程设计时将工程渣土限额产生量、回填土方量及减排措施、资源化利用措施等列入设计说明。

（3）施工过程

推进渣土分类堆放，工程渣土应根据资源化利用要求，按照渣土类别分类堆放，如有条件的建设工地内部应设置专用分拣区；推行渣土科学回填，工程渣土应科学利用，优先自身消纳，如用作回填。表层耕植土可用于场地绿化栽植用土；深层土满足填料性能要求的，可作为填料用作回填，不满足要求的，按相关规定进行改良处理用作回填；采取分散处置异地回填、集中处置再生利用等措施，实现区域内工程渣土转场消纳平衡，进行资源化再利用，剩余的工程渣土运往受纳场处理。

3.1.3 减量化评价

1. 计算方法

工程渣土外排量是指工程挖、填土方平衡后多余的土方，这些土方必须运出工地以外到准许抛堆的地方或是进入消纳场进行资源化再利用。工程渣土减量化即减少工程渣土的外排量，可以从减少产生量、增加再利用量两个方面入手。

减少工程渣土产生量是指通过改进施工技术等方法，从而减少施工过程中工程渣土的产生量。工程渣土的产生量可以利用式（3-1）进行简化评估：

$$M = \rho V = \rho A H \tag{3-1}$$

式中，M 为工程渣土产生量，t；ρ 为工程渣土天然密度，t/m³；V 为工程渣土开挖体积，m³；A 为平均开挖面积，m²；H 为平均开挖深度，m。

增加工程渣土再利用量是指通过调整规划策略、改善设计方案等方法，从而提高工程渣土的场内再生利用率。工程渣土的回填再利用量可以利用式（3-2）进行简化评估：

$$M' = \rho'V' = \rho'A'H' \tag{3-2}$$

式中，M' 为工程渣土回填量，t；ρ' 为工程渣土回填压实后的密度，t/m³；V' 为回填区域体积，m³；A' 为回填区域平均面积，m²；H' 为回填区域平均深度，m。

工程渣土的外排量可以利用式（3-3）进行计算：

$$Q = M - M' \tag{3-3}$$

式中，Q 为工程渣土外排量，t；M 为工程渣土产生量，t；M' 为工程渣土回填量，t。

2. 评价方案

工程渣土的减量化评价应从规划、设计、施工三个方面分别进行，评价的方法可以采用层次分析法、专家打分法等系统的评价方法。

规划方面的评价标准主要为：

（1）是否将工程渣土的消纳、处置、综合利用等设施的设置列入城市总体规划；

（2）是否做到工程渣土的就地平衡利用，即产出与回填动态平衡；

（3）是否做到工程渣土源头管理、申报以及监督工作；

（4）是否建立了渣土管理网络及管理信息系统，做到统筹管理。

设计方面的评价标准主要为：

（1）是否结合场地地形地貌，通过合理的设计减少了工程渣土的排放量；

（2）是否通过提升室外设计地面标高、加强竖向标高规划控制、增加绿化覆土厚度、堆坡造景等方式，提高工程自身渣土消纳量；

（3）是否将工程渣土限额产生量、回填土方量及减排措施、资源化利用措施等列入设计说明。

施工方面的评价标准主要为：

（1）是否将工程渣土按照类别分类堆放，设置专用分拣区；

（2）是否优选采用经过现场处理的自身工程渣土作为回填材料；

（3）是否采用了异地回填、集中处置再生利用等措施，实现区域内工程渣土转场消纳平衡；

（4）是否将剩余的工程渣土运往受纳场处理。

3.1.4　减量化案例

1. 光明区中山大学（深圳）

中山大学·深圳建设项目（图 3-2）位于光明区新陂头河以南、公常路以北的猪公山区域，建设用地面积 1102373.05m²，用地面积较大，且基本为新建设区。该项目开展方案设计时因地制宜，充分尊重场地条件，顺应原有地形地貌，建筑群落随山就势、高低错落，营造多层次渗透的、具有鲜明岭南文化特征的现代大学校园空间。

图 3-2　光明区中山大学（深圳）项目

该项目场地内的土方平衡的优化途径及措施主要有：（1）优化部分道路坡度及路型，更好贴合等高线以减少开挖及相关支护；（2）优化部分建筑正负零、适当增加台地以更好适应地形变化；（3）优化部分山体支护放坡坡度及做法，尽量减少土方开挖；（4）优化管廊断面形式及走向；（5）现状地形可保留部分不作破坏，尽量减少开挖范围。

据初步测算，目前土方平衡优化方案总填方量 141.82 万 m³，总挖方量 228.88 万 m³，总净方量 87.06 万 m³。与之前方案相比，减少填方量 0.97 万 m³，减少挖方量 11.64 万 m³，减少净方量 10.67 万 m³。

2. 龙华区"建发玺园"项目

龙华区"建发玺园"项目（图 3-3）位于福城街道管辖区，用地面积 26085.35m²。该项目加强竖向规划设计，对地下停车场面积、停车位数量、预计工程土方量进行了严格要求。其中：将地下室面积从原方案的 26400m² 调整为 11400m²，减少了 15000m²；地下室由开挖两层减少为开挖一层，将开挖土方量从 132300m² 调整为 85500m²，减少了 46800m²；将机动车停车位数量从原方案的 386 个调整为 269 个，减少了 117 个。

图 3-3　龙华区"建发玺园"项目

3. 汇川技术总部大厦

汇川技术总部大厦项目（图 3-4）场地东西向长约 190m，北高南低，高差约 5.5m。方案设计时对用地内的竖向空间做了详细的规划研究，以确保项目用地沿线设计标高与周边道路设计标高的关系协调，且注重场地内的无障碍设计。

通过土方量估算，项目采用以下土方就地平衡措施，以达到减少工程渣土排放的目的：（1）设计顺应地形的台地式地下室，适当提高项目的设计标高以减少开挖的土方量；（2）本项目绿化面积约 3795m²，将工程渣土作为绿化覆土再利用；（3）在满足海绵城市的前提下，利用工程渣土在约 18000m³ 的集中绿地（其中公共空间约 1800m³）上进行城市微地形塑造。

通过上述三项技术措施，该项目基本实现场地内部土石方平衡。

4. 西安交通大学科技创新港

新中国成立以来，陕西同时开工体量最大的公共建筑工程项目——中国西部科技创新港科创基地工程（图 3-5），共有 48 个单体，占地 1750 亩，总建筑面积 159 万 m^2，建设周期两年。

在创新港控规编制过程中，项目组为土方平衡的规划设计要求，进行大量竖向和土方计算，并给出竖向高程总体呈自西向东折线式降低、南北高、中间低的布局规划方案，旨在实现场地内土方平衡，减少建设过程中土方运输的工程量。创新港

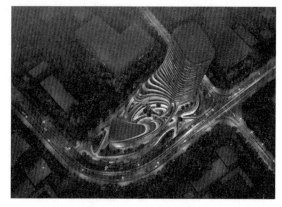

图 3-4　汇川技术总部大厦

工程的原状地面较永久地面高程差 2m 多，从设计及施工两阶段，针对土方整体平衡做了仔细策划。开挖土方共 96 万 m^3，就地回填 67 万 m^3，二次回填了 29 万 m^3，做到土方无外运，全部场内平衡（图 3-6）。

图 3-5　中国西部科技创新港

图 3-6　施工现场土方平衡

3.2　回填处理

工程渣土按颗粒以及含水率的大小可以大致分为粗粒多、含水率低的工程渣土以及细粒多、含水率高的工程渣土。对于高含水率的细粒渣土，需采取脱水、化学固化或加筋处理后才能应用于实际工程，而对于低含水率的粗粒渣土可以通过简单处理或直接应用于加固软土地基、路基换填等。工程渣土回填处置方式主要有以下四种：建筑工地回填、低洼地回填、新地块回填、路基回填。

3.2.1　建筑工地回填

工程渣土在建筑工地回填中主要用于软弱地基加固处理、地坪抬高、场地整平。

1. 工程渣土桩加固软土地基

软弱地基是一种不良地基，具有强度较低、压缩性较高和透水性小等特性。工程渣土桩

是近两年兴起的一种加固软土地基的新方法，适合加固设计承载力不大于 160kPa，且建筑

物埋深较浅的软土地基。工程渣土桩是利用重锤按一定落距夯击的软土地基，在夯击形成的深孔中充填工程渣土（图 3-7），再进行夯实，形成一个个加固柱体，挖去因打桩而隆起的土，其上再覆盖一层工程渣土层，它综合了换填、强夯、挤密桩和袋装砂井等处理软土地基方法的优点，具有造价低、工期短、施工设备及施工工艺简单、振动小和效果好的特点。工程渣土桩的施工工艺主要有以下几种：

图 3-7　工程渣土桩

（1）冲击成孔。利用特制柱状重锤反复冲击土层成孔，直到锤底达到桩底设计标高，然后分层填料夯扩成桩。该成桩工艺适用于成孔时不塌孔或塌孔及缩径不严重的土层，对于深厚饱和软黏土层不宜采用。

（2）填料成桩。成孔后再分层填入工程渣土成桩，填料在施工过程中挤入孔壁及下部土体，增加了桩孔侧壁的稳定性，防止了塌孔及缩径。该工艺适用于大面积施工，特别是对于深厚松软土层，成孔速度较慢，对塌孔不太严重的土层。

（3）复打成桩。在冲击成孔分层填入工程渣土后初步夯实，停止 7 ~ 15d 后对原桩位或桩间土进行复打，即再次冲击成孔，然后分层夯填碎砖三合土成桩。该工艺简便易行，适用于大面积施工，可以采用流水作业方式进行施工，能保证一定的施工速度。

工程渣土桩加固软土地基，特别适用于旧城区改造中的软土地基工程。例如，山东聊城市国奥大酒店、天津大港水厂虹吸滤池和加速澄清池、山东聊城市东昌府区湖上乐园宾馆、河南省洛阳市东城壕小区 8 ~ 10 号住宅楼等地基加固工程。当采用渣土桩法处理杂填土层时，由于杂填土透水性强不利于防水，需要采取结构措施和防水处理措施。例如，北京某处较厚回填土层的铁塔基础工程，先采用夯扩水泥渣土桩对地基进行处理，再配合板式基础的处理方案，既满足了工程要求，又节约了成本。

2. 地坪抬高或场地整平

场地整平是指在开挖建筑物基坑（槽）前，对整个施工场地进行就地挖、填和整平的工作（图 3-8）。如果采用黄土、砂石等天然土料进行场地的回填整平，则需要大量购置费用，造成工程建设成本增加。但若能利用工程施工过程中产生的工程渣土进行回填整平，既能省去天然土料的购置费用，又能大大削减工程渣土的处置费用，实现工程渣土的可再生利用。

在进行场地整平之前，应首先对场地进行勘察，了解周边环境和地形地貌，做好各项准备工作，如清除场地内所有地上、地下障碍物；排除地面积水；铺筑临时道路等，然后划定要整平的范围，确定场地设计标高，并计算挖、填方工程量，最后对场地进行整平碾压。地形图的处理和数据采集可通过程序完成，根据地块划分方式的不同，场地整平可分为斜坡法、平台法、台阶法等几种方法，土方量的计算目前一般采用程序计算，常用的方法是方格网法和断面法。

场地整平施工内容分为以下几方面：（1）清理范围内及附近周边的场地，如有河塘、淤泥沟道，应抽干水，挖去淤泥，用工程渣土或天然土料分层填实到设计标高；（2）排除地面

水，设置排水沟、截水沟或挡水坝，以保证场地平整后能够保持干燥状态，利于后续施工；（3）修建临时设施，进行场地整平施工，对于较大场地一般采用机械施工；（4）利用工程渣土进行回填并夯压密实，压实方法一般有碾压法、夯实法、振动压实法等。粗粒工程渣土具有较好的物理及化学稳定性，如遇水不冻涨、不收缩、土体颗粒大、比表面积小、含薄膜水少、透水性好，能够限制毛细水上升等。在潮湿状态和潮湿环境下，工程渣土强度变化不大，可作为基础垫层，但是由于工程渣土填埋地基的承载力较低，需要进行地基加固处理后才能在上面建造建筑物。

在实际工程中，通常会根据建筑场地特点及建筑物对地基变形及强度的要求，并结合区域施工经验，选择两种及以上的场地回填整平工艺。例如，西安和谐型大功率机车检修段工程中，对于工程渣土分布厚度小于等于7.0m区段采用冲击碾压技术，厚度大于7.0m区段采用强夯技术，其中超过7.0m的工程渣土坑，用强夯处理回填至7.0m后再用振动碾压技术逐层回填至设计标高。

图3-8　场地整平

3.2.2　低洼地回填

低洼地通常是指较周围地面相对较低的地形，因排水不畅造成常年积水，季节性积水，或地下水位较高，对种植有明显不良影响的土地（图3-9）。低洼地类型较多，特征和成因也不尽相同，但均受自然因素和社会因素的共同影响，主要与当地的地形、气候水文以及人类活动等条件相关。随着我国城市化的迅速发展以及土地需求量的不断增加，需要对城市中这些因早期发展而遗留下来的低洼地通过合理规划、采取积极有效的措施来实现其再利用。

由于低洼地区地下水较高等原因，通常很难做到先清淤再回填，因此常常选择

图3-9　鱼塘洼地

先回填后处理的方式。采用工程渣土作为回填材料对低洼地进行回填，施工内容主要包括：（1）排水挤淤，即先按要求进行排水，再采用大型推土机将大方量的工程渣土推下并碾压挤淤至一定厚度；（2）填料摊铺，即采用自卸车、装载机和推土机摊铺渣土，将大块拣除或破碎，用渣土细料嵌缝；（3）填料压实，即用重型推土机预压推平后再用重型振动压路机振压密实。

使用工程渣土进行回填处理之后的低洼地不仅可以用作建筑用地，又减少了城市土地资源的荒废率，美化了城市环境。因此，城市近郊低洼地的再开发利用是我国城市化快速发展的必然要求。以山东省聊城市为例，该地区属黄河冲积平原，地势低平，受黄河历次决口改道和自然侵蚀的影响，形成了微度起伏，岗、坡、洼相间的平原微地貌。浅平洼地、缓平坡地和河滩高地是区内的主要地貌类型。由于聊城人均占地面积远低于山东省的平均水平，因此对低洼地进行开发利用成为提高人均占地面积的重要措施之一。聊城市北郊因早期发展而遗留下来的一些低洼地被改造成为建筑用地，利用工程渣土回填场地，在建筑物基底外扩 5～10m 范围打设扩孔桩，采用挤密基底垫层法进行地基处理，提高地基承载力，使其达到建筑物承载需求；聊城市闸北居民小区的后面几排居民楼也是通过工程渣土回填，打桩造地后建成的；聊城市原砖瓦厂和原聊城市师范学院农场上建设的站北小区，也有一部分（西南角）是在利用工程渣土回填再打桩后形成的土地上建成的。

3.2.3　新地块回填

城市建设是城市这个"复杂系统"的一个重要组成部分，城市建设的各组成部分也是一个紧密联系的有机整体。目前在城市建设过程中主要存在以下矛盾：（1）一方面在寻找合适的土地建设城市，同时需要大量建筑材料从城市系统以外运入，另一方面又在寻找合适的土地排放城市建设产生的工程渣土；（2）随着城市化进程的不断加快，建筑所占用的面积不断扩大，耕地面积在逐渐减少，如何协调现阶段城市建设与耕地保护之间的关系，也是当前需要解决的重要问题。随着我国城市建设对土地需求的不断增加，合理规划建设用地就显得越发重要。

利用工程渣土对城市周边海域进行回填，抬高地平形成人造陆地，即填海造地（图 3-10），是缓解城市建设矛盾的一项重要举措。对于山多地少的沿海城市，如日本、我国的香港、澳门、深圳、大连、天津等，填海造地能够对城市有限空间的发展起到重要的作用。2014 年我国颁布的《围填海工程填充物质成分限值》规定了围填海工程填充物质的材质要求及分类，指出建设、修缮、拆除等工程产生的未受到污染且有机物质含量低的建筑垃圾和弃土，抛填后不会与周围海域环境发生显著的化学反应，

图 3-10　填海造地

可以用作围填海工程材料。将工程渣土作为回填材料进行回填，主要包括以下施工内容：（1）填埋前分拣，对工程渣土中有害物质进行无害化处理，可再利用的材料进行收集处理；（2）破碎筛分，将工程渣土进行破碎处理，使其成为粒径大小较均一的填料，有利于后续桩

基础和其他基础的处理；（3）堆载预压，将处理后的工程渣土进行分批分块填埋，与素填土层分层或混合后进行碾压，一次完成回填和地基处理。

　　我国从21世纪50、60年代就开始了围海造地活动，平均每年围填海230～240km²。目前，我国城市周边海域的填海造地面积已超过4800km²。1997年，大连市政府对星海湾进行改造，利用工程渣土填海造地114公顷（1.14km²），开发土地62公顷（0.62km²），最后建成了占地176公顷（1.76km²）的星海广场，是当时亚洲最大的城市广场，如图3-11和图3-12所示。自2016年"太湖垃圾倾倒事件"发生后，上海市严禁市内所有工程渣土运至外省市，并决定将工程渣土用于浦东机场围海造地等工程，浦东机场（图3-13）的第五跑道实施了"吹砂补土与堆载预压工程"，工程造价5154.86万元，吹填面积85.7万m²，长1270m、宽704.5m、总工程量389万m³，工程质量等级被评定为优良。2016年，上海提出利用工程渣土填海造岛建生态型"海上城市"（图3-14），并采用填海式、浮体式、围海式和栈桥式相结合的综合施工模式。据有关部门预测，建设面积为6～7km²的"海上城市"大约需要5400万m³的填充材料，这为大量工程渣土的处置找到了新的途径。

图3-11　原星海湾

图3-12　星海广场

图3-13　上海浦东机场

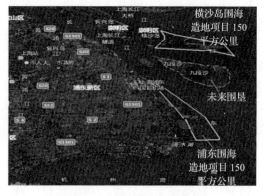

图3-14　生态型"海上城市"

3.2.4　路基回填

　　将工程渣土用于路基填筑，不仅可以实现工程渣土的资源化再利用，减少对生态环境的影响，而且还能较好地解决回填土料远距离运输的困难，在一定程度上可以大大降低工程施工成本。同时，按照国家用地分类标准，城市道路与交通设施用地占城市建设用地比例一般为 10% ～ 25%，将工程渣土应用于新规划地块中的道路建设，既可以满足工程渣土的资源化利用，又可以解决新规划地块道路建设的材料需求。

作为路基填料，其强度指标需要满足一定要求。工程渣土的细料与粗料压碎值均较低，混合料的强度比黏土和粉土高 5 ～ 8 倍，接近于掺杂低剂量的石灰改性土的强度值，能够满足路基填料的要求。路基填筑对填料的级配要求不高，为保证填料密实，路床填料中粗料比例宜为 75% ～ 85%，最大粒径应小于 60mm，路堤填料中粗料比例宜为 15% ～ 75%，最大粒径应小于 200mm。对不同来源的工程渣土，在使用前要经过预处理，如用碎石机改制过大粒径，分离腐殖土、有毒有害物质、有机物、生活垃圾等。

将工程渣土用作路基填料主要有两种实现方式。一种方式为直接将工程渣土代替道路地基铺设过程中的其他土料。工程渣土作为路基填筑材料稳定性较好，沉降量和工后沉降量远小于软土路基的允许值。例如，在上海世博会园区工程中，利用高强高耐水土体固结剂固化工程渣土，并将其用于园区道路路基的加固处理，此外园区停车场亦采用工程渣土作为铺装结构的基层材料（图 3-15）。另一种方式为利用工程渣土对原软弱土层进行替换改良，从而解决路基翻浆问题。由于地下水位高、排水不畅、土质不良、含水过多等因素使路基湿软，在行车荷载反复作用下，路基容易出现弹软、裂缝、冒泥浆等翻浆现象（图 3-16）。这种路基翻浆现象多发生在我国北方地区，传统的翻浆处理需要大量石灰、水泥等，既不经济，也不利于环境保护。工程渣土换填法是一种既经济又有效的路基翻浆处理方法，其工艺原理是将基层底面以下一定范围内的软弱土层挖除，换填压缩性较低的工程渣土，并分层碾压至设计要求的密实度，使其满足道路上部结构对路基强度和稳定性的要求。2006 年，石家庄市在体育大街南延工程（308 国道—石环公路段）中成功利用工程渣土对出现路基翻浆问题的路段进行了处理，降低了施工成本，取得了良好的经济效益、社会效益和生态效益。

图 3-15　上海世博会园区停车场

图 3-16　路基翻浆

利用工程渣土填筑路基的施工过程主要包括下承层准备、施工放样、备料、拌和、整形碾压、养护等。下承层表面应平整、坚实，具有规定的路拱，没有软弱地块，下承层的低洼和坑洞，必须经仔细填补和压实，在松散处应松土后洒水并重新碾压，以达到平整密实。工程渣土单位面积体积用量需根据底基层厚度和压实度标准进行换算，用摊铺机或人工均匀摊铺于路段中，用压路机碾压至表面平整，并根据最佳含水量和天然含水量的差别在集料层上均匀洒水闷料，防止出现局部水分过多的情况。用稳定土拌和机将水泥拌和至稳定层底，利用平地机初步整平和整形，用重型轮胎压路机在路基全宽内进行碾压，再采用振动压路机和轮胎压路机碾压。碾压过程中，工程渣土表面需始终保持潮湿，当表层蒸发较快时，需及时补洒适量水分。

3.2.5 典型工程案例

1. 徐州市郭庄路工程洼地回填及路基处理

江苏徐州市郭庄路工程全长 2416.77m，由徐州市市政设计院设计，徐州市市政工程总公司施工，建设工期 380d。道路经过地段分布有大小各异、深浅不一的鱼塘，共计 7 个大型鱼塘，其中最深可达 6.00m，工程预计需填方 40 万 m^3。鱼塘底部一般有 0.5 ～ 0.7m 厚的淤泥，淤泥层下约 0.5m 厚的过渡层（由淤泥土向黏土层的过渡层），以下为较厚的更新统黏土层，厚度超过 10.0m。黏土层压缩模量为 17 ～ 19MPa，重度为 19.5 ～ 20.0kN/m^3，基本承载力为 450kPa，该黏土层具有低压缩性、承载力高的特点，工程性质较好。由于路基填方量大，基于徐州市现状，决定采用工程渣土填筑路基，即该路的鱼塘段地基处理和路基填筑均采用工程渣土。

鱼塘段地基处理方案：（1）鱼塘排水挤淤，先按要求进行鱼塘排水，填筑 60 ～ 70cm 的石块、混凝土块，排水后由道路中线方向逐步向前填石挤淤，采用大型推土机碾压将大块工程渣土推下挤淤，填石挤淤厚度 60 ～ 100cm；（2）鱼塘摊铺，采用自卸车、装载机和推土机摊铺渣土，将 30cm 以上的大块清除或破碎，用渣土细料嵌缝，控制松铺厚度为 50 ～ 60cm，压实厚度为 40cm 左右；（3）鱼塘压实，用重型推土机（220 型）推平预压 2 ～ 4 遍后用重型振动压路机（18t）振压 4 ～ 6 遍。

工程渣土路基填筑方案：（1）路基摊铺，用自卸车、装载机和推土机进行摊铺，填筑工程渣土虚铺厚度 50 ～ 60cm，压实厚度 40cm；（2）路基压实，采用 220 型推土机预压 4 遍进行整平，然后用重型振动压路机（18t）振压压实，用 18J 型压路机碾压 4 ～ 6 遍，直至最后一遍碾压沉降量小于 5mm。

根据《公路路基路面现场测试规程》（JTJ 059—95），设计了两种工程渣土路基填筑结构（图 3-17）：（1）工程渣土路堤 +80cm 素土路床，掺灰量控制在 5% ～ 7%，工程渣土上、下路堤的压实度为 93%、90%，路床的压实度为 95%；（2）工程渣土路堤 +50cm 改性工程渣土下路床 +30cm 灰土上路床，工程渣土上、下路堤的压实度为 93%、90%，工程渣土下路床采用掺加细料改性，掺加量为 20% ～ 30%，灰土上路床掺灰量控制在 5% ～ 7%，压实度为 95%。按该方案对郭庄路工程进行指导性施工，各项技术指标均能满足市政道路工程质量控制指标。

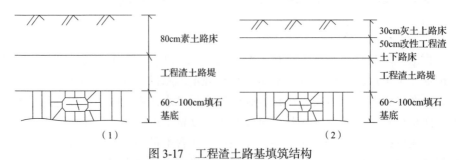

图 3-17　工程渣土路基填筑结构

为了监测工程渣土填筑路基的稳定性，设置了 6 个沉降观测点，从 2003 年 11 月 23 日至 2004 年 3 月 18 日 114d 共观测 17 次。观测结果表明，该路基稳定性好，沉降量小，日平均和月平均沉降量分别为 0.23 ～ 0.32mm 和 6.84 ～ 9.47mm，远小于软土路基允许沉降量。该工程于 2004 年 4 月 1 日竣工后交付使用，至今完好，如图 3-18 所示。

图 3-18　江苏徐州市郭庄路

2. 京赞公路软弱路基处理

京赞公路是连接北京至河北省赞皇县的一条干道，也是石家庄西部的一条重要通道，施工的上庄段养护工程位于京赞公路 k255+900 ～ k256+700 段。根据交通量调查及石家庄市西部生态新区规划，将由原二级公路提升到一级公路标准。该路段左侧施工前是为当地农业提供灌溉水源的源泉渠，渠深 1.8m，常年有水。在随后的路基施工中，清理渠底片石、挖除原基础 50cm 深后进行碾压时，出现大面积"弹簧"现象。考虑到渠底长期浸水、工期、经济性等因素，决定采用工程渣土换填压实的方案。

首先挖除软弱土层，根据土壤含水量的不同按路床标高减去 50 ～ 90cm（换填厚度）为控制标高一次挖掘到位；然后用推土机整平初压，在挖除软土过程中用水准仪跟踪测量并做好记录以控制标高，为压实工作展开提供原始数据；其次，工程渣土运进后用挖掘机或推土机进行摊铺，对较大砌块需拍碎或压碎至最大粒径不超出 25cm，填筑厚度为 60cm 左右；接着，碾压前沿路中线方向每 20m 测量弯沉值和高程，采用徐工 XS261 双轮振动压路机进行整平压实，至最后一遍碾压沉降量小于 5mm；碾压完毕即可人工配合平地机或推土机进行表面整平，并用振动压路机或三轮碾静压，达到外观平整密实，宽度、平整度、纵横坡度达到路基验收标准。

京赞公路上庄段养护工程 k255+900 ～ k256+700 段路基换填工程渣土后，各项指标全部达到了路基验收标准。实际通车运营后，没有发生任何工程质量问题，获得了比较令人满意的效果（图 3-19）。该工程渣土换填方案缩短了工期，降低了工程造价，比翻挖晾晒及掺拌生石灰粉处理方案更加简单、更加经济。

图 3-19　京赞公路

3. 深圳华星光电 G11 项目土地整备

深圳市华星光电技术有限公司为进一步扩大我国在 TFT-LCD 产业中的市场份额，于 2016 年 11 月 30 日正式宣布 G11 项目对外开工。G11 项目选址在深圳市光明新区红坳社区，周边以工业厂房为主，交通情况一般；周边有金环宇工业园、德吉诚工业园，周围配套设施较齐全。项目占地面积 14 万 m²，建筑面积 60 万 m²，从 3 月开工到 9 月，拆除建筑 91 栋，需完成 50 万 m² 的土地整备工作。在进行项目前期"三通一平"工作时，道路泥泞给材料运输造成巨大压力，经过测量发现道路下的土质十分松软，需要将表层软弱土挖除之后，再从别处运送适合做路基的土回填并层层压实。

　　土地整备工作具体实施步骤如下：首先，合理规划使用土地，对施工场地合理设计施工，做好准备工作；其次，根据设计方案将路面表层软弱土挖除；接着，利用项目周边产生的工程渣土作为回填材料，将工程渣土运至场地内均匀摊铺；然后，分层回填工程渣土，利用压路机对场地进行整平压实，分层压实至设计标高，最后一遍碾压沉降量小于5mm。华星光电G11项目共涉及红坳村整村搬迁、深圳市凤侨实业发展有限公司地块、华星光电G11项目原长凤路地下管线整备补偿、俊达花木场4个子项目。截至2017年6月，华星光电G11项目土地整备工作已全部完成（图3-20），为助推华星光电G11项目落地打下坚实基础（图3-21）。

图3-20　土地整备

图3-21　华星光电G11项目

3.3　堆山造景

　　利用工程渣土进行堆山造景是实现工程渣土减量化的另一重要途径。目前，我国已有较多用工程渣土堆山造景的工程案例，例如北京奥林匹克森林公园、天津堆山公园、江苏无锡金匮公园、辽宁铁岭凤冠山景观等。堆山造景工程主要涉及地基处理、堆坡工艺、景观设计三个方面的内容。

3.3.1　地基处理

　　近年来，在城市建设中，堆山造景工程越来越多，且规模也越来越大。然而，堆山造景工程往往具有堆载量大、堆载面积广等荷载分布特点，不同于一般建筑工程，如处理不当极易诱发一系列的城市环境岩土工程问题。例如江苏某市建造在软土地基上的堆山工程，设计高度54m，当堆到40m时，突然发生大规模垮塌事故（图3-22），一度造成工程停滞，给周围道路及建筑造成安全隐患。上述事故发生的原因主要是堆山体填筑荷载大大超过地基承载力，造成地基不均匀沉降和失稳破坏，

图3-22　堆山工程地基塌陷事故现场

从而进一步导致山体沉陷和滑坡。因此，在软土地基上进行堆山造景时，必须结合山体荷载形式制定合理的地基处理方案，使地基承载力满足堆山体要求，同时地基沉降和沉降差控制在安全范围内。

目前堆山造景工程中采用的地基处理方法主要有以下几种：

1. 堆载预压排水固结

堆载预压排水固结地基处理法的机理是：在排水系统和预压荷载共同作用下，饱和软土中的孔隙水被慢慢排出，孔隙比减小，地基发生固结变形，地基土的强度逐渐增长。此法能够使软土地基达到较好的固结效果，提高地基承载力，保证地基的稳定性，最终解决地基的沉降和稳定问题。从加载形式上来看，排水固结施工技术主要包括真空预压法、降水预压法、超载预压法三种形式。为了加速排水固结，上述三种方法均会在表层铺设透水性好的材料来缩短排水路径，使土体内孔隙水压力能够充分消散，提高土体的抗剪强度。

江苏省某植物园堆建一占地面积约 21 万 m^2 的人工山体，山体高度 10～17m。工程所处地基中广泛分布着 0.3～5.3m 厚的淤泥质粉质黏土层，该土层含水量大、强度低，为保证山体的稳定安全，采用真空预压法对地基土层进行了加固处理。在真空度 –80kPa 以下维持 8 周后，表面沉降量达到 113～204mm，表明土体发生了较大的固结变形；累计水平位移 –16.5～–46mm，表明水平位移是向内的，这有利于土体的稳定；孔隙水压力在 3m 处呈现负值，表明深层土体中的水和气在真空荷载下被抽出，土体逐渐发生固结。总体来看，利用真空预压技术进行软基处理的效果还是比较明显的。

2. 砂石桩 + 强夯处理

砂石桩是指挤密桩的一种，是一种常用的软土地基处理方法。利用振动、冲击或水冲等方式在软弱地基中成孔，将砂或砂卵石或砾石或碎石挤压入孔中，形成大直径的砂或砂卵石所构成的密实桩体。这种方法不仅可提高地基土的承载力，还可改善排水固结条件，另外也经济快速、易于施工，可用于处理松砂、软黏土、素填土、杂填土等地基。

强夯法是指将十几吨至上百吨的重锤从几米至几十米的高处自由落下，对土体进行动力夯击，使土产生强制压密而减少其压缩性、提高强度的方法。这种方法主要适用于颗粒粒径大于 0.05mm 的粗颗粒土，如砂土、碎石土、粉煤灰、杂填土、回填土、低饱和度的粉土和黏性土、微膨胀土和湿陷性黄土，对饱和的粉土和黏性土无明显加固效果。

武汉王家墩公园位于汉口城区，平面为五边形，占地面积约 12 万 m^2，地面标高 20.88～26.54m，高差 5.66m。堆山工程占地 70000 多 m^2，主要有 5 座人工山峰（主山高达 15m）、山体间有一条人工峡谷（坡高 3～7m）、峡谷中心广场（环形 2 层观景建筑）、2 座覆土型人防地下车库，面积分别为 $4477m^2$ 和 $12343m^2$，平均底面荷载为 100kPa。地基土层从上到下依次为：杂填土、淤泥、淤泥质黏土、粉土层、砂土层，采用砂石桩和强夯法相结合的方法进行地基处理。通过静载试验表明，经过强夯处理的砂石桩复合地基的地基承载力特征值约为 150kPa，满足设计方提出的砂石桩复合地基承载力特征值不小于 130kPa 的要求，地基处理效果良好。

3. 坡脚设置反压平台

反压平台的主要设计依据是控制极限平衡区的发展范围。它通过在坡脚处加设一定高度及宽度的反压台，使整个山体因加荷受剪的应力状态得以改善，地基土有可能出现的塑性挤出和两侧地面隆起之势得到平衡，以保持地基稳定。同时能使软土地基得到部分固结，从而提高了反压平台下的地基土的强度。

无锡市某堆山造景工程的主山高度为54m，东西两座次峰高度分别为15m和19m，山体基底面积为54hm，南北向长约820m，东西向长约950m。堆山过程中山顶出现裂缝，地基出现较大的沉降，坡脚出现较大水平位移。为确保堆山安全，采用了加强排水＋坡脚反压＋坡顶减载的综合治理方案。在山体坡脚以外反压堆土，平均反压高度在7.5m左右，提高抗滑力。为了不影响整体的景观视觉，反压可以采取放缓坡的方式。

3.3.2 堆坡工艺

我国东南部沿海地区地下水位较高，沉积土层细粒含量较高，地下空间开发产生的工程渣土往往具有高含水率、低渗透性的特点。利用这种渣土进行堆填时，若设计、施工或运营管理不当，极可能造成安全事故和环境污染。例如无锡市太湖金匮生态公园的堆山工程，主峰堆载至44.7m高度时，山体高度降低约4.0m；底部（原地表）两日累积沉降约5.1m；坡脚测斜管水平位移两日累计3.6m；坡脚隆起约0.7m。山体沿裂缝发生剪切破坏，在南侧形成由山顶贯穿至地基深部的破坏滑弧面，从而导致山体南侧出现滑坡，并仍未稳定，沉降未收敛，趋势没明显改变，可能出现更严重的安全问题。经调查分析表明，造成堆体滑坡的主要原因是：地基排水不畅，孔隙水压力未能及时排出，土体强度增加缓慢；南北两侧施工高差过大，在分缝位置土体无法碾压密实，压实效果差。因此，利用工程渣土进行堆山造景时，必须对其堆坡工艺进行科学、合理的设计，方能保证堆填过程以及运营后的长期安全稳定。

工程渣土堆坡流程（图3-23）主要包括堆坡前准备、堆坡施工、质量检测、表面防护等。堆坡前的准备工作包括场地清理、测量放样、填前压实等；堆坡施工内容包括渣土运送、摊铺、整平、压实等；质量检测内容主要有渣土含水量、松铺厚度、压实度、表面沉降量、内部变形量等。

1. 施工前准备

在施工前，应具备施工图、工程地质与水文地质、气象、施工测量控制点等资料，在施工区域内有碍施工的既有建（构）筑物、道路、管线、沟渠、塘堰、墓穴、树木等，在施工前妥善处理。应对施工范围进行测量复核，平面控制测量和高程控制测量均应符合现行国家标准《工程测量规范》（GB 50026）的有关规定。

2. 堆坡施工

堆坡过程应考虑分单元作业，一般以日进

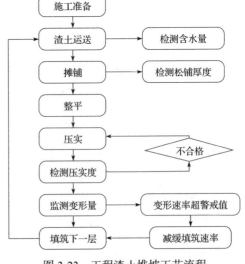

图3-23 工程渣土堆坡工艺流程

土量为单元，每日作业分卸土区和碾压区交叉作业，避免施工机械过于集中造成人员和机械的伤害。单元的划分应有利于填埋作业，有利于雨水的自然排放。采用分层碾压时，厚度应根据压实机具通过试验确定，一般不宜超过500mm。因工程渣土中含有一定比例的大石块，严重影响分层碾压施工作业。可将不易破碎的大块填埋在山体底角或用于河体护坡，易于破碎的必须进行破碎处理后填埋，但破碎后的土块粒径不应超过每层铺填厚度的 3/4，铺填时大块物料不应集中堆放，且不得堆填在山坡处。每个单元按规范要求分层碾压，逐步升高的堆体应堆成斜坡面，坡度应小于 1 : 2。

对于工程渣土的压实处理需要综合考虑工程规模、工程特点、地质条件、施工作业面、工期要求等因素，制订合理的压实方案，通常采用碾压法或强夯法。其中碾压法又包括静力碾压法、振动碾压法、冲击碾压法三种。对填土进行压实的目的主要是为了提高土体的密度，进而改善土体的工程性质，使其具有较大的抗剪强度以及较小的压缩性。

3. 质量监测

为了保证堆体的安全稳定，需要对施工过程进行质量控制和检测，从而确保堆坡效果满足设计要求。首先，应根据工程渣土的来源进行室内重型击实试验，通过试验确定填料的最大干密度和最佳含水量，在实际施工中可以用干密度和含水率两个指标来控制施工质量。其次，分层碾压过程中，应对回填土层分层厚度、标高、长度、宽度、表面平整度、碾压后的干密度等进行检测。质量检验应逐层进行，每压完一层就检查一层，待符合设计要求后，方可铺填上一层。此外，为了保障堆山过程的稳定安全，需要对堆体变形情况进行动态监测，主要包括地表沉降变形、堆体内部变形等，掌握边坡整体变形情况，便于尽早采取有效措施应对边坡失稳，避免重大安全事故发生。堆体内部变形监测通常采用测斜仪获得不同埋深处堆体的水平位移，可对潜在滑动面进行重点监测。

4. 表面防护

工程渣土堆山体表面若没有植被，容易使堆体淋溶严重，地下水受到相当程度的污染，水质恶化。因此，在堆山造景工程中需要设置封场覆盖系统，主要包括基础层、阻隔层、排水层、营养层、植被层五个部分（表 3-1）。阻隔层能够起到雨水防渗层的作用，防止山体由于长时间降水导致大面积滑坡，排水层收集的降雨集中收集排至山体边坡雨水收集管网，再由排水层将导排管道导流进入湿地区域进行水生植物的生态净化，最后覆盖种植土进行植物栽植，种植土需要进行分层碾压。

表 3-1　封场覆盖系统结构要求

序号	结构层	材料及指标	技术要求
1	植被层		全部生态恢复
2	营养层	黏土 300 ~ 1000mm	
3	排水层	300 ~ 600mm	$K \geqslant 10^{-5} \sim 10^{-3}$ m/s
		HDPE 膜 1.5 ~ 2.5mm	$K \leqslant 5 \times 10^{-10}$ m/s
4	阻隔层	黏土 100 ~ 500mm	$K \leqslant 6 \times 10^{-9}$ m/s
		土和膨润土 250mm	$K \leqslant 6 \times 10^{-10}$ m/s
5	基础层	150 ~ 500mm	

3.3.3　景观设计

堆山造景工程的景观设计必须尊重客观规律，从实际情况出发，宜树则树，宜草则草，充分利用原有的自然和人文条件，建设多层次的、稳定的植物群落，杜绝"广场热""草坪热"的现象。在加强地面绿化的同时，更加重视空间的绿化，逐步形成乔、灌、花、草等相结合的复层式种植结构，并最终建成点、线、面相衔接的绿地系统。营造出一片集生态、景观效益于一体的"城市山林"。

堆山造景工程的景观设计内容主要包括生态修复、水土保持、景观塑造、运营维护等，具体的设计理念如下：

1. 设计理念

景观性：结合原有地形，运用园林艺术手段，实施生态环境整治，考虑休闲健身的功能，为不同年龄层次的市民提供一个新的休憩场所，满足人们日益增长的物质和文化需要。

生态性：工程渣土可能产生有毒物质，不利于人体健康，需要筛选出有利于生态和谐的部分，使工程渣土无害化，同时避免对周围环境产生污染，使人与环境更好地协调发展。

2. 生态修复

在进行堆山工程的景观营造之前，采用山体修复技术，按照规范要求进行坡度调整以满足土壤安息角的要求，从而杜绝可能引发地质灾害的潜在因素。主要的修复手法有以下两种：

修复技术模式一：如果边坡为土质边坡，且坡度较为平缓，可采用台地续坡类技术手段。此类型依现状山势，采用假山石或毛石砌筑挡土墙，可二层或者三层，石料砌筑要求高低相间、错落有致、深入浅出，将渣土坡分层压实，上层后回填满足种植要求厚度的种植土，土层厚度依栽植植被类型控制在 0.6 ～ 1.5m。

修复技术模式二：如果边坡为土质边坡，且土壤基质较厚，则可以采用削坡法——"削上角、填坡脚"，将坡顶土方搬运移填到坡下部，创造缓坡地形，中下部用可使用毛石或假山石叠砌二层或三层的挡土墙，使用移填土壤或回填优质种植土，栽植适合当地环境的植被。

3. 水土保持

堆山工程的水土保持措施应根据《水土保持工程设计规范》（GB 51018—2014）进行设计，具体的措施包括：在坡度相对较大的段落，需要采取削坡等工程措施，通过削坡使坡度变缓，以降低助推力，使坡体始终保持稳定；通过升级，使边坡的坡比、坡型及坡度都发生变化，以起到降低荷载整体的重心，使边坡能够保持稳定的作用；坡脚处设置挡墙，并在堆渣范围外的一侧设置排水沟，一侧设置排洪沟，用于避免渣场上游汇水及坡面上的水汇集后对渣体造成冲刷；边坡表面可在植被防护的基础上辅以适当的干砌石护坡，以此避免渣土掉落到马道上，或在渣脚处大量堆积。

4. 景观塑造

良好的绿化设计不仅可达到美观效果，还可对有害建筑废物进行生物降解。设计时，可在山体表面覆盖的渣土层上种植植物，并网格化分布，植物的选取可根据渣土的类型以及当地的气候综合考虑。园林的其他区域，如景观小品、公共设施、路面铺装等，均可使用工程渣土平整过程中分离出的大块岩体砌筑。此外，与自然山体相比，工程渣土堆砌的山体透水性较差，因此需着重考虑山体的透水设计，提高山体的水分调节能力。值得注意的是，由于工程渣土的土壤结构与自然山体不同，对灌溉系统也提出了多方面的特殊要求，需根据不同坡度的山体与植物种类布置灌溉方式。

5. 日常维护

首先，维护体系的设定，要结合风景园林的植物配置与规划的差异性，以及地方工作的限制性条件来完成，这样处理的好处在于，能够有效提高工作效率、工作质量。其次，在维护工作的实施过程中，要对现代化的技术手段做出良好的运用。例如，风景园林的植物配置与规划的项目运作，要加强监测技术的有效落实，实时分析具体工作的缺失和不足，进行远程指导、干预，确保在问题的处理过程中，能够不断地创造出较高的价值。最后，在维护工作的进行过程中，必须加强防护体系的设定。例如，有些地方的自然灾害较为严重，而且在狂风、暴雨的影响下，容易对既有的成果产生严重的损失，这就需要加强防护工作的综合落实，为今后的环境改进，努力做出更加卓越的贡献。

3.3.4　典型工程案例

1. 北京市奥林匹克森林公园

北京奥林匹克公园（图 3-24）位于北京市市区北部，城市中轴线的北端，是举办 2008 年奥运会的核心区域，集中了奥运项目的大部分的比赛场馆、国际广播电视中心等重要设施。森林公园位于奥林匹克公园北部，北至清河南侧河上口线和洼里三街，南至辛店村路，东至安立路，西至白庙村路。森林公园占地约 680 公顷（3.6km²），分为两个区域：五环以北地区，占地约 320 公顷（3.2km²），以南占地约 360 公顷（6.8km²）。森林公园成为一个以自然山水、植被为主的，可持续发展的生态地带，成为北京市中心地区与外围边缘组团之间的绿色屏障，对进一步改善城市的环境和气候具有举足轻重的生态战略意义。

图 3-24　奥林匹克森林公园堆山造景效果图（主山）

森林公园的南区以大型自然山水景观的构建为主，其中在南区拟建主山 1 座，次山 20 座和以主湖为中心的水系，主山位于森林公园的南半部，有主山及 7 个次峰。主山设计堆筑高度约 48m（标高 86.5m），占地面积约 42.40 公顷（0.424km²）。主湖平均挖深约 3.0m，占地约 28.74 公顷（0.2874km²）。为弥补主山南北进深的不足，同时丰富山体效果，在主山西南规划一个次峰，高约 28m（最高点标高 60.2m）。此外，在主山东南，主湖与洼里公园湖区及碧玉公园湖区相连地段的水面规划一系列小岛，岛上堆山，丰富水景层次，同时增强山体的连绵感。另在主山西北，湿地区北侧堆筑近 20m 左右的小山，作为主山之余脉，安立路西侧亦做微地形处理。以主山为主体的南区山系跨过北五环路继续向北区延伸，形成一系列萦回曲折的低山丘陵（5～10m），作为主山的余脉。

根据地质勘察报告，山体地基范围内揭露厚度为 88m，揭露地层为人工堆积层、新近沉积层、第四纪沉积层及第三纪沉积层共四大类，按土层的物理力学性质及工程特性进一步划分为 18 个土层，自上而下依次为人工堆积层、粉土层、粉土 - 黏土层、砂砾层、粉土层、粉土 - 黏土层、粉土 - 粉砂层、粉土 - 黏土层、粉土 - 砂砾层、粉土 - 黏土层、细砂 - 中砂层、粉土 - 黏土层、粉土 - 砂砾层、粉土 - 细砂层、粉质黏土 - 砂砾层、粉土 - 砂砾层、黏土层。山体所在场地存在 5 层地下水，工程场区近 3～5 年最高地下水位为：西南部为标高 44.40～43.60m（自西向东逐渐降低），在东北部为 37.00～36.60m（自西向东逐渐降低），在场区局部地面低洼处接近自然地面。由于表层人工堆积土不能满足设计要求，其下的中高压缩性土层在堆载作用下沉降量比较大，而且周期长，故需要对山体地基进行地基处理。地基处理的目的：①提高地基承载力，处理后地基承载力特征值≥160kPa，变形模量≥12MPa；②减少沉降和山体的不均匀沉降。采用强夯法对山体地基进行处理，加固影响深度约10m。强夯法的施工参数见表3-2。在大面积强夯施工前，先进行试夯，通过试夯确定夯击击数和夯击遍数，以及调整夯点布置形式和间距。

表 3-2 强夯法施工参数表

参数	夯击能	夯点间距	夯击遍数	夯击击数
点夯	3000～4000kN·m	4.0m×4.0m	点夯 1 遍	6～9 击
满夯	1000kN·m	夯印搭接 1/3	满夯 1 遍	2 击

堆体土体主要来源于城市建设产生的工程渣土，为砂质黏土和粉质黏土。按照规范要求，回填材料中不得含有植物根茎、生活垃圾、建筑垃圾等，有机质含量应控制在 5% 以内，含水率控制在最佳含水率 ±2% 以内。施工填筑时需进行回填试验检测，并选取不同区域做试验，从中选出填方施工的最佳方案并指导整个山体的填方施工。回填施工前，先用180kN 碾压机在整平后的场地内碾压 4～6 遍；然后分层回填符合规范和设计要求的土料，每层回填厚度不大于400mm，用碾压机碾压 4～6 遍，碾压机行驶速度不高于 2km/h，每遍碾压搭接 1/4～1/3 轮迹；碾压完成后，土层压实度不小于 0.95。

在山体上设置 3 个变形监测断面：其一是经过山体主山、坡度最陡的南北向断面，按高程布置 8 个监测点；其二是北东向断面，其涵盖山体的 3 个次峰，是长度最长、地形最复杂的断面，断面线长度达 900m 以上；按高程每隔 10m 高布置一个监测点，同时在各次峰顶布置监测点，共布置 11 个表面变形监测点；其三是西北向断面，共布置 8 个监测点。随山体堆筑施工高度的增加，在监测点具备布置条件时，分期顺次埋设。主山的南北侧布置了 3 个测斜孔，主要为监测五环路路基以及山体南北两侧的山体地基土深层水平位移。

奥林匹克森林公园的景观设计理念以建设美轮美奂的自然生态系统为终极目标，切实体现可持续发展战略，体现"绿色奥运"的宗旨。因此，将生态与绿色的理念作为基本原则全面贯彻于森林公园规划设计的方方面面，对包括竖向、水系、堤岸、种植、灌溉、道路断面、声环境、照明、生态建筑、绿色能源、景观湿地、高效生态水处理系统、绿色垃圾处理系统、厕所污水处理系统、市政工程系统等方方面面与营造自然生态系统有关的内容进行了系统综合的规划设计，并为保障五环南北两侧的生物系统联系、提供物种传播路径、维护生物多样性而设计了中国第一座城市内上跨高速公路的大型生态廊道（图 3-25）。

图 3-25 生态廊道鸟瞰图

在园林规划的施工过程中遇到了很多技术问题，比如北京冬季的冻土现象对生态廊道植物种植来说是一大考验，50～80cm 厚的冻土层，植物根系扎下去基本不受影响，但是桥面上的土层两侧容易出现冻土。在土层 1～3m 厚的桥上，如何保证植物根系成活是重要问题。最后经过相关专家指导，铺设了厚度为 20～30cm 的泡沫保温层，解决了问题。另外，为了修复并保持森林公园内的生态环境，设计者们还采用了近自然林系统、废物资源循环利用、节能建筑等多项生态技术。其中仅水资源的利用就包含了 5 种环保技术：中水净化、雨水收集、污水利用、智能化灌溉和生态防渗。

目前奥林匹克森林公园拥有绿地 450 公顷（4.5km²），林木覆盖率达到 67%。全园树木 53 万余株，其中乔木 100 余种、灌木 80 余种、地被 102 种。植物选择的基本原则是与周围景致及种植模式融为一体。如奥运生态廊道中，沿廊道边缘种植低矮、小规格灌木及地被植物；为防止刮风时植物被吹到路上，乔木选择油松、槐树等抗风能力强的植物，同时避免深根系植物品种；大树集中种植在廊道中间；主要乔木种植在桥柱支撑点附近，以保证多年后植物生长的进一步需要，可继续增加种植土壤。

2. 天津市南翠屏公园

南翠屏公园（图 3-26）位于天津市区西南部，毗邻水上公园，北侧至宾水西道，西侧及南侧至红旗南路，东侧到水上公园西路，规划占地 39.86 万 m²，堆山工程用地 33.5 万 m²，山体占地面积 12.1 万 m²，水体面积约 8.5 万 m²，堆山主山高度为 50m，另有侧峰 6 座。南翠屏公园所在地原为一片荒地，杂草丛生、地势低洼、淤泥遍布，夏天蚊蝇成群，冬天尘土飞扬。该场地浅层地下水属浅水型，静止水位埋深标高为 2.05m 左右，水位随季节而变化，雨季浅，枯水季节深，年水位变幅不大于 1.0m。

图 3-26　南翠屏公园堆山造景效果图

1986 年，该场地成为工程渣土填埋场。2002 年 2 月正式开工进行工程渣土堆山建设，至 2006 年完成山体堆建。堆山共消纳了 211.5 万 m³ 的工程渣土和 45 万 m³ 市政淤泥。

根据勘察资料，该场地地基土因沉积时代及沉积环境的不同，在垂直方向上形成了从上更新统至全新统的河流相、湖沼相、滨海潮汐相及浅海相交互沉积地层；受水动力条件的影响形成了黏性土、砂性土等交互沉积。在场地地表，因人类活动导致天然沉积地层有不同程度的缺失，并回填了不同性质、成分不同的人工填土层。杂填土在大部分区域皆有分布，最大厚度达 16.4m；淤泥质土在东、西两侧外的大部分区域皆有分布，最大厚度达 10.0m。根据现场原位荷载试验结果显示，原始地基的承载力仅为 70kPa，远不能满足堆山荷载要求。在充分考虑在技术可行且经济合理情况下，确定如下几点处理措施为选择依据：严格控制堆填速率，减少超静孔隙水压力的增长；通过改善土性来加固地基，提高地基承载力；适当采用增加抗滑力及排水的措施；根据场地条件对处理措施做相应的分区处理；充分考虑现场条件；紧密结合动态监测，形成一个完整的信息化施工。鉴于以上原则，采用了清淤、设置反压平台、排水、控制堆填速率等防治处理措施。

为了落实信息化施工理念，并用于指导施工和后期运营管理，布设了立体式、全方位的监测系统，如图 3-27 所示。水平位移监测点共计 26 个，在山坡坡脚处布置了 15 个，间距 100m 左右，控制深度在 25～40m，在离坡脚 30m 以外设置了外围监测点 11 个，间距 300m 左右，控制深度为 15m。水准点布设基本与水平位移监测点布置一致。分层沉降监测点共有 6 个，山体 2 个，坡脚处 4 个，控制深度约为 50m。孔隙水压力和土压力监测点各布设 5 组，在山体与坡脚均有分布。

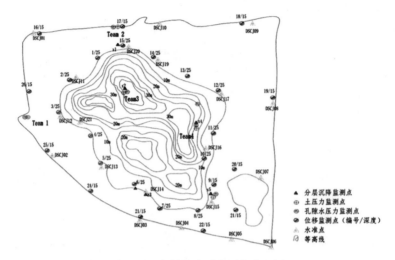

图 3-27 南翠屏公园监测点布置图

公园景观设计以"山、路、水、绿"为总体格局，如图 3-28 所示。在造景区域空间的总体组织上，以山体、水体为景观主体，以植物造景为特色，以休闲游览为主要活动项目，再合理安排服务设施，配置绿化及导游路线，形成以"静"为主的特色景点。根据景观布局以及分区建设的情况，将景区划分为 6 个区：由规划宾水西道上的主入口进入景区，沿主轴线将全园分为中心及外围两大部分，中心即为主景区（工程其他堆山山体）；外围分别包括服务区、义务造林植树区和船坞区；在景区东

图 3-28 南翠屏公园景观设计效果图

侧，安排有办公管理区、堆山临时作业区，既方便整个景区的管理及日常的填埋作业，又顾及到分期建设的实施。水体是在现有的取土坑、苇塘形成的水面基础上，整理湖岸线，修筑生态岛、湿地园、修建护坡、栏杆、游船码头等设施，并通过各种人为措施保持水体流动，使水质保持清洁。同时，在岸边浅水处配置水生植物，营造出一种水光潋滟、芦荻摇曳、野趣盎然的生态景观。人造山上共种植乔、灌木 12 万余株，山下种植树木 21 万株，种植油松、龙柏、山桃、金枝槐、碧桃等落叶和常绿植物几百种，满足游人一年四季的观赏需求。

3. 西安市文景山公园

文景山公园（图 3-29）原为渭河古河道，由于周边群众大量开采河沙，早已布满了大大小小 40 多个沙坑，变得荒芜不堪。2010 年，为改善火车北客站周边环境，为周边市民和来往旅客营造靓丽的生态景观园，西安市市委市政府决定在北客站东北侧修建一座综合性公园——文景山公园。同时，为有效消纳利用火车北客站周边工程渣土，尝试在文景山公园利用工程渣土造山。据了解，西北地区用垃圾堆山的首个省份为宁夏，名叫览山公园。文景山公园则是西北

地区第二例用工程渣土堆造的公园，在陕西省尚属首例，为工程渣土的处理提供了一个新思路。

文景山公园作为陕西首个利用工程渣土堆山建造的人文自然景观，从 2011 年初开始，经过 2 年建设，已完成公园一期的土地整平、渣土清运与碾压造山、景观绿化、生态水池等工作，形成了四个高度不一的山峰，主峰高度 55m，两座次山峰高 40m、35m，山体占地面积为 177 亩，已消纳工程渣土 330 多万 m^3，总体积相当于 2.42 个汉城湖的库容（汉城湖库容 137 万 m^3）。文景山公园总面积 439.5 亩，公园内设环山河系、文景阁、生态湿地水池等功

图 3-29　西安市文景山公园

能区，其中生态湿地水池占地面积 44.5 亩，依据季节种植有多种水生植物，与观景涉水平台一起形成了系统湿地景观。满足了西安市民休闲娱乐、观光旅游、文化交流等多种需求。

建文景山公园的初衷是为了解决西安火车北客站的垃圾土问题，北客站在各个临时堆放场工程渣土的组成成分为沙土与块状物（混凝土、砖），各占 85%、15%。强度与粒径不一，全部混杂。公用用地中约 55% 为农地，现状为平地、建有民房或种有庄稼；另约 45% 为采沙地，分布大小沙坑十多处，部分沙坑有积水。沙坑占公园用地的 25%，大约可容纳 65 万 m^3 的填方量。

根据地勘数据分析，场区分布的黄土状粉质黏土、细砂、中砂地基土的工程性质一般，粗砂、粗砂地基土的工程性质较好。工程渣土是填埋区域主要填土来源，通过对填土的取样来进行场地风险评估，对填埋区域除了采用安全分层碾压外，还对堆填区域进行了边坡修整，以及设置雨水收集管网，并结合植物进行生态恢复。堆山过程中，将大块的工程渣土粉碎成直径 20cm 以下，并用冲击式碾压机进行碾压，每填高半米碾压一次，确保了山体的密实度。根据西安市测绘院变形监测中心监测结果显示，文景山公园对周围环境的影响很小。整个项目的实施工程如图 3-30 所示。

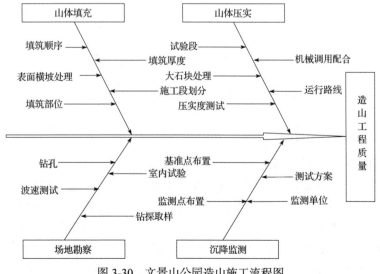

图 3-30　文景山公园造山施工流程图

3.4 砂石分离及再利用

3.4.1 砂石分离工艺

工程渣土综合处置场主要对一些难以直接利用的渣土进行物理化学处置，进而进行分类、筛选、资源化再利用。特别是针对地铁盾构土的处置及再利用，盾构土中含有表面活性剂，难以晒干，流动性大，如果直接进行矿洞填埋或大量堆积，可能造成潜在地质危害。将不具有污染性和有害性的工程渣土进行水洗后，分离出石子、砂、泥浆、杂物，如图 3-31 所示。石子根据规格要求分级，用于建筑材料、道路路基填料等；砂可分组为粗砂、中砂、细砂，用于商品混凝土、预制管道、管桩、管廊、新型建材等；泥浆中加入快速沉淀剂，然后进行分级沉淀处理后，可用于新型建材、墙体材料、制作瓷砖、改良为种植土等。工程渣土分类清洗回收处理过程中会产生一定量的泥浆废水，虽然此类废水不会对环境造成化学方面的污染，但是根据国家污水综合排放标准的一级排水标准规定的悬浮物含量（SS）≤ 70mg/L 的要求，该废水中的泥（粉）等悬浮物（约 3% ～ 10%）超标，该类废水如果直接排放，就会对附近水域环境和周围农田及居民生活造成不利影响，依然需要进行妥善处理。

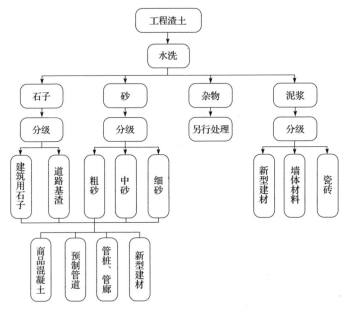

图 3-31　工程渣土砂石分离及再利用流程

3.4.2 分离砂石再利用途径

工程渣土用作生产再生骨料时，应符合下列规定：（1）优质的粉砂、砂土，经筛选、消洗工艺除泥后，其性能满足现行国家标准《混凝土和砂浆用再生细骨料》（GB/T 25176）的规定时，可用作制备混凝土、砂浆的细骨料；（2）砾石、卵石及岩石等经除泥、破碎、筛选后，其性能满足现行国家标准《混凝土用再生粗骨料》（GB/T 25177）的规定时，可用作制备混凝土的粗骨料；（3）非单一土性的工程渣土，经破碎、筛分、分离、消洗工艺处置后，其性能满足第 1、2 款的规定后，可用作制备混凝土、砂浆的粗骨料和细骨料。

工程渣土用于生产烧结再生陶粒和陶砂时，其性能指标应符合《黏土陶粒和陶砂》（GB 2839）的规定：（1）工程渣土含水率 <50%，塑性指数乏 ≥ 8，主要化学成分 SiO_2 含量 48%～65%，Al_2O_3 含量 14%～36%，Fe_2O_3 含量 2%～9%，CaO 和 MgO 含量 3%～8%，Na_2O 和 K_2O 含量 1%～5%，烧失量 4%～13% 的可直接用于烧结；（2）其他工程渣土采取适当措施（陈化、添加辅助原料和外加剂等）后，可用于生产再生烧结陶粒和陶砂。

工程渣土用于生产烧结再生砖和再生砌块时，其性能指标应分别符合《烧结普通砖》（GB/T 5101）、《烧结多孔砖和多孔砌块》（GB 13544）、《烧结空心砖和空心砌块》（GB/T 13545）的规定：（1）含水率小于 20%，塑性指数 7～18，烧失量 7%～15%，级配合格（<0.05mm 含量 35%～50%，0.05～1.2mm 含量 20%～65%，1.2～2mm<30%）的工程渣土可直接用于烧结；（2）其他工程渣土经预处理后和配料后可用于生产烧结再生产品。

3.4.3　典型工程案例

1. 成都轨道交通 17 号线一期工程 TJ08 标段九白盾构区间项目

成都轨道交通 17 号线一期工程是中国交建在成都以 PPP 模式投资建设的首条地铁，线路长约 26.145km，其中高架段长约 5.5km，过渡段长约 0.5km，地下段长约 20.1km，共设车站 9 座，其中高架站 2 座，地下站 7 座，项目总投资额约 166.03 亿元。区间隧道穿越的土层主要为砂卵石，卵石含量约占 75%～80%，粒径一般 2～20cm，砾石含量约占 10%～15%。在地铁盾构过程中，部分砂石被盾构机磨切成泥土，地铁盾构出的砂卵石含量约为 60%，泥土含量约为 40%。地底下挖出的砂卵石通过筛分、破碎清洗可以出售，剩下的泥土通过挤压工艺运至填埋场等地。

为了避免渣土车在运输过程中漏渣土对路面造成污染，以及扬尘对空气产生污染，该项目将工程渣土循环利用整套设备建在盾构区域原地。该工程渣土处理设备将垃圾筛分、破碎、清洗、泥浆处理、水循环利用设备组装为一体，共同运作进行工程渣土的循环再利用。工程渣土的处理流程如图 3-32 所示。首先对盾构料进行人工分选，选出塑料、杂物等，再采用磁选器将钢筋进行筛分，接着将物料通过移动式水平筛分、移动颚式破碎、移动圆锥式破碎、移动立轴式破碎，分成砂、米石和碎石，接着进行移动筛分、泥沙筛选，将砂中的泥水洗干净，然后对泥浆进行泥水分离、脱水处理。按照上述顺序将盾构料大致分成 0～5mm 的砂、5～10mm 的米石、10～30mm 的碎石、泥土、钢筋、塑料、杂物等，其中砂、石、泥土所占的比例最大。

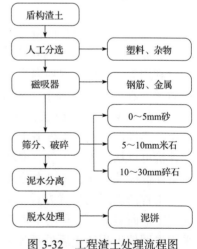

图 3-32　工程渣土处理流程图

该工程每天处理工程渣土 5000～6000t，生产 3000 多 t 砂石。使用该设备对工程渣土进行再利用，不仅有效缓解了工程渣土处理运输过程中对环境的污染问题，最重要的是该设备能较好地实现地铁盾构工程渣土的减量化处理。

2. 长沙轨道工程渣土综合利用

长沙的地铁 1 号线和 2 号线共产生工程渣土 628 万 m^3。如果采取传统的堆放处理方式，按照平均堆高2m计算，这两条线的工程渣土需要占据约4500亩土地进行堆放。

为了实现最大程度地利用工程渣土，结合"绿色地铁"的建设理念，长沙市政府从2009年开始轨道工程渣土综合利用项目的专题研究。通过分析地铁渣土的性能、小型模拟试验和权威检测，确定利用地铁废渣土为主要原料制作烧结制品是可行的。通过对工程渣土进行渣浆分离、泥浆预处理、脱水干化、循环水处理等多个环节（图3-33、图3-34），将分离后的产物用于烧制多孔砖、路基填筑等，从而实现工程渣土减量化、无害化、资源化处置。通过设置工程渣土集中化处理基地，可实现基地周边15km范围内站点工程渣土的消纳；同时，从标准化场地建设、环保设备统一定制、现场进出土和生产规范化管理，建立了一套可复制的工程渣土环保处置基地建设标准。

图3-33 分离施工现场   图3-34 分离出的可利用物

3.5 本章小结

工程渣土的减量化应遵循减量化优先原则、源头减量控制原则、施工现场分类原则、循环经济原则、安全性原则和集中处置原则。在城市规划阶段，要将工程渣土的消纳、处置、综合利用等设施列入规划内容，并加强源头管理，做好申报和监督工作，实行统筹管理，提高效率。在工程设计环节，要优化设计方案，加强科学设计，发挥设计方案的前置导向作用，尽量减少工程渣土的排放量，提高工程渣土就地消纳量。在工程施工过程，要推进工程渣土分类堆放，推行工程渣土科学回填，尽量做到工程渣土的就地平衡利用。工程渣土减量化评价可以从减少产生量、增加再利用量两个方面入手，在规划、设计和施工三个环节分别制定评价标准，并通过层次分析法、专家打分法等进行系统评价。

工程渣土回填处置方式主要有建筑工地回填、低洼地回填、新地块回填、路基回填等。建筑工地回填主要是利用工程渣土加固软弱地基、抬高地坪、整平场地等。低洼地回填通常采用先回填工程渣土后处理地基的方式，施工内容包括排水挤淤、填料摊铺、填料压实等。新地块回填主要是利用工程渣土对城市周边海域进行回填，抬高地坪形成人造陆地，即填海造地，是缓解城市建设矛盾的一项重要举措。路基回填主要有两种实现方式，一是用工程渣土直接代替道路路基铺设过程中的土料，二是利用工程渣土对原软弱土层进行替换改良，从而解决路基翻浆问题。

堆山造景工程主要涉及地基处理、堆坡工艺、景观设计三个方面的内容。我国南方沿海沿江地区地基软弱，加固处理方法主要有堆载预压排水固结法、砂石桩＋强夯处理法、坡脚设置反压平台等。科学合理地设计山体形态、堆坡工艺和质量检测方案是确保堆山造景工程施工和运营后长期安全稳定的关键，合理的山体形态需要通过边坡稳定分析进行确定，堆坡工艺主要包括摊铺、整平、压实等，质量检测内容主要有渣土含水量、松铺厚度、压实度、表面沉降量、内部变形量等。景观设计需要同时满足景观性和生态性理念，避免对周围环境产生污染，使人与环境更好地协调发展，设计内容主要包括生态修复、水土保持、景观塑造、运营维护等。

工程渣土砂石分离及再利用。不具有污染性和有害性的工程渣土进行水洗后，可以分离出石子、砂、泥浆和杂物。石子可用作制备混凝土的粗骨料、道路路基填料等；砂可用作制备混凝土、砂浆的细骨料；泥浆中加入快速沉淀剂，经过分级沉淀处理后，可用于新型建材、墙体材料、制作瓷砖、改良为种植土等。

目前，我国城市建设正从平面扩张阶段进入纵向发展阶段，地下工程将会更为大量地开工建设，工程渣土将会随之大量产生。近年来，在国家和地方主管部门及行业专家学者的共同努力下，我国工程渣土的减量化和资源化利用进入了一个新的发展阶段。但是，仍然存在工程渣土源头产出量较大、资源化利用率较低、处理处置技术水平较低、管理机制较不完善、管理经验较不丰富等问题。针对这些问题，建议综合运用多种处理方式，从减少产出量（需求）和增加处理量（供给）两个角度来应对，后续可以从以下几个方面深入开展工作：（1）健全相关管理制度，完善法律法规，明确责任主体，从工程渣土的产生、运输、处理和再利用多个层面落实规章制度；（2）倡导或研发新的地下工程设计与施工技术，提高技术和管理水平，从源头上减少工程渣土的产生量；（3）引进或研发先进的处理技术和仪器设备，大幅提高工程渣土的资源化利用率；（4）加强网络信息共享，促进区域内工程渣土协同处置。希望在不久的将来，在国家和地方主管部门及行业专家学者的共同努力下，各地能够积极构建"全过程监管、区域内平衡、资源化利用"的工程渣土处置体系，推动工程渣土管理和减量化工作实现新发展、新突破。

1. 健全相关管理制度，落实各项规章制度

工程渣土的处理和再利用是一个系统工程，设计到产生、运输、处理、再利用多个层面，更涉及多个监管部门。目前我国关于工程渣土的管理还存在多方面的问题，具体表现为法律法规不完善，责任主体不明确，有效处理这些问题需要统一管理、各部门密切合作。通过对工程渣土减量化、资源分类和综合利用的各项制度、法规的落实，相关配套鼓励政策的实施，经过大量科技研发的投入，各类企业自主经营，行业协会自律管理，行政主管部门严格监管；通过积极的政策引导和必要的强制手段，各城市将在工程渣土分类和综合利用方面，走出自己独特的道路，有利于现代化城市的建设、管理和发展。目前越来越多的城市开始出台相关标准，取长补短，创新实践，积极构建"全过程监管、区域内平衡、资源化利用"的工程渣土处置体系，推动工程渣土管理和减量化工作实现新发展、新突破。

2. 倡导利于减少工程渣土的建筑设计与施工管理

在充分了解建筑在设计、建造过程中工程渣土产生的来源以后，有针对性地从法规、导则等方面入手，使减量化的建筑设计与施工有规范可循，并在施工过程中对工程渣土进行评估，逐步确立一个科学的评价、考核和奖励政策；在设计施工图中应将工程渣土的种类和数量预测、利用和处置等方面内容列为重要审查内容，不仅要考虑一个项目的经济效益，同时还要考虑环境效益和社会公共利益。

3. 引进新技术和管理经验，促进工程渣土再利用

引进或是开发先进技术以及先进的仪器设备，把过去只能填埋处理的工程渣土转化成可以利用的资源，对工程渣土进行精细化处理，将各种不同的材料分离，单独处理，最大限度地回收利用，如不同性质的土可以用于烧砖、改良土壤等。对于一些不能直接利用进行先处理后利用，最后考虑进入受纳场。通过完善技术标准，更好地指导工程渣土资源化利用工程建设，保证工程质量。

4. 加强网络信息共享，促进区域内工程渣土协同处置

在实际工程建设中，通常存在一些需要大量土方的建设项目，例如路基洼地的回填、填海造陆等，与此同时有些项目施工过程产生的工程渣土又急需找到出路。通过加强与周边城市紧密协作，促进区域范围内工程渣土的流通，可以较好地解决这一问题。通过加强信息平台的网络信息共享，可以有效地提高渣土的利用率，减少资源的闲置浪费。

5. 进一步完善渣土受纳场的建设与管理

以发展的眼光看待工程渣土问题，面对当前的严峻形势，需要在充分回收利用的基础上准确判断近、远期工程渣土产生量和需要受纳场处理的工程渣土量，进一步勘测适合利用的地块，积极开发建设工程渣土受纳场，满足当前要求的同时为未来发展留有余地。同时，也应该着重解决建筑垃圾消纳场地和资源化利用场地配套建设不足的问题，并进一步强化相关激励措施，出台工程渣土资源化利用特许经营的相关管理规定，加快工程渣土减量化的发展。

参考文献

［1］ 马志恒，王卫杰，张冠洲. 城市工程渣土资源分类及综合利用研究［J］. 江苏建筑，2015（06）：100-103.

［2］ 陈旭华，朱明磊，李晓军. 加强城市渣土管理与综合利用［J］. 环境科学动态，2004（04）：24-25.

［3］ 汪银广，赵德刚，罗宗礼，崔立会，王瑞伟. 建筑垃圾减量化及资源化在工程中的应用［J］. 建筑，2013（24）：52-54.

［4］ 李湘洲. 国外建筑垃圾利用现状及我国的差距［J］. 砖瓦世界，2012（06）：9-13.

［5］ 刘立超，杨敬增. 减量化是"3R"的首要原则——"3R"学习与探讨之一［J］. 再生资源与循环经济，2016（05）：14-17.

［6］ 权宗刚. 建筑废弃物资源化全产业链标准体系研究［J］. 砖瓦，2018，371（11）：35-38.

［7］ 马荣. 建筑垃圾的环境危害与综合管理利用［J］. 环境与发展，2012（04）：65-66.

［8］ 徐艳文. 国外处理建筑垃圾的成功经验［J］. 资源与人居环境，2014（01）：54-55.

［9］ 王慧明. 海淀北部地区建筑垃圾就地处理技术与示范项目研究［J］. 建筑节能，2016（08）：84-88.

［10］ 姚如青. 杭州市建筑渣土管理主要问题与改进对策［J］. 环境与可持续发展，2014，39（05）：160-162.

［11］ Gan V J L, Cheng J C P. Formulation and Analysis of Dynamic Supply Chain of Backfill in Construction Waste Management Using Agent-based Modeling［J］. Advanced Engineering Informatics, 2015, 29(04):878-888.

［12］ LI Y, ZHENG Y, ZHOU J. Source Management Policy of Construction Waste in Beijing［J］. Procedia Environmental Sciences, 2011, 11(01):880-885.

［13］ CHEN Jun, HE Pinjing, LÜ Fan, SHAO Liming. Generation and Reutilization Management of Construction and Demolition Waste［J］. Environmental Sanitation Engineering, 2006, 14(04): 27-30.

［14］ 焦瑞玲, 吴连海, 崔维孝, 冷景岩. 北京高速铁路动车段垃圾填埋场地基处理现场试验研究［J］. 铁道标准设计, 2009（02）: 76-80.

［15］ 陈晓艳. 上海市工程渣土综合管理处置的对策研究［J］. 环境卫生工程, 2015, 23（03）: 18-21.

［16］ 张卫宁. 改造性再利用——一种再生产的开发方式［J］. 城市发展研究, 2002（02）: 51-54+75.

［17］ 陈子玉, 曾苏, 曾华. 我国城市建筑渣土的减量化、资源化探讨［J］. 南京晓庄学院学报, 2006（04）: 87-90.

［18］ 陈子玉. 我国城市周边规划建设用地利用探讨［J］. 四川环境, 2004, 23（3）: 68-70.

［19］ 王罗春, 陈梦龙. 建筑垃圾作建筑渣土桩填料加固软土地基的机理与工艺［J］. 上海电力学院学报, 2006, 22（02）: 163-166.

［20］ 陈艳. 关于深厚杂填土地基处理方法的探讨［J］. 工程与建设, 2011, 25（06）: 811-812.

［21］ 张勇, 陆望明, 王生民. 基础土方回填施工及常见问题的处理［J］. 人民长江, 2008, 39（21）: 44-45.

［22］ 蒋鹏杰, 郭志勇. 渣土桩处理软弱地基应用研究［J］. 土工基础, 2000（02）: 24-26+35.

［23］ 许伟然. 阐述大面积深厚杂填土地基处理技术［J］. 建材与装饰旬刊, 2008（03）: 59-61.

［24］ 赵博文. 建筑渣土路用性能分析［J］. 四川水泥, 2016（04）: 23.

［25］ 王鹏. 浅谈建筑工程中基础回填土施工技术［J］. 中国建筑金属结构, 2013（22）: 95-95.

［26］ 刘立军, 祝浩烟. 谈排屋地基纠偏与加固的施工［J］. 科技创新导报, 2008（22）: 46-46.

［27］ 张学礼, 李志鹏. 铁塔基础地基处理和桩基础技术经济对比分析［J］. 电气应用, 2015（S2）: 863-866.

［28］ 李成武, 裴志强. 用建筑渣土桩加固软土地基［J］. 铁道建筑, 1998（11）: 18-20.

［29］ 赵勇. 渣土桩在加固地基中的应用［J］. 山西建筑, 2004, 30（07）: 25-26.

［30］ SANTOS E C G, PALMEIRA E M, BATHURST R J. Behaviour of a Geogrid Reinforced Wall Built with Recycled Construction and Demolition Waste Backfill on a Collapsible Foundation［J］. Geotextiles & Geomembranes, 2013, 39(03): 9-19.

［31］ YILMAZ T, ERCIKDI B, DEVECI H. Utilisation of Construction and Demolition Waste as Cemented Paste Backfill Material for Underground mine Openings［J］. Journal of Environmental Management, 2018, 222: 250-259.

［32］ 文登国. 场地平整的设计方法初探［J］. 城市道桥与防洪, 2012（04）: 263-265.

［33］ 王晓强. 场地平整施工的探讨［J］. 科教文汇（下旬刊）, 2009（05）: 270-270.

［34］ 茹行健. 基于控制性详细规划构建的余土平衡与场地竖向设计计算方法［J］. 工程与建设, 2012, 26（06）: 761-763.

［35］ 宋飞. 浅谈碎石振冲桩施工质量控制［J］. 中国高新技术企业, 2008（09）: 235-235.

［36］ 尹树美. 城市近郊低洼地利用——以山东省聊城市为例［J］. 河北农业科学, 2009, 13（06）: 96-97.

［37］ 郭密文, 闫德刚, 郭中泽. 长短桩复合地基加固处理高层建筑下鱼塘回填土地基［J］. 工程建设与设计, 2010（12）: 63-68.

［38］ 宋佩华. 浙江省滩涂围垦造地现状和政策研究［J］. 国土资源，2016（11）：37-38.

［39］ 石萍，谢健，何桂芳. 日本围填海对我国废弃物处置的启示［J］. 海洋湖沼通报，2011（03）：168-172.

［40］ 赵东远. 近海滩涂区域围海造田地基处理技术及沉降效果研究［D］. 重庆交通大学，2017.

［41］ 贺加贝，张维，高雁，等. 利用建筑垃圾建造环保鱼礁的探讨［J］. 齐鲁渔业，2017，4（34）：55-56.

［42］ 殷景文. 市场经济条件下土地利用规划新模式——城市灰色用地规划研究［D］. 苏州科技学院，2009.

［43］ 周干峙. 城市及其区域———个典型的开放的复杂巨系统［J］. 城市发展研究，2002，26（1）：1-4.

［44］ CHEN Q, ZHANG Q, XIAO C, et al. Backfilling Behavior of a Mixed Aggregate Based on Construction Waste and Ultrafine Tailings［J］. Plos One, 2017, 12(6): e0179872.

［45］ 杨丙龙. 废渣在公路建设中的利用现状与发展［J］. 路基工程，2010（05）：39-41.

［46］ 金晓斌，周寅康，汤小橹，丁宁，沈春竹，沈秀峰. 高速铁路建设临时用地土地破坏特征与复垦利用决策研究——以京沪高速铁路常州段为例［J］. 自然资源学报，2010，25（07）：1070-1078.

［47］ 秦健，赵建新. 建筑垃圾渣土在世博园区道路工程中的应用［J］. 中国市政工程，2009（03）：19-20+23+88.

［48］ 张枫绢. 建筑垃圾在路基回填中的实际应用［A］. 建筑科技与管理学术交流会论文集［C］. 建筑科技与管理组委会：北京恒盛博雅国际文化交流中心，2014：215+231.

［49］ 牛永宏，郭滕滕，王鑫. 建筑垃圾回填路基施工技术研究［J］. 筑路机械与施工机械化，2014，31（09）：49-52.

［50］ 刘泽锋. 建筑渣土用作路基填料的施工工艺［J］. 公路与汽运，2014（04）：109-111.

［51］ 李又云，李哲，赖金星. 建筑渣土在城市道路中的应用研究［J］. 公路.2013（07）：235-239.

［52］ 冀海敏. 建筑渣土在路基翻浆处理中的应用［J］. 河北交通职业技术学院学报，2008（03）：11-12.

［53］ 王东权，陈沛，刘春荣，等. 建筑渣土在市政道路路基工程中的应用研究［J］. 建筑技术，2005，36（02）：145-146.

［54］ 张清峰，王东权，姜晨光，邵鹏，王伟. 建筑渣土作为城市道路填料的路用性能研究［J］. 公路，2006（11）：157-160.

［55］ 白长江，徐晓燕. 建筑渣土在路基工程中的应用［J］. 中国高新技术企业，2010（15）：138-139.

［56］ 宋旭丹，夏松召，黄剑宝. 建筑渣土在路基工程中的应用［J］. 中华建设，2008（05）：103-104.

［57］ 王丽燕. 建筑渣土在市政道路路基工程中的应用［J］. 智能城市，2016，2（11）：175.

［58］ 武少龙. 建筑渣土在市政道路路基工程中的应用初探［J］. 建材与装饰，2017（01）：269-270.

［59］ 齐善忠，胡海彦，付春梅. 市政道路路基填筑建筑渣土现场试验研究［J］. 路基工程，2014（02）：24-28.

［60］ 张利军. 建筑渣土在西安大机检修段工程的应用研究［J］. 铁道建筑技术，2016（04）：122-125.

［61］ 齐善忠，付春梅，曲肇伟. 建筑渣土作为道路填筑材料的改性试验研究［J］. 中外公路，2015，35（01）：262-267

［62］ 鲁飞. 建筑渣土作为路基填料的应用研究［J］. 路基工程，2005（03）：50-54.

［63］ 程建恒. 省道京赞支线大修最优方案设计［J］. 山东交通科技，2016（02）：34-35.

［64］ 汪留松，刘列元，韩素华. 用"石渣土"填筑路基的工程实践［J］. 平顶山工学院学报，2004，13（01）：53-55.

［65］ 廖辉. 堆山造景工程软基失稳原因及处理方案研究［J］. 路基工程，2014（04）：222-226.

[66] 李术，李海亮. 堆载预压排水固结地基处理施工质量控制 [J]. 港工技术，2018，55（05）：111-114.

[67] 李浩. 建筑工程中软土地基的处理技术应用 [J]. 建材与装饰，2018（30）：41.

[68] 赵牡珍. 平地填土与斜坡填土地基应力的计算 [J]. 路基工程，1985（05）：93-104.

[69] 杨瑞，赵静波，刘波. 人工堆筑山体变形及地基深层水平位移研究 [J]. 工程勘察，2013，41（03）：15-18.

[70] 李嘉，闫澍旺，林澍，孙立强. 软土地区堆山工程地基承载力分析 [J]. 岩土工程学报，2016，38（S2）：155-160.

[71] 马锋，雷华阳，应耀明，白晋妩. 天津市堆山造景工程地基稳定监测与防治 [J]. 中国地质灾害与防治学报，2006（03）：124-126+132.

[72] 孟繁雨，张莉，宋德楠. 土基上垃圾堆山的山体稳定问题 [J]. 工业建筑，1999，29（10）：52-56.

[73] 付国永. 建筑垃圾在城市公园建设中的应用探讨 [J]. 砖瓦，2013（04）：42-43.

[74] 陕西首个建筑垃圾堆山造景公园开园迎宾 [J]. 中国建材报、粉煤灰综合利用，2016（06）：18-18.

[75] 陈国栋. 大面积堆山造景工程填筑体压实处理分析 [J]. 工程勘察，2014，42（01）：21-24.

[76] 李少龙. 堆山工程填土力学性质试验研究 [J]. 江苏建筑，2011（06）：92-94.

[77] 贾住平，郑禄璟，姚松. 极限平衡法与有限元强度折减法在露天矿边坡稳定性分析中的应用对比 [J]. 现代矿业，2016（09）：37-40.

[78] 文瑜. 强度折减法在高填方土质边坡稳定分析中的应用 [J]. 西部探矿工程，2013（04）：23-26.

[79] 张少华，杨正玉，杜京. 人工堆山边坡稳定性评价 [J]. 江苏建筑，2011（S1）：72-73，84.

[80] 中国应急管理编辑部. 广东深圳光明新区渣土受纳场"12·20"特别重大滑坡事故调查报告 [J]. 中国应急管理，2016（07）：77-85.

[81] 齐长青. 天津市建筑垃圾填埋场堆山造景的研究 [J]. 环境卫生工程，2002（03）：113-115.

[82] 牛立志，牛大鹏. 利用建筑垃圾进行山体生态恢复 [J]. 建筑，2017（24）：23-24.

[83] 殷柏慧，张洪刚，端木山. 从工业废弃地到城市游憩空间的转化与更新——以安徽省淮南大通矿生态区改造为案例 [J]. 中国园林，2008（07）：43-49.

[84] 王向荣，任京燕. 从工业废弃地到绿色公园——景观设计与工业废弃地的更新 [J]. 中国园林，2003（03）：11-18.

[85] 田大方，赵志诚. 废弃垃圾场改造成城市公园景观初探 [J]. 北方园艺，2011（04）：135-138.

[86] 陈晔琴. 风景园林的植物配置与规划探讨 [J]. 现代园艺，2018（08）：127.

[87] 王和祥，韩庆，宋士宝. 建筑垃圾堆山造景技术初探——天津南翠屏公园建设 [J]. 中国勘察设计，2009（12）：82-84.

[88] 何大为. 奥林匹克森林公园堆山工程沉降变形观测及其分析 [D]. 西安建筑科技大学，2007.

[89] 柳文涛，丁雷. 武汉王家墩堆山工程地基处理效果的静载试验评价 [J]. 施工技术，2011（S1）：130-132.

[90] 张理，郑建文. 软土地区大面积堆山造景建屋的实例分析 [J]. 建筑施工，2008，30（03）：226-228.

[91] 钱晓彬. 砂石桩复合地基在某堆山工程软土地基处理中的应用 [J]. 福建建材，2010（06）：65-65.

[92] 汤志刚. 大型堆山工程的山体地基土体变形特性 [D]. 南京：南京大学，2011.

[93] 李少龙. 堆山工程填土力学性质试验研究 [J]. 江苏建筑，2011（06）：92-94.

[94] 李俊业. 基于非饱和土力学理论的工程弃土堆积体边坡稳定性分析 [D]. 重庆：重庆交通大学，2011.

[95] 顾凤祥，阎长虹，王彬，许宝田，闫怀瑞. 江苏某市人工堆山坍塌机理分析 [J]. 工程地质学报，

2011，19（05）：697-702.

［96］ 蔡玲玲，李巧娣，陶国齐. 利用城市废弃物的节约型园林绿化扩展性研究［J］. 绿色科技，2011（04）：82-86.

［97］ 赵波，许宝田，阎长虹，王威. 人工堆山边坡稳定性数值分析［J］. 工程地质学报，2011，19（06）：859-864.

［98］ 祁志. 无锡市某堆山工程山体滑坡原因分析及整治方案［C］. 江苏省地基基础联合学术年会暨江苏省岩土力学与工程学会会员代表大会. 2011.

［99］ 袁瑞祥，张洋. 无锡太湖新城堆山工程变形监测及分析［J］. 交通科技，2011（S2）：24-26.

［100］ 柳文涛，丁雷. 武汉王家墩堆山工程地基处理效果的静载试验评价［J］. 施工技术，2011（S1）：130-132.

［101］ 孟磊，王冠. 天津某高校新校区人工堆山景观设计方案浅析［J］. 现代园艺，2012（08）：129.

［102］ 刘勇，王祥国. 真空预压法在江苏省某植物园堆山工程中的应用［J］. 科学技术创新，2012（12）：271-271.

［103］ 黄伟，谢志念. 武汉王家墩堆山工程施工监测及分析［J］. 土工基础，2013，27（03）：120-123.

［104］ 韦智，阎长虹，许宝田. 江苏镇江蛋山生态治理人工堆山工程地基沉降分析［J］. 水文地质工程地质，2014，41（03）：82-85.

［105］ 宁保辉，李文亮，曾令昕. 濮阳市堆山工程高边坡设计加固方案分析［J］. 河南水利与南水北调，2014（06）：18-19.

［106］ 孟红. 节约型园林的探索——以石家庄市柏林公园为例［J］. 河北林业科技，2010（05）：92-93.

第4章 工程垃圾减量化

4.1 工程垃圾种类、来源以及规模

4.1.1 种类

工程垃圾是指各类建筑物、构筑物等在建设过程中产生的金属、混凝土、沥青和模板等弃料。相较于各类建筑物在基础开挖时产生的工程渣土，工程垃圾的来源更多，在建筑物的整个工程周期内都会不断地产生；组成更为复杂，部分组分有一定弱碱性，如果不经处理直接露天堆放，会有渗滤液流进地下，融入土壤中，在不断风化中成为土壤的组成成分，进而改变土的性质，影响土地的未来使用。随着城市化进程不断加快，工程垃圾大量产生，回收较困难，所占用堆放空间较多。

工程垃圾的组成成分与建筑的建设时期、结构功能、施工活动性质等有密切关系。20世纪50年代以前的建筑物，主要组成为自然材料，建筑衔接材料为石灰物质，工程垃圾以它们为主；60年代至80年代建筑物产生的工程垃圾随着建筑材料的改变变为了废弃的混凝土、黏土砖以及废弃沥青防水材料、水泥砂浆、水泥石灰砂浆等。90年代末，对多样的建筑形式的追求也使得工程垃圾的种类产生了很大的变化；现阶段建筑物多使用整体混凝土灌注或装配式方式施工。总体来看，工程垃圾中废弃混凝土和水泥制品占了大部分，其组成主要包括破碎桩头、碎砌块、废混凝土、废砂浆、废模板木材、钢筋余料及各种包装材料等。而根据不同结构形式的建筑物施工所产生的工程垃圾数量和组成、工程垃圾占比见表4-1、表4-2。

表4-1 不同结构形式的建筑建设过程中产生的垃圾数量和组成

垃圾组成	建筑工程垃圾组成占比（%）		
	砖混结构	框架结构	框架剪力墙结构
碎砖	30～50	15～30	10～20
砂浆	8～15	10～20	10～20
混凝土	8～15	15～35	15～35
桩头	—	8～15	8～20
包装材料	5～15	5～20	10～20
屋面材料	2～5	2～5	2～5
钢材	1～5	2～8	2～8
木材	1～5	1～5	1～5
其他	10～20	10～20	10～20
合计	100	100	100
工程垃圾产生量（kg/m²）	50～200	45～150	40～150

表 4-2 工程垃圾占其材料购买量的比率表

垃圾组成	碎砖	砂浆	混凝土	桩头	包装材料	屋面材料	钢材	木材
工程垃圾占其材料购买量的比例（%）	3～12	5～10	1～4	5～15	—	3～8	2～8	5～10

由表 4-1 可知，在工程垃圾中，混凝土、砖和砂浆、金属、木材的占比较高。不同结构形式的建筑物，其施工所产生的工程垃圾成分比例有不小的区别，例如砖混结构所产生的碎砖块比框架结构和框剪结构要明显得多。这几种工程垃圾既可通过技术和管理手段降低废弃率，实现源头减量，也可通过后续的资源化利用进行过程减量，是工程垃圾减量化普遍的研究重点。

4.1.2 来源

工程垃圾产生于建筑建造施工的全过程，主要成分有混凝土、砖和砌块、砂浆、金属、木材，常见成分还包括石材、陶瓷和瓦片、塑料、纸皮、玻璃等。

从成分来源来说，金属废弃物主要包括钢筋头、废弃铁丝、铁钉、铁皮、螺丝和铆钉、截余的钢管和型材、废弃的焊条、灭火器筒、损坏的斗车、损坏的扣件、盛装油漆涂料的铁皮桶等；木材废弃物主要为废弃的木模板和木方、损坏的竹走道板、木材加工的边角余料等；塑料废弃物主要为截余的 PVC 管、破损防护网、编织袋、包装材料的塑料薄膜、泡沫塑料、保温材料、盛装建筑材料的塑胶桶和废弃的塑料门窗料等；纸皮废弃物主要为瓷砖等材料的包装纸板箱、防水卷材的外包装纸、纸水泥袋等；玻璃废弃物主要为门窗、幕墙、阳台栏板结构和屋面采光窗等用到的玻璃材料中无法再用于建筑实体的玻璃边角料、玻璃碎片及所有在建筑场地内盛装建筑材料的玻璃器皿及其碎片等。

从施工流程来说，我们可以参考工程量项目设置及工程量计算规则，通过工程量清单，更清晰、更直观的了解工程垃圾的来源，见表 4-3。

表 4-3 工程量废弃物清单

单位工程	编码	分项工程	产生废弃物
地基与桩基础工程	10202	其他桩	砂石、砂浆
	10203	地基与边坡处理	碎石、砂浆、混凝土、金属
砌筑工程	10301	砖基础	混凝土、砂浆、砖和砌块
	10302	砖砌体	砂浆、砖和砌块
	10303	砖构筑物	砂浆、砖和砌块
	10304	砌块砌体	砂浆、砖和砌块
	10305	石砌体	石材、砂浆
	10306	砖散水、地坪、地沟	混凝土、砂浆、砖和砌块
混凝土及钢筋混凝土工程	10401	现浇混凝土基础	混凝土、模板
	10402	现浇混凝土柱	混凝土、模板
	10403	现浇混凝土梁	混凝土、模板
	10404	现浇混凝土墙	混凝土、模板
	10405	现浇混凝土板	混凝土、模板
	10406	现浇混凝土楼梯	混凝土、模板
	10407	现浇混凝土其他构件	混凝土、模板

续表

单位工程	编码	分项工程	产生废弃物
混凝土及钢筋混凝土工程	10408	后浇带	混凝土、模板
	10409	预制混凝土柱	混凝土、砂浆
	10410	预制混凝土梁	混凝土、砂浆
	10411	预制混凝土屋架	混凝土、砂浆
	10412	预制混凝土板	混凝土、砂浆
	10413	预制混凝土楼梯（一）	混凝土、砂浆
	10414	预制混凝土楼梯（二）	混凝土、砂浆
	10415	混凝土构筑物	混凝土、砂浆
	10416	钢筋工程	金属
	10417	螺栓、铁件	金属
厂库房大门、特种门、木结构工程	10502	木屋架	木材、包装物
	10503	木构件	木材、包装物
金属结构工程	10602	钢托架、钢桁架	金属、废油漆
	10603	钢柱	金属、废油漆
	10604	钢梁	金属、废油漆
	10605	压型钢板楼板、墙板	金属、废油漆
	10606	钢构件	金属、废油漆
	10607	金属网	金属、废油漆
屋面及防水工程	10701	瓦、型材屋面	瓦片、塑料
	10702	屋面防水	砂浆、塑料
	10703	墙、地面防水、防潮	砂浆、塑料
防腐、隔热、保温工程	10801	防腐面层	砂浆、塑料、玻璃
	10802	其他防腐	砂浆、塑料、沥青
	10803	隔热、保温	砂浆、塑料

4.1.3　规模

当前，我国正处于经济建设发展时期，工业化、城镇化进程日益加快，建筑业得到了快速发展，房屋建筑兴建的同时，带来的工程垃圾污染也越来越严重。我国建筑垃圾（包括工程垃圾）产生量已经占到城市垃圾总量的近一半，这一情形已经开始影响我国的经济建设。

计算垃圾产生量，把握建筑工程垃圾产生量的发展变化规律，是对工程垃圾减量化处置的先决条件。但当前世界各国对工程垃圾产生量的计算一直没有权威和公认的规则，全国范围也都没有对工程垃圾产生量进行比较权威的统计，国内学者对工程垃圾的统计计算也没有形成统一的意见。

现有的关于工程垃圾产生量计算方法有很多，总结归纳为四类计算方法：单位产出量法、材料流法、系统建模法、现场调研法。

1. 单位产出量法

现有文献中，单位产出量法是应用最广的一类方法，可以对各时期工程垃圾产生量的估算，且应用方式较多。

（1）基于建设许可资金额的单位产出量法

将建设的金额作为垃圾生产的影响因子，结合其他因素的考虑，通过调研、统计和数学方法计算出在某个区域内的废弃石膏板的总量。这种方法的优点在于较为准确地接近实际，降低了理论和实际误差的距离。当然，能够更多地了解当地政府的相关数据的准确性是整个推算的基本。

（2）基于统计数据的单位产出量法

2011 年，有人利用 SPSS 软件，选取北京市 GDP、商品房销售面积、建筑施工面积 3 个自变量建立多元回归方程，对"十二五"时期北京市工程垃圾产生量进行预测并根据预测结果对工程垃圾处置设施分布进行合理布点。利用这种方法的前提是能够得到相关领域和政府数据，且准确和详细，若能更多地了解相关信息，则工程垃圾的量化更加简单和准确。这也告诉我们，完善的数据支持对工程垃圾的量化和管理是有很重要意义的。

（3）基于分类系统的单位产出量法

2009 年，有人通过实际的考察和运用，利用实际施工所产生的数据，制定出了如何对工程垃圾分类的方法。依据建筑活动估算体系，细致地将每一环节所产生的垃圾合理分类，每一个环节也做了区分，分类系统确定后，各种材料的废弃量就可量化计算，通过确定每一个环节所产生的垃圾总量，最终确定在此建筑活动中产生的总垃圾量。

2. 材料流分析法

材料流分析法以工程材料的总购买量作为研究对象，假设所购买的建筑材料 TM 并非都构成建筑实体，一些材料在施工过程中不可避免（由于管理水平、施工工艺及工人技能水平）地被废弃变成工程垃圾 CW：

$$CW = TM \times Wc$$

式中，Wc 代表施工场地建材平均废弃率，一般都能找到相关数据的支持。

但由于施工管理状况不同，各类施工建筑垃圾占其材料总量的比值相对较离散，建筑垃圾产生量统计误差较大。利用这种方法计算的结果比实际偏高，因为在实际的建筑活动中总会或多或少地对废物进行了再利用。

3. 系统建模法

这种方法将工程垃圾量化看作为一个复杂体系，通过对建筑模型中的每一个环节进行了详细的考量，使得量化的结果更加准确。在实际过程中，对工程垃圾总量的把握以及对每一个建筑环节对总量的贡献度把握都是非常重要的，因为每一个细节都是总体的一部分，而对细节把握的好坏会直接影响到总量的准确度，这也对一些决策的制定提供了有效的依据。这些优势都是传统方法无法做到的，但是对细节的把握又是需要传统方法作为支持，将系统建模法与传统方法结合使用会使数据更加准确，这也将是今后的一个主要发展方向。

4. 现场调研法

这种方法只适用于计算单个区域规模较小或有限个数的项目层面的工程垃圾产生量，因为规模过大，其中建筑活动众多，使用这种方法则会消耗大量的人力、物力及时间。

以上方法中，由于通过第一种和第二种方法所获得数据可信度较高，因而它们是目前工程垃圾产生量估算中应用最普遍的两种方法。因此在进行工程垃圾估算与预测时，为方便计算所采用的方法是一种结合单位产生量和材料分析法的算法。参考深圳市建筑垃圾减排技术规范估算建筑垃圾的方法，按照下式估算工程垃圾的产生量。

$$W_x = A_x \times q_x$$

式中 W_x——新建工程的建筑垃圾产生量（kg）；

　　　A_x——新建工程总面积（m²）；

　　　q_x——新建工程建筑垃圾产生量指标（kg/m²），按表 4-4 取值。

表 4-4 工程垃圾产生量指标

建筑类别	工程垃圾产生量指标（kg/m²）	工程垃圾产生量分类指标（kg/m²）		占工程垃圾总量比率（%）
住宅建筑	37	混凝土	18.7	50.54
		砖、砌块和石材	1.8	4.86
		砂浆	1.3	3.51
		金属	4	10.81
		木材	7.8	21.08
		其他	3.4	9.19
商业建筑	34	混凝土	18	52.94
		砖、砌块和石材	1.8	5.29
		砂浆	1.2	3.53
		金属	4.5	13.24
		木材	5.7	16.76
		其他	2.8	8.24
公共建筑	35	混凝土	18.0	51.43
		砖、砌块和石材	2.2	6.29
		砂浆	2.1	6.00
		金属	3.0	8.57
		木材	6.3	18.00
		其他	3.4	9.71
工业建筑	31	混凝土	17.4	56.13
		砖、砌块和石材	1.2	3.87
		砂浆	1.2	3.87
		金属	2.6	8.39
		木材	5.6	18.06
		其他	7	22.58
房屋建筑平均	34.25	混凝土	18.0	52.63
		砖、砌块和石材	1.8	5.11
		砂浆	1.5	4.23
		金属	3.5	10.29
		木材	6.4	18.54
		其他	3.2	9.20

在估算工程垃圾年产生量的过程中，统计数据对估算的准确性影响很大，通过大量的数据查找，决定以国家统计局编制的中国统计年鉴中的数据为准，并选定其中的建筑业房屋建筑施工面积作为计算依据。《中国统计年鉴·2018》中全国房屋建筑施工面积见表 4-5。

表 4-5 2012—2017 年全国房屋建筑施工面积

年份	2012	2013	2014	2015	2016	2017
全国房屋建筑施工面积（万 m²）	986427.45	1132002.86	1249826.35	1239717.64	1264216.27	1318374.06

根据上文所述的计算方法和数据，计算得出 2012—2017 年全国房屋建筑工程垃圾产生量。从数据上看，近几年全国工程垃圾的产生量都在 4.5 亿 t 以上，工程垃圾的减量化已经势在必行。

表 4-6　2012—2017 年全国房屋建筑工程垃圾产生量

年份	2012	2013	2014	2015	2016	2017
全国房屋建筑竣工面积（万 m^2）	986427.45	1132002.86	1249826.35	1239717.64	1264216.27	1318374.06
混凝土量（万 t）	17755.69	20376.05	22496.87	22314.92	22755.89	23730.73
砖和砌块（t）	1775.57	2037.60	2249.69	2231.49	2275.59	2373.07
砂浆（t）	1479.64	1698.00	1874.74	1859.58	1896.32	1977.56
金属（t）	3452.49	3962.01	4374.39	4339.01	4424.76	4614.31
木材（t）	6313.14	7244.82	7998.89	7934.19	8090.98	8437.59
其他（t）	3156.57	3622.41	3999.44	3967.10	4045.49	4218.80
废弃物总量（万 t）	33933.10	38940.90	42994.03	42646.29	43489.04	45352.07

4.2　减量化策略与技术

宏观上来说，工程垃圾减量化需采取合理的方法，从源头进行预防，控制工程垃圾的产生量，并对已产生的工程垃圾进行资源化回收利用。具体来说，实现工程垃圾减量化需从制订政策法规、开发应用减量化技术与措施、指导并约束工程项目建设全过程利益相关者行为等多方面进行努力。借鉴国内外工程垃圾减量化先进经验与做法，综合且深入地归纳分析工程垃圾减量化的影响因素，并基于工程项目全过程管理方法，构建工程垃圾减量化的实施路径，如图 4-1 所示。在整个工程垃圾减量化实施路径的运作过程中，由建筑工程业主单位、设计单位、施工单位和资源化企业四大内部主体，以及政府和科研单位两大外部支撑主体组成。由于各方对工程垃圾减量化的意识依旧相对淡薄，相关法律法规和技术标准规范不健全，政府仍处于核心主导地位。

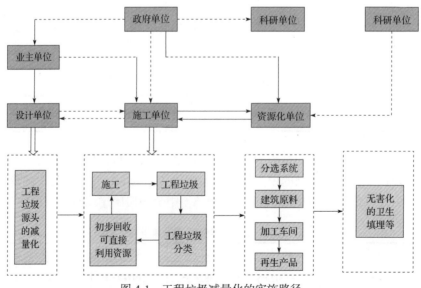

图 4-1　工程垃圾减量化的实施路径

4.2.1　规划过程中减量

工程垃圾减量化从源头进行预防控制首先要从规划初期着手，将减量化的理念纳入到城市规划编制工作中，构建全过程规划的减量化体系。

在城市总体规划阶段，应基于工程垃圾源头减量目标，在总体规划中明确与工程垃圾减量化的相关内容，进行编制。其中，根据不同城市的具体情况，因地制宜，合理设置工程垃圾、渣土消纳、综合利用等设施；并根据城市的城市化进程不同，对城市建设量和拆迁量进行合理估算，制定城市的工程垃圾减量化目标。

规划过程中，不仅要基于对城市整体的宏观规划，也应在源头减量化的基础上，对城市总体规划和控制目标进行细化和分解。分解过程中，应对规划用地具体分析地块的建设量与拆迁量，同时应在详细规划的黄线控制内，根据城市土地的不同用地性质，对各地块工程垃圾的源头减量化率、资源化率、分类回收率等指标进行管控，并纳入到详细规划控制指标体系中。

在城市宏观和细化的布局基础上，对于城市工程垃圾在规划过程中的处理同样不可忽视。应做好处理专项规划，使工程垃圾在分类收运上与城市总体规划和环境卫生规划相互协调，建立工程垃圾收运设施体系和工程垃圾治理管理体系。

工程垃圾源头减量化应与修建性详细规划衔接，在修建性详细规划中将城市总体规划和控制性详细规划的工程垃圾的相关指标落地实施，并在绿色建筑评价标准中，增加对再生产品使用量的要求，实现资源化利用，达到在规划过程中工程垃圾减量化的目的。

4.2.2　设计过程中减量

1. 设计和施工工艺优化

设计不合理易导致大量工程垃圾的产生，因此在设计阶段和方案论证阶段，必须全面对比，选择合理的方案和设计，尽量减少工程变更，以减少工程垃圾的产生。加强设计与施工的联系，避免设计人员缺乏具体施工经验，对施工技术了解不深入，导致施工工序难以按照设计要求进行，从而造成效率降低，材料浪费，产生工程垃圾。运用标准设计，采用标准模数和预制构件，可以减少工程垃圾的产生。使用标准化预制构件，不仅有利于提高建设效率，易于质量控制，有利于环保，而且由于在工厂大批量生产，可以节约资源，减少废料，以及取得规模经济效益。例如，在设计时注意尺寸配合和标准化，尽量采用标准化的灵活建筑设计，减少切割产生的废料。保证设计方案的稳定性和细致性，尽量避免因对设计方案进行频繁更改而产生不必要的剔凿，采取限制变更次数措施，加强审图阶段的管理。建筑结构设计时，考虑建筑用途改变的灵活性，避免建筑功能改变造成大量工程垃圾的产生。建筑结构设计时应严格执行建筑模数设计，简化建筑物平面、外立面形状，减少后期施工材料的浪费。施工脚手架等生产用具设计时应考虑其具备易拆性和可重复使用。材料选择上，尽量采用绿色建材，或者容易回收的材料。

2. 应用 BIM 技术

BIM 是 Buidlling Information Modeling 的缩写，意为建筑信息模型，是建筑学、工程学及土木工程的新工具。利用 BIM 技术的可视化与三维立体效果，有利于设计方案的筛选和优化。BIM 可以帮助实现建筑信息的集成，通过 BIM 建立单一信息源模型，使结构、暖通、电气等各个专业基于同一个模型进行工作，确保了所使用信息的准确性和一致性，实现项目各参与方之间的信息交流和共享，从根本上解决项目参与方基于纸制方式进行信息交流所形成的"信息断层"和应用系统之间"信息孤岛"的问题，并且贯穿于建筑的设计、施工、运行直至建筑全寿命周期的结束，提高设计效率的同时有效降低了由于设计修改造成的资源浪费，以实现工程垃圾减量化。

3. 建立规则制度

据国外研究人员统计，现场施工产生的工程垃圾总量的33%是由于设计不当造成的。由于意识淡薄、相关培训缺乏、减量化职责界定不明、经济激励措施不足等因素，导致在实际中设计人员很少采取有利于减量化的设计。为此，从政府来说，应加快工程垃圾管理方面的政策法规的制定，并且要有可操作性的实施细则，以明确各利益相关者的责任，增强相应的指导作用；同时从行业来说，充分发挥学会、行业协会和研究机构的作用，结合地方特点制定详尽和具体的减量化设计技术标准，并建立与规范相配套的指南、建议、工法等构成完整的技术标准体系。另一方面，应加大教育宣传力度，让更多的人了解相关法律法规的要求，引起人们对相关内容的重视。设计单位应该定期或不定期地对设计师进行减量设计方面的技术培训，建立减量化设计措施数据库，帮助设计师理解各种设计对工程垃圾减量化所产生的影响，提高其实施减量化设计的水平。

4.2.3 施工过程中减量

1. 增强施工人员环保意识

施工过程中，工程垃圾产生的根本原因在于资源物料没有得到合理有效的利用，除设计和其他客观原因外，现场施工人员的行为和态度直接影响材料的利用效率和节材措施的执行效果。建筑行业劳动密集型的特点意味着废料率水平会受人员行为意识极大的影响，对废弃物减量化持消极或否定态度会严重阻碍对废弃物的有效管理。薄弱的意识和消极的态度导致大量材料被随意废弃与切割，因此，只有让现场施工管理人员和操作人员意识到废弃物并不是不可避免的，从而主动且有效地实施这些减量化措施，才能真正推动工程垃圾减量化的实施。

目前建筑工地上的施工人员普遍缺少相关方面知识和技能的培训和教授，减量化实施驱动力不足（从减量化行为中得不到好处），导致工程垃圾的大量产生。因此应建立施工现场的工程垃圾管理制度，制定明确的减废计划，选择合适的分包模式，加强对施工人员的宣传教育和技能培训，采用有效的激励措施，举行工人知识竞赛等，对严重的浪费行为给予教育或罚款等措施，提高施工人员主动减量化意识和施工队伍的专业性。

2. BIM技术

采用BIM技术指导现场施工，控制工程垃圾的产生量。通过三维数字化模拟的方式对工程进行"预演"，减少工程风险及浪费。在施工过程中，通过BIM模型进行设计复核，避免设计错漏、专业冲突导致的现场拆改返工；通过BIM模型对装配式构件与重复利用模板进行预拼装模拟，使施工过程有序快捷；通过BIM模型进行快速工程量统计，结合4D进行计划模型，提前计算出合理的物料进场数量；利用BIM的参数化功能导出各类构件的尺寸、型号、材料等参数，提高预制构件加工的准确性，使原本粗放的施工模式变成集成化、模块化的现场施工模式，减少工程垃圾的产生。

3. 开发推广节材环保施工技术

从建筑节能、环境保护和资源循环利用等方面来看，建筑工业化比传统生产方式更为先进和现代化，它不仅能适应建筑市场发展速度、有效保证工程施工质量、改善施工作业环境和降低劳动强度，还能有效降低资源和能源消耗。模块建筑标准化程度高，可有效减少材料消耗，车间式生产易于回收边角料，加工处理后大部分可继续回用，避免出现现浇钢筋混凝土施工的浪费现象，减少工程垃圾的产生。同时，考虑到废料的回收利用，如工程垃圾再生骨料、废钢筋、废弃的聚苯乙烯材料等，经专门车间加工制成各种墙板构件的部品，以达到节约材料的目的。

4. 材料的控制

施工过程中，工程垃圾主要产生于材料的正常损耗和材料处理不当而造成的材料浪费。因此，需要在材料的采购、运输、储存、装卸及加工使用的每个环节上，加强对材料的管理，以减少由于人员操作失误带来的浪费。一方面，加强对工人的培训与知识普及，另一方面，根据施工项目平面布置情况选择合适的材料装卸、运输、存储的地点，减少二次搬运。

尽量选择环保型材料，因为环保材料可以降低建筑物对环境的一次性污染，降低工程垃圾产生的可能性。加大循环利用材料用量，如用钢模板代替木模板，减少废木料的产生。

5. 实行分类管理制度

当工程垃圾产生后，应把惰性垃圾和活性垃圾分开，根据其组成将工程垃圾进行分类，防止活性垃圾污染惰性垃圾，有利于后续进行资源化回收利用。向现场施工人员普及分类的标准与方法，并且督促其坚持完成。对于现场可直接回用的材料及时回用。

4.2.4　施工产生后减量

"减量化"应该与"资源化"同步，从源头控制是控制工程垃圾产生的关键。倡导以绿色设计、绿色施工为基础的"绿色建筑"：在设计阶段结合新技术进行源头减量，推广预制构件，以减少现场施工带来的工程垃圾。另外，我国需要制定相关制度规范，建立完善的工程垃圾分类制度。推动工程垃圾资源化再利用的技术研究和创新，研发工程垃圾的高效处理工艺和设备，研发工程垃圾高效分拣技术和设备，研发以工程垃圾为原材料的建筑材料的制备工艺和设备。创新生产技术，提高工程垃圾再生制品原料的品质，提高再生建筑材料的市场竞争力。完善再生建筑材料标准体系建设，形成统一的质量保证体系。工程垃圾资源化产业需要和住宅产业化、建筑工业化、装配式建筑融合。在设计、施工方面考虑将来材料的拆除和资源再利用，不仅要考虑装配式建筑安装方便，也要考虑将来如何拆除，如何尽可能利于资源回收利用。要结合我国工程建设的发展方向，拓宽工程垃圾再生建筑材料的应用范围。例如与"海绵城市"建设结合，进行相关研究，将工程垃圾应用于透水、蓄水材料的生产；与"装配式建筑"结合，考虑再生建筑材料在建筑预制构件中的应用。

为保证工程垃圾的无害化处理及提供工程垃圾的处理效率，将工程垃圾分为惰性垃圾和活性垃圾，活性垃圾分为一般固体垃圾和有毒有害垃圾，根据不同工程垃圾的性能采取不同的资源化处理方式，如图 4-2 所示。

1. 惰性垃圾

工程垃圾中以惰性组分为主，主要包括废混凝土、废石料、废砖等，对其进行破碎、筛分、颗粒整形、超细粉磨、压制成型等工艺技术，转化为再生粗细骨料、免烧砖、预制构件、路基材料等水泥制再生建材产品。

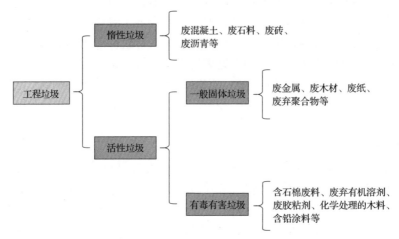

图 4-2　工程垃圾按化学性质分类

（1）再生骨料

将工程垃圾破碎处理至目标粒径范围的再生骨料是当前资源综合利用的第一步，大于
4.75mm 的颗粒为再生粗骨料小于 4.75mm
的颗粒为再生细骨料。根据市场需求再生
粗骨料分为 5 ～ 16mm、5 ～ 20mm、5 ～
25mm 和 5 ～ 31.5mm 四种连续粒级规格，
以及 5 ～ 10mm、10 ～ 20mm 和 16 ～ 31.5mm
三种单粒级规格（图 4-3）；再生细骨料按
细度模数分为粗、中、细三种规格，其细
度模数 M_x 分别为：粗：$M_x = 3.7 \sim 3.1$、

(a) 粗骨料　　　　(b) 细骨料

图 4-3　再生骨料

中：$M_x = 3.0 \sim 2.3$、细：$M_x = 2.2 \sim 1.6$。再生骨料的品质也直接决定了精加工再生建材产
品的附加值，高品质再生骨料可替代天然砂石骨料用于生产混凝土、砂浆等。

采用再生骨料可通过压实、养活形成水泥稳定碎石层（简称水稳层），见图 4-4。以级配
碎石作骨料，采用一定数量的胶凝材料和足够的灰浆体积填充骨料的空隙，按嵌挤原理摊铺
压实。其压实度接近于密实度，强度主要靠碎石间的嵌挤锁结原理，同时有足够的灰浆体积
来填充骨料的空隙。

图 4-4　水稳层

（2）免烧砖

利用粉煤灰、煤渣、煤矸石、尾矿渣、化工渣或者天然砂、海涂泥等一种或多种工程垃圾作为主要原料，不经高温煅烧而制造的一种墙体材料——免烧砖，也是工程垃圾资源化的一个重要途径。根据市场需求，选择不同类型模具，替代天然原材料生产免烧砖（图 4-5），可用于房屋非承重墙、填充墙，市政工程，道路工程等，包括透水砖、路面砖、挡土墙、装饰砖、标准砖、路牙等。

图 4-5　各类免烧砖

（3）混凝土预制构件

工程垃圾加工处理后的再生骨料、微粉等用来制备预制非承重墙板、楼板、装饰混凝土、构件等，可有效地避免再生骨料对混凝土工作性能的影响，且运输至就近的预制工厂，作为生产混凝土预制构件（见图 4-6）的主要原材料。

图 4-6　混凝土预制构件

2. 活性垃圾

工程垃圾中活性组分主要包括废金属、废木材、废纸、废沥青、废聚合物等，需要通过分选分拣后送到专业的机构进行下一步的处置处理。

（1）废旧模板

可以剪切成小块模板再次利用；将废旧模板压碎作为造纸的原材料或者用来制作标志牌；可用于制造中密度纤维板或人造木材。

（2）废铁丝、铁钉、铸铁管、黑白铁皮、废电线和各种废钢配件等金属

分类后集中送到专业的加工厂，提炼成高强度的钢材。

（3）废旧玻璃

废旧玻璃分拣后送玻璃厂或微晶玻璃厂做生产原料；废旧玻璃经过粉碎可以用作路基

垫层。

（4）废沥青

经过处理可以作为沥青混凝土的原料。

（5）废塑料

经过分类后集中送到专业的加工厂，用作再生料、燃料等。

4.3 分类技术与分类设备

工程垃圾的分类直接决定了工程垃圾在产生后减量化的难易程度，作为资源化利用或合理处置的前提，工程垃圾的分类对于工程垃圾减量化具有重要意义。随着我国城市化进程的持续推进，工程垃圾的产生和排放量也持续增长，工程垃圾处理和减量化的需求也日益增长。工程垃圾分类技术和分类设备的发展也越来越受到重视，但目前我国工程垃圾资源化利用水平低，相关技术和设备较为简单，该行业市场也有待发展。欧洲、美国、日本等发达国家较早的制定了严格的工程垃圾分类要求，形成了系统的工程垃圾分类管理办法，其垃圾分类技术和设备制造水平也已经有了长期的经验积累和技术储备。本节重点介绍了目前主要的工程垃圾分类技术及国内外工程垃圾分类设备的发展现状。

工程垃圾的成分复杂，分类回收是垃圾高效处理的前提，参照日本对建筑垃圾分类如图 4-7 所示。

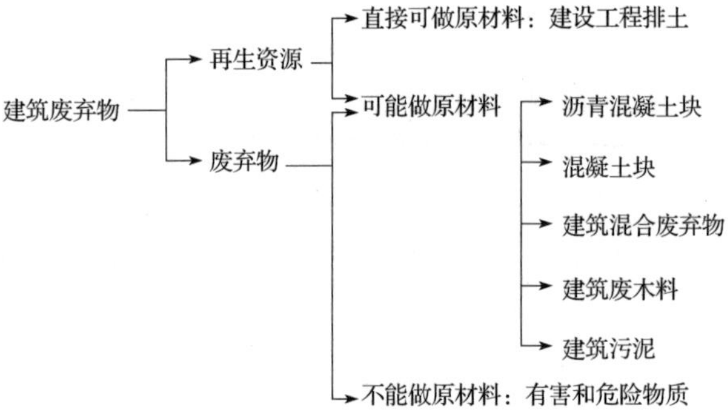

图 4-7　日本建筑垃圾分类

4.3.1　分类技术

近年来，随着科技水平的不断发展，工程垃圾的分类技术也日趋丰富，早已不仅限于人工分拣。工程垃圾的分类技术主要根据工程垃圾的物理性质对工程垃圾进行分选筛分。

1. 现场分类

现场利用不同的工程垃圾收集箱分类，是最为简单、直接、有效的分类方式，这种方式能够有效避免由于不同种类工程垃圾集中堆放、运输带来的困扰，在后期可以直接对不同种类的工程垃圾进行减量化再利用或处置。

对于较大的工程施工现场，工程垃圾产生量比较大，若要取得较好的减量化效果，降低垃圾处置或再利用成本，最好的办法是进行工程垃圾的源头分类。施工现场应进行工程垃圾的分类收集、分类堆存，从而提高处理利用效率。在欧美日等国的施工现场都设置有专门用来存放不同种类工程垃圾的垃圾收集箱。其政府规定，不分工地大小，不分新建和装修，只要有建筑垃圾产生就必须分类堆放、收集，按木材、金属、废砖（混凝土）、土、塑料制品分别堆放在不同的收集箱内，然后统一运输回收。收集车箱并无统一样式，以适宜装运为原则，为后期的再生利用创造了良好的基础。

2. 风选

风选是根据工程垃圾中不同物质间的密度差异，不同物质在运动介质中受重力、介质动力和机械力的作用，会发生结构松散及迁移分层，从而得到不同密度产品的分选过程。其实施方法是以气体为分选介质，在气体流动的作用下，较轻的物料被向上吹向水平较远处，而重物料则由于惯性，只能在水平方向抛出较近的距离，这样工程垃圾即可按密度或粒度分离。风力分选适用于重质物与塑料等轻质物的分选，但能耗偏大。风选设备按主体空间布置分为卧式风选机和立式风选机。卧式风选机结构简单、维修方便，但精度不高，常与破碎机和滚筒筛配合使用。立式风选机又可分为下鼓风、上抽风和鼓抽风结合等多种形式，具有占地面积小、布置灵活、分选精度高等特点。风选设备主要利用高功率鼓风机，去除建筑垃圾再生混合料内的轻质物，配套设备成熟、简单，可去除 40% ～ 70% 的轻质物。

3. 磁选

磁选原用于选矿工艺，主要针对磁性不同的物质进行分离。工程垃圾分类中磁选技术直接用于磁性和非磁性物质的分离。磁选设备利用磁力去除工程垃圾混合物料中的铁杂质，如钢筋等。磁选设备可去除率高，设备成熟，应用广泛。

4. 水选

浮选原用于废旧塑料分选。该技术通过对工程垃圾进行水洗、冲刷等方式，利用工程垃圾中不同物质浮力的差别，从工程垃圾中去除混合物料中的塑料、木材等轻质物以及灰尘和少量泥土。水选技术可去除 90% 以上的轻质物，但需消耗较多的水，设备不会产生大量粉尘。水选设备应用较少，市场上缺乏十分成熟的设备。

5. 光电分选（色选）

光电分选又称为颜色分选，原用于农业选种，主是利用物质表面的光反射特性不同来鉴别垃圾的种类。此技术要求对垃圾进行预分类，之后由给料系统将垃圾物料均匀输送给光检系统，光检系统通过光源照射，显示出物料的颜色及色调。若预选物料的颜色与背景颜色不同，则用适当方法将其分拣出。光电分选法适合于块状垃圾的分选，对于破碎后的细颗粒物质，由于光谱中某些波段会发生偏移，难以分选。此外，也不宜分选厚度薄的片状垃圾或黑色垃圾。

光电分选设备是近年来国外发展起来的一项新技术装备，目前在国内已有应用。光电分选多用于不同种类塑料的分离，但易受物料清洁程度、光谱差异显著性等影响。与光电分选原理类似的还有红外光分选机和颜色分选机，红外光分选机主要用于塑料瓶的分选，可将塑料分类为 PVC（聚氯乙烯）、PP（聚丙烯）、PS（聚苯乙烯）、PE（聚乙烯）、PET（聚对苯二甲酸乙二醇酯）等。颜色分选机还可用于玻璃瓶的分选，可利用瓶的透光性，根据其颜色将单行排列的瓶子进行分类。

此外，还可以利用红砖块与混凝土、天然骨料的色差，实现高强骨料与低强骨料的分离。

6. 振动筛分

筛分是依据工程垃圾的粒径不同，利用筛子将物料中小于筛孔的细粒物料透过筛面，而大于筛孔的粗粒物料留在筛面上，完成粗细物料的分离过程。筛分通常包括物料分层、细粒透筛两个阶段，物料分层是完成分离的条件，细粒透筛是分离的目的。

筛分设备主要使用振动筛分，其适用于工程垃圾中的渣土、碎石块、废砂浆、泥浆、废塑料等的筛选工作。通过将其中的物料进行不同规格的筛选以进行二次回收利用。一般情况下，工程垃圾在通过破碎机破碎后经输送机输送到振动筛中进行筛选工作，可以通过不同目数的筛网将其分成不同规格的物料。在物料进入建筑垃圾振动筛后设备通过振动电机的带动使筛面做向上、向前的直线运动，物料在筛面跳动的同时与筛面接触从而实现筛分不同规格物料的作用，筛网目数通常从小到大排列，最上层为目数最小的筛网向下依次增加。工程垃圾振动筛选具有产出量大、成本低的特点。

7. 人工智能识别与机械臂分选

人工智能识别技术主要应用机器视觉技术和深度学习技术对不同种类的工程垃圾进行识别，该方法通过机器视觉传感器（工业相机）对工程垃圾检测物进行图像采集，并将数据传输至控制系统，图像经计算机处理，识别工程垃圾种类，包括金属、木头、石膏、石头、混凝土、硬塑料、纸板等，它还可被"训练"分拣除此以外的其他材料。在识别后，通过机械臂将目标分拣至不同区域达到分选目的。

4.3.2 分类设备

欧美日等发达国家和地区在工程垃圾分拣技术方面已经积累了长期的经验，技术储备丰富，应用红外光谱、颜色、电磁传感、风力、人工智能识别和机械臂等技术手段实现工程垃圾分拣的设备和生产线均有较为成熟应用。

工程垃圾从产生源头开始精细化分类收集，可以大大提高其资源化再利用的效率，降低处理成本。以德国为例，其建筑垃圾分类管理制度已经非常完善。

在德国的施工现场和拆除现场可以看到专门用来存放建筑垃圾的收集箱（图4-8、图4-9）。

图4-8 德国建筑垃圾施工现场分类收集

在拆除工地现场，先用机械手将大块的木材、金属拣出，分别堆放，然后，分别装箱运出，再将碎砖、废混凝土等装箱运出，在装运过程中，随时将可分拣的木材、金属等材料用机械或人工分类拣出。

根据工程垃圾的分类，在施工现场，摆放不同的专用收集箱，使用配套设计车辆进行装载、运输作业。收集箱的结构、强度以及收集箱的标识必须满足垃圾的堆放、装运需求。为避免造成对环境的二次污染，装载废砖（混凝土）、土等垃圾的箱体采用全密封箱体，箱体上有顶盖，顶盖的开启、闭合简单易操作。为减低成本，一车应能配套作业多种箱体，通用性强，减低成本。对箱体的装运必须简单、方便，符合人机工程学。车辆的承载能力满足设计需要的同时，进行轻量化优化。配套零部件为市场模块式产品，便于更换、维修、采购，日常保养、维护简单可靠。

图 4-9　德国建筑垃圾拆除工地现场分类收集

目前市面上常见的分类收集设备有：渣土运输车、钩臂车、摆臂车、淤泥清运车、自卸式垃圾车，其他诸如非特殊用途的一般自卸式车辆也可用于运输工程垃圾。

在光谱分拣领域，德国陶朗集团和美国 NRT 公司技术先进；在风力分选领域，荷兰的 NIHOT 公司较为先进；在机器视觉及机械臂分拣领域，芬兰的 Zen Robotics 公司处在前沿。

国内对于工程垃圾的分选起步较晚，由于国内外工程垃圾特点差别较大，国外同类设备在分拣要求方面和国内也有所不同，尤其是处理量和使用效率一般无法达到国内的要求。另外，再加上国外先进设备成本高昂、不易维护等因素，市场更倾向国产的垃圾分拣设备，随着城市化进程不断推进和环保要求的不断提高，市场对于工程垃圾分拣设备的需求也越来越迫切。目前，国内工程垃圾分拣设备主要使用风选、磁选、振动筛分等方式，国产的工程垃圾分选设备处理量大，但分选的类别较少，存在分离不同材质物质难度大的问题。

本节重点介绍国外几家先进的分拣设备生产线制造商及国内的常用分拣设备。

1. 芬兰 ZenRobotics 公司

其生产线率先采用人工智能（AI）分拣系统，并集成目前全球领先的装修垃圾自动分选技术，整条生产线自动化程度达 80%，工艺技术达世界领先水平，自动化处理方式填补了国内外行业空白。已投产的生产线可处理装修垃圾 80t/h 以上，年处理量达到 30 万 t/ 年，无害化处置率达到 100%，再生利用率达到 90% 以上。该生产线的智能分拣系统拥有多重符合传感识别技术，能准确辨别垃圾中各个成分的尺寸和种类，再有高速高精度机械手进行抓取并分类归置。

其处理垃圾的流程是，先用挖掘机将垃圾堆放到宽 2m 的输送带上，经抖动过滤器筛选掉体积过小的残渣，然后通过类似于安检机的扫描器，ZRR 传感器单元对垃圾流进行扫描，此时计算机视觉系统会分析垃圾的类型与尺寸，并根据输送带的速度计算出机械臂的抓取时机，当目标物体输送至机械臂 2m 半径时被拣起并抛掷到指定废料斜槽，存储到一定量后才被运送至其他回收厂。Zen Robotics 电脑控制软件用于分析数据和控制机器人，Zen Robotics 电脑可识别各种材料、物体和抓取位置，Zen Robotics 智能抓取器可选取所需的物体，最终由机器人对同一位置的多种碎物进行分类。

体现 Zen Robotics 回收机智能之处在于它的识别系统引入了深度学习技术，训练后最高可认出 98% 的垃圾。金属、木材、石膏、石块、混凝土、硬塑料、纸板等 20 余种可回收垃圾已能被机器人识别并分拣。Zen Robotics 机器人装修垃圾处理线智能分拣系统工作流程见图 4-10。

图 4-10　Zen Robotics 机器人装修垃圾处理线智能分拣系统

目前，已有生产线在日本投产运营，回收机可实现 24h 作业，两套回收机一天可处理 2000t 垃圾，相当于 48 个人的工作量，人力成本节省明显。

其智能分拣系统具有以下特点：（1）高效率：该项目机器人分拣速度高达 3000 次/h，机械手见图 4-11，最大可抓取 1m×0.5m、30kg·h 的垃圾碎片，可连续工作 24h；（2）多任务：每个机械手臂最多能完成 8 种不同类别装修垃圾成分的分拣任务；（3）自学习：应用深度学习技术，通过传感器扫描来识别物体的表面结构、形状和材料构成，客户可通过提供 200 个样本来"教"机器人识别新的材料（红外线扫描及物料识别系统见图 4-12）；（4）低成本：可分拣出高回收价值垃圾，操作成本低，可多班制工作；能耗低、维护成本低；（5）分拣对象多样化：分拣建筑、工业材料，包括金属、木头、石膏、石头、混凝土、硬塑料、纸板等，但它还可被"训练"分拣除垃圾以外的其他材料，其工作内容可以很容易通过软件更新；（6）易操作：可在电脑、手机上下载用户使用软件，可随时查看设备的工作情况。

2. BHS 公司的子公司：荷兰 Nihot 公司

BHS 公司成立于 1976 年，致力于设计、生产、安装各种废弃物回收资源化。20 世纪 80 年代建立了第一所拥有专利的城市垃圾回收厂，从此致力于各种废弃物的回收，拥有三家全资子公司：美国纳什维尔的 NRT 公司、荷兰阿姆斯特丹的 Nihot 公司和美国拉菲特的 ZWE

公司。NRT 公司和 Nihot 公司都有建筑垃圾分类和分拣的业务。

图 4-11　机械手抓取

图 4-12　红外线扫描及物料识别

　　无论在处理技术的比较上还是对于商业解决方案来说，可控制气流都是废弃物处理过程中可以使用的一种完美的分选介质。Nihot Recycling Technology B.V. 成立于 1945 年，拥有超过 70 年的业界经验，在全球有 750 个已成功运转的工程实例。可控制气流是 Nihot 公司的核心技术之一，它提供了比机械分选更灵活的方案，并且其保证了非常高的分选效率。通过气流分选，物料可以根据密度或形状被分离。Nihot 优化了废弃物分选中空气分离技术，在该领域处于全球领先地位。该公司主要设备有鼓式风选机、吸式风选机、半移动鼓式风选机和过滤器等。

　　鼓式风选机有较高的分选效率，能够处理大量的轻质物。主要有 SDS 单鼓风选机和 DDS 双鼓风选机两种。单鼓风选机适合处理撕碎效果较差的物料、废弃物里有大件的物料、轻组分含量高的物料和坚硬的大体积的软性物料。双鼓风选机能够将物料分为轻、中、重三个组分或对物料进行体积分离。鼓式风选机最大产出量可以达到 100t/h。设备优点：运行可靠性高，有效的生产时间长，分选效果良好，灰尘溢出少。

　　吸式风选机采用负压分选，使得轻物质能够从重物质中精确分离，且无灰尘外泄。吸式风选机主要有对角吸式风选机、垂直吸式风选机和 Z 型吸式风选机三种。对角吸式风选机使用喷嘴吹气，大约有 60% 的气流被系统循环使用，因此需要配合较小的空气过滤器。对角吸式风选机能够更好的控制进气和回气的范围，也因此提高了分选效率。垂直吸式风选机能够将轻物质从松散的，较高密度的进料中分离出来，适用于较小颗粒的物料或较低产出量的情况使用。Z 型吸式风选机适用于轻重组分的密度非常接近，并且物料尺寸不超过 50mm 的情况，因此不适用于工程垃圾分选使用。吸式风选机的优点是具有极强的操作可靠性和极高的分选效率，且灰尘泄露极少。

　　对于所有的设备，还配有全系列的灰尘过滤器，过滤器根据不同情况可以使用正压或负压，过滤器的功能是将进入风选机里的薄膜、铝箔、纸屑等进行过滤。主要有破碎料过滤器和灰尘过滤器两种。破碎料过滤器是专业用于二次破碎料的过滤器，其优点在于不会堵塞过滤管道，不需要额外导管，无需单独灰尘收集装置，且其电控部分可以与破碎机控制相连，也可以直接制造在破碎机上。灰尘过滤器可以采用连续或间歇式清洁，可采用负压或正压，可通过容器、旋转阀门或输送带排放。

3. BHS 公司的子公司：美国 NRT 公司

美国 NRT（National Recovery Technologies）公司成立于 1981 年，专业从事城市废弃物回收处理技术的开发、制造、营销、服务。其光电分选技术应用于工业近红外（NIR）、X光、激光和线性相机分选等领域。其技术可用于 PET 塑料回收、物料回收分选（MRFS）、生活及商业废弃物回收、建筑垃圾分选、电子废弃物分选等多个领域。其色选技术可用于分选砖块、混凝土、金属、塑料、玻璃、木材、石头、纸张等多种工程垃圾。

所有设备的研发和生产都在总部完成，保证了产品的质量。该公司生产的 SpydIR®-R 是一款基于近红外技术的分选设备，可以快速从进料中识别出高分子类、纤维类、塑料类的废弃物，可以从建筑垃圾中快速有效的分拣出木材类废弃物回收利用，识别速度达到 7t/h。SpydIR®-R（图 4-13）同时配有简单易操作的触屏交互控制界面，支持远程诊断、调整、升级。

图 4-13　SpydIR®-R 流程图与设备照片

4. 德国陶朗集团（TOMRA）

陶朗集团成立于 1972 年，时至今日已经发展 47 年，已从自动回收技术的先驱企业成长为全球领先的分选及回收解决方案的供应商，专业提供基于传感的自动化解决方案，引领资源革命，实现资源的永续利用。1996 年，TITECH 公司正式成立，推出 AUTOSORT 自动分选设备，带着此重磅产品并入陶朗公司，成为陶朗分选资源回收事业部，通过品牌的整合和重塑，融入母公司 TOMRA Systems ASA，为全球资源回收和垃圾管理行业设计提供基于传感技术的分选设备。陶朗分选资源回收事业部的总部、研发部门、测试中心均位于德国，世界范围内有超过 4400 台设备运行，在国内销售安装超过 90 台。

成立初期，陶朗专注于拓展饮料瓶自动回收机业务，2000 年起，陶朗开始拓展业务范围。通过一系列的战略并购，如今陶朗已实现了产品经营多元化，并实现了跨行业、跨领域的业务布局。如今，陶朗基于传感技术的解决方案广泛应用于饮料瓶智能回收机、资源回收、食品和矿产领域。

陶朗的主要目标是开发全系列基于传感的解决方案，从而实现最优资源生产率。为此，陶朗集团致力于通过技术创新优化人类获取资源、利用资源和回收再利用二次资源的方式。其设备应用多种传感器，包括红外传感器、磁力传感器等，此外，还应用了 X 射线荧光技术（XRF）和采用具有宽频辐射的电子射线源技术（X-TRACT［XRT］）的分选设备。

其新一代 AUTOSORT 设备采用了 FLYING BEAM 技术，从整体上显著简化了系统（分选原理见图 4-14）。AUTOSORT 分选性能稳定，维护更加方便。高速及高精确的近红外线

（NIR）传感器以极高光学精度获取各种物体的独特近红外光谱信息。创新 FLYING BEAM 照明技术仅聚焦于扫描的传送带区域。这将节约高达 70% 的能量。AUTOSORT 除了能够涵盖更宽的温度范围外，其被动散热器取代主动冷却装置还可适应高达 50℃的温度。除优异的分选质量外，AUTOSORT 还可提供一系列附加功能，包括输入物料的在线统计、实时校准每个扫描线、灯泡和阀组单元的内置控制功能、监控和控制分选设备的控制室选项。该设备可用于分拣工程垃圾。

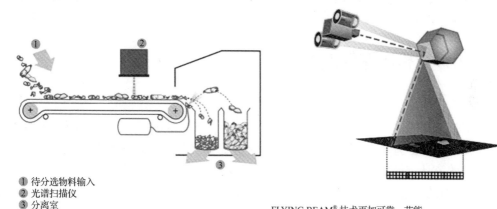

① 待分选物料输入
② 光谱扫描仪
③ 分离室

FLYING BEAM® 技术更加可靠、节能。

图 4-14　陶朗 AUTOSORT 分选原理图

在资源回收领域，陶朗高效的分选回收技术可应用于生活垃圾、建筑垃圾、电子垃圾、报废汽车以及各种废旧塑料和包装废弃物等领域，能够显著减轻负面的环境影响，降低资源回收和再利用的综合成本。其技术应用于工程垃圾分选，可以用于分选金属、塑料、玻璃、木材、石头、纸张、砖块、混凝土等多种工程垃圾。

TOMRA Sorting 的建筑垃圾传感分选技术能够根据材质类型选出有市场的单一组分，例如惰性物、木材、塑料、纸和金属等。其建筑垃圾分选技术能够检测分选 10 ～ 500mm 尺寸范围的物料，可按照指定尺寸要求进行分选。

5. 国内主要工程垃圾分选设备

国内工程垃圾分选设备多采用风选及磁选设备（图 4-15 ～图 4-18），并在物料破碎后配合筛分设备进行筛选。相比国外的设备，国内工程垃圾分选设备的优点是处理量较大，但难以更加细致地分离多种工程垃圾，多需要配合人工分拣。此外，也有多家公司开发水选、色选及人工智能分拣等多种技术，但尚无大规模成熟应用。

图 4-15　风选设备

图 4-16　除铁器（磁选）

图 4-17　振动筛

图 4-18　除尘器

4.4　评价标准和计算方法

4.4.1　计算方法

　　工程垃圾相较于其他种类的建筑垃圾具有特殊性，其来源更广泛，在整个建筑工程不断产生，并且组成也更为复杂，包含的材料种类繁多，涉及施工过程的各类工程活动。因此，工程垃圾量的统计难度极大。根据调研，目前较少对工程垃圾数量进行具体分类统计，如本章第 4.1 节所述，一般采用统一的指标法对目前各类建筑工程产生工程垃圾数量进行定量估算。

　　对工程垃圾减量化的定量计算可按下式估算：

$$R = (1 - q/q_x) \times 100\%$$

式中，R 为工程垃圾减量化比率；q 为建筑工程工程垃圾减量化后产生量（kg/m^2）；q_x 为新建工程建筑垃圾产生量参考指标（kg/m^2），见表 4-4。

　　需要指出的是，目前建筑工程中无论是管理人员还是各工程活动的实施人员，对工程垃圾减量和量化意识都较为薄弱，而且工程垃圾种类繁多、产生过程涉及时间长，很难具备对各类工程垃圾定量统计的可行性，因此目前较为可行的工程垃圾评价措施应该是制定一套偏向于定性评价的标准。

4.4.2　评价标准

　　根据工程垃圾的特殊性，考虑各类工程垃圾减量化的策略和技术途径，本节尝试建立工程垃圾减量化的评价体系，并且将评价体系应纳入整个建筑垃圾减量化评价体系中。

　　参考《建筑工程绿色施工评价标准》等国家标准，本节给出针对工程垃圾减量化得出相应评价条目，其中涉及设计、施工以及施工后回收利用三个环节，并且分为控制项、一般项和优选项三类标准条目，工程垃圾减量化评价标准框架体系如图 4-19 所示。

　　1. 设计过程评价指标

　　（1）控制项

　　①进行合理的设计、选择合理的方案，力求减少工程变更；

　　②设计方和施工方应充分交流沟通，保证设计方案切实可行。

　　（2）一般项

　　①运用标准设计，采用标准模数和预制构件；

　　②考虑建筑用途改变的灵活性，避免建筑工程改变造成大量工程垃圾；

③采取限制变更次数措施，加强审图阶段的管理；

④利用 BIM 技术参与建筑、结构、机电等所有专业全过程设计。

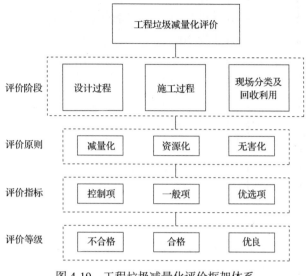

图 4-19　工程垃圾减量化评价框架体系

（3）优选项

①在设计阶段明确工程垃圾减量化目标；

②设计单位应对设计师进行减量设计的技术培训，建立减量化措施数据库，提高减量化设计水平。

2. 施工过程评价指标

（1）控制项

①明确工程垃圾减量化为生产作业的目标之一；

②施工现场需在醒目处设立工程垃圾减量化的标识或者宣传语；

③应有健全的限额领料制度，避免浪费。

（2）一般项

①施工现场的建筑材料、构配件等应按规定要求分类、按规格堆放，并且设置明显的分类标识牌；

②采用科学的材料运输方法，根据现场平面布置情况就近卸载，降低运输、卸载的损耗；

③建立施工现场工程垃圾管理制度，制定明确的减废计划，选择合适的分包模式；

④临时建设施应符合：采用可周转、可拆装的装配式临时住房；采用装配式的场界围挡和临时路面；采用标准化、可重复利用的作业工棚、试验用房及安全防护设施；采用可拆迁、可回收材料。

⑤采用 BIM 技术指导现场施工，辅助控制工程垃圾产生量；

⑥可重复使用的施工脚手架等生产用具；

⑦现场应使用预拌砂浆；

⑧应采用闪光对焊、套筒等无损耗连接方式；

⑨建筑余料应合理使用。

（3）优选项

（1）主要建筑材料损耗比定额损耗率宜低 30% 以上；

（2）采用建筑配件整体化和管线设备模块化安装的施工方法；

（3）现场废弃混凝土搅利用宜达到 70%；

（4）现场混凝土拌站配置废料收集系统，加以回收利用；

（5）大宗板材、线材宜定尺采购，集中配送；

（6）定时组织施工人员进行减量化专业培训；

（7）采用有效的工程垃圾减量化激励措施，开展施工人员减量化知识竞赛，提高施工人员工程垃圾减量化意识；

（8）工程垃圾资源化回收利用的再生建材进行现场的有效回用。

3. 现场分类及回收利用评价指标

（1）控制项

①进行工程垃圾的现场分类，责任落实到人；

②健全工程垃圾的回收利用制度。

（2）一般项

①运用现场分类技术及时进行工程垃圾分类筛选，至少有两类不同分选设备；

②将现场工程垃圾分为惰性垃圾和活性垃圾；

③回收现场建筑材料包装物；

④应再生利用改扩建工程的原有材料；

⑤现场办公用纸应两面使用，并且对办公区的可回收垃圾进行分类；

⑥施工应选用绿色、环保材料；

⑦工程垃圾进行资源化回收再利用，至少制作三种不同再生建材等产品。

（3）优选项

①建筑材料包装物回收率应达到 100%；

②将现场分类的惰性材料，生产成为再生骨料，现场回用；

③将现场分类的活性材料进一步通过分拣设备分类，分别送至相应专业机构进行回收利用资源化。

4.4.3　评价方法

1. 控制项

控制项指标应全部满足；控制项评价方法应符合表 4-7 的规定。

表 4-7　控制项评价方法

评分要求	结论	说明
措施到位，全部满足考评指标要求	符合要求	进入评分流程
措施不到位，不满足考评指标要求	不符合要求	一票否决，为非工程垃圾减量化项目

2. 一般项

一般项指标应根据实际发生项执行的情况计分，优选项指标应根据实际发生项执行的情况加分。一般项和优选项评价方法应符合表 4-8 的规定。

表 4-8　一般项和优选项评价方法

评分要求	评分
措施到位，满足考评指标要求	2
措施到位，基本满足考评指标要求	1
措施不到位，不满足考评指标要求	0

工程垃圾减量化评价标准应纳入总体建筑垃圾减量化评价标准中，综合进行评分和评价。

3. 评分方法

设计过程、施工过程和现场分类及回收利用这三个评价阶段的权重系数分别为 0.3、0.4 和 0.3。一般项和优选项的权重系数为 0.8 和 0.2。

一般项或优选项得分按照百分制折算：

$$一般项或优选项得分 = \frac{项目实得分之和}{项目应得分之和} \times 100$$

单一阶段的评价分举例如下：

$$设计过程评价为 = 一般项 \times 0.8 + 优选项 \times 0.2$$

项目评价分为三个评价阶段的加权总分 R：

$$R = \sum 阶段评价分 \times 权重系数$$

（1）有下列情况之一者为不合格：

①控制项不满足要求；

②施工过程阶段评价分低于 60 分；

③项目评价总分低于 60 分。

（2）满足以下条件者为合格：

①控制项全部满足要求；

②三个阶段评价分均高于或等于 60 分；

③项目评价总分高于或等于 60 分，小于 80 分；

（3）满足以下条件者为优良：

①控制项全部满足要求；

②施工过程阶段评价分高于或等于 80 分，设计阶段和现场分类及回收利用评分均高于或等于 60 分；项目评价总分高于或等于 80 分；

4.5　典型地区和案例介绍

4.5.1　南开大厦室内精装修项目

1. 项目概况

中国建筑第三工程局承建南开大厦主体工程。本项目为中国南山开发（集团）股份有限公司的集团总部大厦，建筑标准为 5A 级写字楼，总建筑面积 82126.53m²，地上建筑主体高度 156.9m，地上 33 层，地下 3 层。该装修工程的施工类型为钢筋混凝土结构，建筑面积为

82126.53m², 施工面积约 36000m², 施工阶段为 2017 年 9 月 1 日至 2018 年 4 月 30 日。

2.垃圾的产生及节材环节

该工程的装修阶段垃圾产生的四个环节, 进厂、基层、面层、退场。其中基层和面层是主要的垃圾产生环节, 由预算报告知, 基层占比 20%, 面层占比 60%, 故而施工单位节材主要侧重于面层, 面层部分除了对成品材料二次运输过程的包装, 主要为保护贵重物品的外皮, 无其他类型建筑垃圾。整体而言, 该工程的装修阶段最大程度地实现垃圾的减量化, 垃圾主要来源于材料运输和安装过程中的包装材料, 以及装修材料的损耗。此项目的建筑垃圾产出量约为 1 ~ 5kg/m², 包装材料约占总垃圾类型的 70%, 面层材料的损耗通常不超过 3%。

表 4-9　室内精装修项目的建筑垃圾产生过程分析

类别	材料名称	使用区域	包装方式	是否易燃品	产生垃圾类型	处理方式
基层材料	轻钢龙骨	天花、墙面	无包装		废料	边角料利用、废品回收
	石膏板	天花、墙面	无包装		废料	掩埋
	阻燃胶合板	墙面	无包装		废料	边角料利用、废品回收
	玻镁板	天花、墙面	无包装		废料	掩埋
	钢材	天花、墙面	无包装		废料	边角料利用、废品回收
	干混砂浆	地面	编织袋装	是	废料、包装袋	掩埋
	胶泥	墙面、地面	编织袋装	是	废料、包装袋	掩埋
	石材胶	地面	编织袋装	是	废料、包装袋	掩埋
	腻子粉	天花、墙面	编织袋装	是	废料、包装袋	掩埋
	石膏粉	天花、墙面	编织袋装	是	废料、包装袋	掩埋
	零星材料	天花、墙面、地面	纸皮包装盒	是	废料、包装盒	边角料利用、废品回收
	不锈钢给水管件	天花、墙面、地面	塑料薄膜	是	废料、包装袋	废品回收
	铸铁排水管	天花、墙面、地面	无包装		废料	废品回收
	防锈漆	天花、墙面	铁桶		废料, 铁桶	废品回收
	镀锌电线管	天花、墙面、地面	无包装		废料	废品回收
	电线、电缆	天花、墙面、地面	塑料薄膜	是	废料、包装袋	废品回收
	架空地板	地面	木框底座	是	废料、木框底座	木框架重复使用、掩埋
面层材料	石材	墙面、地面	木箱、泡沫板、保护膜	是	废料、木箱、泡沫板、保护膜	废品回收, 焚烧
	不锈钢	天花、墙面、地面	木箱、保护膜	是	废料、木箱、保护膜	废品回收, 焚烧
	铝板 / 钢板	天花、墙面	纸箱、保护膜	是	废料、纸箱、保护膜	废品回收, 焚烧
	地毯	地面	编织袋装、纸箱	是	废料、编织袋装、纸箱	废品回收
	玻璃	墙面	铁架、保护膜	是	废料、保护膜	废品回收
	木饰面制品	墙面	纸皮、保护膜	是	废料、纸皮、保护膜	废品回收
	墙纸	墙面	塑料薄膜	是	废料、塑料薄膜	废品回收
	塑胶地板	地面	纸箱	是	废料、纸箱	废品回收
	洁具		纸箱	是	废料、纸箱	废品回收
	灯具	天花	纸箱	是	废料、纸箱	废品回收
	门五金		纸箱	是	废料、纸箱	废品回收
	乳胶漆	天花、墙面	塑料桶	是	废料、塑料桶	废品回收
	窗帘		纸箱、塑料薄膜	是	废料、纸箱、塑料薄膜	废品回收
	塑胶地板	地面	纸箱	是	废料、纸箱	废品回收
	木地板	地面	纸箱	是	废料、纸箱	废品回收

（a）项目点

（b）室内装修场地

（c）包装废弃物（产废环节）

（d）主要废弃物临时堆放场地

图 4-20　南开大厦室内精装修项目场地

4.5.2　西安市典型经验介绍

随着我国城镇化建设不断加快，建筑垃圾产生量迅速增长，带来了严重的生态和环境问题。长期以来，因缺乏科学、完善的管理办法和经济合理、行之有效的处置技术，绝大部分建筑垃圾未经任何处理，便被运往郊区露天堆放或简单填埋。近年来，西安市建筑垃圾产生量也呈逐年递增趋势，具体情况见图 4-21，其中不包含工程泥浆。为了解决大量建筑垃圾带来的生态环境和资源问题，西安市相关企业、科研院所和高等院校发挥各自优势，在建筑垃圾减量化技术研究中发挥重要作用。

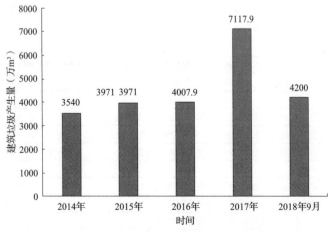

图 4-21　西安市建筑垃圾产生量

1. 管理及政策法规

（1）管理工作现状

2012 年，西安市及其下属单位成立了建筑垃圾综合整治工作领导小组，对全市出土工地及建筑垃圾运输情况进行监督检查。截至 2018 年 9 月，西安市投入到建筑垃圾清运和消纳处置工作中的建筑垃圾运输企业共有 117 家，建筑垃圾消纳场所 43 处。西安市的建筑垃圾管理工作从源头、运输过程到平台建设，形成全面的监管体系。

（2）政策法规现状

近年来，西安市从源头治理、运输监管、消纳处置、综合利用、考核考评等方面先后出台相关制度措施达百余份，为建筑垃圾的精细化管理奠定了坚实的法制基础和有效的制度保障。现列举部分政策法规见表 4-10。

表 4-10 西安市出台的关于建筑垃圾的部分政策法规

序号	名称	文号
综合类		
1	西安市建筑垃圾管理办法	西安市政府令第 15 号〔2003〕
2	西安市建筑垃圾管理办法实施细则	市政办发〔2006〕229 号
3	关于成立西安市建筑垃圾专项整治工作领导小组的通知	市政办发〔2006〕231 号
4	西安市进一步规范建筑垃圾处置管理的通知	市政办发〔2008〕234 号
5	西安市关于进一步加强建筑垃圾排放管理的通知	市市容园林发〔2012〕210 号
6	西安市建筑垃圾管理条例	市人大颁布〔2012〕
7	西安市建筑垃圾综合治理工作方案	市政办发〔2016〕38 号
清运类		
8	进一步加强建筑垃圾清运管理工作的通告	市政告字〔2006〕2 号
9	西安市建筑垃圾清运管理规定	市政办发〔2007〕100 号
10	西安市建筑垃圾清运市场秩序综合整治方案	市政办发〔2010〕29 号
11	建筑垃圾清运市场秩序综合整治工作补充规定	市政办发〔2011〕131 号
12	西安市进一步加强建筑垃圾清运行业管理实施意见	市政办发〔2012〕11 号
13	西安市建筑垃圾清运企业改制重组实施意见	市政办发〔2012〕35 号
14	西安市建筑垃圾运输企业管理办法	市市容园林发〔2012〕232 号
15	关于进一步加强建筑垃圾清运企业资质和车辆管理的实施意见	市政办发〔2017〕60 号
处置费类		
16	西安市建筑垃圾处置费用暂行规定	市市容园林发〔2012〕226 号
17	西安市建筑垃圾处理收费指导标准	市物发〔2016〕105 号
考核类		
18	西安市建筑垃圾管理考核评比办法、西安市建筑垃圾运输企业考核评比办法	市市容园林发〔2012〕233 号
19	西安市建筑垃圾管理工作责任追究办法	市政办发〔2015〕10 号
利用类		
20	西安市关于建立建筑垃圾综合利用企业备案制度的通知	市市容园林发〔2013〕97 号
21	关于利用废弃砖瓦窑和低洼地带回填复耕用于解决建筑垃圾消纳问题的通知	市市容园林发〔2014〕161 号
22	关于加强建筑垃圾资源化利用工作的实施意见	市政办发〔2018〕54 号
其他		
23	西安市拆除工地扬尘污染专业化治理暂行规定	市政办发〔2013〕65 号
24	西安市建筑垃圾处置量核准暂行管理办法	市市容园林发〔2014〕109 号
25	西安市建筑垃圾消纳场管理办法	市城管发〔2016〕50 号
26	西安市建筑垃圾治理试点城市实施方案	市政办函〔2018〕254 号

2016—2018 年，西安市以建筑垃圾综合整治办名义下发了一系列文件规定，分别对出土拆迁工地、建筑垃圾运输企业和建筑垃圾消纳场管理工作进行了细化和完善。

2. 科研方面

陕西省建筑科学研究院有限公司在汶川地震后，开展了灾区建筑垃圾资源化利用研究工作；近十来年，从建筑垃圾资源化利用技术、再生建材利用成套技术、再生产品性能、建筑垃圾资源化利用和发展模式、政策法规等多方面进行了大量的研究工作；2015 年申请了陕西省科技统筹创新工程计划项目"建筑垃圾资源化利用产业链集成技术研究"，对建筑垃圾资源化利用的政策和模式、建筑垃圾的分类方法、建筑垃圾再生骨料的应用、建筑垃圾制品的应用、再生混凝土的耐久性、再生砂浆及预拌砂浆和再生微粉的应用进行了研究，取得了一系列对建筑垃圾行业发展有益的成果。

为了实施绿色施工，加强施工现场建筑垃圾管理，2012 年陕西建工集团总公司发布企业标准《施工现场建筑垃圾管理及资源化利用规程》，填补了陕西省施工现场建筑垃圾的管理和资源化利用这一领域的空白。

陕西龙凤石业有限责任公司研制的建筑垃圾再生设备，通过分拣、分解、分类三大功能实现建筑垃圾的资源化利用。其中分拣技术是核心，已获得 7 项国家专利。此设备分类效果好、生产效率高，生产成本低。

陕西建新环保科技发展有限公司在建筑垃圾资源循环综合利用、建筑垃圾处理装备研发和新型建筑墙体材料研究等方面拥有自主研发的专利 12 项，是西咸新区最大的绿色建材生产基地。

陕西建工第五建设集团有限公司进行的"集装箱型施工现场建筑垃圾自动回收利用系统"研究，针对施工现场建筑垃圾减量化和资源化利用提出了设备系统采用积木式模块化设计思路，具有安装灵活、体积小、移动周转方便、功能齐全等特点，现已进入试机阶段。

3. 应用方面

西安市部分工程项目在施工初期，使用"永临结合"的方式，把施工现场的临时道路、水电管路等与项目规划设计相结合，减少临时道路拆除和后期埋设管路开挖道路产生的建筑垃圾。或者在施工过程中采用钢板铺设施工现场临时道路，免除后期拆除造成的浪费。例如，西安交通大学科技创新港科创基地项目（以下简称"交大创新港项目"）通过"永临结合"的方式，有效减少了临时道路拆除产生的建筑垃圾。同时，此项目管网设计于道路两侧，避免了后期埋设管路开挖道路产生建筑垃圾。

临建设施方面，交大创新港项目采用钢筋混凝土预制条板及其他可以标准化加工的构件，结合装配式建筑思路，实现临建设施构件的循环利用，减少了拆除垃圾的产生。

在建筑工程主体结构施工阶段产生的建筑垃圾以废弃混凝土、废弃砂浆和废弃加气混凝土砌块为主，施工单位针对不同种类的建筑垃圾放置收集容器或安装输送管道，运送到集收集、破碎、再利用为一体的建筑垃圾临时处理车间，完成建筑垃圾再利用，可以生产混凝土预制过梁、排水沟、盖板、雨水箅子、道沿石等，砌块可通过破碎用于回填处理或者屋面找平、找坡。金属材料通过降级使用、简单加工再利用和垃圾处理站回收利用等方式实现减量化。施工现场浇筑混凝土余料用来硬化临时场地，随后进行分割再利用。例如，交大创新港项目在 2 号科研楼 H 区钢结构实验室内建造一座建筑垃圾处理车间，日处理建筑垃圾约 40t，主要生产的产品有：市政道沿、雨污水箅子、排水沟、盖板等（图 4-22）。

交大创新港项目在施工阶段采用 BIM 优化设计实现了施工工序的合理性、高效性以及材料使用的可控性。

交大创新港项目从规划设计阶段开始植入工程垃圾减量化思维，采取多种措施有效地减少了建设过程中工程垃圾的产生及排放，同时实现了工程垃圾的资源化利用。

陕西建工第五建设集团有限公司结合大量工程项目将施工现场所产生的工程垃圾主要分为 8 大类：硅酸盐类，废金属材料类，废塑料类，废木材类，包装材料类，玻璃、陶瓷、石材碎片类，渣土类，有污染、含毒性的化学材料容器类。不同种类的再生利用途径：

图 4-22　再生骨料预制构件

硅酸盐类。施工现场硅酸盐类垃圾主要为废混凝土、砂浆及砖渣，可用于配制 C25 及 C25 以下强度等级的混凝土再生材料，也可用于室外回填；以及浇筑过程中剩余混凝土可用于制作小型混凝土三角块、预制过梁、地沟盖板等。

废金属材料。根据废钢筋长度、强度等级、直径不同，可用于制作定位筋、马凳、梯子筋等。铁钉、铁丝、螺帽及扣件等按分类修正后重新利用，废钢板、铁件、钢筋及型钢用于制作支架、支座、预制铁件、场地围护、支撑加固及钢梯等，废钢管用于制作套管、弯头、现场楼梯及洞口维护等。

废塑料。塑料布用于混凝土养护，塑料袋用作收集袋。塑料管用于临时线管、钢筋临时保护、花卉装饰等。在施工现场无法利用的废塑料统一存放出售。

废木材。短方木采用接长处理，接长后 1～2m 可直接利用，0.5～1m 可用于模板支撑再次使用，小于 0.5m 做垃圾箱、工具箱框架等使用。木板下脚料可作为主体结构的护角、踢脚板、消防箱临时防护剂生活区的花坛外围护栏等。

包装材料，纸箱、泡沫板。可用于设备管道、地面临时保护材料，或回收统一处理。

玻璃、陶瓷、石材碎片。根据外形和尺寸进行裁切，调配使用，铺贴临时设施墙、地面，制作景观饰面等。陶瓷、石材碎片余料破碎后可作为再生骨料，或用于室外回填。

渣土有污染、含毒性的化学材料及容器，不做二次重复利用，直接集中统一存放、处置。

陕西汉秦再生资源利用有限公司在其办公楼、宿舍楼、传达室等建筑物混凝土结构中全部使用再生混凝土，填充或砌体结构全部使用再生砖，砌筑砂浆全部使用再生砂浆，实现了再生产品在建筑物主体和填充结构的完全应用（图 4-23）。

西安市临潼区绿色混凝土综合产业园

图 4-23　陕西汉秦再生资源利用有限公司办公楼

办公楼实现建筑垃圾再生骨料泵送混凝土从建筑物基础到主体结构的全方位应用，同时在其办公楼周边应用建筑垃圾、泡沫混凝土复合材料 – 填石泡沫混凝土进行基坑回填，取得了良好的效果。

4.5.3　北京市典型经验介绍

我国城市发展已经迈入存量更新时代，城市更新迅速，建筑垃圾也不可避免地增多。北京市建筑垃圾产生量呈逐年递增趋势，截止到 2019 年 9 月建筑垃圾产出量已达 4991 余万 t，其中 2019 年北京市建筑垃圾总量的 85%～90% 为渣土，施工、拆除、装修等其他垃圾占 10%～15%，做好建筑垃圾的源头减量工作已是迫在眉睫。

表 4-11　2015～2017 年北京市建筑垃圾实际处置量

类别	单位	2015 年	2016 年	2017 年
建筑垃圾消纳总量	万 t	3495.034	3870.003	6361.78
简易填埋量	万 t	774.001	1389.082	1602.86
综合利用量	万 t	2657.033	2480.421	4743.15
资源处置量	万 t	64	0.5	15.8

1. 地区管理现状

北京市在 2011 年发布的《关于全面推进建筑垃圾综合管理循环利用工作的意见》，作为一个指导北京市开展建筑垃圾资源化的纲领性文件，建筑垃圾资源化利用工作在全国走在了前列，之后围绕该项工作，出台了一系列的政策文件。截止到 2019 年 11 月，北京市投入到建筑垃圾清运和消纳处置工作中的建筑垃圾运输企业共有 460 家，建筑垃圾消纳场所 77 处。而且在治理过程中非常注重建筑垃圾管理体系建设，从规范建筑垃圾运输管理入手，科学构架源头、运输、处理和循环利用全链条闭合管理体系，实施建筑垃圾综合治理，深入推进资源化处置，取得了一定成效，并且陆续出台了推进建筑垃圾资源化的政策，主要政策见表 4-12。

表 4-12　北京市建筑垃圾管理政策一览表

序号	政策名称	颁布实施时间	内容摘要
1	《关于全面推进建筑垃圾综合管理循环利用工作的意见》	2011 年 7 月	明确了建筑垃圾资源化的目标、重点任务和保障措施
2	《北京市"十二五"时期绿色北京发展建设规划》	2011 年 8 月	指出加快推动建筑垃圾综合处置项目建设，再次提出"十二五"期末建筑垃圾资源化率达到 80% 的目标
3	《固定式建筑垃圾资源化处置设施建设导则》(试行)	2011 年 10 月	对处置设施的规模与构成、厂址选择、工艺与装备、辅助生产与配套设施、环境保护与安全卫生、主要技术要求进行了规定，为建筑垃圾处置行业准入提供了依据
4	《建筑垃圾联单管理办法》	2012 年 3 月 1 日	建设单位、运输单位、处置场所、管理部门实施"四联单"制度
5	《北京市建筑垃圾分类存放、分类运输标准和分类设施设置规范暂行规定》	2012 年 8 月	建筑垃圾按建筑资源类和其他资源类两种形式分类存放，建筑资源类包括渣土、废混凝土块、废砖石瓦块、废砂浆、废沥青混合料等；其他资源类包括废塑料、废金属、废木材、废石膏板、废瓷砖、玻璃等

序号	政策名称	颁布实施时间	内容摘要
6	《关于加强建筑垃圾再生产品应用的意见》京建发〔2012〕328号	2012年10月	要求本市政府投资的公共设施建设工程（包括道路、园林绿化、公厕、垃圾楼、人行步道、河道、河道护坡工程），应按照市住房城乡建设委发布的替代使用比例使用建筑垃圾再生产品
7	《北京市建筑垃圾综合管理检查考核评价办法》	2013年1月	将各区建筑垃圾资源化工作情况纳入首都城市环境建设考评结果
8	《北京市生活垃圾处理设施建设三年实施方案》（2013—2015年）	2013年6月	指出对建筑垃圾资源化处理设施，市政府给予30%的投资补助
9	《北京市绿色建筑行动实施方案》	2013年7月	将建筑垃圾综合利用工作纳入循环经济发展规划
10	《关于调整本市非居民垃圾处理收费有关事项的通知》	2013年12月	建筑垃圾清运费调整为运输距离6km以内6元/t、6公里以外1元/t·km，建筑垃圾处理费调整为30元/t
11	建成北京市建筑垃圾综合管理及循环利用信息共享平台	2013年	该平台融合了源头（渣土消纳许可）、运输企业、处置场所（建筑垃圾消纳企业）、准备许可等信息
12	《固定式建筑垃圾资源化处置设施建设导则》京建发〔2015〕395号	2015年12月	明确固定式设施的规模与构成、厂址选择、工艺与装备、辅助生产与配套设施、环境保护与安全卫生、主要技术要求等

综合北京市建筑垃圾资源化系列政策，可以发现政策已覆盖建筑垃圾资源化各阶段。

2. 处理处置现状

北京市的建筑垃圾处理以综合利用为主、简易填埋为辅，大力推进资源化处置。综合利用即采取绿化回填、工程回填、土方平衡等方式处置建筑垃圾渣土；简易填埋即进入建筑垃圾消纳场所实施填埋处置。

项目施工中建筑垃圾减量化措施有：

（1）将碎石土类建筑大部分作为地基回填材料，剩余部分按北京市标准运到消纳单位处理或者运到其他工地回填。

（2）残余混凝土、砂浆采用限额领料制度；对浇筑或砌筑部位进行深化设计，精细化管理；把好混凝土浇筑量浪费关口，在施工过程中动态控制。

（3）方木类建筑垃圾和板材类建筑垃圾减少多余浪费，排板布设，减少边角料，对短木方进行接长再利用，二次利用材料，至垃圾减量。

（4）钢筋类建筑垃圾中优化钢筋配料和钢构件下料方案、深化设计；钢筋在场外加工，优化线材方案。

（5）保温材料类建筑垃圾在施工前进行预排板，施工过程中加强现场管理，减少材料浪费。

（6）围挡等周转设备（料）：现场围墙最大限度的利用已有围墙，场内临时围挡采用装配式可重复使用的活动围挡封闭。

（7）临建设施采用可拆迁、组装、工具式、可回收材料。

3. 应用方面

通过实地调研北京地区典型的中国尊、正大中心等建筑工程，了解北京市施工现场建筑垃圾减量化和资源化利用情况、资源化处理企业建筑垃圾资源化利用现状、拆迁项目现场建筑垃圾分类和资源化利用状况以及施工现场建筑垃圾分类处理设备研发情况。

（1）中国尊

中国尊工程属于绿色建筑科技示范工程，有建筑垃圾减量的策划文件，在策划文件中有不同施工阶段采取不同技术以达到建筑垃圾减量化目的的说明。

中国尊项目在施工过程中产生的建筑垃圾类型及总量分别为：①地基与基础工程产生建筑垃圾：碎石土类建筑垃圾 215000m³，方木 210m³，混凝土、砂浆 12000m³，板材 9500m²，钢筋 13000t，钢管 54t；②结构工程产生建筑垃圾包括：砖、砌块、墙板 506000m³，方木 5750m³，钢筋 130000t，钢管 2860t；建筑屋面产生建筑垃圾包括：混凝土、砂浆 2300m³，保温材料 600m³。

项目建筑施工装备以及施工工艺上的创新也为建筑垃圾源头减量化提供了可能，项目采用中建三局自主研发的超高层施工顶升模架——智能顶升钢平台，该平台具有承载力大、适应性强、智能综合监控三大特点，显著提高了超高层施工的机械化、智能化及绿色施工水平，有效节约周转场地约 6000m²。采用预制立管安装技术——预制立管从 7～102 层采用预制立管施工技术，具有设计施工一体化、现场作业工厂化、分散作业集中化和流水化、提高了立管及其他可组合预制构件的精度质量等多重施工优势，加快了施工进度。根据施工进度、库存情况等合理安排材料的采购、进场时间和批次，减少库存。北侧外墙与管廊一体化设计、建设，一体化施工将外墙变为内墙，节省防水施工、节约材料，同时增加使用面积，并避免了回槽混凝土的使用。运用 BIM 技术，辅助深化设计，实现二维图纸和三维模型同步进行，与 BIM 管理部深度配合，确保深化设计过程与 BIM 模型充分融合，深化设计内容真实反映到 BIM 模型内，并利用 BIM 深化设计成果，按照现场场地条件及安装要求对模型进行分段分节，并进行预制加工，部分结构安装前现场先进行预拼装工作，再进行整体吊装。

图 4-24　北京中国尊施工现场调研照片

中国尊项目在建筑施工阶段建筑垃圾减量化情况为每 1 万 m² 产生建筑垃圾量 190t，再利用率和回收率达到 33%。模板平均周转次数为 3 次，围挡等周转设备（料）重复使用率达 90%，临时用房等设备（料）重复使用率达 95%。

（2）正大中心

正大中心项目在施工过程中产生的建筑垃圾类型及总量分别为：①地基与基础工程产生建筑垃圾包括：碎石土类建筑垃圾 167000m³，方木 50m³，混凝土、砂浆 8000m³，板材 4000m²，钢筋 9800t，钢管 24t；②结构工程产生建筑垃圾包括：砖、砌块、墙板 220000m³，方木 2500m³，钢筋 43000t，钢管 1240t；③建筑屋面产生建筑垃圾包括：混凝土、砂浆 2000m³，保温材料 500m³。

正大中心项目在建筑施工阶段建筑垃圾减量化情况为每 1 万 m² 产生量 120t，再利用率和回收率达到 32.5%。模板平均周转次数为 4 次，围挡等周转设备（料）重复使用率达 83%，临时用房等设备（料）重复使用率达 95%。

施工过程中产生的渣土在本工程回填之后的剩余部分会运到处理站填埋，纯土方砂卵石部分出售给混凝土搅拌站，黏土部分会出售给别的建筑工地用于地基回填。

（3）首钢集团

首钢集团是一个百年历史大型企业，近几年大量发展非钢产业，其中环保是重要的板块之一，首钢环境公司是首钢集团全资的子公司，公司的目标是"打造城市综合服务商，解决城市固废问题"主营业务包括：静脉产业园区的规划、设计、建设和运营；城市固废项目的投资、建设与运营；城市环保领域的技术研发与服务、工程建设与承包、环境及节能检测等。

图 4-25　正大中心施工现场调研照片

由于北京的建筑垃圾产出量巨大，首钢环境公司所开展的关于建筑垃圾资源化处理方面的项目开挖、拆除量达 400 万 t，为实现建筑垃圾"就地拆除、就地处理、就地利用"，打造建筑垃圾无害化处理及资源化利用的"闭路循环模式"，首钢利用自己的拆除队伍、运输队伍以及新建的资源化处理站，将处理后的再生建材用于新首钢园区的开发建设中；废钢筋用于首钢钢铁基地；可燃轻质杂物用于首钢鲁家山垃圾焚烧厂去发电，实现其所设想的闭路循环。

在 2011 年 12 月，购置比利时 KEESTRACK（凯斯特）先进设备有移动式破碎机和筛分机，开始用于首钢产生的垃圾处理上，同时针对国内建筑垃圾中杂物、砖瓦比较多的特性，也开展了大量的调研和试验，形成了自有的建筑垃圾处理技术，同时在固定式的垃圾项目中得到了技术转化，该条生产线主要分为三大系统，包括分选除杂系统、破碎整形系统、高效筛分系统。由于我国建筑垃圾拆除不分类杂物比较多，因此分拣除杂是该工艺的核心，配备有完善的除杂手段，第一个是预筛分去除渣土，钢筋、废金属剔除；多级风选、人工分拣和水力浮选去除一些精致的杂物，其中水力浮选机是和国内其他厂家共同开发的。

到厂的废混凝土经过处理得到干净品质较好的再生粗骨料和再生细骨料；还有废旧砖瓦处理后形成砖瓦类的骨料。目前已经开发出十多种规格再生骨料和七大系列再生制品，包括无机混合料、墙体砌块、干混砂浆、黑臭水体治理、透水混凝土、园林绿化、建筑混凝土等再生骨料（图 4-26）。

4.6　本章小结

工程垃圾是建筑垃圾中来源最广和组分最复杂的一类，在建设施工的整个周期内都会持续不断产生。本章以工程垃圾的种类、来源以及规模为出发点，细致且详尽地交待了工程垃圾的基本概况。其后，

图 4-26　资源化制品

按照工程开发建设周期的时间顺序（即"规划——设计——施工"），分别介绍了各阶段可采用的工程垃圾减量化策略和技术。接下来，笔者将重点放在了工程垃圾的分类设备和技术上，全面地分析和总结了现阶段国内外的现状。针对现阶段行业内缺乏对工程垃圾的统一通用的统计分析方法，不便于辨别减量成效的优劣，笔者尝试建立起工程垃圾减量化的评价体系，并且笔者认为该评价体系应纳入整个建筑垃圾减量化评价体系中。最后，通过国内三个城市的典型案例介绍，讨论我国建筑业目前开展工程垃圾减量化取得的进展以及不足之处。

总体情况如下：

（1）全国各地在建筑垃圾管理和政策法规建设方面做了大量工作，取得了显著效果，并且在国家政策的指引和相关实践的基础上继续完善，把建筑垃圾产业逐渐向资源化利用方向引导。

（2）目前北京、深圳、西安等城市市已建成一批具有一定规模，一定特色的建筑垃圾处理及资源化利用企业。随着海绵城市、地下综合管廊等城市基础设施的建设，建筑垃圾再生产品将大量使用，建筑垃圾资源化利用前景广阔。

（3）施工现场建筑垃圾处理在前期规划和设计先行的基础上，进一步使用 BIM 优化设计，采取多种处理措施，将会更好地实现建筑垃圾现场减量化和资源化利用。

（4）全国科研院所、高等院校和企业众多，在多方合作的基础上实现了建筑垃圾的产、学、研、用，使建筑垃圾变废为宝。

（5）全国在多个工程项目中应用了建筑垃圾再生产品，并且取得了良好的效果，为建筑垃圾的资源化利用指引了方向。

（6）建筑垃圾的来源广泛，产生方式差异明显。随着城市功能区划调整和基础设施建设，存在较多工业园区改造、棚户区改造、填埋场改造、超高层建筑等大型建设（改造）项目，在实施过程中，展示出截然不同的建筑垃圾减量和资源化路径。

展望工程垃圾减量化的未来发展，不外乎技术工艺的进一步提升和管理措施的进一步完善。技术工艺无论是新材料、新建造技术、新分类技术，还是新综合利用技术，都可以朝着智能化、模块化和集成化的方向发展，把减量从"硬条件"上推向极致。"软条件"的管理措施，需要进一步强调在工程建设的最前端就植入减量化的思维和要求，从规划和设计阶段就开始考虑工程垃圾的减量。软硬结合，在政府、企业、协会和研究机构的通力合作下，工程垃圾的减量化会取得更大的进展。

参考文献

［1］ 国家统计局，2015，中国统计年鉴（年度数据）［M］. 中国统计出版社，国家统计局. 据国家统计局数据库. ［EB/OL］. http://www.stats.gov.cn/tjsj/ndsj/2015/indexch.htm.

［2］ 李平星，樊杰. 城市扩张情景模拟及对城市形态与体系的影响——以广西西江经济带为例［J］. 地理研究，2014（03）：509-519.

［3］ 国家发展和改革委员会. 2014，中国资源综合利用年度报告. ［EB/OL］. http://www.sdpc.gov.cn/xwzx/xwfb/2014.10/W020141009609573303019.pdf.

［4］ 中国建筑垃圾资源化产业技术创新战略联盟. 中国建筑垃圾资源化产业发展报告（2014）. ［EB/OL］. http://news.feijiu.net/infocontent/html/20152/4/4324543.html.

［5］ Lina Zheng, Huanyu Wu, Hui Zhang, et al. Characterizing the generation and flows of construction and demolition waste in China［J］. Construction and Building Materials, 2017, 136:405-413.

［6］ 张小娟. 国内城市建筑垃圾资源化研究分析［D］. 西安：西安建筑科技大学，2013.

［7］ 中国建筑设计研究院. 2014，建筑垃圾回收回用政策研究.［EB/OL］. http://wenku.baidu.com/link?url=UQoesURrEsUM4NvE5ZacHn8kAk5HgZTj5uMfmZEgJFQs6UVEHQ2s8zH7IiTT7DIn96BkxO2eRom4uOpt4aa8TZHdNowIMDfOhATTMR-utL_.

［8］ ISO/DIS14040.EnvironmentalManagement-Life CycleAssessment-Part: PrinciplesandFramework［S］. 1997.

［9］ Huabo Duan, Danfeng Yu, Jian Zuo, et al. Characterization of brominated flame retardants in construction and demolition waste components: HBCD and PBDEs［J］. Science of the Total Environment, 2016, 572.

［10］ Remberger Mikael, Sternbeck John, Palm Anna, et al. The environmental occurrence of hexabromocy-clododecane in Sweden［J］. Chemosphere, 2003, 54(1):9-21.

［11］ Zhiqiang Nie, Ziliang Yang, Yanyan Fang, et al. Environmental risks of HBCDD from construction and demolition waste: a contemporary and future issue［J］. Environmental Science and Pollution Research2015, 22:17249-17252.

［12］ Lebourg A, Sterckeman T［M］. Ciesielski H, Proix N. Inter et dedifferents reactifs d, extraction chemique pour 1, evaluation de labiodi-sponibilite des stations depuration urbaines.1996, Aceme, Angers, France.

［13］ 刘玉荣，党志，尚爱安. 污染土壤中重金属生物有效性的植物指示法研究［J］. 环境污染与防治，2003，25（4）：215-217.

［14］ 党志，刘丛强，尚爱安. 矿区土壤中重金属活动性评估方法的研究进展［J］. 地球科学进展，2001，16（1）：86-92.

［15］ 黄晓锋，云慧，宫照恒，等. 深圳大气 $PM_{2.5}$ 来源解析与二次有机气溶胶估算［J］. 中国科学：地球科学，2014，（04）：723-734.

［16］ 广州市环境保护局. 2015，广州市发布细颗粒物来源解析研究成果.［EB/OL］. http://www.gzepb.gov.cn/hbyd/zjhjbnew/201506/t20150611_80460.htm.

［17］ 北京市环境保护局. 2014，北京市正式发布 PM2.5 来源解析研究成果.［EB/OL］. http://www.bjepb.gov.cn/bjepb/323265/340674/396253/index.html.

［18］ 罗运成. 基于模糊综合评价模型的城市空气质量评价研究［J］. 环境影响评价，2018，40（05）：87-91+95.

［19］ 陈家珑. 我国建筑垃圾资源化利用现状与建议［J］. 建设科技，2014，（01）：9-12.

［20］ 深圳市城市规划设计研究院. 2008，深圳市余泥渣土受纳场专项规划（2011-2020）.［EB/OL］. http://www.sz.gov.cn/csglj/ghjh/ggfwbps_3/201506/P020150626648015178956.pdf.

［21］ 汕头市环境卫生管理局. 2016，深圳滑坡事故背后的建筑垃圾处理问题.［EB/OL］. http://www.sthw.org.cn/showxxjy.asp?id=1072.

［22］ Huabo Duan, Jiayuan Wang, Qifei Huang. Encouraging the environmentally sound management of C&D waste in China: An integrative review and research agenda［J］. Renewable and Sustainable Energy Reviews, 2015, 43:611-620.

［23］ 施式亮，何利文. 矿井安全非线性动力学评价及过程可视化［J］. 煤炭学报，2005（06）：746-750.

［24］ 刘永立，刘晓军. 矿井安全评价及其确定方法［J］. 煤炭技术，2002（08）：37-38.

［25］ 张德华. 模糊综合安全评价中初始软划分矩阵的确定［J］. 武汉工业大学学报，1997（01）：92-95.

［26］ 蒿奕颖，康健. 从中英比较调查看我国建筑垃圾减量化设计的现状及潜力［J］. 建筑科学，2010，26（6）：4-9.

［27］ 李欢，金宜英，李洋洋. 生活垃圾处理的碳排放和减排策略［J］. 中国环境科学，2011，31（2）：259-264.

［28］ 李永. 太阳能 – 土壤复合式地源热泵运行特性研究［D］. 河北工程大学，2007.

［29］ 何琼. 我国建筑节能若干问题及思考［J］. 工程设计与研究，2009（1）：25-29.

［30］ Intergovernmental Panel on Climate Change (IPCC). IPCC Fourth Assessment Report, Working Group 1: The Physical Science Basis of Climate Change, Change in Atmospheric Constituents and in Radiative Forcing［R］. 2007.

［31］ 国家发展和改革委员会. 2014，中国资源综合利用年度报告.［EB/OL］. http://www.sdpc.gov.cn/xwzx/xwfb/201410/W020141009609573303019.pdf.

［32］ Europe Commission. Construction and Demolition Waste Management Report［R］. Europe: Europe Commission. 2015. http://ec.europa.eu/environment/waste/studies/mixed_waste.htm#links.

［33］ Hideko Y. Construction and Demolition Waste Management in Japan［R］. Japan: KAJIMA Corporation, 2014.

［34］ 余毅，建筑垃圾探讨［A］. 第三届全国建筑垃圾资源化经验交流会暨新技术、新产品、新装备及项目现场观摩会研讨课题［C］，河南郑州. 2016. 郑州：中华环保联合会，中国环境报社.

［35］ 齐长青. 天津市建筑垃圾填埋场堆山造景的研究［J］. 环境卫生工程，2002，3：113-115.

［36］ 王城. 建筑寿命的影响因素研究［D］. 重庆，重庆大学，2014.

［37］ 国家发展与改革委员会. 2011，大宗固体废物综合利用实施方案.［EB/OL］.
http://www.cec.org.cn/d/file/huanbao/hangye/2011-12-30/bb333d8b89c9301c44edf28b6001631b.pdf.

［38］ 科学技术部，发展改革委，工业和信息化部，环境保护部，住房城乡建设部，商务部，中国科学院. 2012，废物资源化科技工程《十二五》专项规划.［EB/OL］. http://www.zhb.gov.cn/gkml/hbb/gwy/201206/t20120619_231910.htm.

［39］ 国家发展和改革委员会. 2016，循环发展引领计划.［EB/OL］. http://www.sdpc.gov.cn/gzdt/201608/t20160809_814260.html.

第5章　拆除垃圾减量化

　　随着我国经济的快速发展，城市化进程的不断加快，基础设施建设不断改善，以及城市改造和建筑工业的迅速发展，新建项目不断增加，一些老旧建筑物、构筑物、城市基础设施也因城市规划需要或服务年限到期而面临改建、扩建或拆除，导致产生的建筑垃圾日益增多。据中国科学院的研究报告显示，我国每年建筑垃圾产出量为24亿t左右，占城市垃圾总量的40%，且呈逐年递增趋势，其中，拆除垃圾是建筑垃圾的重要组成部分，占建筑垃圾70%以上，是建筑垃圾的关键控制点。如此庞大的拆除垃圾产出量对环境及经济效益构成了极大的威胁，不仅占用土地、污染水源和空气，还带来系列安全问题。同时，伴随着建筑业的发展，天然资源日益枯竭，人类将面临天然资源严重短缺的问题。因此，拆除垃圾减量化处置与资源化利用是可持续发展战略的必然要求和趋势，也是当前的重要任务。

5.1　拆除垃圾的组成与特性

5.1.1　拆除垃圾组成

1.拆除垃圾的定义

　　拆除垃圾是建筑垃圾的重要组成部分。然而，由于不同国家建筑业发展程度不同，建筑物的构成也存在差异，导致各国对建筑垃圾的范围和类别等有不同的观点。因此，国际上对建筑垃圾的定义尚无统一的说法，拆除垃圾的定义也因此不同。

　　日本将建筑垃圾命名为"建筑副产物"，将建筑垃圾视为一种资源，是有价值、可利用的材料，而不是无价值的垃圾；美国将建筑垃圾命名为"建筑建设中拆除的废弃物"，其界定范围较日本更广，与我国建筑垃圾的定义基本相同；德国和我国台湾地区均将建筑垃圾定义为：新建阶段和拆除阶段产生的建筑垃圾。

　　目前，国内外在建筑垃圾的界定上的差别主要体现在：是否包括所有类型的土木工程，如建筑物、构筑物等；是否包括可在现场直接利用的部分，如渣土等；是否包括建筑材料生产过程中产生的垃圾和场地清理、基础开挖土；形态上是否仅为固体废弃物等。

　　作者认为建筑垃圾应指建设单位、施工单位新建、改建、扩建和拆除各类建筑物、构筑物、管网等以及居民装饰装修房屋过程中所产生的弃土、弃料及其他废弃物，可分为工程渣土、工程泥浆、工程垃圾、拆除垃圾和装修垃圾五大类。因此，拆除垃圾则应指各类建筑物、构筑物等拆除过程中产生的金属、混凝土、砖瓦、陶瓷、玻璃、木材、塑料、石膏、涂料等废弃物。该定义范围较日本仅限定为构筑物拆除产出的废弃物的范围更大。但我国也应该学习日本，转变对拆除垃圾的看法，认识到拆除垃圾也是可利用、有价值的资源，提高对拆除垃圾资源化利用的重视程度。

2. 拆除垃圾的组成

拆除垃圾的主要组成为：废旧混凝土、废旧砂浆、废旧砖瓦、废石材、废石膏、废木料、废沥青、金属、陶瓷、玻璃、塑料、涂料、渣土等。但拆除垃圾的组成及含量与建筑物的用途、建筑结构的类型、施工技术及所采用的材料有关。由于拆除垃圾主要来源于旧城改造、房屋拆迁、商业建筑拆除、道路及其他市政基础设施工程拆除等，来源广泛且多样，不同的建筑结构形式、不同的拆除方式，所产生的拆除垃圾也会不同，其组成和含量也有所差别，且不同区域的拆除垃圾各组分比例也存在一定的差异。

不同年代的建筑物，其在材料组成上具有很大的不同。20 世纪 90 年代之前的建筑物多为砖混结构，拆除垃圾中碎砖瓦约占垃圾总量的 35%～45%，碎混凝土和碎砂浆占 30%～40%，陶瓷和玻璃约占 5%～8%，其他占 10%；近些年，框架、剪力墙结构建筑占建筑物的比重较大，其拆除的垃圾中，混凝土与砂浆约占 30%～40%，砖瓦约占 35%～45%。

据中国砂石协会会长胡幼奕研究，不同用途的建筑物，其拆除垃圾的组成成分也存在不同：废弃的旧民居建筑中，砖瓦约占 80%，其余为木料、碎玻璃、石灰、黏土渣等；废弃的工业、楼宇建筑中，混凝土块约占 50%～60%，其余为金属、砖块、砌块、塑料制品等。

同济大学肖建庄教授对不同用途、不同结构的旧建筑物拆除垃圾的组成和比重进行了研究，得出了旧建筑物拆除产生的建筑废物量明细表，如表 5-1 所示。

表 5-1　旧建筑物拆除产生的建筑废物量　　　　　　　　　　（m³/m²）

建筑结构		钢筋	混凝土	砖	金属材料	玻璃	木材	合计
混凝土结构	住宅	0.0117	0.6010	0.0705	0.0002	0.0008	0.03	0.7142
	工厂	0.1150	0.5360	0.0585	0.0036	0.0009	0.03	0.6404
	办公楼	0.0159	0.6360	0.0571	0.0002	0.0006	0.03	0.7398
	学校	0.0135	0.6670	0.1029	0.0003	0.0008	0.03	0.8045
	平均	0.0132	0.6100	0.0723	0.0011	0.0008	0.03	0.7274
钢结构		0.0210	0.2107	0.0585	0.0036	0.0009	0.03	0.3247
砖结构		0.000	0.0000	0.4800	0.0002	0.0008	0.20	0.6810

不同地区的拆除垃圾的组成和比例也存在一定的差异。深圳大学李景茹对不同国家和地区的旧建筑物拆除后建筑垃圾的组成和比例进行了研究，发现香港地区建筑垃圾包括了渣土，欧盟各国则包括了绝缘材料，美国废木材占比高等，但大部分国家和地区的旧建筑拆除垃圾中，混凝土、砖、碎石等惰性成分占的比例较大。

综上所述，尽管拆除垃圾的组成多样，成分复杂，但其中占主导地位的建筑垃圾主要为废旧混凝土、废石材、废砖瓦和渣土。

3. 拆除垃圾的分类

（1）依据建筑废料的物理性能，可将拆除垃圾分为 5 类：

①无机非金属类（废混凝土、废砂浆、废旧砖瓦、玻璃、废石膏、废石材）；

②金属类（废钢筋、废铁丝、金属连接物）；

③有机可回收类（木材）；

④高分子聚合物（油漆、建筑涂料、建筑用胶以及油漆）；

⑤其他废料等。

（2）依据建筑废料的成分组成，可将拆除垃圾分为2类：惰性成分和非惰性成分。其中，非惰性成分中存在危害人体健康的少量有毒有害物质，如屋顶板和保温材料中的石棉可导致石棉尘肺病。毒害成分主要来自工厂、供暖、供电等基础设施，在此类建筑物拆毁时，要采取恰当的防护措施。

3）依据建筑废料的可循环利用的程度，可将拆除垃圾分为4类：再利用类、再生利用类、能量回收类和安全填埋类。

本书将综合拆除垃圾的物理性能和循环利用程度，将拆除垃圾进行分类，分类结果见表5-2所示。

表5-2　拆除垃圾分类表

分类	特征物质	处理方法	备注
有机可回收类	纸、碎木、塑料等	再利用、再生利用	可用于再生产品的开发，或者回收利用作其他用途
无机非金属可回收类	废混凝土、废砂浆、废旧砖瓦、玻璃、废石膏、废石材等	再利用、再生利用	本类拆除垃圾的排放量最大，可用于再生产品的开发，或者回收利用作其他用途
金属类	废钢筋、废铁丝、金属连接物等	再利用	可送往再生产品开发机构、废旧物品回收处
废旧物品	废旧门窗、管线等	再利用	本类拆除垃圾既可在市场上回收利用，也可放到废旧物品回收处
不可回收利用类	渣土、高危固废	一般性填埋、安全填埋	对于无法回收利用的拆除垃圾，无害的可采用一般性填埋，高危固废则需进行特殊处理后安全填埋

（4）拆除垃圾的产出量及估算方法

随着我国城镇化水平的不断提高，城市面积规模不断扩张，旧有城区的拆迁改造、旧建筑物/城市基础设施的老化、危旧住房拆迁、工厂企业搬迁、交通设施改善等，使得越来越多的土木工程报废拆除，产生的建筑垃圾也与日俱增，成指数级膨胀。

目前我国还没建立建筑垃圾相关的统计制度和办法，相关数据主要来自各省市上报的相关材料，但由于相关数据的准确性及重要数据的缺乏，导致关于我国建筑垃圾产出量的说法各不相同，无官方权威数据。目前对全国建筑垃圾产出量进行了收集调研的研究机构主要有：中国建筑垃圾资源化产业技术创新战略联盟、前瞻产业研究院、中国科学院等。据中国建筑垃圾资源化产业技术创新战略联盟发布的《我国建筑垃圾资源化产业发展报告（2014年度）》显示，2014年我国建筑垃圾的排放总量约为15.5亿～24亿t之间，占城市垃圾的比率约为40%。这个数字还在随着城镇化步伐加快、更大规模的建设步伐逐年递增。根据前瞻产业研究院的监测数据显示，2017年我国建筑垃圾产出量约为23.79亿t，从2017年我国建筑垃圾的构成分布来看，旧建筑拆除所产生的建筑垃圾占建筑垃圾总量的58%，即13.8亿t。据中国科学院的研究报告显示，我国每年建筑垃圾产出量为24亿t左右。

尽管关于我国建筑垃圾产出量的观点各不相同，但就我国建筑垃圾近年来年产出量应该在20亿t数量级已达成共识，且随着未来城镇化进程的加速推进，建筑垃圾产出量还将持续增长，至2020年左右，我国建筑垃圾产出量可能将达到峰值。

　　由于以上研究机构调研的建筑垃圾产出量数据包含了不同来源的建筑垃圾产出量，如建筑施工垃圾、拆除垃圾、装修垃圾，未对各种来源的建筑垃圾进行细分，且不同的渠道统计的数据也不统一，因此，拆除垃圾的产出量只能根据估算来确定。拆除产出量的估算是研究拆除垃圾减量化的根本性基础，明确的拆除垃圾产出量可以使拆除垃圾资源化更加符合实际需要。因此对拆除垃圾产出量进行估计是必不可少的。

　　目前，国内外对拆除垃圾产出量的计算方法研究很多，有单位产出量法、人均乘数法、现场调研法、材料流分析法、系统建模法和其他特殊量化方法等，但都没形成统一的意见。重庆大学吴泽洲对以上计算方法均进行了对比分析，发现单位产出量法和现场调研法是当前应用最为广泛的两种方法，系统建模法是精确度最高、垃圾分类数据最完整的方法。其中，单位产出量法可以满足各类建筑垃圾的量化需求，应用范围广泛，且计算方法简便，其关键步骤是确定单位建筑垃圾产生率，通过计算总体单位数量得到建筑垃圾总产出量，可操作性最强。现场调研法适用于某个项目的建筑垃圾量化，对于某个区域的建筑垃圾量化则需要花费大量的人力和时间，可操作性不高；系统建模法不仅能得到建筑垃圾的总产出量，还能计算出建筑垃圾各组成成分的产出量，能为建筑垃圾的处置决策和方案提供支持，但该方法较复杂，或将成为以后建筑垃圾产出量计算方法的发展趋势。

5.1.2　拆除垃圾特性

1. 拆除垃圾的特点

　　我国拆除垃圾存在增长速率快、体量庞大，来源广泛、成分复杂多样，周期长，对环境具有危害性和危害滞后性等特点。

2. 增长速率快、体量庞大

　　近年来我国每年建筑垃圾产出量为 24 亿 t 左右，其中拆除垃圾产出量占比最大。随着我国城市化步伐进一步推进，产生的拆除垃圾也日益增加，每拆除 $1m^2$ 旧建筑物预计将产生 $1.0 \sim 1.2t$ 的建筑垃圾，数量庞大。

3. 来源广泛、成分复杂多样

　　由于拆除垃圾来源于旧城改造、房屋拆迁、商业建筑拆除、道路或其他市政基础设施工程拆除等各种途径，其组成成分与建筑物、构筑物的用途、地域、使用年限、施工技术及所采用的材料有关，成分复杂多样。

4. 存在周期长

　　据了解，目前我国开展了拆除垃圾资源化利用的城市数量仅占全国城市总量的 5%，拆除垃圾资源化利用量占拆除垃圾产生量的比率不足 1%。拆除垃圾综合利用率远远低于其产生率，如山的拆除垃圾将以固体废弃物的方式长期存在。拆除垃圾的存在周期是建筑物建设周期的 30 ～ 40 倍。

5. 对环境具有危害性

　　我国拆除垃圾数量巨大，且绝大多数未经任何处理，便被运往市郊露天堆放或简易填埋，形成了 "垃圾围城" 之势，对环境造成了严重的危害。

6. 拆除垃圾对环境的影响

　　自 2005 年以来，中国已成为世界建筑垃圾产出量最大的国家，其中，拆除垃圾是建筑垃圾的关键组成部分。拆除垃圾已经成为中国城市化进程的最大短板，拆除垃圾的大量产生带来了空气和水源污染，且不当的处置也带来土地资源浪费与市容环境破坏。但由于拆除垃圾对环境危害的滞后性，往往得不到人们的重视。然而近年来，随着"垃圾围城""跨省倾倒垃圾"等新闻报道屡屡出现，拆除垃圾引发的惨痛事故频频发生，如 2015 年 12 月深圳市光明新区渣土受纳场滑坡特别重大事故，让人们意识到拆除垃圾对环境的危害性，也开始重视对拆除垃圾的资源化利用。

5.2 拆除垃圾减量化现状

拆除垃圾是城市化建设的副产物，是建筑垃圾的主力军。随着城市化进程的加快，拆除垃圾的产出量将会越来越多，而目前我国拆除垃圾的主要处置方式仍为未经处理直接堆放或填埋，资源化利用率不足 5%，拆除垃圾低资源化利用率与产出量高增长率的矛盾日益凸显，如何提升拆除垃圾的回收再利用水平已迫在眉睫。

近年来，在全国"两会"上，部分代表委员多次发出建筑垃圾资源再利用的呼声，其意见和提议大体可归纳为：要破解拆除建筑垃圾这一难题，应采取控源减量、利用为先的原则，切实加强源头管理，减少建筑垃圾的产生量，提高资源化利用的水平，增加资源化消纳的途径。其中，"控源减量"即控制源头、减少产出量，是建筑垃圾有效利用的最关键的控制点，能从根本上解决建筑垃圾围城造成的危害。

因此，研究拆除垃圾减量化技术，从前端减少拆除垃圾的产出量，提高拆除垃圾的资源化利用水平，能从根本上解决拆除垃圾围城、资源化利用率低的难题。

本章理解的"控源减量"可细分为三个阶段：源头控制减量，即在拆除阶段，采取减排预防手段，通过优化方案，选取合适的拆除方式等，减少拆除垃圾的产生量；中间处理减量，即在拆除现场通过分拣分类和简单的技术手段，将可直接利用的物质进行有效利用，减少需运输的拆除垃圾；末端利用减量，即通过采取相关处理技术，将拆除垃圾进行再生利用，最大化实现拆除垃圾的资源化利用。

国外发达国家拆除垃圾减量化起步早，相对技术成熟，且有配套的制度和管理机制，拆除垃圾资源化利用率高。与国外发达国家相比，我国拆除垃圾减量化相关工作刚起步，资源化利用率偏低。拆除垃圾的处理处置处在简单化、无序化的初级状态。

5.2.1 国外拆除垃圾减量化现状

1. 国外拆除垃圾减量化概况

据了解，德国每年产生的建筑垃圾为 2 亿 t 左右，日本不到 1 亿 t，韩国约为 6808 万 t，西班牙约为 4000 万 t。这些发达国家建筑垃圾产生量的总和远远低于我国，但其对建筑垃圾持有的理念较我国更先进。他们很重视建筑垃圾的再利用，已将建筑垃圾减量化和资源化处理作为环境保护和可持续发展战略目标之一，通过政策引导、鼓励和支持，先进技术的应用以及法律保障，实现了建筑垃圾"减量化""无害化""资源化"和"产业化"。目前，美国和许多欧盟国家的建筑垃圾资源化率已经高达 90%，日本、韩国甚至达到 97%。

在建筑垃圾分选方面，日本表现非常突出。日本地少物薄，资源再利用尤显重要，将建筑垃圾视为有价值的建筑副产物，主要用作生产再生水泥、再生骨料，也用于工程填方、土质改良及填海造陆材料。

美国是最早开展建筑垃圾综合利用的国家之一。在混凝土路面的再生利用方面，美国成绩斐然。美国的大中城市均建立了建筑垃圾资源化处理厂，负责本市区的建筑垃圾处理。其再生产业规模超过 2400 亿美元，是最大、就业人数最多的支柱产业之一。

德国是世界上最早推行环境标志的国家，重视对建筑垃圾的再加工设施建设，在每个地区都建造了大型的建筑垃圾再加工综合工厂，世界上最大的建筑垃圾处理厂也在德国，该厂每小时可生产 1200t 建筑垃圾再生材料。

新加坡将建筑垃圾循环利用纳入绿色建筑标志认证，对竣工建筑执行建筑垃圾处置情况验收指标体系，采取强制性手段提高建筑垃圾资源化利用率。

2. 国外拆除垃圾的源头减量化

国外发达国家对于拆除垃圾大多实行的是"源头减量策略"，形成了较为完整的技术体系，并制定了相关标准规范加以推行。

为实现拆除垃圾的源头减量化，英国发布《废弃物和资源行动计划》的指南，在废弃物减量化方法上为建筑师提供指导意见；美国从规范到政策、法规，从政府的控制措施到企业的行业自律，从拆除方案设计到现场施工，全方面限制拆除垃圾的产生；日本明确要求建筑师在设计时要考虑建筑在 50 年或者 100 年后拆除的回收效率，建造者在建造时采用可回收的建筑材料和方法；新加坡广泛采用绿色设计、绿色施工理念，优化建筑流程，大量采用预制构件，减少现场施工量，延长建筑设计使用寿命并预留改造空间和接口；法国建立了欧洲最大的"废物及建筑业"集团，专门对各建筑企业进行技术方面、环境方面、经济方面的评估，以期能使建筑企业在生产的过程中就对废弃物的处理进行预测，确定回收程序。

2004 年 James Y. Wang 借助软件对建筑垃圾的产出量、再利用和处理的经济指标进行了模块化分析，有助于为拆除垃圾源头减量方案提供决策性支撑。2009 年 Formosa 发现建筑活动的管理水平可以很大程度上的减少建筑垃圾的产生量。2013 年 Jack C.P. Cheng 和 Lauren Y.H. Ma 的研究结果表明利用 BIM 模型能较精确地计算拟拆除建筑的建筑垃圾排放量，为拆除垃圾管理决策提供了重要的参考。

此外，国外对建筑的拆除方式研究较多，重视拆除方式对环境的影响和拆除后产生的建筑垃圾的可资源化利用程度，强调对建筑结构的分解以及旧建筑材料的回收利用。1996 年 Bradley Guy 提出将建筑构件拆除分解，能减少建筑垃圾排放量，减少环境污染，促进旧建筑材料的回收利用，大幅提高拆除垃圾的再利用率。

3. 国外拆除垃圾的分类分拣

对拆除垃圾进行有效管理的前提是要对拆除垃圾进行合理的分类，拆除垃圾的科学分类是拆除垃圾回收利用的重要环节和内容。欧美等发达国家在拆除垃圾的分类分拣工作方面起步较我国早，尤其是日本、美国和德国等发达国家对其有更深入和成熟的研究与应用。

德国对建筑废料的回收利用始于"二战"后，在"二战"后的重建期间，对于未破损的砖，经过分拣和清理，直接用做墙体的砌筑材料，已经破损的则被加工成再生混凝土。德国规定，建筑工程承包商有责任将拆除垃圾进行分类、清理和运走。德国的干馏燃烧垃圾处理工艺，可以使垃圾中各种再生材料干净地分离出来，再回收利用；英国建筑科学研究院研制出一系列建筑垃圾分级评估、再利用质量控制等技术规范和标准，并已付诸实践。英国还开发出来专门用来回收湿润砂浆和混凝土的冲洗机器；日本对建筑垃圾进行严格的分类，不同的类别都有较为成熟的处理方案和技术，如拆除工程产生的废木料，除了作为模板和建筑用材再利用外，还作为造纸原料或燃料使用；新加坡对建筑垃圾实施初步分离和二次分类，建筑施工防护网、废纸、木材、混凝土、砂石可实现再生利用；荷兰建立砂的再循环网络，依照砂的污染水平进行分类，储存干净的砂，清理被污染的砂。

总体来说，发达国家利用拆除现场进行精细的分类分拣工作，将分拣出来的材料分类处理，将可直接利用的物质进行有效利用，将需进行回收再利用的物质运输到资源化处理厂加工处置，从拆除工程施工现场减少了建筑废料的排出数量，也减少了拆除垃圾的运输费用。

4.国外拆除垃圾的资源化利用

纵观世界上拆除垃圾综合利用较好国家的使用情况，拆除垃圾的资源化利用一般可分为3个级别：低级利用、中级利用和高级利用。其中，低级利用是发达国家基本采用的方式，主要是分拣利用和一般性回填，如美国在现场分拣，进行低级利用的废弃物占建筑垃圾总量的50%～60%；中级利用是欧美发达国家的大城市、韩国等地建立资源化处理厂，将拆除垃圾处理成再生骨料，再将其循环利用，应用于建筑物、道路稳定层及制备砖、砌块等，美国中级利用的废弃物占建筑垃圾总量的40%；目前较多发达国家资源化利用集中在低级及中级利用。高级利用主要出现在日本等资源极度短缺、高度重视资源化利用的国家，将建筑垃圾还原成水泥、沥青等再利用。该种利用方式占比很低，主要受制于技术、投入与产出限制。

由于拆除垃圾的成分复杂多样，不同成分的拆除垃圾的资源化利用方法不同，见表5-3。

表5-3　不同成分的拆除垃圾的资源化利用方法

垃圾成分	资源化利用级别	资源化利用方法
渣土	低级利用	堆山造景、回填、绿化用
碎砖瓦	低级利用、中级利用	砌块、墙体材料、路基垫层
废混凝土块	中级利用	再生混凝土集料、路基垫层、碎石桩、行道砖、砌块
废砂浆	中级利用	砌块、填料
钢材	低级利用、中级利用	再次使用、回炉
木材、纸板	低级利用	复合板材、燃烧发电
塑料	中级利用	粉碎、热分解、填埋
废沥青	低级利用、中级利用	再生沥青混凝土
玻璃	低级利用、中级利用	高温熔化、路基垫层
其他	—	填埋

拆除垃圾中占比最高的是废混凝土块、废砂浆、废砖瓦和渣土。其中，渣土的处理方式最简单，可直接现场利用，而废混凝土块、废砂浆、废砖瓦等通常需要在建筑垃圾处理厂经过预处理、破碎、筛分、多级分选等工艺，方可加工成再生骨料，以生产再生混凝土、再生砂浆、再生砖、再生砌块等各类再生产品。由于再生骨料的品质高低与其处理设备和生产工艺密切相关，因此建筑垃圾处理厂成为提高拆除垃圾资源化利用率的关键场所。德国利用建筑垃圾制备再生骨料领域处于世界领先水平，其依托其矿山机械基础，形成了成熟的建筑垃圾处理工艺及成套装备。德国有世界上最大的建筑垃圾处理厂，该厂每1h可生产1200t建筑垃圾再生材料。与德国相比，日本建筑垃圾资源化利用细化程度更高，设备的功能也更为先进和专业。建筑垃圾的分选程度决定再生产品的附加值，除了常规振动筛分、电磁分选及风选等方式外，还包括可燃物回转式分选设备、不燃物精细分选设备、比重差分选设备等先

进设备。通过二次破碎、加热碾磨等工艺流程生产出的高品质再生骨料的性能可以媲美天然骨料。

在再生产品的应用推广方面，日本、美国、德国、荷兰、英国等发达国家在试验的基础上已经建立起再生骨料相关的规范、指南，以规范再生骨料在建筑结构中的应用。在许多发达国家，拆除垃圾回收处理后的再生产品已广泛应用于回填、公路建设、道路及铁轨的垫层等，在振动桩基、挡墙和边坡稳定等加固工程中也有应用。目前日本和德国已经有了再生材料用于建筑结构应用的成功范例。

5.2.2　国内拆除垃圾减量化现状

1. 国内拆除垃圾减量化概况

我国每年建筑垃圾产出量为 24 亿 t 左右，其中拆除垃圾占比最大，且呈逐年递增趋势，是世界上建筑垃圾产出量最多的国家，但资源化利用率不足 5%，远低于美国、欧盟国家（90%）、日本（97%）和韩国（97%）等国家和地区。

目前我国拆除垃圾的处理方式较低级，许多地区除了对拆除垃圾中尚完整的砖、门窗、钢材等加以简单回收利用外，对绝大部分拆除垃圾仍以露天堆放或填埋处理的方式处理。尽管有部分企业将拆除垃圾进行了回收再利用，制备成再生产品，但再生产品在我国建筑材料中的运用并不普及，且再生材料生产企业的数量也较少。与国外发达国家相比，我国拆除垃圾减量化相关工作刚起步，未体现"源头减量"的可持续发展理念，拆除垃圾的处理处置处在简单化、无序化的初级状态，资源化利用率较低。

我国拆除垃圾减量化主要存在以下问题：（1）政策方面，配套法律法规不完善，顶层设计中未体现"源头减量化"的理念，拆除垃圾处理相关主体责任和义务不明确，监管力度弱；（2）标准规范体系不健全，现有标准落后，缺乏拆除垃圾分类、再生产品后续跟踪监测等方面的规范；（3）缺乏长远可持续的发展规划，拆除方式粗放，直接导致产生大量建筑垃圾，且缺少科学有效、经济可行的拆除垃圾分拣、处置技术；（4）资源化利用处理方式较单一，再生产品性能尚存提升空间；（5）再生产品推广应用受限，未形成产业化，政府经济支持力度较弱。

我国拆除垃圾减量化离发达国家还有很长的一段路要走。要实现拆除垃圾减量化，提高拆除垃圾资源化水平，必须吸取发达国家的"源头减量"的先进理念，完善配套法律法规，明确各方责任和义务，加强拆除垃圾前端、中端、末端全过程管理，加强垃圾分类分拣，提升资源化利用水平，形成拆除垃圾资源化产业。

2. 国内拆除垃圾的源头减量化

与国外发达国家对拆除垃圾大多实行的是"源头减量策略"不同，我国对拆除垃圾的研究主要集中在拆除垃圾形成以后，对其进行处理处置，对于拆除垃圾形成以前的源头减量化技术研究较少。随着拆除垃圾围城问题越发凸显，部分高校、科研院所开始重视拆除垃圾的源头减量化技术，对拆除垃圾产出量估算、拆除方式等开展了部分研究，以期为评估拆毁建筑垃圾的循环利用潜力、制定处置决策等提供支持。

在拆除垃圾产出量估算方面，同济大学陈军、何品晶、邵立明等人阐述了拆毁建筑垃圾产生量估算方法，并得出在我国采用施工概预算法估算拆毁建筑垃圾产生量更可靠。西安建筑科技大学王红娜也分别采用施工概预算法估算、预测了西安市建筑拆除垃圾年产出量。重庆大学吴泽洲对六类建筑垃圾量化方法均进行了对比分析，还借助基因表达式编程对香港区域层面的建筑垃圾未来产生量进行了预测。重庆大学罗春燕利用 BIM 技术确定拟拆除建筑物的拆除垃圾种类和预估拆除垃圾排放量，并构建了一个基于 BIM 技术的、适用于建筑拆除工程的拆除垃圾决策管理系统。

在拆除方式方面，我国对建筑拆除的重视程度远远不及对建筑建造的重视程度，拆除方式主要为人工拆除法，其次是爆破拆除法，体现可持续发展理念的建筑拆除方式——建筑拆解技术在我国发展较落后，目前仅少数高校开展了相关研究。天津大学贡小雷在国内首次建立建筑拆解的技术体系，从拆解角度研究废旧材料利用率的提高，并借助环境影响评价和物质流分析等手段，量化废旧材料生态利用的减排成本，进一步缩小了拆解与拆毁方式的经济差距。

3. 国内拆除垃圾的分类分拣

拆除垃圾的科学分类是拆除垃圾回收利用的重要前提。在拆除现场进行科学的垃圾分类，能将可直接利用、可再生利用、不可利用的拆除垃圾区分拣出来，方便之后进行不同的处理。这一方面能够减少拆除垃圾的产出量，有效地提高拆除垃圾的综合利用率，另一方面能提高拆除垃圾管理的效率，减少土地占用、降低环境污染、节约资源。但目前我国在拆除垃圾的现场分类分拣工作方面研究很少，缺少科学有效、经济可行的拆除垃圾分拣、处置技术，仅极少高校对此进行了研究。

深圳大学王家远创新性地开展了系统动力学用于建筑废料分类分拣管理研究，构建了建筑废料现场分类分拣系统动力学管理模型，并结合深圳的基础数据进行实证分析。结果表明，将系统动力学用于建筑废料分类分拣管理研究是合理的，且该模型还揭示了建筑废料分类分拣过程中诸多因素如分拣成本、人力需求、分类回收方法和场地限制、废料回收利用市场的完善程度等之间的相互联系。

4. 国内拆除垃圾的资源化利用

20 世纪 90 年代起，我国就有很多建材专家和研究院所开始研究拆除垃圾资源化的处置工艺、技术装备、产品性能等。但由于成本过高，处理量有限，再生产品性能不佳，且受法规、政策及管理手段不健全限制，导致拆除垃圾资源化一直无法形成规模和产业。

近年来，随着拆除垃圾资源化利用的重要性逐渐被地方政府、科研院校以及企业所认知，拆除垃圾资源化进入高速发展阶段。利用拆除垃圾制备再生骨料，并以再生骨料为基材制备各种再生产品已成为当前最重要的研究课题之一，取得了突破性进展。在拆除垃圾处置与利用装备和工艺方面，我国一些砂石骨料企业和石料破碎装备企业开始走在全国固废资源化的前沿，研究开发并推出了一些世界领先的技术与装备，为支撑拆除垃圾资源产业化发展提供了支持。此外，我国还将 3D 打印技术与拆除垃圾资源化利用结合，采用拆除垃圾为"打印墨水"，改变了拆除垃圾的处置工艺。在拆除垃圾资源化利用方式方面，也由原来的将拆除垃圾送到资源化利用厂用固定式装备处理转变为在拆除现场即可利用移动式装备处理的方式，实现在现场就地处理和利用。

从目前国内对拆除垃圾资源化利用的技术方面来看，虽然与国际先进水平存在距离但国家大力支持该技术的发展，我国已达到较高水平。2019 年 1 月，两个再生骨料、再生混凝土相关的项目——《废旧混凝土再生利用关键技术及工程应用》和《建筑固体废物资源化共性关键技术及产业化应用》获得国家科学技术进步奖二等奖，标志着再生产品的研究开发技术、生产工艺、仪器设备、性能提升、工程应用等方面均取得了突破。

5.3　拆除垃圾减量化技术

5.3.1　源头减量化技术

针对拆除垃圾在拆除过程中进行精准管控，从源头减少拆除垃圾的产生，尽量在原有建筑基础上进行就地利用，或进行拆除垃圾的就地再利用，是减少拆除垃圾危害的最有效途径。

因此，在实际建筑拆除的过程中，可先行对其进行功能评价与分析之后，针对无法利用的部分，通过科学的分析手段，预估其拆除垃圾产生数量及种类，从而制订针对性的设计拆除方案，再结合拆除过程管控，实现拆除垃圾的源头减量。

1. 既有建筑功能评价与分析

随着经济发展，建筑的安全与功能性越来越受到各方各面的重视，但由于段施工技术、技术体系、管理标准的不同，不同年代的建筑往往差别很大，故既有建筑是否满足现有规范标准的要求、是否可以通过对其升级改造满足要求、其功能性是否满足现有使用需求，以及其升级改造成本核算、收益分析等，都是拆除前需要考虑的问题。

对既有建筑的评估主要分为两个方面，一方面为建筑自有性能，确定能否继续使用；另一方面是建筑状态及周围环境，分析其功能性、经济性是否满足。

（1）既有建筑使用寿命、性能评估

对既有建筑的使用寿命、性能评估可参考《工程结构可靠性设计统一标准》（GB 50153—2008）中关于既有建筑可靠性评定的要求，具体的可分为安全性、适用性、耐久性以及抗灾害能力评定，通过对结构体系、构件布置，承载力等方面的鉴定，确定建筑继续使用的结构可行性。

（2）结合建筑既有状况，分析其再利用可行性

针对建筑的现存状态及价值体现，在具备继续使用的结构可行性基础上，从文化与经济两方面综合考虑是否对其进行拆除。

文化方面首先考虑既有建筑蕴含的历史价值、文化价值与新建建筑之间的矛盾，充分考虑既有建筑对于促进精神文明传承与建设的意义是否必要；之后考虑新建建筑所带来的示范效应、文化影响，并进行对比。

建筑造价的 1/3 来自结构造价，相比于新建建筑，在原有建筑的基础上进行升级改造可节约主体结构上的大部分资金，同时建筑改造可减少拆迁投资、土建费用，并且相比于新建建筑工期更短，具有一定的经济效应；同时，拆迁、新建过程将带来大量的环境污染以及能源消耗，在环保上具有一定的破坏性。

如确定对既有建筑进行拆除，则需要从经济、环境等因素综合考虑，确定合适的拆除方案，从源头减少拆除带来的环境影响、经济影响。

2. 建筑结构拆分

在建筑拆除前，可通过对建筑结构的分析，将建筑结构分为可直接利用部分、需进行资源化部分；考虑到传统的拆解会产生大量的建筑垃圾，所产生的建筑垃圾一般颗粒较小且没

有功能特性，严重降低建筑的再生利用价值，因此在建筑拆除前，通过对预拆除建筑的竣工图纸进行全面分析，全面弄清其结构设计、建筑施工、水电管路等布局，针对前住户无法拆解，或拆解困难的建筑结构、装修、管线，预先进行有组织拆除，收集可直接进行二次利用的高附加值产品，从而有效地保留原有建筑功能特性，方便其进行再利用，同时减少建筑垃圾的产生。

3. 拆除垃圾定量预测与应用评估

进行建筑预拆除后，则需要结合前期评估情况、预拆除建筑竣工图纸等，采用合适的分析手段，借助新型模拟方法，预测拆除垃圾种类及数量，为拆除方案设计提供依据。

（1）根据既有建筑状况，确定合适的分析手段

目前常用的拆除垃圾预测方法有施工预概算法与经验预测法两种，其中施工预概算法的基本原则为物料守恒，即在建筑使用过程中，其组分不会发生改变，可通过其建设时所用材料，结合折损系数（由当地施工手册确定），确定拆除时的各组分比例及数量；而经验预测法则是通过之前拆除经验，基于拆除垃圾产生量与建筑面积呈线性关系的基本理念，确定线性系数，从而直接由拆除建筑面积得出拆除垃圾产生数量。

但在实际应用过程中，施工预概算法往往偏离实际情况较大，而经验系数法虽然具有一定的数据准确性，但需要大量样本资料的支持，耗费大量人力物力。不同的拆除项目，其建筑使用形式、建筑面积、楼层高度、结构特点、地理位置等信息均存在区别，即便同时运用施工预概算法以及经验预测法，得到的结果也往往与实际情况相背离。

因此，采用一种新型、准确的拆除垃圾分析方式，定量分析拆除垃圾种类和数量，是拆除方案设计、拆除过程管控的前提，也是实现拆除垃圾资源化利用、实现拆除垃圾源头减量的基础。

（2）结合 BIM 等手段对建筑进行全生命周期管理

随着建筑行业的发展，互联网技术的进步，越来越多的数值模拟方法被开发应用，其中 BIM（建筑信息模型）正在扮演越来越重要的角色。

BIM 技术是一种应用于工程设计、建造、管理的数据化工具，借助 BIM 可将建筑数据化、信息化整合，非常适用于大型、复杂的建筑施工过程中，其可以实现对建筑的全过程管理，包括设计、建设、运营以及拆除等。在建筑拆除的过程中运用 BIM 技术可有效实现对建筑类型的判断，确定拆除垃圾产生量、产生种类，对拆除的建筑垃圾进行数据化管理，进而实行成本计算、碎石管理等。

由于 BIM 技术正处于发展初期，在建筑中应用 BIM 的投入较大，若只用于建筑拆除中的拆除垃圾预测，不具备经济可行性；但同时 BIM 技术对建筑运营、后期改造等都具有很好的利用价值，因此可对目前尚在运营阶段的建筑进行 BIM 建模，既可实现在运营阶段的信息整合，也可用于升级改造时的动态模拟测试以及拆除时的拆除垃圾定量预测，减少升级改造以及拆除时的拆除垃圾产生量，实现源头减量化。

4. 拆除方式选择

目前常用的拆除方式可分为人工拆除、机械拆除、爆破拆除、膨胀破碎以及机械切割等。

人工拆除指通过人力，采用小型器械进行小规模拆除，其拆除效率低下，劳动人员密集，容易带来安全隐患。

机械拆除指通过大型机械，如重力锤、推力臂等机械牵引定向倒塌的拆除方式，其既可作为单独的拆除方式，也可辅助其他拆除方式同时进行，具有一定的工作效率，且不易产生碎石、灰尘，对周围自然环境以及人类居住环境影响较少，但不具备高层拆除、局部拆除能力。

爆破拆除指通过定向爆破技术，控制爆破能力、方向，实现建筑的定向拆除，具有成本低、效率高、效果好等优点，但其可能产生飞石、冲击波等，对周围环境潜在危险较大，且不利于保留建筑中可利用材料原状，目前主要应用于高层建筑的拆除中。

膨胀破碎拆除指通过在建筑物内部安装膨胀破碎剂，通过膨胀作用促进建筑破碎，具有施工过程简单、安全、可选择性破碎、对周围环境影响小等优势，具有一定的环保以及资源化意义。但其对使用范围要求较高，目前应用较少。

机械切割拆除法是利用机械、高压水流、高温热流等设备对建筑物进行切割，从而实现定向、定量拆除的目的，其机械化程度较高且在环保、资源化方面都具有显著优势，甚至可以实现自动控制，具有一定的发展前景，但目前该方法仍不成熟。

5. 拆除施工方案设计

在拆除过程中，一方面要考虑拆除垃圾的利用，同时还要考虑拆除过程中对周围环境的影响，减少粉尘、噪声，实现绿色拆除。

（1）粉尘处理

在拆除过程中，粉尘的产生主要来源于建筑的解体，但借助结构不同，拆除方法不同，不可能完全杜绝粉尘的产生，只能尽可能减少粉尘的逸散，使其由无组织排放变为有组织排放。

（2）噪声处理

拆除过程中的噪声主要来源于设备本身、设备与建筑接触部分、建筑物分解及掉落产生的噪声，其具有源头多，噪声等级高等特点，长期的噪声不仅会对操作工人神经产生损伤，也会严重影响周围居民生活环境，对噪声的防治是绿色拆除的重中之重。

（3）减少能源消耗

拆除过程中消耗的能源主要来源于动力设备，通过选用先进生产设备，配合合理的拆除顺序，尽可能降低能源消耗。

（4）生态环境修复

在拆除之前，要充分考虑周围环境以及拆除建筑所在地再利用方案，在拆除过程中进行植被修复，拆除完成后及时进行重建，减少对生态环境造成的危害。

（5）现场垃圾分类设计

在设计施工方案的过程中，应充分考虑拆除垃圾分类，按照拆除垃圾使用价值及使用方案，在合适的地方设置垃圾分类库、分类箱，从源头上进行垃圾分类。

（6）新建施工项目土石方平衡设计

通过"土方平衡图"，结合预测的拆除垃圾组成及含量信息，在建筑拆除过程中，充分考虑新建项目所需材料种类及数量，尽量实现就地使用，减少拆除垃圾外运。

6. 拆除过程管控技术

确定拆除方案后，在拆除过程中要实行精细化管控，从施工过程，到现场垃圾分类、垃圾回用，最终到拆除垃圾出厂运输，都是事先拆除垃圾源头减量的重要措施。

（1）垃圾分类管控

拆除垃圾现场分类，对拆除垃圾的回用、资源化利用具有重要意义，一般通过现场设置分类垃圾箱、垃圾车等方式实现，但现场环境复杂，拆除垃圾现场分类更是难上加难，针对拆除垃圾中不同组分，应提供不同的分类办法。

①有直接利用价值

有直接利用价值的拆除垃圾，如钢筋、木条等，可通过激励措施进行源头分类，甚至直接回用。如进行现场直销，以价值为导向进行有价值物的提取。

针对具有现场回用价值的拆除垃圾，在土石方平衡基础上，结合建筑结构、组成分析，在拆除前明确产生位置及数量，在拆除过程中定点定量拆除并堆放，可有效实现该类垃圾的分类以及集中。

②需要进行二次加工

需进行二次加工的拆除垃圾主要指废弃混凝土、砖瓦块等需要进行现场处置或运输至建筑垃圾资源化处理工厂进行资源化处置后才能继续使用的材料。

针对此类材料，在现场堆放时需考虑对砖瓦、混凝土的预先分类，同时减少其中的非骨料性物质（如塑料、破布等），之后考虑资源化方式，若采取现场资源化，则需充分考虑拆除垃圾堆场、再生骨料堆场位置，在堆放时即采取就近集中堆放的原则，实现边拆除、边分类、边处置；而对于需要外运至建筑垃圾资源化处理厂的拆除垃圾，则需要对拆除垃圾运输单位实行监管，如在建筑垃圾资源化处理厂实行来料抽查、监管，并以此作为拆除垃圾运输单位信誉体系评价标准，之后将信誉体系视为拆除垃圾运输单位投标过程中的企业资质组成部分。

③无法直接回用

无法直接回用的物质，如破布、塑料等，对其的分类管控主要体现在不要混杂在具有直接利用价值及二次加工价值的产品中，保证可利用垃圾的含量及再利用价值。

同时，在分类过程中，还要积极寻找再利用方案，如采取外运至循环经济产业园、压制成燃料棒（RDF）等方式进行利用，在此过程中，则需要关注其含杂率，采取抽样检查、机械再次分选等方式进行管控。

（2）垃圾回用管控

垃圾回用管控主要包括对新建项目就地可直接利用的材料、现场资源化处置后的材料或运输至专用建筑垃圾资源化处理厂进行资源化加工后的材料的管控。在此过程中，结合拆除垃圾预测、拆除方案设计、土石方平衡、拆除垃圾分类等，明确回用拆除垃圾种类、数量及回用方法，并通过定量监管、物料平衡等方式实行监管，确保垃圾回用过程的可控、可操作。

（3）垃圾现场处置管控

拆除垃圾在现场分类完成后，可资源化部分运输至建筑垃圾资源化处理厂进行处理，但考虑到新建项目的应用，结合施工方案、新建项目设计方案以及土石方平衡，可利用移动式建筑垃圾处理设备在现场进行处理，直接将可资源化部分在现场处置，生成可用于新建项目的再生骨料等，减少了拆除垃圾的外运，实现源头减量。

①现场处置前管控

根据拆除垃圾种类的不同，可采用的现场处置设备种类也不同，根据移动方式不同可分为轮胎式移动破碎机（筛分机）、履带式移动破碎机（筛分机），根据破碎形式不同可分为移动颚式破碎机、移动反击式破碎机、移动圆锥破碎机等，同样的移动筛分设备也可以分为移动重型预筛分机、移动振动筛分机等。

在进行现场处置前，需结合拆除垃圾预测种类及数量以及新建项目所需材料种类、性能，对现场处置方案进行设计，确定处置设备类型、生产线工艺，并进行处置成本、处置可行性分析。

②现场处置过程管控

在现场处置过程中，由于拆除施工与再利用施工同时进行，需严格对现场处置设备、现场处置人员、现场处置场地等进行管控，确保安全、绿色生产。

（4）垃圾运输管控

需外运至建筑垃圾资源化处理厂的垃圾，将通过统一的建筑垃圾运输车辆，通过实行资格审查、清运许可证、提前报备、押金制等措施严格管控拆除垃圾运输过程。

在拆除垃圾清运过程中，还应充分考虑从业人员身心健康，配备安全帽、口罩、警示服等安全防护用具，确保人员工作安全。

5.3.2　综合处理处置技术

5.3.2.1　固定式处理处置方案

1. 概述

建筑垃圾综合处理技术是在借鉴了矿山处理处置技术的基础上发展而来。其中固定式处理模式是指在某一场地建设专门的建筑垃圾资源化处理厂对建筑垃圾进行处理。相比于移动式，固定式的特征在于对建筑垃圾进行处理，如破碎、筛分、水浮选、磁选、骨料生产等过程均在生产车间内完成。

2. 技术原理

固定式处理处置方案的工艺技术流程图如图 5-1 所示。一个优秀的固定式建筑垃圾资源化处理项目应该是一个系统、完整、规范的设计。

3. 特点

1）固定式处理的优点

（1）建有庞大的建筑垃圾堆场，发挥传统建筑垃圾收纳场所的社会功用。

（2）从建筑垃圾收纳到再生骨料再到混凝土、骨料砖等再生建材成品的生产，实现了一体化产业链式生产，实现链条式、产业化、规模化经济效益，与分级作业相比，有效减少了其投资成本，节省了大量的人力、物力。

2）固定式处置的发展瓶颈

（1）前期建设投资大。土地使用、厂房建设、设备采购等的前期投资巨大，存在资本回收期长、经济效益难估测等风险，对小资本个体经济体难以独力承担。

（2）占地面积较大。

（3）项目落地难。由于整个生产处理厂房占地大，工业建设用地购买及审批存在面临诸多阻力，导致项目难以顺利落地。

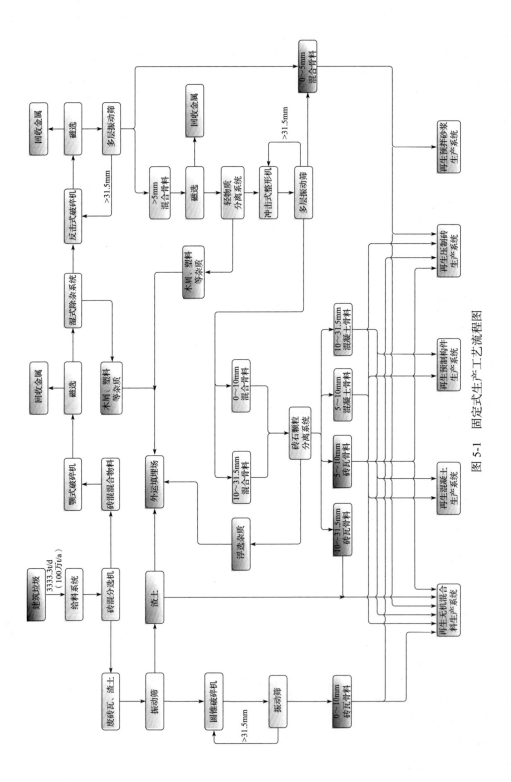

图 5-1 固定式生产工艺流程图

（4）固定式要求建筑垃圾运至其原料堆场，对于距离较远的拆建项目，为躲避高额运输费，个别拆建单位可能会就近随意倾倒，另一方面为实现完全收纳建筑垃圾，客观上要求政府要进行全区域综合布局，多点引进，建固定式工厂，造成社会资源投入巨大。

（5）固定式产品从厂区运往建设工地销售，增加了产品销售的运输成本。

5.3.2.2　移动式处理处置方案

1.概述

移动式破碎筛分一体化设备近几年在铁路、高速公路、选矿、水电工程、建材、城市垃圾等领域的利用日益突出。虽然目前依然处于初步阶段，但是随着工业化和城市化建设的高峰期，促使了大规模基础设施建设的持续投入，以及城市建筑垃圾处理的日渐成熟与规范，加之环保意识的不断增强，以及人们对破碎筛分产品认知度不断提高等利好因素的影响，未来国内移动式破碎筛分设备的市场格局势必会呈现突破式的快速行进。

2.技术原理

移动式处理处置方案的主体思路在于移动式设备在处理现场的相互配合，连接成可移动的处理生产线。

移动式一体化处理设备由破碎机、筛分系统、杂物分拣装置、传送带、振动给料机、行走机构等构成了整个移动式处理生产线。图 5-2 为移动式一体化设备的内部构造示意图。

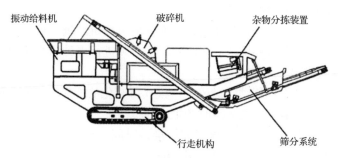

图 5-2　移动式一体化设备内部构造示意图

1）破碎系统。在移动式一体化设备中，破碎机是处理建筑垃圾的核心部件，破碎处理环节是处理建筑垃圾的主要任务。破碎机的原理特性等内容详见后面章节。

2）筛分系统。为了生产出不同级配的建筑垃圾再生骨料，则需要借助筛分系统，对不同粒径的骨料进行筛分，不满足粒径的骨料则再次输送至破碎机中进行二次破碎，直到满足筛分要求。

3）杂物分选装置。建筑垃圾成分中除了含有碎砖瓦之外，也掺杂有不少塑料、钢筋等杂物。因此在一体化设备中需要设置一个杂物分选装置，将其中的杂物分拣出去，以提高废物利用效率，减少其对后续设备正常运转的影响。

4）振动给料设备。在建筑垃圾处理过程中，通常需要在破碎机前设置安装一个振动给料设备。其作用在于均匀给料，以及发挥筛分的作用。

5）行走机构。轮胎式和履带式行走机构是移动式破碎站中两种主要的行走机构。轮胎式行走机构的特点是便于普通公路上行走，转弯半径小，在工地内能够快速进驻，设备灵活性高，节省时间。履带式行走机构则能够平稳行走、具备较低的接地比压，能够有效的适应湿地和山地环境。

3. 移动式处理特点

1）移动式处理的生产优势

（1）运行便捷、工程应用适应性强，移动式多为自带动力车体，一个项目处理完，即可开往下一作业现场；

（2）设备先进、环保处理技术优，移动式采用密闭式防震消声，且从原料进仓到出品，可实现作业现场无扬尘；

（3）建筑再生产品现产现销，现产现用；

（4）投资小、经济风险低。

2）移动式处理处置的不足

移动式处理生产线通常为现场临时性生产作业，相关技术配套不齐，且建筑垃圾成分复杂，成品质量把关监控难度较大，因此，移动式成品应用范围相对较窄。

4. 固定式与移动式特点对比

1）固定式破碎生产线的特点

（1）可高效率地破碎多种复杂材料：固定式车间可以分选出不同组分的建筑垃圾，将其归类，再进行后续集中处理。

（2）可以调整建筑垃圾破碎后成品料的质量：根据原材料性质的不同，可以采用不同的技术方案，从多方面保证再生产品的质量。

（3）可以储存大量待处理的建筑垃圾，从而使城市建筑垃圾能得到及时的清运。

（4）可以有效避免对周边环境造成影响：厂房必须进行多种防尘防噪等措施。

2）移动式破碎生产线的特点

（1）可以降低运输成本：移动式破碎生产模式可避免从拆建现场到破碎生产区域的远距离运输，从而降低运输成本及二次运输时产生的环境污染。

（2）生产迅速：移动式破碎生产可以缩短准备时间，没有固定式生产线的选址、规划、环保、土地等审批手续办理带来的建设周期长的问题。

（3）快速建立临时性破碎生产线：在拆建区域迅速建立临时破碎生产线，转移迅速，可充分利用现有的社会资源。与固定式设备相比，占地小，投入生产时间快，运输成本小，规模效益更加明显。

5.3.2.3 破碎工艺与技术

在进行拆除垃圾减量化处置过程中，破碎过程是其中的一个关键环节。破碎过程主要是通过建筑垃圾在破碎机内受到冲击使其破碎，进而进入后续其他工艺环节进行处理。目前在建筑垃圾资源化利用行业常见的几种破碎工艺技术包括颚式破碎技术、反击式破碎技术、圆锥式破碎技术、锤式破碎技术等。各种破碎技术对比（应用范围、特点）见表 5-4。

表 5-4　各种破碎机的优缺点

颚式破碎机	优点	设备构造简单，工作安全可靠，容易维修，处理物料范围广，能处理大块物料
（粗碎）	缺点	破碎比小，设备运行存在间歇性；生产效率低，往复运动不均匀等

续表

锤式破碎机 （中碎、细碎）	优点	结构简单，紧凑轻便，生产能力大
	缺点	破碎坚硬物料过程中时对锤头、衬板、箅条等部件磨损大；破碎潮湿及黏性物料时易产生堵塞
反击式破碎机 （中碎、细碎）	优点	结构简单，维修方便，破碎比大，破碎效率高、生产能力大，电耗低
	缺点	不易破碎黏性和塑性物料，破碎坚硬物料时对板锤和反击板磨损较大等
辊式破碎机 （中碎、细碎）	优点	结构简单，易于制造，机体不高，轻便紧凑，造价低廉，工作安全可靠，能破碎黏湿性的低硬度物料、韧性物料。调整破碎比较方便，耗电少，产品质量较均匀
	缺点	不宜破碎坚硬物料及大块物料。生产能力低，破碎比较小。喂料需均匀，否则易损坏辊面，所得产品粒度不均，需要经常修理。运转时噪声较大，易产生粉尘
圆锥式破碎机 （中碎、细碎）	优点	对同一种物料破碎比大，出料口不易堵塞，适宜于高硬度及片状物料的破碎
	缺点	构造复杂，重要磨损部件不易检修，维修技术要求高，不易破碎黏湿性物料

5.3.2.4　分选工艺与技术

对建筑垃圾进行有效分选，将不符合处置工艺要求的物料分离出来尤为关键。建筑垃圾的分选除杂过程主要分为人工和机械分选两种途径：机械分选是根据建筑垃圾中的杂物在尺寸、磁性、密度等物理特性方面的不同进行高效分离，主要包括筛分、风选、水力浮选、磁选技术等；人工分选主要针对无磁性的金属、玻璃、陶瓷等一般机械手段难以分离的杂物进行分离。在建筑垃圾处理过程中，因其所含杂质种类繁杂，分选过程通常是多种分选方法并用。

1. 筛分技术

筛分技术可分为重型预筛分技术，圆振动筛分技术，辊筒筛分技术等。

重型筛目前在冶金行业应用最为广泛，该设备采用新型节能振动电机或激振器作为振动电源，具有处理量大，筛分效率高，安装及维修简便等特点。

圆振动筛是指筛箱具有近似圆运动轨迹的惯性振动筛，主要用于物料粒度分级。目前国内市场上的主流圆振动筛产品主要有轴偏心的 YA 型、块偏心的 YK 型和 YKR 型、DYS 型。

辊筒筛分技术主要应用于成品物料的粒度分级，广泛应用于矿山、建材、交通、能源、化工等行业的产品分级处理。适用于粒径在 300mm 及以下物料的筛分，处理量一般为 60～1000t/h。

2. 风选除杂技术

风力分选技术一般以空气为介质，在气流作用下使物料按照密度和粒度大小进行分离，故该技术是重力分选常用的一种方法。

风选技术是国际上最先进的轻物质分离技术，相比以往的人工分拣，其工作效率高，分离精度好，环保性好，不污染环境。整个生产处理过程为干式分离，不产生新的二次污染，大大提高了工作环境的舒适度。

分类：风选技术按照气流作用的方向可分为正压风选（鼓风式）和负压风选（吸风式）两种；按照气流流动的方向可分为水平气流分选和垂直气流分选，其结构示意图如图 5-3、图 5-4 所示。

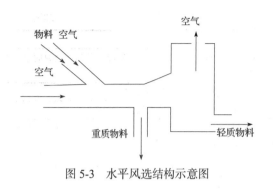

图 5-3　水平风选结构示意图

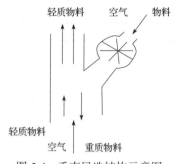

图 5-4　垂直风选结构示意图

3. 水浮选除杂技术

建筑垃圾中混杂的废塑料、废木材、废纸张、混凝土等轻杂质的密度小于水，故可利用其在水中的可浮性实现与混凝土、砖瓦等重物质的分选。区别于选矿行业的浮选工艺，建筑垃圾浮选过程并不需要添加浮选药剂改变可浮性，通过自然可浮性的差别即可实现分选。

4. 磁选除杂技术

建筑垃圾中的磁性物几乎全部是混凝土建筑结构中的钢筋网片等。建筑物拆除后，包裹夹杂在混凝土块中的废钢筋需要经过破碎处理后，通过磁选的方法实现分选。

5. 人工分选

在建筑垃圾处理过程中，对于机械分选难以去除的杂物，则需要进行人工分选。例如经过颚式破碎机破碎后的物料中仍然含有大量的木屑、纺织物、塑料等杂物，杂物不及时剔除，将与筛网、风选机械纠缠，甚至发生堵塞和机械故障，而这部分杂物很难有专门的设备进行分离。因此，物料在进入筛分工序之前，必须对物料中的杂物采取人工的分拣措施，搭建人工分拣平台。

6. 其他分选技术

其他分选技术如砖混分离技术，机器人分选技术，筛分风选一体技术等。

5.3.3　资源化利用技术

1. 回填利用技术

造地利用。利用建筑垃圾作为回填材料工序简单，处理量大，可以在短时间内处理大量的建筑垃圾，前提是垃圾要保证进行无害化处理，否则会造成二次污染。回填建筑垃圾可以用来造地，尤其适合地形狭长，土地面积小的地区。

工程回填材料：大型广场、城市道路、公路、铁路等建筑物、构筑物需要大量的土方、石方。目前的土石方来源一般是开山取石、掘地取土，这对生态环境造成了严重破坏，而建筑垃圾的主要成分是混凝土、石灰、渣土等，性质稳定，一般不存在"二次污染"的问题，所以将这些废弃物进行破碎，然后对其筛分，再按照所需土石方级配要求混合均匀，完全可以用作工程回填材料。另外，建筑垃圾中能用于覆盖生活垃圾的成分约占 60%，还可以利用建筑垃圾作生活垃圾覆土，保护耕地。各种再利用途径中，填方料消耗量最大，且仅需粗碎即可再利用。

夯扩桩填料加固软土地基：建筑垃圾可用作桩基填料加固软土地基，建筑垃圾具有足够的强度和耐久性，置入地基中，不受外界影响，不会产生风化而变为酥松体，能够长久地起到骨料作用。

2. 预处理再利用技术

1）砖、砌块的重新利用

农村地区大量用的是烧结黏土砖，拆除墙体中就有很多完好的砖块。将这些砖块分离出来，清理表层附着的砂浆后，可直接用于砌筑新的房屋，即节省了部分购买新砖的费用，又保护了土地资源。直接利用未破坏的砖进行应用的例子可追溯到"二战"结束后的德国，其在战后重建过程中就从墙体废墟中清理了出大量的砖块用于重新砌筑。

2）废木料的重新利用

木材也是可以直接利用的材料，又可保护林木资源。未受损伤的木材可以直接重新用作构件，如在汶川地震中大量的木结构名胜古迹被破坏，修缮过程中就直接利用了这些木材；也可制成其他产品，如作为家具、工艺品。

短方木采用梳齿机和指接机开槽，再配以高强防水拼板胶进行对接，接长后 1～2m 的方木可直接利用，0.5～1m 的方木可用于模板支撑再次使用，小于 0.5m 的方木由专业公司回收，进行专业加工再次利用或不再对接，做垃圾箱、工具箱框架等使用。木板下脚料可作为主体结构的护角、踢脚板、消防箱临时防护及生活区花坛外围护栏等。锯末用于预埋线盒的填充、混凝土及砂浆的保湿养护材料，也可用于清扫、磨光地面、去油去污。

3）废金属材料

（1）废钢筋根据长度、强度等级、直径不同，可用于制作定位筋、马凳、梯子筋、管道卡环，小型混凝土构件的配筋及顶棚吊杆、预埋环及拉结筋等。

（2）铁钉、铁丝、锚栓、螺帽及扣件等按分类修正后重新利用。

（3）废钢模、铁件、钢板及型钢用于制作支架、支座、预埋铁件、场地维护、支撑加固及钢梯等。

（4）废钢管用于制作套管、弯头、现场楼梯及洞口围护等。

4）废塑料

（1）塑料布经挑选可用于混凝土养护，塑料袋等可用作收集袋。

（2）塑料管材经挑选后用作预埋套管、钢筋临时保护、钢筋限位、护墩及穿墙螺杆套管等。

（3）在施工现场无法利用的废塑料应由专业公司回收。

5）包装材料

（1）包装材料中的纸箱、泡沫板，可用于设备管道、地面临时保护材料，或由专业公司回收。

（2）金属、木材及塑料等其他包装材料参照上述分类条款处理和利用。

6）玻璃、陶瓷、石材碎片

（1）玻璃、陶瓷、石材碎片根据其外形和尺寸进行裁切，调配使用，铺贴临时设施墙、地面，制作景观饰面等。

（2）陶瓷、石材碎片余料破碎后可作为再生骨料，用于制作再生混凝土砌体材料。

7）有污染、含毒性的化学材料及容器

有污染、含毒性的化学材料余料、废料及容器一般不做二次重复利用，直接集中收集交由相关单位进行处置。

8）其他垃圾

其他垃圾根据情况运往消纳场或作相应的处理。

3. 造景再利用技术

1）景观地形的应用

建筑垃圾可以用于堆山、改变地形。这种方式既可以解决建筑垃圾占地的问题，减轻环境负担，还能够改善地形增强其空间感。这一应用的实际项目有很多，其中非常著名的慕尼黑奥林匹克公园、拜斯比公园等都是利用建筑垃圾来改变地形，产生高低起伏的韵律感。

2）景观生态土壤的应用

废弃碎砖块、渣土、碎木中含有植物生长所需微量元素，将加入土壤之中，能够改善其土壤，增加土壤肥力，提高农产品的产出量和质量，从而用生态化的方式来"消化"这些建筑垃圾。在此土壤之上配置一些杨、柳等抗性较强且适应环境的植物，形成良好的生态循环系统，既可以减少扬尘又可以美化环境。

3）景观墙体的应用

在我国的园林中最常看到的景观墙、窗都是使用砖砌或是石堆起来的。现如今社会，技术手段越来越先进，能够供人们使用的材料也越来越多。利用建筑垃圾来制作的景观墙能够表现出质朴特色。建筑外观可看作是景观中的一部分，使用不同的建筑垃圾进行缜密的组合可以垒砌成富有艺术感的墙体。除了建筑的墙体外，挡土墙同样可以使用建筑垃圾来完成。还可以将废弃混凝土块、砖块适当地加工后放置到铁笼网中做成铁笼石墙；或是将其加工成较为规整的体块砌成石墙。这样一来就能够将建筑垃圾变成适宜的材料，建筑垃圾再利用的范围得以大大的拓展。

4）地面铺装的应用

将建筑垃圾中体量稍大的废弃混凝土块、石块进行简易加工后即可砌成道路。它们的形态大多是不规则、粗糙、朴拙的，但是这些由建筑垃圾砌成的道路完全可以融入到自然环境中，达到设计时所构想的虽有设计但不刻意的初衷。其次建筑垃圾中体量稍小的石块可加工成更规整的长方体块做成汀步、小径。同样是不规则的铺设，与常见的花岗石板相比更具有农村当地的特色，并且减少了搬运这些建筑垃圾所需要的人力、物力、财力。利用建筑垃圾所制成的道路、汀步，由于地下是原始的土壤，随着时间的推移、土壤附着、植物生长、道路与自然结合到一起，形成了"生态道路"。

5）景观装饰小品的应用

建筑垃圾中筛选出来的形态较为完整的废料可以直接利用或是通过一定的修复，重新组合将其废物利用，制成新农村景观中的假山、凉亭、雕塑等，使这些建筑垃圾继续发挥作用，最大化地节约资源，实现更大的价值。

4. 再生利用技术

1）再生混凝土

再生混凝土是指将废弃混凝土块经过破碎、清洗、筛分、级配得到的再生骨料，部分或全部代替天然骨料再加水及水泥等配制而成的再生骨料混凝土。混凝土配合比设计的任务是将水泥、粗细骨料和水等各组分进行合理地配制，使所得混凝土满足工程所要求的各项技术指标，并符合经济原则。在配合比设计中，可以采用再生骨料和天然骨料相混合以及掺加外掺料与外加剂等来改善再生混凝土的性能。大量实验研究结果显示，再生混凝土配合比设计要比普通混凝土复杂，但只要措施得当，仍可以获得比较满意的力学性能。

2）再生砂浆

将废弃混凝土等建筑垃圾土经过破碎、清洗、分级后，按照一定的比例混合形成再生细骨料，部分或全部的代替天然细骨料（0.16～5mm）配制的砂浆称为再生砂浆。相对于普通砂浆，再生砂浆具有密度小、保水性好等优点。

3）再生无机混合料

利用再生骨料配制的无机混合料道路基层用稳定材料称为再生无机混合料。建筑垃圾再生无机混合料是由再生骨料、石灰、粉煤灰、水或者是再生骨料、水泥、水拌制而成。再生无机混合料因其应用量大、强度要求低、可消耗微粉的量大等特点得到了较大范围的推广应用。

无机混合料制备过程中的关键技术包括配合比设计、最佳含水率、最大干密度确定、拌合工艺等。

4）再生预制构件

再生预制构件是指以建筑垃圾再生混凝土为基本材料，经过混凝土模具浇筑振捣、养护等过程制备得到的建筑构件。

5）再生压制砖

再生砖是以水泥为主要凝胶材料，在生产过程中采用再生骨料，且再生骨料占固体原材料总量的质量分数不低于 30% 的非烧结砖。再生砖成型系统包括备料、搅拌、布料、压力成型和表面处理等步骤，每个步骤都对再生砖质量有着至关重要的作用。

6）再生烧结砖骨料可用于制备轻质混凝土砌块和绿化造景

墙体废料破碎而成的再生烧结砖骨料的表观密度比再生混凝土骨料低，热工性能非常良好，是很好的轻质骨料，可用于轻型墙体和屋面材料。利用墙体碎砖，经过破碎、分级后，同水泥、粉煤灰、煤渣按一定比例混合可制备混凝土小型空心砌块。因为这些骨料本身多是土壤成分且含有植物生长的营养，而且又是多微孔结构，这些孔隙能够储存植物生长所需要的水分和养分，利于植被生长，所以再生烧结砖骨料可用于绿化种植。

7）可控性低强度材料

可控性低强度材料（CLSM，controlled low strength materials）是一种具有高流动性，在自重作用下可自行填充或通过少许振捣也能自行填充，形成较为密实结构体系，因此可以弥补传统回填材料的不足，其 28d 龄期的无侧限抗压强度在 8.3MPa 范围内。事实上，可控性低强度材料为一系列具有不同用途的低强度材料的统称。

在实际工程环境应用中，一般要求 CLSM 材料的无侧限抗压强度不能超过 2.1MPa。当 CLSM 材料 28d 龄期的无侧限抗压强度在 0.3～1.1MPa 范围内，有利于将来可能的开挖，不必要使用大型的机械设备，小型开挖机械就可以进行开挖，当强度小于 0.3MPa 的时候，人工就可容易地进行开挖，节约能源，可以减少工程的成本；当 28d 无侧限抗压强度大于 1.1MPa 时，开挖就较为不易。

建筑垃圾破碎筛分过程中，筛选出粒径小于 0.3mm 下的粉料，由于其成分过于复杂、性质多变、活性较低等特点不利于作为优质活性混合材利用。由 CLSM 材料对原材料性能的要求可知，建筑垃圾粉料的性能特点与 CLSM 材料的性能要求相对接近，因此可作为原材料用于 CLSM 材料。

5. 新技术的开发

1）3D 打印技术

3D 打印技术作为"第三次工业革命"标志性技术，引领了时代的发展并快速进入到各个研究领域。在大众消费、工业和生物工程等领域的运用已经开始，并有了不同程度的产业基础，给传统的社会生产带来了巨大冲击，成为改变未来世界的创造性科技。3D 打印技术的出现也为混凝土的可持续发展提供了新的方向，必将成为混凝土发展过程中一次重大的转折点，也为建筑垃圾资源化利用带来了新契机。将水泥、纤维、有机胶粘剂等与建筑物废料混合制成"油墨"进行逐层喷射、循环打印、快速凝固成型，从而打印房屋。

2）建筑垃圾还原技术

建筑垃圾的"高级利用"是指如将建筑垃圾还原成水泥、沥青、骨料等再利用。其中骨料还原简单容易操作，具有的工程应用，技术成熟。但是还原为水泥、沥青等技术由于受制于技术、投入与有效产出量，目前世界范围内该技术鲜有应用，等技术发展成熟，必将拥有较大的发展潜力。

5.4 拆除垃圾减量化评价体系及核算方法

5.4.1 拆除垃圾减量化评价与评估

要实现拆除垃圾减量化，应该引入循环经济的观念，按照循环经济的原则指导拆除垃圾的处置和管理。

首先，构建拆除垃圾减量化系统。以可持续发展理念设计城市建筑，在建筑的设计方案上应使建筑物更不易受到损害，使用耐久性更好的建材。在结构设计上优先考虑装配式建筑结构形式，应少产生建筑垃圾，选用可循环利用建筑材料。

其次，建立拆除垃圾循环利用系统。通过建筑垃圾预处理技术手段化废为宝，一方面减少对自然资源的开发利用，另一方面实现对建筑材料多次重复利用的良性循环。建设项目拆除的混凝土、砖砌体、钢筋、木材和轻物质等废弃材料均属于可利用或作为能源的材料。拆除垃圾是与工程建设相生相伴的，拆除垃圾的产生量与城市建设深度和广度紧密联系在一起。城市主管部门应将拆除垃圾与其他自然资源一样来对待，应与城市建设、城市及周边地区的生态环境建设和景观建设结合起来，统一规划和建设。

最后，拆除垃圾的减量化还应实施科学而严格的管理。要使城市开发和建设单位实现清洁生产和废弃物的综合利用融为一体，解决建筑垃圾污染环境的问题，必须通过严格的立法和执法。我国城市建筑垃圾的法规体系目前尚不完善，需要进一步健全，同时也尽快完善执法的保证和监督体系，并研究和制订不同建筑单位拆除垃圾减量化和资源化的标准。

5.4.2 拆除垃圾计量方法

拆除工程包括房屋拆除工程和构筑物拆除工程。

1. 房屋拆除工程建筑垃圾量计算

房屋拆除工程建筑垃圾量 = 建筑面积 × 单位面积垃圾量

式中，拆除房屋的建筑面积按照房产证的记载面积或实际拆除面积等计算，单位面积垃圾量详见表 5-5。其中，民用房屋建筑按结构类型确定为：砌体结构 1.3t/m²，钢筋混凝土结构 1.8t/m²，砖木结构 0.9t/m²，钢结构 0.9t/m²。0.9t/m²，钢筋混凝土结构 1t/m²，砖木结构 0.8t/m²，钢结构 0.2t/m²；工业建筑按结构类型确定为：砌体结构 1.2t/m²，钢筋混凝土结构 1.5t/m²，砖木结构 1.0t/m²，钢结构 0.9t/m²。

表 5-5　单位面积拆除垃圾量中主要材料成分含量　　　　　　　　　（kg/m²）

分类		废钢	废弃混凝土	废砖	废玻璃	可燃废料	总计
民用建筑	砌体结构	13.8	894.3	400.8	1.7	25.0	1336
	钢筋混凝土结构	18.0	1494.7	233.8	1.7	25.0	1773
	砖木结构	1.4	482.2	384.1	1.8	37.2	907
	钢结构	29.2	651.3	217.1	2.6	7.9	908
工业建筑	砌体结构	18.4	863.4	267.2	2.0	27.5	1178
	钢筋混凝土结构	46.8	1163.8	292.3	1.9	37.7	1543
	砖木结构	1.8	512.7	417.5	1.7	32.1	966
	钢结构	29.2	651.3	217.1	2.6	8.0	908

2. 构筑物拆除工程建筑垃圾量计算

构筑物拆除工程建筑垃圾量按照实际体积计算，折合垃圾量 1.9t/m³。

5.4.3　拆除垃圾减量化评价

拆除垃圾减量化评价按照下述公式计算。

$$1-\frac{CDW}{CBM}=1-\frac{CDW}{CBM_{New}+CBM_{Decoration}}$$

式中，CDW 指建筑拆除垃圾产生量；CBM 指某一建筑全生命周期所采购的建筑材料量；CBM_{New} 指某一建筑在新建阶段采购的建筑材料量；$CBM_{Decoration}$ 指某一建筑在装饰装修阶段采购的建筑材料量。

5.5　典型地区和案例介绍

5.5.1　浙江金华建筑固废资源化处理厂项目

浙江金华建筑固废资源化处理厂项目产业园占地 115 亩，总投资 1.85 亿，建筑面积 37500m²，配有年处理能力 100 万 t 的建筑垃圾破碎生产线资源化利用率超过 85%；年产出量 60 万 m³ 的再生混凝土生产线；年产出量 80 万 t 的再生水稳材料生产线；年产出量 12 万 m² 的再生砖制品生产线；年产出量 30 万 t 的干粉砂浆生产线。预处理生产线工艺流程图如图 5-5 所示。

项目工艺设备选型方案介绍如下：

生产线采用颚破加反击破三段的破碎方式，配备人工分拣台、除铁、水选、风选方式的轻物质除杂装置及配套除尘设备，在封闭车间内作业。采用板式喂料的方式，防止采用振动喂料机杂质和泥土过多的输送堵料问题，并在相关节点配备视频监控系统，便于随时掌握生产线动态。控制系统采用西门子 PLC 控制。采用压滤及水处理系统，对水浮选的沉淀泥浆进行压滤处理，循环利用。

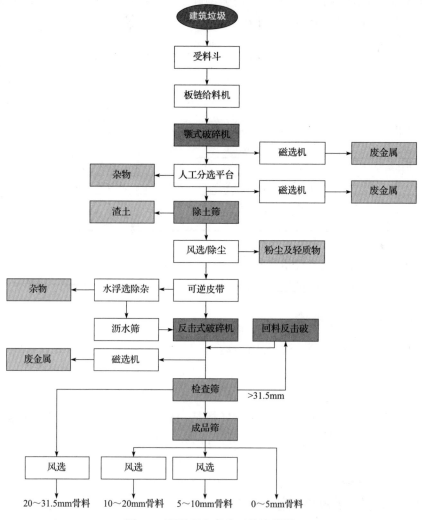

图 5-5　预处理生产线工艺流程图

本项目固定式建筑垃圾处理线工艺流程说明如下：

1. 建筑垃圾分类存放

建筑垃圾根据其来源和品质分为两种：混凝土料和砖瓦料，分别在建筑垃圾进料车间分类存放，建筑垃圾一次来料高于建筑垃圾进料车间 7d 储存能力部分，临时堆放在建筑垃圾原料应急堆场。

2. 建筑垃圾处理工艺

建筑垃圾通过两级破碎，多级筛分，风力、磁力分选、水浮选等去除杂物后，生产出洁净度较高的再生骨料。该工艺生产适用性较广，不受建筑垃圾种类和形态的限制，具有较强的生产连续性。固定式建筑垃圾处理线包括：破碎系统，除铁系统，人工分拣系统，风选系统，水浮选系统，污水处理系统，除土系统，筛分系统，输送系统，自动化控制系统，计量系统，降尘、抑尘、除尘及收集系统，气动系统，布料系统等。

建筑垃圾原料由铲车倒入喂料机的料斗中。

建筑垃圾通过格筛后进入喂料斗，通过板链给料机进入颚式破碎机，破碎后的骨料经过除铁后进入人工分拣房，经过人工分拣后除铁、除土、风选；根据要求，如需要进行水洗，则进入水浮选系统除杂后进入反击式破碎机；如不需要水洗，则直接进入反击式破碎机；合格骨料中 20 ～ 31.5mm 的粗骨料通过返料筛分级，经风选后入库；小于 20mm 的骨料经成品筛分成 0 ～ 5mm、5 ～ 10mm、10 ～ 20mm 的三种骨料，0 ～ 5mm 骨料直接入库，5 ～ 10mm、10 ～ 20mm 骨料经风选后入库。

再生骨料库分为四部分，要求预处理生产线的产品通过皮带输送，满足四部分料库的存料功能。

进分拣房之前用除铁器进行了一次除铁，反击破碎后再次进行除铁，大部分钢筋等铁磁性物质被分选出来。分拣房内采用加宽低速的胶带输送机，物料在输送机上面分布均匀，大部分的木块、纸屑、碎布、发泡砖等可以被轻松分拣出来。

二次破碎后的物料经过皮带机输送至振动筛，每个扬尘点均采取除尘、抑尘措施，设备选用有效降噪设备。

固定式建筑垃圾处理线，采用封闭式厂房设计，通过中央控制系统能实现生产过程的全程监视和控制。

5.5.2　北京建筑大学实验 6 号楼项目

北京建筑大学实验 6 号楼位于北京建筑大学西城校区内。该工程为 1200m² 的框架 - 剪力墙结构，共三层，最大跨度 12m，最大柱高 4.2m，剪力墙厚度 190mm，主体结构混凝土设计等级均为 C30，该楼采用独立柱基础加地梁结构，基础柱高 3m，楼的垫层、基础柱、底梁、一、二层楼板、梁、柱及剪力墙均采用全骨料再生混凝土。再生骨料为北京元泰达环保建材科技有限公司生产的建筑垃圾全级配再生骨料，即废混凝土破碎后不经筛分所得到的全部骨料。同时使用了约 3 万块再生普通砖作为一层墙体的填充材料，墙体外立面抹砂浆。由于是软地基基础，该工程的墙柱钢筋设计密度大。施工场地狭小，浇筑设备、时间受限，采用泵车泵送混凝土，要求再生混凝土在保证强度的同时有良好的流动性，为此，进行了大量的实验室配比试验。再生骨料的空隙率比较大，吸水率比较高，特别是再生细骨料吸水率高，随着再生细骨料掺入比例的增加，再生混凝土的需水量增加，水胶比增大，强度随之逐渐降低，另外，对坍落度保持十分不利，严重影响泵送施工。对于干燥再生骨料，采用预湿再生粗细骨料和专用外加剂可以有效改善强度和坍落度损失问题。为了获得良好的和易性、较高的强度，应采用较低砂率。粉煤灰的掺入量在 25% ～ 35% 变化时，对混凝土的坍落度、强度影响不明显；当掺入量大于 35% 时，随着粉煤灰掺入量的增加，坍落度及强度具有明显下降趋势。通过在搅拌站实验室进行的 52 个配比，182 组的试验研究，解决了再生骨料吸水量大、坍落度损失快等一系列问题，提出了确保工程质量的施工配比。

再生混凝土在施工过程中表现出了良好的施工性能。再生混凝土浇筑时坍落度均在 160mm 以上，最高达 230mm 以上，接近自流平混凝土，适应一般工程的施工与等待时间，无离析和泌水现象，成型后外观质量良好，楼板和墙体表面平整，无裂纹和蜂窝、麻面现象。现场所留 17 组混凝土试块经检测，28d 强度均大于设计强度等级要求，最小值33.0MPa，最大值 44.7MPa，平均抗压强度为 38.5MPa，达到设计强度的 128%。标准差3.3MPa，达到混凝土质量控制的优级水平。

该实验楼一层外墙所用砖为建筑垃圾再生砖，该砖完全符合《非烧结普通黏土砖》（JC 422—91）中 MU15 的要求，砌筑墙体施工方便，质量良好，施工与烧结黏土砖无异。此外，该实验楼在一层外墙还进行了小面积的建筑垃圾砂浆试验，对材料强度、施工性和使用进行了研究，建筑垃圾砂浆施工与普通砂浆无异，与基层材料黏结良好，无起鼓、开裂等问题。由于施工条件和工期的限制，实验楼三层使用了普通混凝土，再生混凝土与普通混凝土，再生砖墙体与内外饰面，材料表现出良好的适用性。

结构竣工后，对该楼的现场实体全面回弹，回弹法检测再生混凝土结构平均强度34.5MPa，为设计强度的 115%。再生混凝土现场留样的抗冻性经 100 次快速冻融循环，质量损失 0.1%，强度损失 4.4%；氯离子平均渗透系数为 1.861cm²/s，达到中等或低等水平，抗渗性能良好；水灰比 0.43 时没有出现明显的碳化，满足混凝土耐久性的标准要求。再生骨料混凝土 180d 的收缩量与普通混凝土对照组基本相当，均在允许范围内。现场再生混凝土剪力墙留样的导热系数为 0.31W/（m·K），小于黏土烧结砖 0.78W/（m·K）。实测 190mm 厚再生混凝土墙加 20mm 厚砂浆的传热系数为 2.94W/（m²·K），小于 250mm 厚的普通混凝土剪力墙的传热系数 2.96W/（m²·K）。再生砖填充墙（300mm+70mm 内外砂浆）的传热系数为 1.69W/（m²·K），略高于该楼陶粒空心砌块填充墙的传热系数 1.39W/（m²·k）。保温总体效果与目前常用建筑材料差别不大。今后，再生混凝土和再生砖如再配以其他措施完全可以应用于节能建筑。该楼顺利通过工程验收、已投入正常的教学使用近 7 年时间，该楼墙体无结构裂纹与缺陷，未见工程结构质量问题。

5.6　本章小结

拆除垃圾是城市化建设的副产物，是建筑垃圾的主力军。本章主要对拆除垃圾的减量化技术进行了研究，介绍了拆除垃圾的组成与特性，简述了拆除垃圾的不同分类方式以及对环境的影响。从拆除垃圾减量化概况、相关政策法规、源头减量化和分类分拣、资源化利用等方面进行分析，发现从源头减少拆除垃圾的产出量，提高拆除垃圾的资源化利用水平，能从根本上解决拆除垃圾围城、资源化利用率低的难题。

本章从既有建筑功能评价与分析、建筑拆除前撤离组织、建筑结构拆分、拆除垃圾定量预测与应用评估、拆除方式选择、拆除施工方案设计和拆除过程管控技术等方面详细介绍了拆除垃圾源头减量化技术。列述了固定式处理处置方案、移动式处理处置方案、破碎工艺与技术和分选工艺与技术等处置技术。对资源化利用技术进行了介绍，主要有直接利用技术、再生利用技术和新技术的开发。此外，还介绍了新技术的开发，包括 3D 打印技术和建筑垃圾还原技术。

当前，我国拆除垃圾减量化及资源化相关技术和配套政策法规在国家及地方主管部门及行业专家学者和企业的共同努力一下已经进入了一个新的发展阶段。但是，还是面临着建筑拆除垃圾资源化利用率偏低，拆除垃圾的处理处置技术区域发展不平衡、技术不稳定等问题。下一步，拆除垃圾的治理工作需要政府主管部门的强力推动，出台配套的制度和管理机制。从源头上减少产出，过程中加大资源化利用，加大应用绿色建材，建设绿色建筑。

参考文献

［1］ 胡幼奕. 建筑废弃混凝土再生利用成为砂石骨料行业的使命［J］. 混凝土世界，2015，8：22-29.

［2］ 左亚. 中国建筑垃圾资源化利用的现状研究及建议［D］. 北京建筑大学，北京：2015.

［3］ 李景茹，林贞蓉. 建筑垃圾减量化研究综述［J］. 建筑技术，2011，42（3）：246-249.

［4］ 肖建庄. 再生混凝土［M］. 北京：中国建筑工业出版社，2008：10

［5］ 李景茹，林贞蓉. 建筑垃圾减量化研究综述［J］. 建筑技术，2011，42（3）：246-249.

［6］ 王琼. 建筑拆除废旧材料循环利用模式研究［D］. 西安建筑科技大学，西安：2014.

［7］ 贡小雷. 建筑拆解及材料再利用技术研究［D］. 天津大学，天津：2010.

［8］ 罗春燕. 基于 BIM 的拟拆除建筑垃圾决策管理系统研究［D］. 重庆大学，重庆：2015.

［9］ 韩凤凤. 建筑垃圾资源化产业发展报告发布［N］. 中国建材报. 2015-2-10.

［10］ 王红娜. 西安市建筑垃圾资源化利用研究［D］西安建筑科技大学，西安：2014.

［11］ 吴泽洲. 建筑垃圾量化及管理策略研究［D］. 重庆大学，重庆：2012.

［12］ James Y Wang, Ali Tourna, Christoforos. Hatim Fadlalla［J］. Waste Management 2004, (24):989-997.

［13］ Formosa CT, Soibelman L. Material waste in building industry: Main causes and prevention［J］. Constr. Eng. Manage, 2002.128 (4):316-325.

［14］ 兰聪，卢佳林，陈景，高育欣. 我国建筑垃圾资源化利用现状及发展分析［J］. 商品混凝土，2017，（9）：23-25.

［15］ 李振华. 浅谈我国建筑垃圾资源化利用的现状及发展建议［J］. 中国资源综合利用，2018，36（10）：74-77.

［16］ 陈军，何品晶，邵立明，等. 拆毁建筑垃圾产生量的估算方法探讨术［J］. 环境卫生工程，2007，15（6）：1-4.

［17］ 王家远，袁红平. 基于系统动力学的建筑废料分类分拣管理模型［J］. 科技进步与对策，2008，25（10）：74-78.

［18］ 宁夏，杨莉，余春荣，李海荣. 国内外建筑垃圾资源化政策分析及资源化利用的思考［J］. 砖瓦世界，2018，（9）：49-53.

［19］ 王罗春，李新学，赵由才. 旧建筑物拆除垃圾资源化研究现状术［J］. 环境卫生工程，2008，（3）：26-31.

［20］ 河南省住房和城乡建设厅 . 河南省建筑垃圾计量核算办法（暂行），2016.3

第6章　装修垃圾减量化

随着城镇化的不断深入及人们生活水平的不断提高，建筑装修行业日益繁荣。建筑装修极大地改善了人们的工作和生活环境，但另一方面也伴生出大量装修垃圾。据中国建筑装饰协会统计，平均每个住宅装修大约要产生多达2t的装修垃圾。装修垃圾作为建筑垃圾中较为特殊的一类，与其他的城市固体废物比较，其特殊性表现在：首先产生位置的相对分散，一般是建设中或已经完工的建筑工地、居民小区内、公共场所和企事业单位等；其次是组分的复杂性，因装修材料品种多样，除传统的碎砖、废混凝土等组分外，装修垃圾还含有一定量的有毒有害成分，如胶粘剂、灯管、废油漆和涂料等。我国甚至一些发达国家对装修垃圾的处置和利用缺乏足够的认识，管理政策的缺失，导致大部分装修垃圾以露天临时堆放、堆放后覆土或城郊填埋处理为主，占用大量土地资源；同时长时间的疏于管理，导致混入容易腐烂的生活垃圾等其他有害组分，对大气、土壤、地下水等造成严重影响。目前我国关于装修垃圾的分类与处置方法尚不完善，减量化、资源化利用相关的技术研究及相关政策法规也相对滞后，给经济和环境的和谐发展带来了巨大压力。

6.1　装修垃圾的概述

6.1.1　组成与产出量估算

1. 组成

装修垃圾是住宅、办公室、教室等室内建筑装修过程中产生的垃圾，其成分复杂，主要包括废弃装修材料、废弃混凝土、砖块、瓷砖、废油漆和废木材。装修垃圾组成因装修材料、装修风格、装修程度等不同存在较大差异，如图6-1所示。

1）根据装修垃圾组分性质的不同，主要包括四大类：矿物类无机料、金属、木材类、有机高分子类。

（1）矿物类无机物

矿物类无机物指结构材料及无机类装饰材料在拆除、修补过程中产生，如红砖、轻质砌块、瓷砖、石膏、大理石、卫生洁具、玻璃。

（2）金属

一般为金属类装饰材料更换过程中产生，如铝合金门窗、门把手、小五金、钢筋、电线等。

（3）木材类

一般为木质类装饰材料更换过程中产生，如木质地板、木质脚踢、木质门窗、木质桌椅、废弃纸板等。

（4）有机高分子类

一般为有机高分子类装饰材料更换过程中产生，还包括装修过程中的辅助材料，如废弃沙发、废弃窗帘、编织袋、泡沫塑料包装等。

2）按照装修垃圾来源分，可以将其分为新建房屋装修产生、旧房改造产生。

（1）新建房屋产生的装修垃圾

新建房屋产生的装修垃圾是装修垃圾的重要组成部分，目前我国每年有装修需求的新房屋 9000 万套，但目前我国大多数城市商品房交房方式仍以毛坯房为主，导致在后期的装修过程主要以"单家独户"的形式进行，且在装饰装修过程中，人们对房屋的空间结构进行"二次改造"现象

图 6-1 装修垃圾

极为普遍，在装修过程中浪费惊人，高达 300 亿元 / 年。据中国建筑装饰协会调查，住宅装饰装修平均一户产生 2t 装修垃圾。

（2）旧房改造产生的装修垃圾

房屋所有者的改变或人们对老旧房屋需求的变化都会导致装修的发生。据中国室内装饰协会预计，根据目前的住房保有量，我国今后每年二手房和旧房改造的家庭会超过 3000 万户，预计花费在装修、建材和家具更换的金额可达 3000 亿元，且一居室就可能产生 120 袋（约 1.8t）装修垃圾。

3）根据装修垃圾各组分的利用价值，可分为：①可回收物，包括天然木材、纸类包装物、少量砖石、混凝土、碎块、钢材、玻璃等；②不可回收物，包括胶粘剂、胶合木材、废油漆和涂料及其包装物等。

4）参照美国对建筑垃圾综合利用的高级、中级、低级的三种再利用分类方式，还可将住宅装修垃圾分为三种：高利用价值类、普通利用类、不可利用类。

2. 装修垃圾的产出量估算

随着我国城市化进程的加快，装饰装修行业发展迅速，人们对居住舒适度要求不断提高，使得建筑装饰装修垃圾也以惊人的速度增长。建筑装饰装修工程垃圾产生量 = 单位面积建筑装饰装修工程垃圾年产生量 × 年装饰装修面积，根据建筑行业的统计数据：单位面积建筑装饰装修垃圾产生量统一按照 $0.1t/m^2$ 来计算，以 2010—2015 年间上海市装修面积和装修垃圾产生量为例，其间装修面积约 680 万 m^2/ 年，则可计算出装修垃圾产出量约 68 万 t/ 年。

装修垃圾的产生量不断增长，对自然环境造成严重的污染，也加剧了土地与资源的紧张。装修垃圾的减量化及有效解决成为我国目前面临的紧迫任务，而装修垃圾减量化工作的推进首先需要掌握装修垃圾的产生数量。上海市对装修垃圾和拆房垃圾一并统计，根据申报统计，2017 年上海市装修垃圾和拆违垃圾产出量约 800 万 t，但随着近年来五违四壁整治的推进，上海装修与拆违垃圾的产生量将成为"主力"；2015 年北京海淀区装修垃圾为 $57 \times 10^4 t$，并还持续攀升。然而，由于装修材料繁多且复杂，仅依据这些调研数据不能直观地反映出我国装修垃圾的产生量现状，许多专家学者尝试应用不同的计算方法对全国的装修

垃圾产生量做出估算，估算方法如下：

（1）按照装修面积计算

当某地区历年的装修垃圾产生量数据缺失时，无法直接从装修垃圾产生量的时间序列角度建模预测，也不适合使用其他直接以装修垃圾历年产生量为依据建立序列关系预测模型的预测方法。因此在这种缺乏历史直接数据资源的实际情况下，考虑从与装修垃圾产生量存在直接关系的拆除面积和装修面积的统计数据入手，利用通常的建筑行业拆除与装修单位面积建筑垃圾产生量，结合定量来预测未来拆除、装修面积得到建筑垃圾产生量情况。即：

$$建筑垃圾产生量 = 拆除垃圾 + 装修垃圾$$
$$拆除垃圾 = 拆除面积 \times 单位面积拆除系数$$
$$装修垃圾 = 装修面积 \times 单位面积装修系数$$

装修面积＝建筑面积×10%（参照建筑行业工程预算平均系数，拆除系数为 1.1，装修系数为 0.1）

不同工程类型的建筑垃圾估算公式及垃圾系数见表 6-1。

表 6-1　不同工程类型的建筑垃圾估算公式及垃圾系数表

工程类型	估算公式	相应条件下垃圾系数	
拆除工程	房屋拆除工程建筑垃圾量＝拆除建筑面积 × 单位面积产生垃圾系数	$0.8t/m^2$	砖木结构
		$0.9t/m^2$	砖混结构
		$1t/m^2$	混凝土结构
		$0.2t/m^2$	钢结构
	构筑物拆除工程建筑垃圾＝拆除构筑物体积 × 单位体积产生垃圾系数	$1.9t/m^2$	—
装饰装修工程	公共建筑类装饰工程建筑垃圾量＝总造价 × 单位造价产生垃圾系数	$2t/万元$	写字楼
		$3t/万元$	商业用楼
	居住类装饰工程建筑垃圾量＝建筑面积 × 单位面积垃圾系数	$0.1t/m^2$	$160m^2$ 以下工程
		$0.15t/m^2$	$160m^2$ 以上工程

（2）按照标准计算

以前对住宅装修垃圾产生量的预测往往是用商品房销售面积乘以装修系数的方法来计算。目前，对单位面积住宅装修垃圾产生量的说法较多，而河南省洛阳市在我国率先颁布住宅装修垃圾产生量计算标准并实施，其颁布的《洛阳市建筑垃圾量计算标准》（洛建［2008］232 号）中规定，每 $1m^2$ 装修面积产生 0.1t 装修垃圾。需说明的是，这是一个比较高的装修系数，按照洛阳市住宅装修垃圾产生量的规定来说，每 $100m^2$ 大约产生 10t 的住宅装修垃圾，虽然个别业主在对房屋装修过程中大修大改，产生的装修垃圾量可能会达到甚至超过这一数字，但根据实际调查结果显示，绝大多数住宅装修垃圾产生量与此相距甚远。因此，按《洛阳市建筑垃圾量计算标准》对住宅装修垃圾产生量进行计算具有地域局限性。

（3）按照装修工程材料的损耗率计算

在装修住宅房屋时，往往会对装修材料用量进行简单的估算，材料损耗率是指材料在采购及使用过程中，必须考虑其因意外或人为造成的损耗，其损耗量所占的总量的百分率，即可认为装修过程中损耗的边角料，一般被当作是装修垃圾。通过实地调查发现，不同的装修施工队伍由于在实际管理水平和施工技术方面存在较大的差异，而且，虽然对于较少的几个住宅来说，可通过此方法比较准确地计算出材料损耗所带来的垃圾量，但是，由于户型等方面的差异，在估算某一地区装修垃圾产生量的时候，此种方法过于复杂，难度较大，可行性不高。

（4）基于 BIM 的装修垃圾产出量预测方法

BIM 模型即建筑信息模型（Building Information Modeling）是以建筑工程项目的各项相关信息数据作为模型的基础，进行建筑模型的建立，通过数字信息仿真模拟建筑物所具有的真实信息。它具有可视化、协调性、模拟性、优化性和可出图性这五大特点。BIM 模型可以用来展示整个建筑生命周期，包括了兴建过程及营运过程。提取建筑内材料的信息十分方便。建筑内各个部分、各个系统都可以呈现出来。因此可以通过 BIM 模型提取建筑物在装修过程中所用到的不同材料的量，然后基于所有建设用的材料最终都转化为拆除垃圾这一原理，通过软件推算装修拆除过程中装修垃圾的产生量。

基于 BIM 的装修垃圾产生量预测模型的优点不仅在于可以根据建筑装修过程中材料方面的电子信息直接预测产生量，省去了传统经验系数法中，调研总结单位装修拆除面积建筑垃圾产生量的过程，提高了预测效率和预测准确度。同时也可以选择建筑中某一个部位或者建筑的某一层进行装修拆除垃圾的产生量预测，从而反过来指导建筑的拆除工作，进行选择性拆除，为实现装修垃圾的减量化提供技术支撑。

6.1.2　特性与危害

1. 装修垃圾的特点

装修垃圾包含在固体废弃物中，因此其同样具备固体废弃物的特性：时间性、空间性、多样性、持久危害性和迟滞性。

（1）空间特性。将这些装修垃圾进行回收处理，产生出可以满足建筑行业使用原料的性能的骨料，其不仅有效降低装修垃圾的占比，从空间角度也改变了垃圾的固有属性。

（2）时间特性。时间的集中性是指装修垃圾的产生时间一般集中在住宅建设完工后到人们入住前的这段区间，其中产生量最多的是在前三个月之内。

（3）多样性。住宅装修工程的复杂性决定了装修垃圾的多样性，加之近年来人们生活水平的提高和材料学科的发展，人们对家庭装修的要求越来越高，所使用的材料种类也愈加呈现多元化的趋势。

（4）持久危害性。装修垃圾组成类型复杂多样，其中某些组成类型（如胶粘剂、废油漆、人造板材等）含有一定量的有毒成分，如果不对其进行有效且及时的处理，其中的有毒有害物质的分解扩散反而加大了垃圾的处理难度与处理成本。同时垃圾中包含一些复合型用材，其中含有有毒有害物质。目前国内对建筑垃圾粗犷式的处理方式中并没有将这些少量有害物质纳入处理工艺设计的因素当中，而这些有毒有害物质需要常年累月的时间积累才能趋于稳定状态，但无疑对周边环境产生潜在的破坏：污染周围空气，污染河流及其地下水水体，侵占土地等。

刘会友通过研究新旧住宅的装修垃圾产生情况并通过化学试验后指出，装修垃圾细尘中Pb、Zn、Cr 的含量相当高，见表 6-2。

表 6-2　家庭装修垃圾细尘中重金属的含量　　　　　　　　　（mg/kg）

来源	Pb	Cd	As	Zn	Co	Ni	Cr
旧房屋	1900	1.4	1	2940	16.5	40.7	101
新房屋	900	0.84	0.26	2300	10.02	34	23

（5）迟滞性。相对于排入环境中的废气、废水等污染物，装修垃圾具有一定的迟滞性。排放初期，由于装修垃圾具有一定的稳定结构，其污染物不会直接渗入到环境中，但随着时间的推移和外界条件的改变，加之雨水渗入参与反应，装修垃圾的固有性质会发生变化，释放出其包含的有害物质。

2. 装修垃圾的危害

（1）侵占土地。目前我国大多数城市是将住宅装修垃圾作为固体废弃物，并通过简单填埋方式进行处理，固体垃圾填埋场一般选址于郊区或农村，占用大量土地，据调查，每填埋10000t 建筑垃圾将占用 67m² 的土地，随着近年来我国城市化进程的加快，大中城市建设用地的需求逐渐加大，住宅装修垃圾填埋处理问题如不及时进行有效控制，人地矛盾会变得更加尖锐。

（2）污染环境。装修垃圾中含有一些有毒有害成分（胶粘剂、废油漆和涂料、人造板材等），经过处理的装修垃圾大多被运到郊外或乡村露天堆放，经长期日晒雨淋后，垃圾中的重金属元素、油漆、涂料、建筑用胶等有害物在自然环境中得到分解，更容易渗入周边土壤与水体中，造成二次污染。装修垃圾普遍含有铅、汞、铬等重金属，余留涂料也会挥发出甲醛、苯等有害气体，随意处置对环境污染极大。在搬运过程中，装修垃圾会借助各种物理作用进入在堆放场所附近的水塘或水沟中，然后流入湖水和河水里，最后这些受污染的活动水渗入补给含水层中给人类的生活用水造成严重的污染；而在堆放和填埋过程中，受到雨水的淋溶、冲刷，以及地表水和地下水的浸泡，经过发酵而渗滤出的污水也会对地表水和地下水造成严重污染。

除了对水资源有污染，装修垃圾如果不妥善处置，还会对大气、土壤造成污染。装修垃圾在堆放过程中，一些有机物会分解出有害的气体进而污染大气，且建筑垃圾中的细菌、粉尘会随风飘散到居住的环境当中，通过空气进入人体内危害人类健康。

（3）易与生活垃圾混合，造成安全隐患。由于装修垃圾未经任何分类处理就被统一混杂堆放到一起，与生活垃圾混合堆放，部分剩余的挥发性物质（如油漆、香蕉水等）会产生集聚，达到一定浓度时会产生爆炸、燃烧等；此外，大量堆放在新建小区周边的装修垃圾散发出的气体往往包含甲醛、苯等世界公认的致癌物，也会对人们的人身安全构成威胁。

（4）影响市容市貌，增加城市管理负担。新建小区周边一般都会规划装修垃圾堆放场所，或定时定点进行装修垃圾的收集，但在实际装修过程中，任由很多施工人员将装修垃圾乱扔乱倒，对市容市貌造成了负面影响；此外，目前大多数项目将种类繁多的装修垃圾混杂堆放，并未进行分类处理，这不但增加了后期管理难度，还提高了装修垃圾后期再利用的成本，增加了城市管理负担。

6.1.3 装修垃圾中重金属含量与浸出毒性分析

装修垃圾组成类型复杂多样，其中某些组分（如胶粘剂、废油漆、人造板材等）含有一定量的有毒成分，通过资料调研，装修垃圾细粉中 Pb、Zn、Cr 等重金属的含量较高。填埋后，重金属会溶解到地表水和地下水中去，对水体造成严重危害。目前装修垃圾中有机物的污染分析未见报道，实际上，在房屋装修过程中由于各种建材、涂料、油漆的使用，空气中甲醛浓度可达 $1.5 \sim 4.5mg/m^3$，胶粘剂的使用还可造成苯和甲苯污染；尤其在旧房屋的二次装修过程中，废旧油漆膜、胶粘剂干粉的飞扬以及环境污染更甚。

装修垃圾是建筑垃圾的组成部分，目前对于建筑垃圾中重金属的含量分析以及毒性浸出检测已有成熟的测试手段，同样适用于装修垃圾中重金属的分析，以下对装修垃圾中重金属含量分析及毒性浸出测试均借鉴采用建筑垃圾中的测试方法。

1.重金属含量分析方法

重金属含量的测定方法主要包括毒性特征浸出法（TCLP）、合成沉淀法（SPLP）、简化生物提取法（SBET）、二乙烯 – 三胺五乙酸单步提取法（DTPA）、基于 pH 浸出试验等。大多重金属的浸出试验均可按这几种方法进行试验，具体试验方法总结见表 6-3，但是由于重金属的多样性与差异性以及后续建筑垃圾的资源化利用领域的不同，重金属浸出含量的评价标准有所差异，应依据具体情况选择合适的重金属浸出试验方案。

表 6-3　重金属物质浸出的测试方法

参数	TCLP	WOT	SPLP	DTPA	SBET
搅拌时间	18h	6h	18h	2h	1h
搅拌条件	30rpm	200rpm	30rpm	—	30rpm
样品质量	100g	100g	100g	10g	0.5g
浸出剂体积	2000mL	1000mL	2000mL	20mL	50mL
浸出剂	蒸馏水＋乙酸（pH2.9）	蒸馏水＋盐酸（pH5.8～6.3）	蒸馏水＋质量比3：2的硫酸与硝酸混合物（pH4.15～4.25）	0.005M DTPA＋0.1M TEA+0.01M CaCl$_2$（pH7.3）	综合胃液（pH1.45～1.55）
操作条件	23±2℃	室温	23+2℃	室温	37℃

为系统探究装修施工过程中存在的污染问题及特征，李小月等人以深圳市典型装修项目为例，展开了装修过程中装修垃圾中重金属污染特征方面的研究工作，研究结果表明，拆除过程中产生的装修垃圾中不同重金属元素的污染水平表现为 Cd > Zn > Pb > Cu > Ni > Cr > As > Hg，其中 Pb 是产生健康风险的主要污染物，其中塑料中 w（Cd）、瓷砖中 w（Zn）、PVC 线管中 w（Pb）与玻璃中 w（Cr）平均值分别为 1.5mg/kg、432.2mg/kg、6026.0mg/kg 和 288.0mg/kg，分别是广东省土壤背景值的 11.5 倍、5.6 倍、104.6 倍与 3.3 倍（表 6-4、图 6-2）。研究显示，PVC 线管中的 Pb 是产生健康风险的主要污染物，应加强环境管理。

表 6-4　装修垃圾中重金属质量分数情况

项目	w(mg/kg)							
	As	Cd	Cr	Cu	Pb	Hg	Ni	Zn
范围	0.8～28.0	0.07～2.8	2.5～288.0	3.0～319.2	1.5～6552.0		1.0～60.2	1.7～545.1
住宅	13.9	1.1	37.3	18.4	932.4		2.7	111.8
商业建筑	3.5	0.12	9.5	13.9	227.1		4.1	84.6
个人商铺	6.0	0.22	42.3	22.0	830.1		33.1	51.4
平均值	7.8	0.48	29.7	18.1	663.2		13.3	82.6
BV-GD	—	0.13	87.0	28.7	57.6	0.15	23.5	77.8
SQ-II	40.0	0.30	150.0	50.0	250.0	0.30	40.0	200.0
总体质量分数	11.0	0.37	29.0	18.5	148.7		15.1	74.3
方法检出限值	0.10	0.05	0.10	0.10	0.10	0.10	0.10	0.10

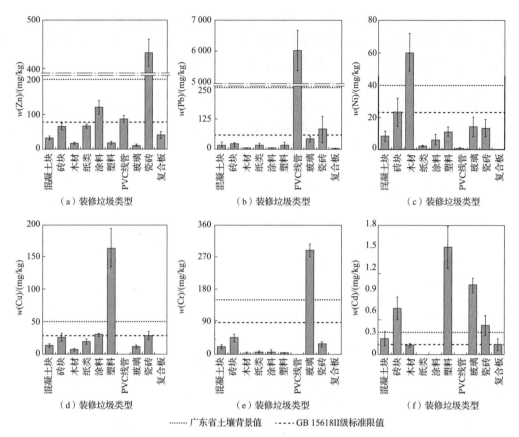

…… 广东省土壤背景值　----- GB 15618Ⅱ级标准限值

图 6-2　不同类型装修垃圾中重金属质量分数平均值

2. 重金属浸出毒性分析

相关研究表明，在平衡体系中微量重金属的浸出浓度很大程度上取决于体系的 pH 值，建筑垃圾中污染物的浸出量随着 pH 值的减小而增加。陈宇云等人研究了不同 pH 值对建筑垃圾中污染物释放的影响，并分析了 Cd 和 As 在不同 pH 值下的释放规律，结果如图 6-3、图 6-4 所示。从图 6-2 中可见，砖、瓷片、混凝土和混合垃圾在不同 pH 值时的浸出浓度随时间变化趋势基本相似，Cd 和 As 在不同 pH 值时的浸出浓度随时间变化趋势也基本相似，随着 pH 值的升高，Cd 和 As 平衡浓度降低。

6.1.4　装修垃圾重金属污染控制技术

由于重金属在环境中不可降解，只能发生形态间的相互转化、分散和富集，并且容易沿生物链传递富集，最终进入人体威胁人体健康。因此，重金属元素作为一种主要的环境污染物，是环境监测和治理的主要对象。

目前，治理重金属污染方法很多，对于不同的受污染主体如建筑垃圾、工业废渣、工业废水、重金属污染土壤等，有各自不同种类的治理方法。例如，针对含重金属废水，有化学法、吸附法、反渗透法、浓缩法、生物法等方法可进行处理；针对受重金属污染的土壤，有化学治理方法、工程治理方法、生物治理方法、农业治理方法等方法可进行处理。通过对以上重金属污染去除手段的调研，总结出能够合理处理装修垃圾中重金属污染的处理手段。

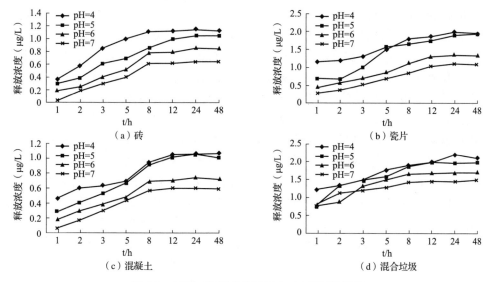

图 6-3　不同 pH 值建筑垃圾中 Cd 的释放规律

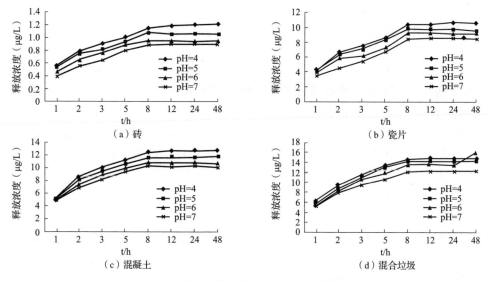

图 6-4　不同 pH 值建筑垃圾中 As 的释放规律

（1）洗脱法

许多有机酸和无机酸均可以用于重金属的洗脱，然而，建筑垃圾中含大量的碱性物质，在洗脱过程中，浸出剂相互作用使重金属被洗脱，同时其他物质也会被浸出，导致无机酸的消耗量增大。此外，经无机酸处理后的建筑垃圾可能会发生较大的特性变化，不利于后续的资源化利用。因此，综合考虑各种浸出剂对重金属洗脱的效果、经济成本和环境影响三方面因素，柠檬酸可达到较好的平衡与兼顾效果。

重金属与有机物配体的络合效应能够减少重金属的吸附。因此有机物和络合剂被作为常用的重金属洗脱剂。据研究报道，草甘膦由于其分子中的氨基、羧基和磷酸基均能够与金属离子发生络合反应，因此其具有较强的络合能力。

（2）固定化（稳定化）技术

研究发现，建筑装修垃圾中包含油漆、底漆等的建筑垃圾，会对环境产生污染。这类装修垃圾是有毒有害的高分子聚合物，很难降解，并且难以资源再利用。更有甚者，粉尘颗粒非常小，容易吸附重金属，且重金属在粉尘中含量较高，且遇水易溶出释放，是环境风险控制的重中之重，而极小的颗粒进入人的呼吸道，将会对人类的身体健康造成直接的威胁与伤害。因此，我国装修垃圾中重金属的控制与处理工作刻不容缓。

装修垃圾中的重金属可以以不同方式与建筑垃圾结合，由于重金属的富集作用，导致重金属对环境、水体甚至人体健康产生威胁。固定化技术是将固化剂与重金属充分混合，调节和改变重金属物理化学性质，通过吸附、络合、沉淀等一系列反应，降低或阻止重金属污染物在建筑垃圾中的迁移程度，减少其危害。重金属固定化技术的关键在于固化剂的选择，常用的固化剂为碱性物质类，固化剂主要有无机固化剂、有机固化剂和复配固化剂。

由于装修垃圾中重金属元素含量往往偏低且分布不均匀，不便于回收和治理，所以一般对受重金属污染的建筑垃圾采用固化（稳定化）技术进行处理。然而我国在装修垃圾重金属污染物固化稳定技术方面的研究甚少，综合调研固化（稳定化）技术在建筑垃圾领域中的应用，对后续装修垃圾中重金属的固定及资源化利用具有一定的指导意义。固化（稳定化）技术目前是处理含重金属废物的重要方法之一，是指通过运用物理或化学手段将有害污染物固定起来或者将污染物转化为毒性较低的形态，阻止其在环境中迁移和扩散，从而降低污染物毒害性的修复技术。

以水泥基材料为基质的固化技术已广泛应用于各种有毒废弃物的处理。水泥基材料是近20年来欧美等发达国家在处理有毒有害废弃物中应用最广和最多的材料，水泥基材料固化技术的核心就是该技术的应用使坚硬的水泥固化体中废物的重金属离子浸出率会显著降低。美国学界认为，采用水泥基材料固化，是目前对有毒有害废物的最佳处理技术。把废物和水泥混合后，再经过水化反应，就会形成坚硬的水泥固化体，将装修垃圾中的重金属固定化，使其不易迁移，能够有效控制重金属污染。

6.1.5　装修垃圾中重金属污染风险评估与计算

建筑装修垃圾中主要包含混凝土、砖块、木材、纸类、涂料、塑料等，评价装修垃圾的重金属污染程度尚无规定的标准，但这一指标将成为装修垃圾减量化与资源化利用的前提与基础。

（1）装修垃圾中重金属污染风险评估

由于大多建筑装修垃圾采用填埋、露天堆放的方法处置，土壤则成了装修垃圾的最大容纳者和主要危害对象。建筑装修垃圾的来源广泛，其中重金属污染程度不一，需对调查范围内不同来源的建筑装修垃圾进行采样汇总分析。因此可借鉴城市生活垃圾中重金属污染风险评估方法来对装修垃圾中重金属元素的测试结果与伤害土壤背景值、GB 15618 土壤环境质量标准进行对照，采用单因子污染指数法与内梅罗指数法来确定装修垃圾中重金属对环境的污染风险评估。由内梅罗综合污染指数确定重金属元素的污染水平，单项污染指数确定主要污染重金属元素情况。

此外，建立一些重金属评估模型也可以从理论上帮助科研人员掌握重金属污染规律。与其他污染物相比，重金属污染区域广，对人体健康的威胁较大，为了研究重金属暴露条件下人群的健康风险，一般采用 USEPA 模型（美国国家环保署提出的评估模型）、统计模型、地理信息系统等对人群健康风险进行评估。其中，USEPA 模型在国内应用最多，但由于直接引用国外的模型，其原理、适用条件、算法等与中国实际情况存在较大差异，因此，开展对 USEPA 模型的调整和改进是必然之举。

（2）装修垃圾中重金属的迁移风险评估

装修垃圾中重金属的迁移风险可借鉴建筑垃圾中重金属迁移风险评估方法。陈宇云针对建筑垃圾中的镉和砷两种重金属元素，利用 Hydrus 软件对用于路基的建筑垃圾垫层内水分和重金属进行模拟，通过对不同层位路基（灰土层、特殊路基处理层和土基层）的重金属迁移情况及特征进行数据分析，预测 20 年内镉和砷的最大穿透深度，实现对重金属的迁移风险评估预判。

此外，针对重金属元素的空间分布特征，还可运用 MATLAB（矩阵实验室）程序得到足够多的数据及空间三维分布，更加形象地表示出元素空间分布，有效地研究分析重金属污染物的污染程度问题及传播特征。再根据重金属污染物的传播特征、建立模型得到一个重金属污染物传播的偏微分方程，即重金属污染扩散方程，以帮助确定重金属污染源。

此外，针对重金属元素的空间分布特征，可运用 MATLAB（矩阵实验室）程序得到足够多的数据及空间三维分布，更加形象地表示出元素空间分布，有效地研究分析重金属污染物的污染程度问题及传播特征。再根据重金属污染物的传播特征建立模型，得到一个重金属污染物传播的偏微分方程，即重金属污染扩散方程，以帮助确定重金属污染源。

（3）装修垃圾共混堆填的重金属污染风险计算

为评估与生活垃圾共混的装修垃圾填埋中重金属对环境的潜在环境风险，装修垃圾按不同类型产生量的比例混合后，模拟实际堆填环境，重金属总体质量分数计算公式：

$$T = \sum_{i=0}^{n} (W_i \times P_i)$$

式中，T 为某指定重金属元素的总体质量分数，mg/kg；w_i 为某类装修垃圾中指定重金属的平均质量分数，mg/kg；P_i 为该类装修垃圾产生量比率，%；n 为典型装修垃圾的分类个数。

通过计算装修垃圾中重金属质量分数，用来分析其重金属致癌风险，作为健康风险评估分析的重要参数。

6.2 装修垃圾减量化现状

随着人民生活水平的提高，装修已经成为房屋使用前的必要工序，装修档次逐年提高，材料更加复杂。我国建筑垃圾管理起步于 20 世纪 80 年代末，部分大中型城市的管理体系已经较为完善，但总体的科学化处置和设施建设严重滞后，造成绝大部分装饰装修垃圾未经任何处理便直接运往郊外或城乡结合部露天堆放或简易填埋。这种处置方式占用了大量土地，同时对周边环境造成严重污染。

目前，国内外研究人员在建筑垃圾方面的研究较多，技术方法已经较为成熟，但对于其中装修垃圾部分的专题研究还不够深入，仍然处于探索阶段。实现装修垃圾的节能减排，可缓解资源供应的紧张局面，同时还能减少其对环境的污染。

6.2.1 国外装修垃圾减量化现状

许多国家，尤其是发达国家已把城市建设中产生的装修垃圾及建筑垃圾减量化和资源化处理作为环境保护和可持续发展战略目标之一。日本、欧美等一些发达国家在综合利用装修垃圾资源方面开展较早，其经过了数十年的研究与探索，其在装修垃圾处理设备、技术、政策等方面均比较成熟。从政策法规、标准规范及设计到施工过程中装修垃圾减量化技术等进行国外建筑垃圾减量化现状分析。如 Tulay Esin 和 Nilay Cosgun 调查了土耳其房屋装修客户的装修原因和装修垃圾产生的主要因素，最终提出了适合土耳其实际情况的减量化意见；Catherine Charlot-Valdieu 对法国环境与能源控制局（ADEMA）和建设与建筑计划局（PCA）实地建设工地进行了详细考察，并分析了其建筑垃圾减量与管理方面的措施，并提出了实际施工过程中建筑垃圾的处置方案。

荷兰的 BUSSCHERS 公司主要生产装修与建筑垃圾分拣成套设备，设备中主要是通过专用风选机与三维分拣鼓筛，其设备很好地实现了建筑垃圾的立体式分选。三维分拣鼓筛式辊筒构造不仅提高了垃圾的分选线的适用性还提高了分级的纯度性。专用风选机运用真空技术，不仅有效吸走了轻质材料，同时还可以有效地减少分类过程中产生的粉尘排放，其单线处理能力达到 45 ～ 75t/h。

预测模型方面，瑞士学者 Kohler 等通过研究后认为，要实现建筑垃圾再利用，首先需对建筑垃圾产生量进行准确的估算；其次应对建筑再生产品市场的发展前景进行调研；再次，计算再生材料产品制作过程的成本；最后，对整个产业链进行详细的估算。Fatta. D 等通过研究希腊建筑垃圾的来源，使用单位面积建筑垃圾产生量和现有房屋拆迁和建设面积等数据估算了希腊建筑垃圾的产生量。Bergsdal Havard 基于挪威建筑垃圾的特点，使用蒙地卡罗模拟分析输入变量的不确定性，得出其未来几年建筑垃圾（尤其是砖块、木头等）将逐渐增加的结论。丹尼尔等人通过研究分析认为建筑垃圾产生量会受到用地需求、人口等若干因素的影响，并建立了多元回归模型，采用最小二乘法估计出这种非确定性线性关系中的参数，在对建筑垃圾的预测过程中，丹尼尔除分析以上因素外，还考虑了外在影响因素，使得预测结果更加符合实际。

6.2.2　国内装修垃圾减量化现状

《2017-2022 年北京市家装行业市场专项调研与投资方向研究报告》显示，2016 年，全国住宅装饰装修全年完成工程总产值 1.51 万亿元，比 2015 年增加了 1390 亿元，增长幅度为 10.2%。而从近三年发展趋势看，家装增速高于公装增速，增速始终保持在两位数。就在建筑垃圾的资源化处理已被人重视的当下，作为产业最后一环的装修垃圾处理却依然面临着政策层面的空白。对于装修垃圾处理，政府应按照谁产生谁付费的基本原则，制定一套从产生、运输、处置、监管的全过程政策，明确责权利，并仿照生活垃圾或者建筑垃圾处理的原则开展工作。

2017 年上海市颁布了《上海市建筑垃圾处理管理规定》（市府〔2017〕57 号令），该规定从 2018 年 1 月 1 日起施行，其中装修垃圾被明确归类为建筑垃圾。57 号令明确规定"行政主管部门将介入装修垃圾清运市场的管理，规定建筑垃圾投放管理责任人将其管理范围内产生的装修垃圾，交由符合规定的市容环境卫生作业服务单位进行清运，这些单位通过招投标方式产生，由区绿化市容行政管理部门组织实施"。同年，上海提出以更高标准实现"新三年环保计划"：建筑垃圾方面，上海将完成老港基地、嘉定、闵行、浦东、松江等建筑垃圾中转分拣场所及资源化利用工程的建设，到 2020 年，上海装修垃圾和拆房垃圾资源化利用能力要达到 750 万 t/ 年。计划提出，再用三年基本实现生活垃圾源头分类减量的全覆盖，单位生活垃圾全面强制分类，居民区普遍推行垃圾分类制度。

台州市为了将装修垃圾统一交由登记备案有资质的装修垃圾运输车辆运输，并进行合法处置，实现有序堆放，合法运输，规范消纳，开展了装修垃圾规范化处置整治行动。整治中提出了以下要求：装修垃圾临时堆放区应至少保证 2 天以上的临时储存能力，落实专人负责巡查管理。临时堆放点应具备通风条件，并采取有效措施防止尘土、气味对环境的影响；为避免扬尘污染，物业管理区域内必须实行装袋化搬运和堆放。露天堆放的，应采取覆盖塑料布等防尘设施。运送装修垃圾时，应当要求运送方覆盖防尘，保证砂土不遗撒；临时堆放的装修垃圾应按照以下四类进行分类放置并设置明显的分类堆放标志：一是废旧金属、纸质包装材料等可回收垃圾；二是砖石、混凝土、砂浆等矿物废料；三是废旧沙发、床、木材废料、木屑等混合垃圾；四是废弃油漆、胶、灯管等有害垃圾。有害垃圾必须设置有害垃圾收集容器；禁止在人行道、绿地、休闲区等公共区域进行装修垃圾分拣、贮放、装载。此外，《台州市城市市容和环境卫生管理条例》第四十二条指出单位或者个人维修、装饰房屋产生的建筑垃圾，应当堆放在物业服务企业或者居（村）民委员会指定的地点。违反前款规定的，责令限期改正；逾期未改正的，对单位处 5000 元以上 50000 元以下罚款，对个人处 20 元以上 200 元以下罚款，以此来提高市民对装修垃圾处理的意识，严格整治装修垃圾带来的环境危害及人类的健康安全。

浙江丽水莲都区制定了《莲都区关于规范城区装修垃圾管理工作的实施方案（征求意见稿）》，通过加强组织领导、完善工作措施、严格责任落实，逐步形成"源头控制有力、运输监管严密、消纳处置有序、执法查处严格"的管理模式，达到城区建筑垃圾规范化管理的工作目标。

综上所述，国外在制度建设、市场引导和技术手段方面已有比较成功的实践和尝试，形成了可行的建筑垃圾管理体系，在建筑垃圾处置管理与资源化利用方面也取得了显著的成效。而国内部分城市对装修垃圾处置和利用出台了相关管理办法与政策，不同城市具有地域特性，不适合在全国范围内推广使用。

6.3　装修垃圾减量化技术

近几年来，随着城市化进程的不断推进，建筑垃圾产出量的大幅提升，新型建材广泛出现，使装修材料的复杂多样，增加了建筑垃圾的收运和处置难度，那些长期疏于管理的装修垃圾，对环境造成了严重的污染，甚至对人体健康产生了威胁，因此装修垃圾的管理工作也逐步得到充分的重视，实现装修垃圾的减量化任务迫在眉睫。

以上海市为例，上海市有 14 座建筑垃圾处理设施，总生产规模约达 775 万 t/ 年，其中装修垃圾年处理量达 1800 万 t/ 年，占总生产规模的 23%。由表 6-5 可知，由于缺少专门针对装修垃圾的处置设施，上海市大多地区用于建筑拆除等垃圾的处理设施，也可用来处置部分装修垃圾。

表 6-5　上海市建筑垃圾处理设施年处理量

地区	建筑垃圾生产规模（万 t/ 年）	装修垃圾（万 t/ 年）
崇明渝崇	11	3
嘉定良延	110	30
嘉定汽运	120	2

地区	建筑垃圾生产规模（万 t/ 年）	装修垃圾（万 t/ 年）
闵行昂磊	8.4	2.2
闵行品蠢	29.2	7.3
闵行寒叶	15.6	1.6
闵行中泽	10.3	9.1
浦东兴盛	10	10
徐汇勤顺	50	50
青浦聪谷	18.3	12
青浦尧都	2.92	2.8
青浦远尊	295	40
青浦啸领	83.95	7.3
金山研腾	10.5	3

装修垃圾的产生贯穿于建筑施工、建筑维修、设施更新、建筑解体和建筑垃圾再生利用各个环节。所以对装修垃圾的减量化管理应从建筑设计、施工管理和运输管理等环节做起。从目前的处理方式上看，装修垃圾的主要处理方式是和生活垃圾一起填埋。填埋处理垃圾每年不仅需要支付大笔的垃圾清理费和填埋费，还要占用珍贵的土地资源，容易污染水源，还会产生二氧化碳等温室气体。同时，装修垃圾的成分比建筑垃圾更为细碎，诸如破布条等柔性垃圾很难像建筑垃圾一样破碎分选，而石膏板等易变形材料更是需要专门的处理设备。装修垃圾与生活垃圾混合填埋，其中的石膏与生活垃圾极易发生化学反应，产生致命的硫化氢。这些后续的污染，最终都要以更高的成本买单。

装修垃圾减量化设计指的是通过建筑设计本身，运用减量化设计理念和方法，尽可能减少垃圾在建造过程中的产生量，并且对已产生的垃圾进行再利用。尽量使用可以循环使用的钢模板代替木模板，从根源上减少废木料的产生；采用装配式代替现场制作，减少现场制作造成大量的建筑材料浪费，有效地限制建筑垃圾的产生。采用产业化的生产方式，减少了传统施工现场的各种不稳定因素，这样既可以节约建筑材料，又能减少建筑垃圾的产生。源头减量化的思想是从建筑设计阶段入手，尽量合理设计住宅空间布局，减少不必要的浪费，以达到装修垃圾减量化的目的。目前，我国建筑师很少采取建筑垃圾减量化设计策略。借鉴建筑垃圾减量化策略提出以下装修垃圾减量化方法供参考。

6.3.1 源头减量化

从源头化对装修垃圾进行控制，这无疑是最有效也是最环保的减量化方式，同时，垃圾减量化也是针对垃圾产生量的减量化与垃圾排放量的减量化。其包含对装修垃圾的有害物质、种类、体积、数量的全面防控与管理。与垃圾减量化相对应的是对垃圾产生的企业或者项目实施清洁生产。减少装修垃圾的数量并缩小其体积，同时还包含减少装修垃圾的种类，降低其分拣处理的难度系数。减量化的思路类似于源头化控制，其是在处理装修垃圾中优先开展的措施。根据我国情，应积极推广开展清洁生产的审查与实施，对那些落后的生产工艺进行淘汰，不断升级先进处理工艺，同时配套选用技术含量较高的处理设备，做到对装修垃圾的充分开发与利用。

1. 推广预制装配式结构体系设计

相比美国、日本高达 90% 的装配式建筑比例，当前我国装配式建筑占新建建筑面积仅 3% 左右，2017 年 3 月，住房城乡建设部印发的《"十三五"装配式建筑行动方案》明确，到 2020 年，全国装配式建筑占新建建筑的比例达到 15% 以上，其中重点推进地区达到 20% 以上。发展装配式建筑，推动新型建筑产业化，需要形成建筑产业战略同盟，需要研发本土化核心技术，更需要在理念转变、模式转型和路径创新等方面实现全局性变革。

装配式结构体系以最终建筑产品为对象，包括主体工程、围护结构工程、装饰工程、建筑设备工程四大结构体系。装配式结构体系采用工厂生产的预制标准、通用的建筑构配件或预制组件，与传统结构体系相比，它有利于节省建材资源，减少建材损耗，减少建筑施工垃圾量。由于传统的毛坯房功能分区常常因为不能满足人们的审美需求和功能使用要求而产生二次改造，由此造成了资源的极大浪费和环境污染。推进成品房的交房方式是住宅装修垃圾减量化的一个重要措施。相对毛坯房资源消耗严重、污染大的特点，成品房由于采用了标准化施工和统一化管理，能将住宅装修垃圾产生量降到最低，真正做到源头的减量化。

据 2014 年初实行的《四川省成品住宅装修工程技术标准》(简称《标准》)中规定，成品房是指具备了基本使用功能，在稍加添置家具和生活用品后可拎包入住的房屋。目前，对精装修房、装修一次到位、全装修等统称为成品住宅，《标准》中明确禁止购房者在收房后对房屋进行二次装修。据统计，相对于成品住宅，毛坯房装修过程中所产生的大部分住宅装修垃圾来自于对房屋墙体的改造和由于单家独户施工而带来的装修材料浪费。成品房的推广在降低建筑装修能耗方面有重要的作用，一方面，由于成品房是由统一的装修施工单位对装修材料进行统筹安排和管理，且施工单位具有一定的资质，能将施工过程中的损耗降到最低；另一方面，开发商通过材料的统一购置和运输，能大量降低运输过程中的能量耗损，成品房模式在装修施工过程中，通过对装修材料的统一施工管理和分配，能够最大程度地提高其利用率，减少装修垃圾产生和装修污染。

上海"城中村"改造项目，已经开始运用预制装配式工艺，松江区中山街道沪松公路 50 弄项目更是 100% 采用了预制装配式建造工艺，相较于传统混凝土现浇施工，工厂化预制能使建筑垃圾减少 91%，脚手架用量减少 50% 以上，进而最大程度减少建筑施工对周边环境的影响。根据上海市政府发布的推进装配式建筑发展的实施意见，外环线以内城区新建商品住宅要 100% 实施全装修，其他地区达到 50%；公租房、廉租房实施全装修比例应达到 100%，并在动迁安置房、经济适用房等毛坯交付的保障性住房中率先推行"大开间"的设计理念，这些举措也可以避免二次装修，从源头上减少装修垃圾的产生。

从社会发展大环境来看，装修"部品化"是装配式建筑政策导向下崛起的新要求。2017 年 5 月住房城乡建设部发文，截止到 2020 年底，我国 15% 的新建建筑要达到装配式。越来越多的装配式建筑需要装修部品来提高装配率，提升质量，这一趋势直接推动装修行业"部品化"的快速跟进。另外，装修"部品化"行业也是产业升级的需求。中国产业工人人口红利正在消失，工厂机械化生产已"跑赢"人工。随着建筑行业升级，装修建材行业采用省时省力的机械化生产是大趋势。目前可采用"材料采购＋现场施工"的繁杂装修方式，通过标准成品的开发与应用，有效达成装配与装修的标准化，并通过移动端智能助手，实现更为人性化、现场化的全天候服务支持。

2. 多设计"大开间"

大开间的设计能够从根本上减少建筑垃圾的产生，从源头做好建筑装修垃圾减量化。某小区中一些大户型的业主，一次装修就要产生十几吨的垃圾，其中主要是敲墙敲出来的隔断材料，最终造成的装修垃圾量巨大，如果房型在设计时，能考虑到业主对"大开间"的普遍追求，就不会产生这么多的装修垃圾。

3. 使用绿色建材

绿色建材指的是在生产过程中采用清洁生产技术，大量使用工业或城市固体废弃物，使用的天然资源和能源较少，生产的无毒害、无污染、有益人体健康的建筑材料。与传统建材相比，绿色建材能够大量使用固体废弃物，节约天然资源；在生产过程中采用低能耗、无污染的手段，对环境友好，不会对人类的身体健康造成威胁；此外，绿色建材还能重新再利用，节约对资源的消耗，生态环境污染减小。因此，选择绿色建材是实现装修垃圾源头减量化的重要举措，节约建材行业的成本。

4. 应用减量化设计新技术、新方法

借鉴建筑垃圾应用减量化设计新技术、新方法经验，从而减少装修垃圾的产生。关于设计阶段减量化技术与方法的应用研究，主要是通过设计优化建筑寿命，以便延迟拆除建筑，从而减少废弃物产生，设计采用低废弃物率的建筑材料，减少现场湿作业等。深圳市政府2009年颁布的《深圳市建筑垃圾减排与利用条例》中提出设计单位应当优化建筑设计，提高建筑物的耐久性，减少建筑材料消耗及建筑垃圾的产生，并鼓励建设项目优先选用装修垃圾分拣后的再生产品以及可以回收利用的建筑材料。由于大部分的装修垃圾是由于传统建设项目的混凝土湿作业及其凝固过程产生的，构成装修垃圾产生总量的80%以上，因此可以借鉴建筑垃圾方面的实施手段与政策，通过设计采用预制构件等低废料率建筑材料，减少施工现场废弃物的产生。同时，可以通过合理设计规划减少现场施工产生的装修垃圾，并利用不同的设计方式避免不必要的材料切割。陈雄通过实例分析了少费多用的生态技术策略及其应用效果，提出在装修垃圾减量化设计实践中，采用科学化的生态设计方法是实现建筑寿命周期内资源与能源可持续利用的有效策略。Ekanayake等人提出BWAS（building waste assessment score）模型，模型可以有效帮助建筑师识别导致装修垃圾产生的问题，采用减少施工阶段潜在废弃物产生的建筑设计，且承包商可以使用模型来选择施工现场管理技术，帮助其处理由设计带来的废弃物。Ajayi指出目前一些低效的废弃物管理办法，都是在废弃物产生之后采取措施，而不是在源头上减少其产生量，同时提出了更高效的废弃物管理办法，即在设计阶段要特别考虑后期装修垃圾的产生，整个生命周期内都要考虑废弃物，提出结合BIM对废弃物进行管理，实施废弃物低成本管理，并借助废弃物减量化管理立法和财政政策进行约束和鼓励。

碧桂园研发的新型装配和建筑工业化的SSGF工业化建造体系，已在广东、江苏、北京等20多个省市55个项目推广使用。从工法、管理、技术和材料等全面提升工程质量，具有高品质、高速度、低能耗的优点，同时，由于采用铝模并取消抹灰，大幅度减少木材、砂石等使用，减少二氧化碳的排放和土地占用。以2019年全国房屋新开工面积16.7亿 m^2 为例，如果都采用SSGF，可减少相当于全球航空业总排放量的二氧化碳，减少数以亿 t 计的装修垃圾。

6.3.2　运输监管

装修垃圾资源化、无害化处置最基础的事就是要牢牢把控好装修垃圾的统一收运与投放工作，切实做到收运及时、考评及时。收运及时，做到清运快捷、车走地净、无撒漏污染，根据辖区居民装修垃圾产生量、垃圾点分布和收运作业时间要求，以及各区清运分队的实际情况，由各区安排清运企业对本辖区内居民装修垃圾及大件垃圾进行及时清运，收运企业作业时要做到车走地净，保证苫盖完好、密闭运输、车体整洁，严禁车辆在运输过程中撒漏污染的现象发生，保持居民装修垃圾存放点位干干净净，居民无异议。考评及时，做到依法依规、严格考核，市、区两级要将居民装修垃圾工作开展情况纳入城管达标和城市环境卫生日常考核范畴，同生活垃圾一样进行监督管理。各区城建局所属环卫机构要结合本区域实际制定相应的管理制度和考核标准，主要通过日常的巡查和联合检查的方式，来加强对区域内居民装修垃圾清运企业的日常管理和考核，并对企业在清运中存在的问题抓好整改督办；市城建局环卫处主要通过日常检查、专项检查、联合检查，来对居民装修垃圾清运情况以及信息申报的及时性进行考核，通过环卫内网每月不少于两次的实时监控抽查，对各区申报的信息台账及收运企业清运情况进行抽查考核。市、区两级要将检查考核结果与企业清运经费挂钩并进行实时通报。

装修垃圾处理工作是城市管理中当前急需解决的突出问题之一，各地管理部门高度重视。装修垃圾是单位或居民在房屋装饰或修缮过程中产生的废弃砖、石材、石膏板、木材、泡沫、包装物等尾料。装修垃圾比建筑垃圾成分更复杂，处理难度更大，对分拣和分选的要求极高，我国学者们积极探索和钻研处理难度更大的装修垃圾处理工艺和装备，不断设计研发满足国内市场需求的装修垃圾处理工艺和装备系统解决方案。装修垃圾处置难、出路难主要是由于其组分复杂、产生量大、前端无法分类的特点决定的，在管理和技术设备上做好装修垃圾的分类是实现装修垃圾资源化处置和利用的前提。

以浙江省嘉兴市为例，2018 年，嘉兴市的装修垃圾的日均处理量已达到 500t 左右。市区的装修垃圾被统一收运至位于二环北路的一处中转站，随后这些垃圾将被统一运往河山同德墙体建材有限公司进行分类再利用处理，经过处理后分类率达 100%，再生利用率高达 92%。

为加强装修垃圾产生、申报、堆放、运输、处置等环节的管理，上海市静安区绿化市容局渣土管理部门探索试点统一规范、良性运行的装修垃圾管理模式。静安区渣管所、曹家渡市容所与上海静安置业（集团）有限公司下属上海宝翔物业有限公司进行了研究探讨，在宝翔物业管辖的区域进行先行先试，进一步完善居民区现有装修垃圾的管理机制，明确由物业公司负责设置装修垃圾堆点；区渣土管理部门加强监督指导，强化对装修垃圾装运的规范化管理，并将物业对运输单位服务质量等方面的意见纳入企业诚信档案中；曹家渡市容所向小区内申请装修的居民发放"温馨提示"的公益书签以及装修垃圾运输单位工作联系卡，以宣传的形式提前告知居民，引导、督促居民规范投放，确保装修垃圾的及时清运。

6.3.3　装修垃圾预处理

装修垃圾处理过程中，设计出高效合理的处理工艺有利于回收垃圾中的可再生、可再利用资源。高效的处理工艺离不开选取配套的处理设备，对装修垃圾处理设备展开研究，不仅有利于整合多种处理工艺，多种处理手段以及多种处理方式的分选工艺，更能提高装修垃圾分类效果，同时为垃圾末端资源化处理提供原材料的质量保障。由于我国设备制造水平与西方发达国家还存在较大差距，而装修垃圾分拣分离以及资源化处理的核心之一就是设备的选型，处理效果好，处理效率高的设备可以极大地提高装修垃圾处理水平，在引进国外先进制造技术与制造工艺的同时，积极推进国内自主设备的研发与创新也是关键之所在。积极推进"资源—产品—再生资源—新产品"循环经济的反馈式流程。目前我国装修垃圾处理工艺分为两大类：装修垃圾固定式处理工艺和装修垃圾移动式处理工艺。

1. 装修垃圾固定式处理工艺

（1）人机分拣 – 破碎筛分工艺

上海市装修垃圾是和建筑垃圾一并处理，目前没有专门针对装修垃圾处理的标准。随着装修垃圾产出量的增加，亟待对产生的装修垃圾进行管理与处置，提高装修垃圾的处置效率。2016 年上海市政府颁布的《关于进一步加强本市垃圾综合治理的实施方案》明确提出，到 2020 年，上海装修垃圾、拆房垃圾集中资源化利用能力要达到 750 万 t/ 年。为实现这一目标，上海市明确到"十三五"末，要建设 12 座建筑垃圾资源化利用设施，全市装修垃圾和拆房垃圾，中心城区的由市属老港基地统筹处置；各郊区至少建设一座资源化利用设施，就近自行消纳。

目前上海市装修垃圾的处理工艺如图 6-5 所示。

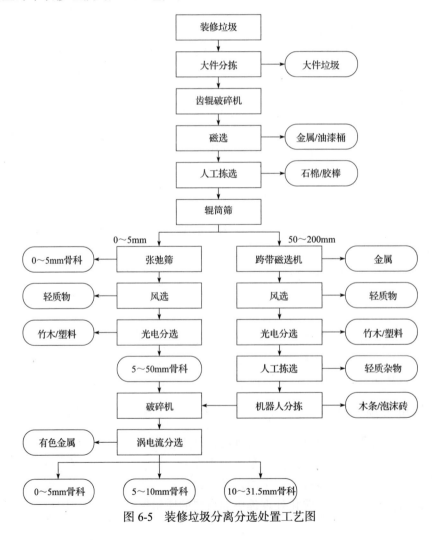

图 6-5　装修垃圾分离分选处置工艺图

处理工艺图说明：

①齿辊破碎机：适用于大块物料（最大破碎粒径为 1000mm 左右）的破碎。对入厂的建筑垃圾进行破碎，出料粒径一般 <200mm。

②磁选：借助磁选设备产生的磁场使铁磁性物质组分分离。一般在建筑垃圾处置过程中设置多道磁选工艺，用于建筑垃圾分选前或者破碎分选后进行金属的磁选回收。目前较好的磁选技术可将尺寸几毫米的金属分离出来。

③人工分拣：设置传送带，在传送带两边设计机械手，进行塑料、木材等杂物分拣。

④筛分：0 ～ 50mm 的装修垃圾通过张弛筛，剔除掉 0 ～ 5mm 骨料，50 ～ 200mm 装修垃圾通过跨带磁选机分离出金属。

⑤风选：利用气流将较轻的物料（塑料等轻飘物）与重物料（混凝土、砖等混合物）分离。

⑥二级破碎：和破碎机进行合作破碎，可减少破碎级数，适用于建筑垃圾细碎，出料粒径一般 ≤ 50mm，出料粉料率高。

⑦三级破碎 + 筛分：通过三级破碎 + 筛分使 <10mm 的混合再生骨料粒径 <4.75mm，并与细粉料分离。

最终经过涡电流分选剔除掉有色金属后，分别经破碎、磁选、筛分后形成各规格的再生骨料 0 ～ 5mm、5 ～ 10mm 和 10 ～ 31.5mm。

在装修垃圾的分离处理工艺设计中，还应充分考虑工艺的环保性，包括除尘、降噪、污水排放等。除尘排放标准执行《大气污染物综合排放标准》（GB 16297—1996）中的新扩改建二级标准限值 15m 排气筒排放标准值（颗粒物最高允许排放浓度 120mg/m³，最高允许排放速率 3.5kg/h）；噪声排放标准应满足场区四周边界噪声达到《工业企业厂界环境噪声排放标准》（GB 12348—2008）的 2 类标准（即边界昼间 ≤ 60dB（A），夜间 ≤ 50dB（A））；生产废水应设计沉淀系统，经除油沉淀后方可排入市政管网。

（2）水浮选工艺

在装修垃圾中，居民房屋拆迁改装、装修装潢、家具换代等由此而产生的装修垃圾中，垃圾含量中纯建筑垃圾物料如：砂石，水泥，砖块等占比较小；木材，塑料，橡胶，废旧金属等含量多且物料杂。对此类物料组成的装修垃圾的前段分拣分离采用水浮选，将垃圾中比重小，难分拣的物料分离出来，从而为后续垃圾资源化处理做准备。

装修垃圾水浮选处理工艺流程图（图 6-6）：人工分选、破碎处理、磁选处理、水浮选处理、打包压缩处理及工程车等。所述的装修垃圾浮选工艺处理工艺中，含有两条分拣分类工艺路线。其中为大件垃圾破碎—筛分—压缩处理工艺路线，所述的装修垃圾分拣分类处理工艺中，其中为装修垃圾破碎—多种筛分—浮选处理工艺路线，不但可以实现对装修垃圾物料的有效分拣分离处理，将垃圾中较为难处理的大体积大件垃圾进行合理化处理，并运用水浮法将装修垃圾中的杂质进行有效剔除；此外，还可获得垃圾中废旧金属物质以及热值较高的垃圾成分。

在徐汇区景联路，上海首套针对装修垃圾进行分拣分类及后续资源化利用的流水线已试运行，目前其装修垃圾的日均处理能力可达 1500 余 t。而上海类似徐汇区这样的建筑垃圾中转分拣和资源化利用项目，目前已有 18 个。

国内环创科技公司继引领大件垃圾资源化处理系统，率先研发出了装修垃圾资源化处理系统，设计建造了国内首个装修垃圾资源化处理项目。该项目于 2018 年年初成功运行，设计处理产出量每天处理 300t 装修垃圾，包括居民家庭装修垃圾、商业办公装修垃圾、会展搭建垃圾等，经破碎、分选后，回收金属、木材、RDF（可用于焚烧发电）和渣土原材料等各类可再生资源。

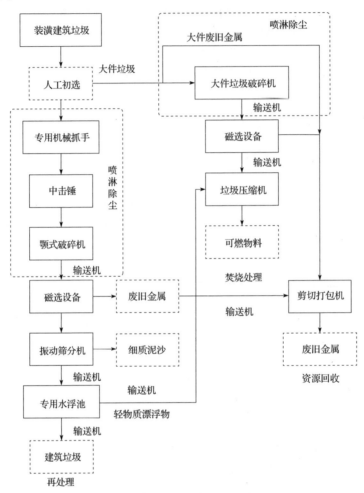

图 6-6　装修垃圾水浮选工艺流程图

2. 装修垃圾移动式处理工艺

很多老城区在拆迁装修过程中，需要初步对装潢建筑中所生成的垃圾进行及时处理，减少去占地范围，同时为了减少运输成本，但由于很多建筑结构较为分散，导致很多装修垃圾较为分散。因此在选取具体处理点时，不仅需要对垃圾处理现场进行合理安排，还需要对垃圾处理后的清运路线以及垃圾堆场的实际情况进行衡量，最终目标是为了降低垃圾处理成本的同时，保证垃圾处理效率。为分析并解决以上的处理难题，移动式再生骨料生产模式的装修垃圾处理设备性能需要在不断加强，从而促进研究人员对其进行设计与制造的。可将处理设备运送至垃圾产生现场，对垃圾展开现场处理。后续把处理完的垃圾骨料运输至垃圾资源化处理中心进一步细化处理，为其资源化处理做原材料的准备。移动式破碎设备的选用帮助垃圾处理单位降低处理成本的同时，还可以有效减少垃圾清运过程中对环境产生的污染问题。

移动式破碎设备包含自行走功能机构、传送机构和振动给料机构、杂物分拣机构、破碎机构、筛分机构。图 6-7 为移动式破碎设备基本构造图。

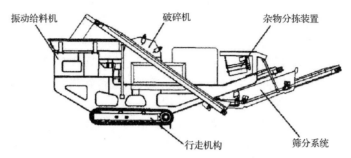

图 6-7　移动式装修垃圾破碎设备结构图

3.装修垃圾资源化利用

目前国内建筑垃圾再生产品应用主要集中再生骨料利用方面，再生骨料在中低强度等级的再生混凝土中的应用技术已比较成熟，国内也建立了多条再生骨料与再生混凝土生产线；国内也有些专家学者在建筑垃圾用于新型墙体材料和路面材料方面开展了一些研究，但这些技术还不成体系，未进行规模化推广，尤其在市政工程等方面的应用缺失。已有的建筑垃圾资源化利用典型工程应用如下：

①目前，上海已建立了多条建筑垃圾处置与利用生产线，总产能达到近 300 万 t/年，并广泛开展建筑垃圾再生建材产品在工程中应用，其中再生混凝土在上海世博 C 片区、沪上生态家等工程中示范应用，其使用效果良好。上海市"华亭"和"霍兰"两项工程的 7 幢高层建筑采用了建筑垃圾再生细骨料配制的抹灰砂浆和砌筑砂浆，砂浆强度可达 5MPa 以上。

②北京建筑工程学院的实验 6 号楼采用建筑垃圾再生粗、细骨料配制的 C30 混凝土现浇框架剪力墙结构工程，工程应用近 4 年，效果良好；北京市崇文区草厂 5 条 20 号院是由建筑垃圾再生古建砖和普通砖建造的，仿古效果良好；北京市昌平亭子庄污水处理池为再生混凝土剪力墙结构，昌平十三陵新农村建设示范工程、东方陶瓷博物馆等工程成功应用了建筑垃圾再生混凝土、再生砂浆和再生砖。

③青岛市海逸景园实体工程和青岛市宜昌馨园实体工程中成功应用了 C40 建筑垃圾再生混凝土，获得了良好的经济效益和社会效益。

④天津市某公司完成了建筑垃圾综合处理及其生产新型墙材的技术开发项目，适用于一至六层民用及工业建筑的承重砌体，可以应用大、中、小各级城市的基础设施改造加速、城镇化建设和新农村建设。

⑤达贡山镍业矿的厂房建设中采用建筑垃圾载体桩技术，共施工载体桩 8000 根，为国家节约投资成本 4000 万元。此外，在京沪高铁徐州段还进行了扩顶载体桩复合地基的研究。

⑥天津市利用 500 万 m³ 建筑垃圾"堆山造景"，造就了占地约 40 万 m² 的人造山。用三年时间完成了一个"山水相绕、移步换景"的特色景观，成为市民游览休闲的大型公共绿地。

⑦其他：深圳、河北邯郸、四川都江堰、河南省辉县、兰州等地一些企业、科研单位对建筑垃圾再生制品、工程应用等也进行了建筑垃圾再生利用工程实践。

6.3.4 装修垃圾智能管控——建立智慧云平台

装修垃圾处置难、出路难主要是由于其组分复杂、产生量大、前端无法分类的特点决定的，不仅需要从技术设备上对装修垃圾进行分离再利用，还需要从管控平台方面来推进装修垃圾处置利用项目的实施。目前我国已有部分相关政策对装修垃圾进行管理，还需从智能化管理平台方面对装修垃圾进行管控。通过智能化平台建设，环境卫生管理及相关部门可对建筑垃圾的产、运、消、用等环节的信息进行有效管理，有效实现各部门信息共享和接受社会公众监督，有利于对装修垃圾源头企业实行统筹管理，规范运输行为、合理规划消纳设施及资源化处置设施布局，促进资源化产品再利用。

国内目前构建装修垃圾智慧云平台的较少，可借鉴建筑垃圾智慧云平台经验，搭建装修垃圾智慧云平台，以实现装修垃圾的减量化管控。以下列举几个建筑垃圾及装修垃圾智慧云平台案例：

1. 环创公司构建装修垃圾智慧云平台——环创科技云平台

国内环创公司运用物联网、大数据和人工智能前沿技术，构建了装修垃圾处理智慧云平台——"环创科技云平台"，平台整合 SCADA 数据采集监控系统、GIS 车辆地理信息系统、AI 视觉识别系统、APP 装修垃圾收运管理系统、视频自动监控系统（VSCS）等多源系统数据。通过大数据统计分析等智能分析技术，可对城市装修垃圾处理量、物品类别及智能收运处置管理进行精准监测和可视化展示，实现实时装修垃圾收运情况及设备运维事件分析、自动识别、推送和报警、设备与溯源分析、预测与建议等智能分析，形成云端到设备层数据的无缝链接，应用大数据驱动分析与决策。

2. 唐吉诃德数字精准平台

采用唐吉诃德数字装配模式进行施工，前期用 BIM 正向设计，BIM9D 平台云解码自动生成 BOM 表，数据对接工厂机器进行加工生产装配材料，现场全部装配，工人安装墙顶地的部品部件，采用唐吉诃德智能云平台可准确计算项目所需的主材包括但不限于瓷砖、地板、通风空调需用量，辅材包括但不限于轻钢龙骨、石膏、水泥、砂石、料板等工程需用量，无须现场湿作业，几乎没有现场切割和搅拌水泥，无材料浪费，大大减少现场粉尘垃圾生成，可减少材料浪费垃圾 20%。唐吉诃德数字精准平台已经在永辉超市及北京自由蜂电子商务有限公司的新建项目中得到运用。

6.4 典型地区的案例介绍

6.4.1 装修垃圾处理典型案例

1. 上海市首套装修垃圾"变废为宝"生产线——年设计处理量 50 万 t

2017 年，在上海市徐汇区景联路上成功建立首套装修垃圾"变废为宝"流水线，整个徐汇区的装修垃圾通过清运车辆运输到这里，并被分批倒入一个大型"漏斗"内，"漏斗"一侧有一个由数排齿轮组成的"嘴巴"，不同种类、形状的装修垃圾经过这只"嘴巴"进行初步筛选，体积较小的掉入漏斗下方的自动分拣室（图 6-8）。

在强大气流的作用下，室内充满灰尘，一些表面积较大而质量较轻的装修垃圾飘浮在上层，表面积相对较小且较重的装修垃圾则坠入底层。不同大类的装修垃圾通过这种方法，可以分成数层，每层都有对应的输送管道和履带，将分好类的装修垃圾输送到指定的收集容器内，整个过程不需要借助人力（图 6-9）。

图 6-8　"漏斗"旁的抓斗把大块垃圾分拣出来

图 6-9　分拣好的轻物质"飘"入收集箱内

　　分拣后的装修垃圾经过粗加工，主要形成两种原料：塑料颗粒和骨料。塑料颗粒是分拣出的轻物质经过低温溶解、拉丝、切料后制成的，可以用来加工制作木塑板、垫仓板、垃圾袋、燃烧棒等产品（图 6-10）。骨料则更简单，按照体积大小，将分拣出来的沙石、砖瓦、混凝土块等重物质分为大颗粒、小颗粒和粉末状三种骨料，用来填坑、铺路或者制作路面砖、透水砖等产品。这条流水线分类细致，让装修垃圾资源化利用的效率变得更高。现在流水线的分拣效率大约是 150t/h，一天运转 8h，相当于 200 多名工人的工作量。目前，借助这套流水线，徐汇区每天产生的装修垃圾可以做到不过夜甚至不落地就完成处置。

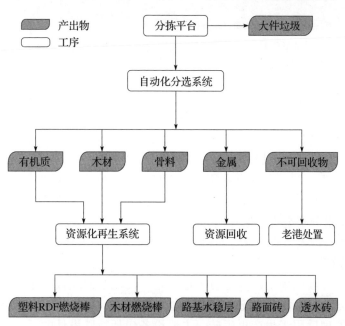

图 6-10　装修垃圾分拣和资源化利用流程

2. 浙江丽水装修垃圾处理项目

　　丽水市务岭根垃圾填埋场三期工程（装修垃圾处理项目）是丽水静脉产业园建设试点城市建设的重点项目和莲都区政府 2019 年重点项目，也是浙江省最大的装修垃圾处理项目。

该项目总投资 7760.54 万元，本期用地面积 22411.93m²，采用先进的"预处理分选 + 部分资源化利用 + 部分焚烧和安全填埋"处理工艺，实现装修垃圾的减量化、资源化、无害化。

项目建设内容主要包括地基基础处理及边坡支护，场内道路、管理用房、装修垃圾处理和堆放车间建设，对现状垃圾场进行防渗处理、管线迁改和调节池扩容，以及电气和自动化控制、给排水、消防、暖通、景观绿化和设备采购等。该项目已于 2019 年年底完成主体结构及屋顶施工，项目在 2020 年投入使用，该装修垃圾处理项目的投产有助于真正实现丽水市装修垃圾处理的"资源化、减量化、无害化"，极大地改善丽水市环境卫生状况（图 6-11）。

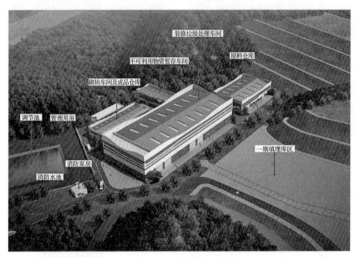

图 6-11　丽水市务岭根垃圾填埋场三期工程（暨装修垃圾处理项目）鸟瞰图
（图片来源于新蓝网·浙江网络广播电视台）

3. 江苏装修垃圾处理项目

位于江苏常州武进区的江苏绿和环境科技有限公司一条处理规模为 30 万 t/年的装修垃圾利用分拣生产线，已于 2018 年 3 月下旬投入试运行。这一装修垃圾处理项目总投资 8000 万元，是武进区"263"行动计划内项目，每年可处理装修垃圾 30 万 t，装修垃圾的综合转化利用率达 90% 以上。项目采用自主研发的新型智能化生产工艺线，对装修垃圾进行分类及资源化处理。通过多级筛分、风选，结合机器人分拣，将不同材料按要求分类堆放。分类后的材料可根据要求分别进行再生骨料的制备及再生石膏粉、轻质隔墙板、植物营养土等产品资源化应用。塑料进入回收企业，布料和木头等可燃物进入焚烧厂，危废物则进入有专业资质的企业进行处理。

江苏昆山装修垃圾处理生产线是对当地含量很高的装修垃圾及生活垃圾混杂在一起的建筑固废进行分类，实现装修垃圾处理资源化、无害化、减量化。该生产线处理量为 50t/h，其中可利用部分处理后用于生产再生砖，主要设备包括特殊设计的反击式破碎机，SMW-5 强力风选机，改进的重型筛分机，高效振动给料机，磁选机等其他专业配套的处理设备。

江苏仪征新建了一个占地 70 亩的建筑装修垃圾分类处理再生利用中心，将收运上来的所有建筑装修垃圾运往中心，由运输公司按标准分类。一是分类人员工资政府每车补贴 7 元给 2 家运输企业，不足部分从可利用资源产生的效益中解决。二是鼓励商家居民对装饰装修产生的垃圾实行预分类，凡已分类的装修垃圾少收每车 10 元清运费。三是在新建小区设置垃圾分类收集池，引导市民分类投放。四是做到装修垃圾日产日清，要求运输公司对城区所有装修垃圾不得隔夜清运，如发现当日未清运的给予罚款。目前，可利用的资源分为：废金属、废木材、塑料制品、针织制品、玻璃、废纸、化纤、纯建筑垃圾。不可利用的主要为：石膏板、石棉及其他杂物。可利用和不可利用占比为 7∶3，极大地减少了垃圾混堆无法处理造成的污染。同时对装修垃圾实行再生利用，控制垃圾填埋污染。分拣出的可利用资源约 70%，分别出售给相关企业，废木材销售给生态燃料厂制造生态燃料棒；纯建筑垃圾销售给建材加工企业制砖或用于道路垫层；废金属、废纸、玻璃销售给废品回收公司；化纤、塑料制品销售给注塑厂进行造粒。针织等其他可焚烧杂物约 10% 全部焚烧发电；不可利用的石棉、石膏约 20%，目前正在寻找下游企业。分拣出的纯建筑垃圾每车（5t）按 100 元出售，预计年产生经济效益 8 万元，其他可利用资源由运输公司自行出售，年收入约 10 万元。

6.4.2　装修垃圾过程减量化技术案例

相比普通家庭装修，预制装配式部件的优化设计不仅能够延长建筑装修材料的使用寿命，而且节省了人力、物力、财力，具有显著的经济效益，该装修模式在连锁酒店的应用更有优势。酒店一般使用的石膏板吊顶以及硅酸钙板吊顶，由于检修口受限造成后期维修十分不便，而且这两种吊顶容易发黄变色，不适合酒店长期使用，经过主材优化、装配优化后，能够实现装修垃圾的减量化。

华住酒店案例：通道专用 BMC 吊顶系统采用标准化模块集成安装方式，工厂预制标准化配件，让 80% 以上的工作量由工厂标准化生产的预制构件解决，仅剩不到 20% 的工作量通过现场快速装配轻松完成，且定制配件制作标准均高于现行的国家标准，完全避免"掉顶"烦恼。"预制配件"加上"模块集成"的方式不仅让装配更简单、高效，而且非一次性固定结构让维修更方便，更安全。通道吊顶满足随装随拆，拆完再重新安装也不会影响安装效果。这样整体装配效率提高 50% 以上，后期维修更方便且不影响安装效果。

6.5　本章小结

装修垃圾来自居民或商业装潢等，来源多样，数量零散，但产生频率高，是常态化的建筑垃圾，不像其他建筑垃圾具有集中性、阶段性，其产出量统计较难。本章总结归纳了现有的按装潢面积、相关标准、装修工程材料损耗率以及基于 BIM 的装修垃圾产出量预测方法，基于 BIM 的装修垃圾产出量估算方法具有可视化，协调性，模拟性，优化性和可出图性等特征，将成为预测装修垃圾产出量的新趋势。

装修垃圾成分复杂且含有重金属等有害物质，其安全、资源化利用的难度较大，重金属污染控制是关键技术之一，而装修垃圾的减量化才是克服现阶段安全处置难度大的重要举措。本章从装修垃圾产生、运输监管、预处理的全产业链角度，分别阐述各环节装修垃圾减量化方法，提出源头减量化是实现装修垃圾减量化、资源化最有效也最环保的环节，并通过建立智慧云平台锁定运输路线，加强对装修垃圾处置的监管，实现对装修垃圾的智能管控。

本章通过装修垃圾减量化的计算方法、评价标准和评价体系的建立，对减量化效果进行评价，并以上海、江苏等地区典型装修垃圾减量化处理项目为例，为缺乏装修垃圾减量化技术的地区提供经验参考，对装修垃圾的减量化的推广具有重要的指导意义。

　　随着目前我国城市生活垃圾分类工作的推进，装修垃圾的回收管理工作日益凸显为各级政府城市管理的工作之一。当前国内开展得较好的地区，提倡装修垃圾处置工作实施专人监管，通过北斗定位系统锁定运输路线，严管运输企业、处置单位。在源头减量化方面，推广预制装配式结构体系设计、绿色建材的使用不但可以削减装修垃圾的产生量，还有利于降低装修垃圾的回收利用难度，体现了从末端治理转向源头控制的原则。在将来的管理与技术发展方面，按照可持续发展的原则，仍需通过设置标准、门槛，加强管理执法，将装修垃圾运输规范化、标准化，选用环境达标的技术，融入环保的理念，促进装饰装修的节能低碳，实现装修垃圾的减量化、资源化、无害化。

参考文献

［1］ 何品晶，冯肃伟，邵立明. 城市固体废物管理［M］. 北京：科学出版社，2003.

［2］ 李建国，赵爱华，张益. 城市垃圾处理工程［M］. 北京：科学出版社，2003.

［3］ 林茂松，王琼，於林锋，等. 论装修垃圾在建设领域资源化利用的制约因素［J］. 混凝土世界，2015.5.

［4］ 刘永民. 对建筑垃圾再生利用的思考［D］. 中国建筑材料科学研究总院，2012.

［5］ 王艳，王长桥，殷伟强，等. 北京市装饰装修垃圾处置现状及对策［J］. 环境卫生工程，2006.8.

［6］ 宋广生. 低碳家庭装饰装修指导手册［M］. 北京：机械工业出版社.2011.

［7］ 李建国，赵爱华，张益. 城市垃圾处理工程［M］. 北京：科学出版社，2008.

［8］ 刘会友. 房屋装修垃圾的危害与处置探究［J］. 中国资源综合利用，2005，（3）：24-27.

［9］ WeiPing Chan, Fei Ren, Xiaomin Dou, Ke Yin, Victor Wei-Chung Chang. A large-scale field trial experiment to derive effective release of heavy metals from incineration bottom ashes during construction in land reclamation ［J］. Science of the Total Environment, 2018, 637-638.

［10］ Kania Manon, Gautier Mathieu, Blanc Denise, Lupsea-Toader Maria, Merlot Laurent, Quaresima Maria-Chiara, Gourdon Rémy. Leaching behavior of major and trace elements from sludge deposits of a French vertical flow constructed wetland ［J］. Science of the Total Environment, 2019, 649.

［11］ 李小月，张慧，段华波，等. 建筑装修施工过程环境污染特征［J］. 环境科学研究院，2018，31（10）：1811-1818.

［12］ 张晓宁，高露凡，高文竹. 建筑垃圾的景观化处理［J］. 农业资源与环境，2014，（2）：231.

［13］ 陈宇云，贾瑞，杨胜科，等. 建筑垃圾中镉和砷的释放特征研究［J］. 环境科学与技术，2016，39（9）：50-55，111.

［14］ 陈宇云，田寅，王周峰，等. 建筑垃圾中镉和砷在路基中迁移对地下水的影响［J］. 安徽农学通报，2018，24（13）：74-76.

［15］ 刘凤枝，刘潇威. 土壤和固体废弃物监测分析技术［M］. 北京：化学出版社，2007.

［16］ Ghasan Fahim Huseien, Abdul Rahman Mohd Sam, Jahangir Mirza, Mahmood Md. Tahir, Mohammad Ali Asaad, Mohammad Ismail, Kwok Wei Shah. Waste ceramic powder incorporated alkali activated mortars exposed to elevated Temperatures: Performance evaluation ［J］. Construction and Building Materials, 2018, 187.

［17］ Olumuyiwa O. Ogunlaja, Aemere Ogunlaja, Olajumoke A. Morenikeji, Dorcas M. Okewole. Risk assessment and source identification of heavy metal contamination by multivariate and hazard index analyses of a pipeline vandalised area in Lagos State, Nigeria［J］. Science of the Total Environment, 2018.

［18］ 王庆超. 成都市住宅装修垃圾减量化与降耗研究［D］. 四川：成都理工大学，2015.

［19］ Tulay Esin, Nilay Cosgun. a study conducted to reduce construction waste generati in Turkey［J］. building and environment, 2007, (42):1667-1674.

［20］ Catherine Chariot Valdieu. 法国建筑工地废物的削减与管理［J］. 产业与环境. 1997，（2）：45-47.

［21］ Kohler G. Ecyclingspraxis Baustoffe (practice of recycling: construction materials). 3rd ed.［J］. Koln: TUV Rheinland, 1997.

［22］ Fatta D, Papadopoulos A, Avramikos E, et al. Generation and management of construction and demolition waste in Greece-an existing challenge［J］. Resources, Conservation and Recycling, 2003, 40(1):81-91.

［23］ Bergsdal H, Bohne R A, Brattebo H. Projection of Construction and Demolition Waste in Norway［J］. Journal of Industrial Ecology, 2007, 11(3):27-39.

［24］ 丹尼尔 L，鲁宾菲尔德，罗伯特 S，等. 计量经济学模型与经济预测，第四版［M］. 北京：机械工业出版社. 1999.

［25］ 吴骥子，毛凌峰. 住宅工厂化装修对装修垃圾减少的意义分析［J］. 新型建材与建筑装饰. 2012，（11）：114-115.

［26］ 蒋红妍，邵炜星等. 建筑垃圾的源头减量化施工模式及其应用［J］. 价值工程，2012，（16）：49-50.

［27］ 罗清海，陈晓明，王衍金等. 工程建筑垃圾处置的调查和分析［J］. 中国资源综合利用，2009，（6）. 29-30.

［28］ 王家远，康香萍，申立银，谭颖恩. 建筑废料减量化管理措施研究［J］. 建筑技术，2004，（10）：732-734.

［29］ 吴泽洲，向荣理，刘贵文. 系统视角下建筑垃圾最少化管理研究［J］. 建筑经济，2011，（2）：101-104.

［30］ Baldwin A, Poon C, Shen L, et al. Designing out waste in high-rise residential buildings: Analysis of precasting methods and traditional construction［J］. Renewable Energy. 2009, 34(9):2067-2073.

［31］ 李政道. 基于系统动力学的设计阶段建筑垃圾减量化效果评估［D］. 深圳大学，2013.

［32］ 陈雄，周金星，何红霞. "少费多用"生态设计在建筑垃圾减量化中的应用［J］. 华中建筑. 2013(05)：37-39.

［33］ Ekanayake L L, Ofori G. Building waste assessment score: design-based tool［J］. Building and Environment. 2004, 39(7): 851-861.

［34］ 陈天. 装修垃圾处理工艺、设备及资源化研究［D］. 上海第二工业大学，2019.

［35］ Mohin T J. Life-cycle assessment. In: Taylor B, eds. Environmental management handbook. London: PITMAN Publishing, 1994, 33-324.

［36］ 魏鋆，张维亚. AHP 和 Excel 在空调冷热源方案选择中的应用［J］. 华北科技学院学报，2008, 5（2）：38-40.

第7章　工程泥浆减量化

7.1　基本原则和方法

7.1.1　减量化原则

工程泥浆减量化应当以"节约资源和循环利用"为核心，以"低消耗、低排放、高效率"为基本特征，符合国家可持续发展理念。工程泥浆主要来源于各类建（构）筑物桩基础、基坑围护结构以及泥水盾构、管网暗挖等施工过程，在减量化过程中应当遵循以下原则：

（1）应根据施工现场的环境要求、地形、水文、土壤条件等相关情况，合理选择工程泥浆储存池、沉淀池的位置，裂隙、溶洞发育地带应采取防渗漏、防流失等措施；

（2）处理方法宜根据施工现场的环境敏感性（水文、气象、土壤）及工程泥浆产出量等因素确定。

我国每年有相当大一部分的工程泥浆因处理不当而对环境产生巨大污染，因此选用适当的处理技术才能有效地对工程泥浆进行减量化，减量化过程中应当遵循以下原则：

（1）对于就近有土壤结构适宜、土地资源丰富的场地，在充分论证的情况下，可采用土地耕作法；

（2）对于一般地区，可优先采用自然沉淀法，即利用低洼地或简易沉淀池存放工程泥浆，经自然沉淀后，排除上清液，施工完毕后对沉淀底泥进行填埋复垦；

（3）对于特殊区域，如水源保护区、自然保护区等环境敏感区和城市区域等社会关注区，工程泥浆量较大、土地资源紧张时可采用机械脱水法、化学絮凝沉淀法等方式对工程泥浆进行减量化处理，达到有效浓缩减量后，再进行后续处理。

7.1.2　减量化阶段

1. 规划阶段

将工程泥浆的消纳、处置、综合利用等设施的设置列入城市总体规划，在宏观层面实现对工程泥浆进行源头减量化的管理，并加强资源化利用，尽可能降低工程泥浆的运输和处置压力；加强产生源头管理，做好申报和监督工作；建立 1～2 处工程泥浆集中固化处置场所和再生资源利用点，形成产业链，确保无法实施泥浆现场固化处理的建设工程产生的泥浆能实行集中固化处置；落实相关管理、执法部门的监管责任，落实工程泥浆产生、运输、处置单位的主体责任，优化工程泥浆运输、处置体系，有效提升工程泥浆处理管理水平。

2. 设计阶段

在建设工程设计环节，应秉持绿色环保施工理念，尽量减少工程泥浆的产生；在进场施工前，应积极研究创新施工工艺，通过采取改进钻孔灌注方式、革新盾构推进工艺、合理配置选材、合理安排作业周期等措施，减少工程泥浆的产生；合理安排作业周期，减少工程泥浆产生，做到源头减量；推广泥浆泥水分离技术运用，鼓励泥浆固化企业利用新设备和新技术，提高泥浆固化处理水平；在设计选择上，可根据条件优先选择脱水后的泥浆固化土用于工程回填、场地覆盖、再造种植土或制备再生产品；引导建材企业积极利用泥浆固化土生产绿色建材产品，指导建材行业加快制订工程泥浆再生产品标准和应用标准，做好再生利用产品的推广应用工作。

3. 施工阶段

建设工程开工前，施工单位需对工程项目的泥浆产生总量及固化后总量进行全面准确测算，并编制工程泥浆固化处置方案，其主要内容包括：桩基施工工艺、现场泥浆池布置、预算泥浆方量、泥浆处置方式、施工工期等。工程泥浆处置方案纳入建筑工程开工条件审查，经建设主管部门审查通过后抄送市泥浆办。施工单位向市泥浆办申办工程泥浆处置手续。

各建设主管部门应加强对工地工程泥浆的固化和资源化利用的监管和指导。落实企业信用信息管理，将施工单位工程泥浆固化行为纳入企业信用管理平台。施工单位违反本通知规定的，建设主管部门取消建筑工地创建文明标准化工地资格和各种评优资格，依法对其建筑市场准入采取限制措施。建设主管部门加强对泥浆固化土再生产品企业的监督管理，确保企业生产符合标准的建材产品。

7.1.3　减量化评价

在工程泥浆减量化过程中，应当考虑将以下几个方面作为评价标准，并通过层次分析法、专家打分法等进行系统评价。

1. 是否按法规要求明确处置原则

结合《中华人民共和国固体废物污染环境防治法》等有关规定，环评文件应明确要求建设单位对固体废物的处置要符合"减量化、资源化、无害化"原则，减少产生量和危害性，充分合理利用，最终无害化处置，并根据这一原则，结合地区建设主管部门、行业主管部门的法规文件要求，严格执行工程泥浆的排放行政许可制度，有规划、有计划、有目的地排放工程泥浆，以实现排放的有序管理与控制。

2. 是否按区域特点明确处置去向

根据工程选址的实际地理位置及周边环境特点，合理提出处置去向。例如路基填方缺土段，适当考虑工程泥浆晾晒或固化后与土方一同掺混生石灰或水泥进行稳定化处理；城市施工泥浆的排放可考虑在满足排放许可制度的前提下，利用规划建设用地的荒地、洼地晾晒处置；填海造陆地区的泥浆可用于吹填区造陆等。

3. 是否按项目特点明确处置费用

对于建筑施工、桥梁施工、管线非开挖施工等项目类型以及自身泥浆预计产生量的大小，工程方应将泥浆处置费用列入项目环境保护投资，明确建设单位的处置成本，为处置去向的最终落实提供支持。

工程泥浆减量化过程需严格满足上述三点，同时配合安全、高效、经济的处理工艺，在实现减量化的过程中环境和经济效益方能同时得到兼顾。

7.2 工程泥浆脱水减量处理

工程泥浆的常规处理方式是用罐装泥浆车外运和现场沉淀干燥，但这两种处理方式均存在较局限性。若采用泥浆外运方式，由于工程泥浆产生量大，含水率高且呈流动状，实际运出的75%以上都是水，极大增加了处理成本，还可能在运输过程中造成环境污染。若采用现场沉淀干燥方式，则需要占用大量土地资源，还容易造成土壤板结和土壤污染。

工程泥浆有机质含量较少、成分和性能相对稳定，经脱水和改良后可以作为建筑材料、填料、绿化用土等。目前，工程中常用泥浆脱水方法有：离心法、压滤法、土工管袋法等。

7.2.1 离心法

离心法脱水处理的原理：利用离心沉降和密度差原理，当工程泥浆进入离心机后，会在离心机内产生强烈的旋转运动，在离心力、向心浮力、流体拽力作用下，泥浆中的固体颗粒会在径向上与流体发生相对运动，从而达到分离的目的。目前常见的离心机包括卧螺式离心机、翻袋离心机、螺旋卸料离心机、推进卸料连续离心机等，其优缺点及适用范围如表7-1所示。

表7-1 各类离心机性能对比

名称	优点	缺点
卧螺式离心机	连续运行，运行方式灵活、工作稳定可靠、易操作、管理方便、出泥含固率高，出泥量大、占地面积小、运行费用低等	电耗稍高、噪声较大、处理能力低、若分离液中悬浮物较多，会给后续处理带来困难
翻袋离心机	应用范围广、安装简单、易操作、对物料的适应性较大，能分离的固相粒度范围较广、占地面积小	不适宜长期运转、脱水效果一般
螺旋卸料离心机	固液分离效果较好、处理成本较低、离心机结构紧凑、附属设备少、全密闭运行环境好，能够自动连续运行	噪声大，脱水后泥浆含水量较高
推进卸料连续离心机	安装简单、运行安全、故障率低；全封闭设计，对异味物料有效封闭；滤网寿命长、更换简便；能耗低；运行噪音低	沉渣洗涤效果一般且整机价格较高

离心脱水机主要由转鼓和带空心转轴的螺旋输送器组成，工程泥浆由空心转轴送入转筒后，在高速旋转产生的离心力作用下，立即被甩入转鼓腔内。泥沙颗粒密度较大，因而产生的离心力也较大，被甩贴在转鼓内壁上，形成固体层；水密度小，离心力也小，只在固体层内侧产生液体层。固体层的泥沙在螺旋输送器的缓慢推动下，被输送到转鼓的锥端，经转鼓周围的出口连续排出，液体则由堰板溢流排至转鼓外，汇集后排出脱水机。离心机工作示意如图7-1所示。

离心脱水的效果主要受离心机的转速、运行时间以及是否添加絮凝剂的影响。当离心转速越高，泥浆脱水效果越好，能分离出的颗粒粒径越小，当离心机转速达到3200r/min时，可分离出的最小粒径可达 $2\mu m$。但离心力太大，会导致絮体分解破碎，反而影响脱水效果，且随着转速的增大，设备机械磨损也会增大。因此控制离心机的转速，使其既能获得较高的含固率又能降低能耗，是离心脱水机运行好坏的关键。离心设备的运行时间不宜过长，有研究表明当离心设备运行 6min 时，泥浆含水率达到了最低值 42.5%，之后泥浆含水率有所上升。运行时间的延长，絮体有所破坏，影响泥浆脱水效果，并且增加了运行费用。絮凝剂的添加能加速悬浮液中的粒子沉降，有非常明显的加快溶液澄清、促进过滤等效果。单独添加 SAM 絮凝剂，利用其长链将小颗粒吸附缠结在一起，形成较大的絮凝颗粒，能够有效地改善泥浆脱水性能，但添加无机高分子絮凝剂或无机及有机高分子絮凝剂复合使用时，泥浆离心脱水效果反而变差。

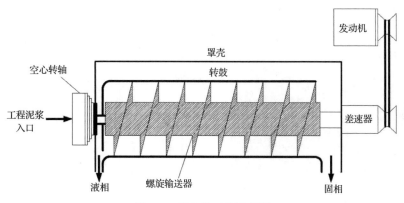

图 7-1　离心机工作示意图

较多研究人员采用水力吸泥后及疏浚泥浆现场离心脱水的疏浚组合工艺对城市河道受污染底泥进行清理，该技术的优点表现在：①水力吸泥能有效地疏浚有机质含量高、密度与水接近且具流动性的污染富集底泥；②现场离心脱水可大幅减少需外运消纳的疏浚物料量，适合中心城建区的施工环境；③离心脱水固有的剪切与颗粒水力分级作用，可使离心脱水后产生的物质按污染程度分流。该技术也可用于受污染的工程泥浆处理过程。

工程泥浆经过离心脱水处理后产生低含水率的泥沙和清液，清液可以在工地上回用或外排，泥沙可以直接装车外运。离心脱水法可 24h 连续运行，与后面介绍的压滤分离法相比，离心脱水法处理效果好，脱水后含固率可达 30% 以上；同样处理量的设备，离心脱水法占地面积更小；由于离心脱水法设备是全封闭设计，在现场卫生条件方面同压滤分离法设备敞开式设计相比更优异；同时在自动化程度和后期维护工作等方面，离心脱水法更具优势。但是离心脱水法电耗稍高，噪声较大，处理效率低，且存在分离液中悬浮物相对较多，增加后续处理难度等。

7.2.2　压滤法

压滤法脱水是以过滤介质两侧的压力差为推动力，通过强制将工程泥浆中水分经过过滤介质形成滤液，并使固体颗粒截留在介质上形成滤饼的方式来实现脱水的过程。采用压滤法进行脱水的机械主要有带式压滤机、板框式压滤机和隔膜式压滤机三大类。

1. 带式压滤机

带式压滤机于 1963 年在西德首先研制成功，随后美国、日本和奥地利等国也都相继完成了研制，随着高分子絮凝剂的出现，在石油工业、水泥工业、工业用水的污泥处理和化学工业等领域得到了广泛地应用。

带式压滤机的工作原理如图 7-2 所示。它是利用两条滤带间的张力对泥浆施加压力，使其在运行过程中受到挤压和剪切力的作用，从而达到固液分离的效果。在带式压滤机中，只有絮凝良好的浆体，才能在压滤机的挤压作用下，排出水分，形成滤饼，完成压滤过程。带式压滤机有两种形式：立式与卧式，常用的形式是卧式。卧式带式压滤机的基本结构都是由一系列顺序排列、直径大小不等的辊筒以及两条缠绕在辊筒上的履带和给料、滤带清洗、调偏及张紧等部件组成。滤带绕过辊筒，料浆在带间和带–辊间被压挤和剪切而脱水。辊筒和滤带间的压榨方式分为相对辊式和水平辊式。带式压滤机的滤带宽度可达 3～5m，压榨压力通常为 0.4～0.6MPa，最大可达 1MPa。

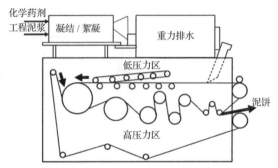

图 7-2　带式压滤机及其工作示意图

带式压滤机具有以下优点：（1）能够连续运行，处理能力强，处理量大；（2）机械制造容易，设备基建和运行费用较低；（3）不需要真空环境以及加压设备，动力消耗少，耗电量在很多型式的脱水机中最低；（4）占地面积少，噪声污染小。同时，带式压滤机也存在一些不足：（1）自身结构较复杂，存在跑带等问题，因此在处理工程泥浆时，需要经常进行设备调节；（2）当泥浆中超细颗粒较多时，滤布容易发生堵塞，导致处理后的泥饼含固率较低；（3）运行时产生较大气味，影响操作环境；（4）当泥浆性质变化时，需要及时调整机器本身的工作参数，对工人操作要求较高。

2. 板框厢式压滤机

板框厢式压滤机的工作原理如图 7-3 所示。板框厢式压滤机属于间歇式加压过滤机，它既是最古老又是目前应用最多且最成功的压滤设备。板框压滤机主要由动板、定板、中间滤板、滤板压紧机构、拉开卸料装置、进料泵、机架梁等部件组成。由交替排列的滤板和滤框构成一组滤室。滤板的表面有沟槽，其凸出部位用于支撑滤布。滤框和滤板的边角上有通孔，组装后构成完整的通道，能通入悬浮液、洗涤水并引出滤液。板、框两侧各有把手支托在横梁上，由压紧装置压紧板、框，板、框之间的滤布起密封垫片的作用。由供料泵将悬浮液压入滤室，在滤布上形成滤渣，直至充满滤室。滤液穿过滤布并沿滤板沟槽流至板框边角通道，集中排出。过滤完毕，可通入清水洗涤滤渣。洗涤后，有时还通入压缩空气，除去剩余的洗涤液。随后打开压滤机卸除滤渣，清洗滤布，重新压紧板、框，开始下一工作循环。

板框压滤机对于压缩性大的滤渣或近于不可压缩的悬浮液都能适用，适合的悬浮液的固体颗粒浓度一般为 10% 以下。在 0.3～0.7MPa 的操作压力下，对工程泥浆进行脱水处理，可有效降低处理后的泥饼的含水率，泥饼含水率可达到 40% 左右。过滤面积可以随所用的板框数目增减。板与框用手动螺旋、电动螺旋和液压等方式压紧。图 7-3 所示的就是一个典型的板框式压滤机。板框式压滤机是所有加压过滤机械中最简单的一种，其优点是结构简单，价格便宜，滤饼含水率低，对物料的适应性强，生产能力弹性大。缺点是滤布清洗困难，易磨损，寿命短，占地大，配置设备多，环境保护措施不易实施，间歇操作，操作繁琐，而且动力消耗大，与带式压滤机相比产率低。

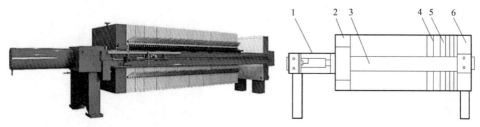

图 7-3　板框压滤机及其结构示意图
1. 千斤顶；2. 压紧板；3. 横梁；4. 滤板；5. 滤框；6. 止推板

3. 隔膜式压滤机

隔膜式压滤机的工作原理如图 7-4 所示。隔膜式压滤机利用隔膜板和箱式滤板排列组成滤室，由输液泵产生较大压力，将工程泥浆输入滤室，利用隔膜压榨泵往压滤机隔膜板中注入高压水，利用隔膜张力对工程泥浆进行强力挤压脱水，再通过滤布等过滤介质实现工程泥浆的固液分离。当滤饼形成后，再向隔膜腔通入高压空气，充分压滤泥浆固体，降低泥饼的含水率。隔膜式压滤机在进泥后，滤液透过滤布排出，固体物质被滤布阻隔，形成含水率较低的干物质。高压隔膜压滤机应用于污泥处理，滤饼含水率最低已经做到 60% 以下，相比传统的带式压滤机，滤饼含固率最高可提高 2 倍以上。隔膜压滤机的过滤操作压力最高，常用的压榨压力为 1.2 ～ 1.6MPa。

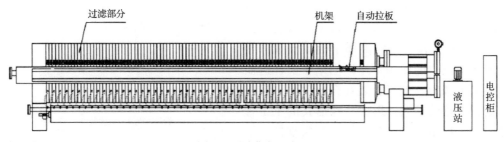

图 7-4　隔膜式压滤机

7.2.3　土工管袋法

土工管袋技术最初于 1957 年在丹麦被应用于堤坝建设中，当时的应用并不成功。该技术在 20 世纪 70 年代得到了进一步的发展。当时使用的材料是聚乙烯，并有内外两层。内层是用不可渗透的聚乙烯，外层是加有稳定剂的高密、高韧机织物，袋体中充填的是混凝土或水泥砂浆，将其凝结后形成板状防护块体用于坝体建设。现在的土工管袋是由聚丙烯或聚酯纱线编织而成的具有过滤结构的管状土工袋，尺寸可根据需要变化，最大长度可达 200m，具有很高的强度、过滤性能和抗紫外线性能（图7-5）。通过包裹砂类泥土、污泥，形成柔性、抗冲击的管状包容结构，可高效经济地对多种泥浆进行排水固结。

土工管袋技术具有以下优点：（1）占地少，能源消耗低，且无须设备维护；（2）无二次污染产生；（3）脱水周期时间短；（4）一次性处理量大，节省人工；（5）污染物截留率高，环保性能优越。目前，土工管袋技术已被应用到江河湖泊水库泥浆疏浚、市政污泥处理、工业污泥处理等环境保护领域以及用于堤防工程。江河湖泊水库疏浚泥浆、市政污泥和工业污泥的含水率较高，体量较大，土力学性质差，且存在较高的有机物和重金属污染。传统的处理方法为常规机械脱水、化学药剂固化后填埋、焚烧或直接填埋处理，导致处理成本较高。研

图7-5 土工管袋用于泥浆脱水

究表明，采用土工管袋技术能经济又快速地处理这些泥浆，使泥浆体积减少80%以上，同时从土工管袋中滤出水中的有害元素能够减少90%以上，达到了《中华人民共和国水污染防治法》和《中华人民共和国海洋环境保护法》中工业水的排放标准。因此，土工管袋脱水技术在工程泥浆脱水领域有广泛的应用前景。

土工管袋脱水技术用于工程泥浆脱水的工作流程如图7-6所示，主要分为充填、脱水和固结三个阶段。（1）充填阶段：把工程泥浆充填到土工管袋中，管袋充填后，袋内悬浮液体即开始脱水。为加速脱水速率，可投加絮凝剂促进固体颗粒固结；（2）脱水阶段：利用土工管袋材质所具有的过滤结构和袋内液体压力或变形等动力因素，使清洁水流从土工管袋中排出；（3）固结阶段：悬浮液体中的颗粒成分在自重及渗水压力的作用下逐渐固结密实，进而达到一定承载力。土工管袋在充分脱水、袋内固体颗粒充分固结后，形成特殊形式的土工管袋结构体，可用于修筑防浪堤、填筑坝体、加固堤防等，也可直接填埋。

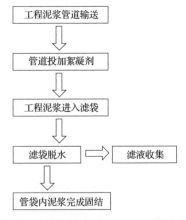

图7-6 土工管袋技术用于工程泥浆脱水的工作流程

利用土工管袋技术对工程泥浆进行脱水时受众多因素影响，其中主要因素有充填液体中的固体颗粒级配、含水率、制作管袋的土工织物等。固体颗粒越粗、级配越好的充填体，脱水固结越快；初始含水率越高，脱水效果越好；土工织物孔径越大，脱水越快，但充填固体颗粒流失越大；孔径越小，充填管袋内孔隙水压力越大，过大的压力超过织物抗拉力，将导致土工织物撕裂，管袋脱水失败。在管袋脱水固结过程中，管袋织物的渗透性并非保持不变，而是随时间减小，原因是土工织物的渗透性受其孔径和充填液体的含水率等因素影响。

7.2.4　典型工程案例

1. 采用卧螺式离心机处理工程泥浆

上海中心城区某在建工地桩基施工过程中工程泥浆的产出量为 800m³/d，其基本特性指标如表 7-2 所示。由于地处市中心，泥浆外运时间受到限制，且工地现场堆放泥浆的场地严重不足。

表 7-2　现场泥浆基本特性

泥浆种类	含水率（%）	泥浆密度（g/cm³）	pH 值	有机物（%）
工程泥浆	73.9	1.1	7.5	3.2

采用 LW900NY 型卧螺式离心机系统对产生的工程泥浆进行减量化处理（图 7-7）。该系统对工程泥浆的固液分离效果明显，处理量最高可达到 80m³/h。机组耗电总功率 300kW·h。原有含水率在 73.9% 左右的泥浆，减量为含水率 30% 左右的可堆放泥饼（泥饼的含固率在 68%～72%），减量率达到了 2/3 以上。工程泥浆经分离后，满足了直接堆放和采用普通土方车即可运输的要求。处理后的泥饼，有机物含量以及重金属含量都符合有关质量标准，除外运堆放填埋外，还可作为回填土、绿化用土等进行再利用。

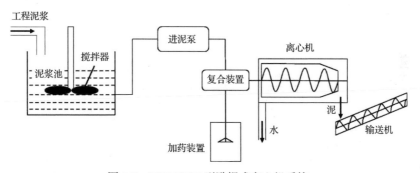

图 7-7　LW900NY 型卧螺式离心机系统

该项目工程泥浆离心脱水减量化处理的成本约为 33.85 元 /t，是原有的直接外运处理方式成本（130 元 /t）的 26%。如果将可回用的分离水也考虑在内，处理后产生成本是原有处理成本的 24.7%。

2. 采用板框压滤机处理工程泥浆

厦门市集美区某工程，建筑总高度 97.9m，建筑面积 221488m²，地下 1 层，地上 33 层，本工程共有 930 根冲（钻）孔混凝土灌注工程桩，261 根冲（钻）孔混凝土灌注支护桩，桩身混凝土量约 27000m³，约产生 80000m³ 的泥浆，每天产生泥浆 275m³。

该工程选用 1 台 30kW 的 1250 型板框压滤机对产生的工程泥浆进行处理。该设备处理泥浆的能力为：18m³/ 盘、每盘进料压滤卸料需要 20min、350m³/ 台班；一天一台班即可以处理完每天产生的泥浆量。采用的工程泥浆分离施工工艺如图 7-8 所示，主要步骤为：

（1）泥浆集中。将混凝土灌注桩施工中产生的泥浆引入 4m³ 容量的二级泥浆池，在 2h 内泵送至 30m³ 容量的一级泥浆池，2h 内泵送至压滤机的污泥浓缩反应罐。

（2）混合泥浆和絮凝剂溶液。为了提高生成泥饼的效率，选用阴离子聚丙烯酰胺为主要的添加药剂，该药剂包含的极性基能有效吸附水中悬浮的固体粒子，使粒子间架桥形成大的团状絮凝物，使泥浆中的泥、水初步分离。在反应罐中充分拌和泥浆和絮凝剂溶液，为避免过强的剪切力使分子链断裂，采用低速桨叶控制搅拌速度在 60r/min。在罐内充分拌和后静置。混合浆料在反应罐的静置时间设置为 10min，能达到泥、水初步分离的最佳效果。

（3）泥水分离。沉淀后的混合浆料经过高压污泥泵被输入压滤机，通过滤板、滤布的分层挤压，将泥、水彻底分离；当泵压达到 0.5MPa 时，放松压滤机的每块滤板，泥饼即制成。

（4）泥饼处理。经过泥浆分离处理后输出的泥饼，大小、含水量适中，可直接用于建筑回填土、施工绿化种植、烧制黏土砖等方面，可为工地文明施工和环境保护做出贡献。

（5）中水回收。水从压滤机中的滤板出液口流入接水槽，再统一汇入中水集中池。经过取样检测，泥浆分离输出的中水，不含对人体有害的成分、水质清澈、无刺激性气味，能直接排放到市政管网中，亦能用于农田灌溉、施工用水。

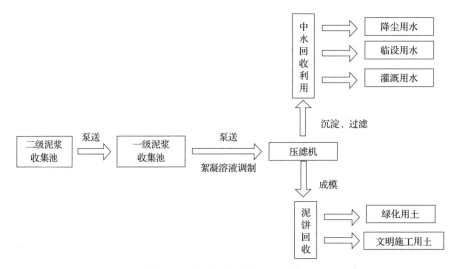

图 7-8　压滤机处理泥浆工艺流程

对工程泥浆脱水处理过程中存在以下问题：（1）一级泥浆池随着时间的延长，会出现泥砂淤积的现象，使泥浆失去流动性；需对泥浆池辅以机械搅拌装置，以解决泥砂淤积问题；（2）压滤机经过长时间的运行，出现泥浆残附、污染滤布、黏性增大等现象，导致泥饼无法自然滑落，需要人力辅助将滤室内的泥饼刮落，才能使泥饼滑落到收集装置中。这样不仅使泥浆分离效率大大降低，还可能存在安全隐患问题。

3. 离心机和压滤机联合处理工程泥浆

北江盾构穿越工程隧道全长 2233.8m，工程采用德国海瑞克公司（Herrenknec）制造的 AVND3080AH 泥水气压平衡盾构机。泥水平衡盾构是非开挖中的前沿技术，泥水处理系统作为盾构机的主要系统之一，在泥质砂岩和黏土地层施工时，对泥水处理系统的处理能力、效率和效果的要求更高。

泥水分离系统的主要设备是离心机。离心机共三套，其中 1 套成都西部石油装备有限公司生产，2 套由天津海威水务工程有限公司生产，设备性能指标见表 7-3。

表 7-3　离心机设备性能表

序号	设备型号	处理能力（m³/h）	排渣能力（m³/h）	分离粒径（μm）	功率（kW）
1	LW630×60BP-N	70	2.5	20	226
2	LW650×950END	70	6	20	210

　　由离心机组成的泥水分离系统可以将泥浆中的细小颗粒进行分离，但在高含泥地质条件的盾构掘进中，因设备处理能力及性能所限，很难将粒径小于等于 20μm 的颗粒进行分离，故本工程中将压滤机引入与离心机配套使用。压滤系统主要包括搅拌捅、储气罐、空压机、APN 型压滤机及其配套的 APN-SIX 专用隔膜泵、搅拌叶轮偏心配置的矿浆搅拌器、全自动型 EPS 助滤剂添加装置、滤饼专用破碎机，如图 7-9 所示。该压滤系统的技术指标如表 7-4 所示。

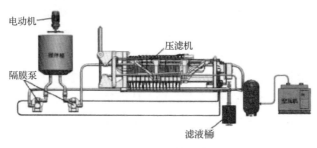

图 7-9　压滤系统示意图

表 7-4　压滤系统技术指标

滤饼水分（%）	<28
泥浆最大密度（t/m³）	1.4
滤饼数量	30
滤饼厚度（mm）	45
循环时间（min）	10～20
过滤容积（m³）	1
滤饼尺寸（mm）	1380×980

　　该工程在泥质砂岩及黏土地层中盾构机掘进量为 7 环 /d，工程泥浆产出量为 508.2m³/d。由于粉质黏土颗粒小、黏性大，颗粒小于 74μm 的占绝大多数，泥水分离系统分离困难，泥浆压滤系统承担了 80% 工程泥浆处理量。泥水分离设备出渣量约是 3.4m³/ 环，压滤系统出渣量约为 11m³/ 环。压滤系统日最大处理量，每小时能够完成 4 次压滤循环，废弃浆液处理量为 22.5m³/h，出渣量约为 5m³/h，每天大约产生泥饼 100m³，泥浆压滤系统满足盾构机在泥质砂岩及黏土层施工日掘进 10 环的要求。泥浆经过分离压滤后形成的泥饼含水率小于 30%，压滤出的液体呈 pH≈13 的碱性无色透明液体，达到泥浆零排放要求。

7.3　泥饼固化 / 稳定化处理

7.3.1　常用固化剂

　　通常采用化学固化剂对泥饼进行固化处理，泥饼与固化药剂反应后经过复杂的物理和化学变化，生成具有一定强度的固体，将其中的有害成分降低到最低限度，并限制其自由流动，或抑制其构成组分的迁移扩散，最终达到环境污染控制标准。常用的固化剂主要有水泥、石灰、粉煤灰等。

1. 水泥

水泥 pH 值比较高，在碱性条件下，泥饼中的重金属离子生成难溶于水的硅酸盐或氢氧化物等。此外，水化产物的包裹作用也固定了某些重金属离子，可以有效防止或减少重金属的浸出。

（1）水泥水化反应

当水泥与泥饼进行充分搅拌混合后，泥饼中的水分与水泥里的矿物成分发生水解和水化反应，生成一系列的化合物并放出一定的热量。硅酸三钙（$3CaO \cdot SiO_2$）的反应速度较快，生成水化硅酸钙胶体，以凝胶的形式析出，构成具有较高强度的空间网状结构，生成的氢氧化钙以晶体形式析出（式 7-1），这是泥饼强度提升的主要原因；硅酸二钙（$2CaO \cdot SiO_2$）的水化反应产物和硅酸三钙相同，但反应速度慢（式 7-2），铝酸三钙（$3CaO \cdot Al_2O_3$）水化速度最快（式 7-3），很快生成水化铝酸三钙晶体，该晶体接着与石膏反应，吸收大量自由水分，生成高硫型水化硫铝酸钙晶体（式 7-4），从而把大量自由水以结晶的形式固定下来。此外，铁铝酸四钙（$CaO \cdot Al_2O_3Fe_2O_3$）水化反应生成水化铝酸钙晶体和水化铁酸钙胶体（式 7-5）。

$$2(3CaO \cdot SiO_2)+6H_2O \longrightarrow 3CaO \cdot 2SiO_2 \cdot 3H_2O+3Ca(OH)_2 \qquad (7\text{-}1)$$

$$2(2CaO \cdot SiO_2)+4H_2O \longrightarrow 3CaO \cdot 2SiO_2 \cdot 3H_2O+Ca(OH)_2 \qquad (7\text{-}2)$$

$$3CaO \cdot Al_2O_3+6H_2O \longrightarrow 3CaO \cdot Al2O_3 \cdot 6H_2O \qquad (7\text{-}3)$$

$$3(CaSO_4 \cdot 2H_2O)+3CaO \cdot Al_2O_3+19H_2O \longrightarrow 3CaO \cdot Al_2O_3 \cdot CaSO_4 \cdot 31H_2O \qquad (7\text{-}4)$$

$$4CaO \cdot Al_2O_3Fe_2O_3+2Ca(OH)_2+10H_2O \longrightarrow 3CaO \cdot Al_2O_3 \cdot 6H_2O+2CaO \cdot Fe_2O_3 \cdot 6H_2O \qquad (7\text{-}5)$$

（2）离子间的交换和团粒化作用

水泥水化产物是胶体和晶体，其中含有 $Ca(OH)_2$ 和 Ca^{2+}、OH^-，当泥饼与水泥发生水化反应后的产物结合时会与析出的 Ca^+ 发生交换吸附，泥饼中的固体颗粒在此聚集。

（3）火山灰反应

随着水泥水化反应的不断进行，在碱性环境下，多余的 Ca^{2+} 与黏土颗粒表面的活性 SiO_2 和 Al_2O_3 发生化学反应，生成的水化硅酸钙（$CaO\text{-}SiO_2\text{-}H_2O$）胶体和水化铝酸钙（$CaO\text{-}Al_2O_3\text{-}H_2O$）晶体，提高了泥饼的强度和耐水性。

（4）碳酸化作用

$Ca(OH)_2$ 作为水泥的水化产物之一，其在与空气不断接触过程中持续吸收水分，并同空气中的 CO_2 发生化学反应生产 $CaCO_3$，因而泥饼的强度得到提高。

总之，水泥固化泥饼主要是通过水化反应形成的水泥石起网架作用，并通过水化产物 $Ca(OH)_2$ 的后续物理、化学作用进一步提高强度。水泥是最常用的固化剂，它的固化效果较好，但采用水泥固化泥饼时通常用量较多，成本较高。

2. 石灰

当石灰与泥饼充分混合时会发生一系列的物理化学反应，主要有石灰水解、氢氧化钙结晶、离子交换、碳酸化反应、火山灰反应等，从而达到对泥饼的固化作用。

石灰与泥饼中的水接触时，在水的参与下，分解成 Ca^{2+} 和 OH^-，Ca^{2+} 可以和 K^+ 和 Na^+ 发生离子交换反应，从而使胶体吸附层变薄，降低了电位，使黏土的胶体絮凝，泥饼达到初期的水稳性。当溶液中 $Ca(OH)_2$ 达到饱和状态时，结晶析出，$Ca(OH)_2$ 晶体与泥饼颗粒结合形成共晶体，将泥饼颗粒胶结成一个整体，进而使泥饼的水稳性得到较大的提升。$Ca(OH)_2$ 碳酸化反应是结晶的 $Ca(OH)_2$ 吸收空气中的 CO_2 反应形成 $CaCO_3$，而 $CaCO_3$ 具有较高的水稳性和强度，使泥饼的强度得到了进一步提高。$Ca(OH)_2$ 也会跟黏土颗粒表面含有的少量活性氧化硅和氧化铝反应，生成不溶于水的水化硅酸钙胶体和水化铝酸钙晶体，将土颗粒胶结起来，可以在一定程度上提高泥饼的强度和耐水性。

石灰生产工艺简单、价格便宜、施工操作方便，且固化反应的原理也比较清楚；但石灰固化泥饼耐水性较差，遇水容易溃散。

3. 粉煤灰

粉煤灰用来做固化剂时主要利用其火山灰性质，通过生成水硬性胶凝物质使泥饼凝结成稳定的固化物，从而达到工程泥浆固化处理的目的。

（1）粉煤灰的火山灰性质

火山灰性质是指材料在常温下与水接触时，本身不与水发生水化反应，或者水化反应很弱，当在硫酸盐激发剂（$CaSO_4 \cdot 2H_2O$）或碱性激发剂（$Ca(OH)_2$）等的激发作用下发生水化反应，生成水硬性胶凝材料。

（2）粉煤灰的吸附作用

粉煤灰主要由硅、铝、钙、铁等元素的氧化物和一些微量元素氧化物以及未燃炭组成，常温下呈颗粒状。这些颗粒多呈海绵状、多孔状，一般来说，粉煤灰为密实带釉质的玻璃体，比表面积较大，吸附性能较高。

粉煤灰的固化效果较好，且价格低廉，易操作。粉煤灰的水化速度与氧化钙含量关系很大，高钙粉煤灰通常加水后能有比较强烈的水化反应，而低钙粉煤灰水化反应则比较弱。

7.3.2　泥饼固化后的基本特性

泥饼经固化处理后，其含水率通常在 40% 以下，多呈硬塑状，以宁波市某地泥饼固化为例，从表 7-5 中可以看到，经过固化处理后的泥饼，其体积大大缩小，减容比通常大于 60%；泥饼固化前呈流塑状态，力学性质极差，内摩擦角一般在 3°～5° 左右，固化后的泥饼其内摩擦角通常大于 15°，提高至少约 3～4 倍；其压缩系数及渗透系数都有一定程度的提高，提高程度约为一到两个数量级；其 7d 无侧限抗压强度大于 100kPa。

表 7-5　泥饼性能参数表

项目	参数
处理后即时含水率（水 / 总质量比）	≤ 40%
减容比（相比进料泥饼体积减少）	≥ 60%
抗剪强度	内摩擦角 $\phi > 15°$
压缩系数	$<0.05Pa^{-1}$
渗透系数	$<10^{-4}cm/s$
7d 无侧限抗压强度	$>100kPa$

图 7-10　固化前

图 7-11　固化后

7.3.3　利用途径及技术要求

泥饼一般具有较高的强度，遇水不软化、不泥化，运输不漏洒，能够大幅减少堆存占地，具有较高的力学指标和稳定的环保指标。泥饼的资源化利用途径主要有以下几个方面：

（1）沿海开发地区进行围海造陆，可大量消化泥饼。围海造陆主要通过淤泥吹填、土方回填等方式进行造陆作业，如天津滨海新区南疆港区，主要以港池疏浚底泥吹填至围海造陆区域，经沉淀后形成陆域。工程泥浆与疏浚污泥物理性质具有一定的相似性，可作为造陆材料加以综合利用。

（2）在某些施工现场，原有建筑拆除后会产生大量的拆除垃圾，同时桩基等工程开挖也会伴随产生大量的工程泥浆，将其外运处置会给项目施工带来较大的负担，若能够将拆除垃圾与工程泥浆就地进行混合处理后再进行循环利用将会带来巨大的经济效益。

以基坑开挖为例，基坑围护体系中水平支撑梁拆除破碎后会产生大量的混凝土碎块，同时钻孔灌注桩施工会产生大量的护壁泥浆废料，若将产生的泥浆进行一定程度的固化处理后与拆除垃圾碎块混合后应用于基坑的回填过程中，分批分层回填于地下室基坑中，泥饼可填充于混凝土碎块间孔隙，同时吸附、包裹在块石外表面，形成具有一定黏度的膜，避免地面渗水浸泡对混凝土造成侵蚀危害，再经排水、自沉、碾压，则会形成密实、稳定的回填料。

以桥梁施工为例，桥背回填料可采用废弃砂性泥饼和废弃泡沫颗粒，采用水泥进行固化处理，水泥质量取废弃砂性泥饼质量的 10% ~ 20%，废弃泡沫颗粒体积占废弃砂性泥饼体积的 30% ~ 60%。其中，泥饼起到骨架作用，水泥起到固化泥浆沉渣的作用，废弃泡沫颗粒起到降低回填料自重的作用，三者固化后进行桥背回填，具有成本低廉、节约资源和易于推广的特点。

泥饼资源化利用之前，应根据其具体用途进行有害物质检测，检测合格或无害化处理后予以再生利用。应当注意的是，若泥饼固化后用于回填、覆盖或绿化用土时，其含水率不宜大于 30%。

7.3.4　典型工程案例

2015 年之前，宁波市工程泥浆的处理方法是用槽罐车运到临时中转码头，装船后运至深海倾倒。该处理方式原始落后，产生了许多问题：一是费用高、效率低，施工紧张时，槽罐车昼夜运输尚不能满足施工进度要求；二是施工现场环境恶劣，槽罐车在运输途中也常因泥浆水漏洒在城区干道上而污染市容环境。

工程泥浆运输及倾倒过程中，涉及水利、城管、海事、港航、海洋等管理部门，各部门权限分散，协同配合不够，监管力量和手段不足，执法效果不理想；另一方面工程泥浆偷排对运输企业具有巨大的吸引力，从而致使偷排现象普遍，造成三江河道淤积日趋严重（图7-12），河道行洪能力不断下降，水质日益恶化。

图 7-12　宁波三江口工程泥浆违法倾倒造成河道淤泥堆积

2015 年开始，宁波市有关部门提出采用以下技术方案对工程泥浆进行了固化处理，技术流程如图7-13所示。添加的复合材料主要有：FSA 泥沙聚沉剂（The Flocculating-settling Agent for Sediment），它是一种聚沉悬浮泥沙等微粒的线性水溶性聚合物专利产品，可协助实现泥水的即时分离；HEC 高强高耐水土体固结剂（High Strength and High Waterproof Earth Consolidator），它是一种无机水硬性胶凝材料，其活性组分直接渗入被固结材料基本单元的相界面，激发被固结材料中铝硅酸盐活性，利用多组分复合产生超叠加效应，使之形成多晶聚集体。HEC 水化产物被固结材料基本单元黏结成为牢固的整体，从而产生较高强度和水稳定性。利用复合材料对泥浆进行调理调质，辅助机械脱水，将其迅速分离成清水和泥饼，并完成对重金属、微生物、细菌等有害物质的固结、消毒或钝化。

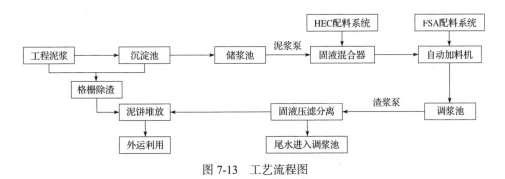

图 7-13　工艺流程图

2019 年 5 月，宁波市住房和城乡建设局出台了文件《宁波市中心城区建筑渣土源头减量实施方案》，提出要严格落实工程泥浆源头固化处理，实现工程泥浆减量化、资源化。工程占地规模 20 亩（含）以上或建筑面积 10 万 m² （含）以上的房屋建筑工程和城市轨道交通工程，应在工地内设置泥浆固化处理设备，实现泥浆就地固化；其他工程应委托泥浆固化处置点集中固化。固化泥浆满足填料性能要求的，可作为填料用作回填，不满足要求的，按《宁波市建筑渣土资源化利用技术导则（暂行）》的规定进行改良处理用作回填。

7.4 工程泥浆砂石分离及再利用

7.4.1 砂石分离工艺

1. 砂石分离技术

我国工程泥浆砂石分离的处理技术主要经历了以下几个阶段：

初始阶段：三级沉淀。搅拌站工程泥浆处理的传统方法——企业大多建造几个沉淀池，泥浆在池内经过自然沉淀或者药剂辅助沉淀，沉淀池上清液外排或者回用。利用自然重力沉淀，耗时长、池体空间大，占用场地大；利用药剂辅助沉淀会导致水体被引入新的化学成分，影响上清液回用，较少采用。

发展阶段：先三级沉淀，再砂石分离。采用砂石分离机对经过三级沉淀的工程泥浆进行砂石分离，分离的石子和砂子直接回用，上清液作为降尘用水或处理站场地清洗用水，沉淀池底泥经脱水干燥处理，收集后外运到指定地点。此方法环境污染隐患较大，且外运费用高昂。

现阶段：砂石分离后再进行压滤。为解决三级沉淀所带来的诸多问题，在砂石分离机的基础上引入压滤机，对砂石分离机产生的废浆水采用压滤机处理，将清水和废渣快速分离，不用设置沉淀池，处理效率高，环境效益显著，符合国家可持续发展理念。

2. 砂石分离机原理

砂石分离机由电机、输送泵、振动筛、中储箱、反冲控制阀、蓄浆池、旋流器等部件组成，如图 7-14、图 7-15 所示。

图 7-14　砂石分离机

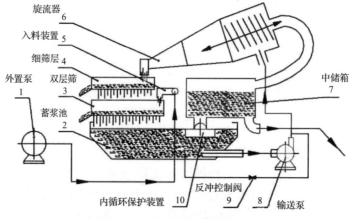

图 7-15　砂石分离机结构组成

工作原理：当泥浆由进料口进入砂石分离机，开启外置控制泵驱动叶轮在水槽中圆周性转动，从而将水槽中的砂石或矿渣颗粒物料在水中搅拌、翻转、淘洗并使受水物料在叶轮中脱水后排出。

工作过程：泵将泥浆输送至旋流器，离心分级浓缩的细砂经沉砂嘴提供给振动筛，经振动筛脱水后，细砂与水有效分离，少量细砂、泥等经返料箱再回到清洗槽，洗槽液面过高时，经出料口排出。

7.4.2　利用途径

1. 分离后的废浆水

分离后的废浆水可用于降尘或场地清洗用水，也可用于工程现场搅拌机等设备的清洗。

2. 分离后的砂石

工程泥浆经砂石分离机处理后产生的砂石可用作混凝土的再生产及实心砖的制备。

（1）用于混凝土再生产

分离后的砂石适用于各类房屋建筑、市政工程、公路交通工程中无特殊要求的普通预拌混凝土。

（2）用于制备混凝土实心砖

多数预拌混凝土企业采用泥浆分离后产生的砂石生产混凝土实心砖。其工艺流程主要包括浆水压滤、物料混合搅拌、压制成型、保湿养护四个步骤。浆体存放时间、压滤浆体含水率、水泥外掺量、浆体与砂石骨料的质量比是影响砖体质量的重要技术参数。有实践证明，浆体存放时间不大于30h、压滤浆体含水率为 45% ～ 50%、水泥外掺量为 50 ～ 100kg、浆骨比为 1∶2.5 ～ 1∶3.0 条件下，生产的混凝土实心砖具有良好的抗压强度和抗冻融性能。

7.4.3　典型工程案例

某泥浆处理站采用砂石分离机对工程泥浆进行砂石分离处理，并对分离后的产物进行资源化利用。砂石返回混凝土生产系统再利用生产混凝土，砂石分离后产生的浆水用于制砖，生产流程如图 7-16 所示。该工艺流程的组成系统主要包括：砂石分离机、沉淀池 / 搅拌池、配料系统、搅拌系统及制砖模具等。泥浆沉淀系统由并列布置的 3 个沉淀池和 1 个搅拌池组成。前两个沉淀池作为一级沉淀池使用，第三个沉淀池作为二级沉淀池使用；搅拌池内部装有搅拌装置和泥浆泵，搅拌装置用于生产时防止泥浆沉淀；泥浆泵用于往搅拌机里输送泥浆；配料系统主要由砂配料系统、水泥配料系统、发泡剂配料系统组成，主要用于制砖浆料的配置。

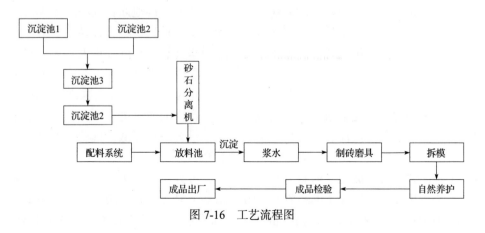

图 7-16　工艺流程图

工程泥浆由沉淀池经管道抽入泥浆沉淀池 1、沉淀池 2 进行沉淀，沉淀约 8 ～ 10h 后，抽出表面清水。然后将底部泥浆抽至沉淀池 3 进行二次沉淀，沉淀约 10 ～ 15h 后，抽出表面清水。抽出的清水由原管道返回至砂石分离清水池，用于场地冲洗。生产前，将沉淀池 3 中的泥浆抽至泥浆搅拌池中进行搅拌，搅拌池中的泥浆浓度约为 40% ～ 60%，若浓度过高，可在搅拌过程中加入适量清水，若泥浆浓度低于 40%，可适当增加沉淀池 3 中的泥浆沉淀时间。泥浆搅拌充分后注入砂石分离机进行砂石分离，同时计算该批次分离后的浆水用于制砖时所需配料量，将配料输送至配料系统。配料及分离后的浆水全部进入放料池后启动出料泥浆泵，控制出料管口，将混合泥浆装入各模具中。装好后对模具中的泥浆上面抹光。待 2h 后再进行二次抹面。模具中的混合泥浆静置 20h 左右方可进行拆模。此时的加气块砖已经有一定强度。拆模后的加气块砖搬运至自然养护室，进行自然养护，养护 28d 后，即可销售出厂（图 7-17）。采用此处理方法生产的产品为水泥加气砖，该产品可直接使用于建筑物的非承重墙体，其强度等级符合国家标准对加气砖的要求。

图 7-17　用工程泥浆制作的加气砖

7.5　本章小结

近年来，在国家和地方主管部门以及行业专家学者的共同努力下，工程泥浆的减量化和资源化利用水平均得到了大幅提升。

（1）工程泥浆的减量化处理必须遵循低消耗、低排放、高效率的原则，以可持续发展理念为核心，因地制宜，在规划、设计和施工环节做到源头减量、就地固化。在工程泥浆减量化评价中应考虑将"是否按法规要求明确处置原则""是否按区域特点明确处置去向"和"是否按项目特点明确处置费用"作为衡量标准，并通过层次分析法、专家打分法等进行系统评价。

（2）工程泥浆脱水减量处理方法主要有离心法、压滤法、土工管袋法等。离心脱水法处理效果好、占地面积小、现场卫生条件好、自动化程度高、后期维护简单，但电耗稍高、噪声较大、处理能力低。压滤法处理能力强、运行费用较低、占地面积较少、噪声污染小，但其自身结构较复杂、需要经常进行调试、对工人操作要求较高、滤布容易发生堵塞、运行时产生较大气味。土工管袋法占地少、能源消耗低、脱水周期短、处理量大、无二次污染，但其脱水效果受固体颗粒级配、含水率、土工织物性能等因素影响显著。在实际工程中应综合考虑泥浆产出量、场地条件、投资成本等因素选用适宜的设备对工程泥浆进行脱水处理。

（3）通常采用化学固化剂对工程泥浆脱水处理后产生的泥饼进行固化处理，常用固化剂有水泥、石灰、粉煤灰等。泥饼经固化处理后，含水量进一步降低，抗剪强度显著提升，可用于围海造陆、工程回填、制砖、覆盖或绿化用土等。

（4）工程泥浆经过沉淀池、砂石分离机处理后，可分离出石子、砂子、沉淀池底泥、上清液等。石子可用作制备混凝土的粗骨料、道路路基填料等；砂可用作制备混凝土、砂浆的细骨料；上清液可用于现场设备清洗、混凝土拌和用水等；沉淀池底泥经脱水干燥处理后，可用于制作水泥砖、改良为种植土等。

　　然而，目前我国对工程泥浆的处置仍以直接填埋或简易处理后填埋为主，先进的处置技术因程序复杂、技术难度大、耗资较高等原因而难以推广利用。面对逐年递增的工程泥浆产出量和日益加剧的环境负担，推广工程泥浆的减量化和资源化利用技术，维持工程建设与环境友好之间的可持续发展，是一件刻不容缓的工作。上述目标的实现，需要政府部门、建设单位和科研工作者从以下几个方面共同努力：1）政府部门需要制定并推行相应的泥浆减量化处置政策及法律法规以整顿行业现状；2）建设单位应当重视当前工程泥浆乱填乱放所带来的危害，树立起责任意识，逐步推进工程泥浆处置方式向减量化和资源化发展；3）科研工作者们应当进一步探索更经济、更高效、更环保的工程泥浆减量化处置技术。

参考文献

［1］ 侯世全，李刚，马华滨，刘建华，洪蔚. 泥浆处理设备概述［J］. 铁道劳动安全卫生与环保，2009，36（01）：7-10.

［2］ 张大群. 污泥处理处置适用设备［M］. 北京：化学工业出版社，2012.

［3］ 徐佩佩. 工程泥浆高效综合脱水技术研究［D］. 南京：东南大学，2015.

［4］ 邓玲. 厢式隔膜压滤机污泥深度脱水过滤特性研究［D］. 长沙：中南大学，2014.

［5］ 费逸华，周成蹊. 离心机系统在工程泥浆减量化过程中的应用［J］. 建设科技，2015（05）：106-107.

［6］ SLOAN D S, PELLETIER R A, LOTHROP T L. A Comparison of Sludge Dewatering Methods-A High-Tech Demonstration Project［J］. Proceedings of the Water Environment Federation, 2002, 9:76-90.

［7］ 陈聪. 机械加压污泥脱水机的研究［D］. 北京：北京化工大学，2010.

［8］ HE Pinjing, SHAO Liming, GU Guowei, et al.Research on a clean-up and disposal process for polluted sediments from urban rivers［J］. Journal of Environmental Sciences, 2001, 13(4):435-438.

［9］ 张树凯，陈清锁，廖潇，张娜. 压滤机技术在越江隧道盾构施工中的应用［J］. 工程建设与设计，2013，4：134-136.

［10］ Drury D D, Berch C, Lee R, et al. Comparison of Belt Press VS. Centrifuge Dewatering Characteristics for Anaerobic Digestion［J］. Proceedings of the Water Environment Federation, 2002(9):123-130.

［11］ 游永锋，唐高洪，唐纵雄. 越海盾构泥浆压滤处理施工技术［J］. 隧道建设，2012，32（S2）：227-232.

［12］ 李阳，高宇，丁明明. 施工现场工程泥浆减量化处置的研究［J］. 建筑科技，2017，1（4）：46-48.

［13］ 沈夏磊，蔡海迪. 压滤机在混凝土灌注桩次生泥浆消纳中的应用［J］. 建筑施工，2017，39（06）：844-846.

［14］ PAWAR, P.D., KUMAR, A., AHIRWAR, S.K. et al. Geotextile Tube Assessment Using Hanging Bag Test Results of Dairy Sludge［J］. International Journal of Geosynthetics and Ground Engineering, 2017, 3(3): 23.

［15］ 朱远胜. 土工管袋及其应用前景［J］. 纺织导报，2005（12）：75、76，78，92.

［16］ 郭雪. 建筑废泥浆离心脱水处理工艺设计及工程实践［J］. 建筑施工，2016，38（03）：335-337.

［17］ 吴海民，束一鸣，常广品，等. 高含黏（粉）粒土料充填管袋高效脱水技术［J］. 水利水电科技进展，2018，38（01）：19-27，35.

［18］ 王淦. 卧螺离心机与带式压滤机的比较［J］. 工业用水与废水, 2002（01）: 36-38.

［19］ 胡承雄, 马华滨. 京沪高速铁路工程泥浆处理现场试验［J］. 铁道劳动安全卫生与环保, 2009, 36（03）: 112-115.

［20］ 罗伟. 钻井工程泥浆固化路基材料性能研究［D］. 成都: 西南石油大学, 2015.

［21］ 陈亮. 建筑桩基工程泥浆处理技术［D］. 重庆: 重庆交通大学, 2016.

［22］ 张勇. 地下工程基坑围护泥浆固化施工工艺［J］. 建筑施工, 2017, 39（08）: 1152-1153.

［23］ 杨维国. 废泥浆固化技术在岩土工程施工中的运用探究［J］. 绿色环保建材, 2016（10）: 122.

［24］ 雷鸣洲. 工程泥浆固化土强度特性研究［D］. 淮安: 安徽理工大学, 2018.

［25］ 石振明, 薛丹璇, 彭铭, 陈亿军. 泥水盾构隧道工程泥浆改性固化及强度特性试验［J］. 工程地质学报, 2018, 26（01）: 103-111.

［26］ 储诚富, 郭坤龙, 叶浩, 等. 一种固化回收废弃砂性泥浆沉渣制得的桥背回填料及其配制方法［P］. 中国专利: CN106431143A. 2017-02-22.

［27］ 王琛贤. 地铁围护结构施工中工程泥浆泥水分离技术研究［D］. 西安: 西安理工大学, 2016.

［28］ 王胜. 废泥浆固化技术在深基坑工程施工中的应用［J］. 科学技术创新, 2018（33）: 100-101.

［29］ 高翔. 废泥浆固化技术在岩土工程施工中的运用［J］. 建材与装饰, 2016（08）: 188-189.

［30］ 刘翔. 厚层碎石回填土钻孔灌注桩施工［J］. 建筑工人, 2003（03）: 22-23.

［31］ 章小玲, 高逸峰, 朱勇勇, 等. 混凝土支撑碎块与护壁泥浆废料在深基坑回填中的应用［J］. 浙江建筑, 2019, 36（02）: 30-32+43.

［32］ 胡承雄, 马华滨. 京沪高速铁路工程泥浆处理现场试验［J］. 铁道劳动安全卫生与环保, 2009, 36（03）: 112-115.

［33］ 石振明, 薛丹璇, 彭铭, 陈亿军. 泥水盾构隧道工程泥浆改性固化及强度特性试验［J］. 工程地质学报, 2018, 26（01）: 103-111.

［34］ 潘娅红, 周向阳, 吴阳. 台州湾钻孔灌注桩废泥浆脱水试验研究［J］. 科技通报, 2015, 31（01）: 100-102.

［35］ 王贵和, 刘宝林, 夏柏如. 岩土工程施工废泥浆固化技术研究［J］. 探矿工程（岩土钻掘工程）, 2005（09）: 10-11+14.

［36］ 张冠华. 一种泥饼固化新方法的探索与固化机理探讨［D］. 西南石油大学, 2014.

［37］ 岳军. 粉煤灰及硅粉掺量对饱和混凝土抗压强度的影响［J］. 林业科技情报, 2016, 48（02）: 127-128.

［38］ 卢琦淮, 陈益, 蔡瑛. 废泥浆烧结高性能节能砌块研究［J］. 墙材革新与建筑节能, 2013（04）: 39-40.

［39］ 陈源, 王加灿, 韩建刚. 海南红黏土废泥浆固化处理技术研究［J］. 海南大学学报（自然科学版）, 2014, 32（01）: 74-79.

［40］ 崔永峰, 李钟玮. 废弃钻井泥浆无害化处理与评价方法的研究［J］. 北方环境, 2013, 25（12）: 77-78+82.

［41］ 孙卫国, 张冠军, 任翔, 陈进. 建筑弃土（泥浆）改良技术研究与应用［J］. 地下工程与隧道, 2015（04）: 34-37+58.

［42］ 宋佳明. 桥梁施工中工程泥浆的处理分析［J］. 技术与市场, 2013, 20（07）: 159.

［43］ 席社. 铁路桥梁施工工程泥浆处理的实用技术研究［J］. 铁道标准设计, 2012（07）: 132-134.

[44] 张晓龙，贺少武，杨文涛，等. 钻井工程泥浆减量化和无害化处理标准分析 [J]. 中国石油和化工标准与质量，2017，37（19）：5-6.

[45] 张吉，李广慧，王雯婧，等. 环境影响评价中工程泥浆处置去向及对环境影响的浅析 [A]. 2011 中国环境科学学会学术年会论文集（第三卷)[C]. 2011.

[46] 陈涛，王任，焦永乐，等. 混凝土搅拌站废泥浆处理新方式——利用废泥浆制作加气块砖 [J]. 商品混凝土，2016（3）：45-46.

[47] 杨永俊，徐勤畅，施妙泉，等. 特别策划：混凝土废浆水回收利用问题探讨 [J]. 商品混凝土，2019（5）：1.

[48] 李兴文. 城市工程泥浆处理技术及资源化利用新途径——以宁波市为例 [J]. 再生资源与循环经济，2015，8（12）：39-41.

第8章　规划减量化

8.1　国内外研究综述

随着中国城市化的快速发展，城市建设步伐随之加快。另一方面，中国城市发展已经迈入存量更新时代，城市更新迅速，建筑垃圾也不可避免的增多。建筑垃圾具有体积大、数量多、成分复杂等特点，随意堆放将侵占大量的建设用地，还可能危害公共安全、污染土地及水资源等。"建筑垃圾围城"问题凸显，已成为现阶段影响城市生态可持续发展的严重的"城市病"。但随着重视程度的提高和科学技术的发展，越来越多的建筑垃圾能够转化为可再生利用的资源，建筑垃圾减排及资源化利用，具有良好的生态效益、社会效益，更会产生显著的经济效益。因此，要打造高品质的城市环境，提升市民的生活质量，做好建筑垃圾的源头减量工作已是迫在眉睫。

城市规划对于建筑垃圾的源头减量化策略研究具有重要价值，将城市规划体系结合建筑垃圾减量化、资源化的工作统一进行，更加有利于从上层做出指导、从源头控制污染，减少资源开采、制造和运输成本，减少对环境的破坏，比末端治理更为有效，是解决建筑垃圾问题的根本所在。同时可以从更加宏观的角度考虑建筑垃圾在减量过程中产生的生态效益、社会效益和经济效益，对于城市的可持续发展具有重要意义。

8.1.1　国外研究现状

英国、法国、美国、日本、新加坡等国家经济发达，基础设施建设完善，较早地进入了城市化，因此比我国更早地面对了建筑垃圾的困扰。这些国家在建筑垃圾的源头减量和末端资源化方面积极探索，不断完善相关法律法规，开展公众教育，公民对建筑垃圾的源头减量化的意识也较强。

1. 日本

日本国土面积小，资源匮乏，因此非常重视建筑垃圾的源头减量化和资源化。日本的城市规划体系分为土地使用规划、城市公共设施规划和城市开发计划三个层次，建筑垃圾治理规划的相关内容在城市公共设施规划和城市开发计划中都有涉及，在城市公共设施规划中确定了相关指标和设施的选址和布局，在城市开发计划中明确治理目标和控制指标。

日本通过在建筑物设计方面尽可能减少建筑垃圾的产生及最大程度地推进回收利用，很多地区建筑垃圾的回收回用效率达到了99%以上。在改造工程中，住宅小区实现了对建筑垃圾的完全处理。政府采用多种优惠措施帮助建筑垃圾再生产品提高市场占有率，包括设立了维护基金、市场调节、与建筑企业签订合同协议、技术设备资助等。不仅投入基金专门用于政府特定的建筑垃圾资源化处理场的设施维护；更通过有效控制建筑开发商排放建筑垃圾的总量；同时对建筑垃圾资源化企业实施设备技术支持，推进建筑垃圾的减量化与资源化。

2. 美国

美国的城市规划体系分为发展规划和开发控制两个层面，从发展规划层面确定建筑垃圾处理设施得到建设要求及内容；从开发控制层面确定建筑垃圾处理设施的具体要求和布局。

美国建筑垃圾的源头减量化工作开展的最早，目前美国建筑垃圾资源化产业世界领先，其产品通过在建筑和交通领域中的广泛应用，建筑垃圾中的废旧混凝土和沥青可达到全部资源化回收。同时，美国的《超级基金法》采用生产者责任延伸制度，各行业对自身产生的垃圾进行处理，使得建筑垃圾源头化的处理更具象，更准确到个人、企业。

美国对全国建筑垃圾资源化处理场实行税收优待，各项税费均有减免优惠，同时还可以享受金融机构的低息低额贷款，以保障建筑垃圾资源化处理产业的快速发展。同时美国采取政府采购的方式扩展建筑垃圾资源化产品的使用率，对于不按规定实施政府采购的地区，联邦审计局有权对其进行经济处罚。

3. 德国

德国是世界上最早制定垃圾循环经济方面法律的国家。德国城市规划体系分为土地利用规划和建造规划两个层次，相当于我国总体规划和控制性详细规划。在土地利用规划中，明确建筑垃圾处理目标和设施用地相关要求，在建造规划层面对建筑垃圾减量化与资源化相应指标进行了控制。

德国政府对建筑垃圾资源化企业有一定的拨款支持，由国民税款和环保收费通过政府编制财政预算来发放。此外，还有一些积极推进循环经济的大型跨国企业向德国政府捐款用以支持建筑垃圾资源化产业。同时，通过经济杠杆来推进循环经济，如果每名公民每年交纳一定量的建筑垃圾处置费，则可享受专业的建筑垃圾清运团队来实施的建筑垃圾的资源化处理服务。另外，政府对非法处置建筑垃圾的单位和个人处以每 1t 建筑垃圾 500 欧元的罚款。

4. 新加坡

新加坡城市规划体系分为战略性规划、总体规划和开发控制规划，这三个层面都对建筑垃圾治理工作提出了相关要求，并在相应层面确定了目标与控制指标。新加坡的建筑垃圾处理注重源头的减量化。建筑工程广泛推进绿色建筑设计和绿色施工理念，2005 年新加坡实行绿色建筑标识计划，从节水、节能、环保、室内环境、创新等维度对热带建筑进行评估，目的是鼓励建筑物的可持续发展。在 2009 年推出了绿色与优雅建筑商计划（Green and Gracious Builder Scheme，自愿认证），对建筑从业单位和职员进行管理，对公共安全以及扬尘和噪声控制等多维度进行考评。

在新加坡高昂的建筑垃圾堆填处置费下，承包商和建筑垃圾资源化处理场共同进行了两次建筑垃圾的分类回收。建筑工程施工承包方在建筑工地中直接将可用的废旧金属材料、废砖石就地回收，部分直接销售，部分用于工地建设或路面铺设等，不能就地回收的建筑垃圾交由建筑垃圾处置公司处理，对建筑垃圾资源化处理。将剩余建筑垃圾精细分类，对不同材质的建筑垃圾进行有针对性的资源化利用。

新加坡采用多种经济手段推动建筑垃圾资源化产业的发展，例如财政补贴、科研拨款、特许经营、税费减免和巨额罚款等。5 家特许经营的建筑垃圾资源化处理公司由政府低价出租土地，授权分区进行全国建筑垃圾的分类回收、转运及资源化工作。特许公司每五年进行评估，如达不到规定标准，国家环境局会处以罚金或吊销特许经营资格的处罚。

8.1.2　国内研究现状

由于我国城市化发展的进程晚于西方发达国家，因此我国对建筑垃圾的相关研究比西方发达国家晚了几十年。1980 年之后，我国专家学者才开始对建筑垃圾进行研究。国家及地方政府出台了一系列有关建筑垃圾减量化及资源化利用的法律法规，制定了相关政策以促进建筑垃圾的综合利用，构成了我国建筑垃圾的法规管理体系。但是值得注意的是，我国对建筑垃圾管理的法规大多停留在末端资源化的角度，较少出台实行源头减量策略的法规。

1. 香港

香港在废弃物管理注重源头的减量，在建筑垃圾管理的层面分为五层：避免产生废物（Avoidance）——尽量减少废物（Prevention）——废物再造（Recycling and reuse）——废物处理（Treatment）——废物弃置（Disposal）。根据香港环境署的管理计划，首先从源头发力，尽量减少建筑垃圾的产生，其次对建筑垃圾采取分类回收并实行资源化的处置，实现建筑垃圾资源的重复利用，实在不能利用的建筑垃圾再进行填埋处置。

香港环境保护署 2016 年颁布建筑垃圾处置收费计划以推动建筑垃圾的源头减量，计划规定建筑垃圾的产生者包括建筑施工企业、装修工程企业和房屋所有人，需预先向环境署开立账户并通过账户交费后才可以使用政府设置的建筑垃圾处置设施。

2. 深圳

深圳市对建筑垃圾的管理开展得比较早，截至目前共出台了十几项针对建筑垃圾源头分类、合理清运、资源化处置以及建筑垃圾资源化产品的利用推广的管理政策。在 2009 年实施的《深圳市建筑垃圾减排与利用条例》是国内第一次提出建筑垃圾管理的原则是减量化、再利用和资源化，目的是实现减少建筑垃圾的排放，推动建筑垃圾低额资源化利用。

深圳市的《深圳经济特区建筑节能条例》和《深圳市建筑垃圾减排与利用条例》等文件要求市政府对建筑垃圾资源化的科研技术提供资金支持，并支持示范工程的开工建设。深圳市还通过低价出租土地和税收减免等措施扶持建筑垃圾资源化产业的发展。

3. 北京

北京市《关于全面推进建筑垃圾综合管理循环利用工作的意见》中指出，要以拆除性建筑垃圾为重点，对拆除性工程要编制拆除计划，控制盲目拆除，落实减排责任。同时，制定建筑垃圾再生产品使用标准，推动建筑垃圾资源化、产业化发展。建设单位要将建筑垃圾处置方案和相关费用纳入工程项目管理，可行性研究报告、初步设计概算和施工方案等文件应包含建筑垃圾产生量和减排处置方案。工程设计与施工单位应根据建筑垃圾减排处理有关规定，充分考虑土石方挖填平衡和就地利用，优化建筑设计，科学组织施工。另外，要加快工程槽土消纳市场化运转体系建设，促进循环利用。将建设工程使用建筑垃圾再生产品列入推荐使用的建筑材料目录、政府绿色采购目录，促进规模化使用。

《北京市绿色建筑行动实施方案》提出，推广适合工业化生产的预制装配式混凝土、钢结构等建筑体系，加快发展预制和装配技术，提高技术集成水平，推广建筑信息模型管理技术。自 2019 年以来，通过有关部门统筹规划，采用政企合作推进模式，开展建筑垃圾处置和资源化产品利用工作。拆除建筑垃圾的 95% 可生产再生骨料，其中大部分已通过场地平整、地面硬化和再销售等方式使用。

总体来说，我国在建筑垃圾利用方面与发达国家的差距还很大，相关的法律制度和设计实施指导仍处于完善之中，实践中仍存在对建筑垃圾循环利用率不高等问题。对比发达国家的对建筑垃圾减量化的思路来看，目前国内建筑垃圾管理主要集中在建筑垃圾的末端治理，未将建筑垃圾减量落实到空间规划和空间管理中从源头控制建筑垃圾的产生和排放。因此，城市规划体系下的建筑垃圾减量化模式有待探索。我们在积极学习外国经验的时候应该充分结合我国正在加快建设社会主义国家的这一特殊时期的实际情况，从城市规划的角度通过科学合理的规划探讨城市规划体系下的建筑垃圾资源化发展途径。

8.2　城乡建筑垃圾规划减量体系构建

8.2.1　我国城乡发展现状

1. 建筑垃圾建法律环境

2002 年全国人大常委会通过了《中华人民共和国清洁生产促进法》，其中第二十四条：建筑工程应当采用节能、节水等有利于环境与资源保护的建筑设计方案、建筑和装修材料、建筑构配件及设备。建筑和装修材料必须符合国家标准。禁止生产、销售和使用有毒、有害物质超过国家标准的建筑和装修材料。

2003 年国标《城市环境卫生设施规划规范》（GB 50337—2003）的 4.8 提到，城市建设中产生的大量建筑垃圾和工程渣土虽然在一般情况下是无毒无害的，但若任其堆放仍会对城市环境造成不利影响，其填埋场也不宜设置在城市规划建成区内。

2009 年行标《建筑垃圾处理技术规范》（CJJ 134—2009），其中 4 提到，建筑垃圾减量应从源头实施，并宜就地利用和回收。建筑垃圾宜按不同的种类和特性实现逐步分类收集。收集方式应与末端处置方式相适应。

2013 年国务院办公厅转发国家发展改革委、住房城乡建设部制定的《绿色建筑行动方案》（国办发〔2013〕1 号）的第 3 章重点任务中，提到建筑垃圾相关内容，方案表示严格建筑拆除管理程序，推进建筑垃圾资源化利用。

2015 年颁布的《固定式建筑垃圾资源化处置设施建设导则》（京建发〔2015〕395 号）中第 2 章第 6 条：建筑垃圾资源化处置设施建设规模的确定应与建筑垃圾来源预测和再生产品销售市场预测相适应。第 10 条：建筑垃圾资源化处置设施的设备选型应满足工艺设计要求，具备一定抗冲击负荷能力，优先选用高效节能、环保低噪声设备，采购宜立足于国内。

2016 年工信部和住房城乡建设部联合颁布了《建筑垃圾资源化利用行业规范条件》（暂行）《建筑垃圾资源化利用行业规范条件公告暂时办法》，对建筑垃圾的生产企业和布局、生产规模和管理、资源综合利用及能源消耗、工艺与装备提出了要求。

2017 年发改委提出了《关于推进资源循环利用基地建设的指导意见》，其中提到促进垃圾分类和资源循环利用，推动新型城市发展。建筑垃圾方面提到基地与城市垃圾清运和再生资源回收系统对接，将再生资源以原料或半成品形式在无害化前提下加工利用，将末端废物进行协同处置，实现城市发展与生态环境和谐共生。

2018 年发改委和住房城乡建设部联合出台了《关于推进资源循环利用基地建设的通知》。加快推进资源循环利用基地建设，主要包括基地的公共基础设施及平台项目、各类再生资源循环利用项目等。

2. 建筑垃圾处理技术

建筑垃圾并不是真正的垃圾，而是放错了地方的"黄金"，建筑垃圾经分拣、剔除或粉碎后，大多数可以作为再生资源重新利用。例如：废钢筋、废铁丝、废电线等金属，经分拣、集中、重新回炉后，可以再加工制造成各种规格的钢材等，这都使得建筑垃圾再生具有利用率高、生产成本低、使用范围广、环境与经济效益好的突出优势。建筑垃圾回收处理技术进入中国比较晚，但是有关建筑垃圾处理的技术其实早在设备成型之前就已经逐步完善。所以，从技术上来看，国内设备并不逊于国外产品。建筑垃圾减量化处理技术有以下几种：

（1）建筑垃圾资源化再生技术

重点研究建筑垃圾的分类与再生骨料处理技术、建筑垃圾资源化再生关键装备、再生产品高品质化技术，形成建筑垃圾再生成套工艺与设备，建立完善先进的建筑垃圾回收、再利用体系。

（2）建筑垃圾资源化利用技术

研究再生混凝土及其制品关键技术、施工关键技术、再生无机料在道路中的关键技术，以及新型再生建筑应用技术，形成有关的产品标准、设计以及施工规范。

（3）再生混凝土高性能化利用

重点研究再生混凝土高性能化制备技术、应用技术，再生混凝土耐久性控制技术、长期性能等，实现全产业链覆盖整合。

3. 我国建筑垃圾处理面对的问题

（1）法律制度不健全。

（2）建筑垃圾分类收集、处理不到位。

（3）资源化利用率不高，处理方式落后。

（4）建筑垃圾处置随意危害性大。

（5）不完善的行业产业链。

（6）土地资源缺，选址要求高。

8.2.2 城乡建筑垃圾治理目标

城市总体规划的编制思路要随着城市化的发展不断更新，满足新时期城市发展需要。在总体规划的编制过程中，在城市总体控制目标和各刚性控制指标中应涵盖建筑垃圾源头减量化和资源化的内容，在宏观层面对建筑垃圾源头减量化的相关内容进行规定，实现城市发展目标的与时俱进，减少建筑垃圾的源头排放，最终建成可持续发展的城市。

1. 控制目标

在城市总体规划的编制过程中，要注重因地制宜地解决各城市的实际问题，根据不同城市的城市化的发展阶段，对城市建设量和拆迁量进行合理估算，以此来制定城市建筑垃圾源头减量化和资源化的控制目标。在总体规划中制定规划期内可行的建筑垃圾源头减量目标，例如建筑开挖剩余渣土减排目标、拆除建筑垃圾减排目标、建筑装修垃圾减排目标等。

我国建筑物的设计使用年限一般为 50～70 年，但是由于城市规划的编制与城市建设发展的不同步，城市发展方向及目标经常调整，建筑物常常未达到使用年限就被拆除。因此在总规编制过程中，要充分考虑现状问题、已有规划、周边关系、未来挑战等因素，科学地制定规划区内的各项公共服务设施、市政公用设施、环境质量等方面的配套建设等总体指标，保证规划对城市的发展建设指导的合理性和有效性，延长既有建筑的使用寿命。

2. 控制指标

城市总体规划中的指标包括原则性的约束性指标和预期性指标，用于指导下一层次的控制性详细规划的编制，在制定总规控制指标时不需要制订出各详细指标的数据，仅制订城市发展各方面总体的指标即可，要有一定的弹性，以保证控制指标在后期详细规划中可根据规划区实际情况进行相应调整。总体规划具有法律效力，是中观和微观层面的城市规划、城市设计编制的指导性文件，可在总体规划中设置建筑垃圾源头减量相关的条款，对建筑垃圾源头减量、资源化、各类用地绿色建筑比例等进行规定，不必深入细节，只进行宏观要求，中观及微观层面的城市规划即可将相应的建筑垃圾源头减量相关指标进行分解并落地实施。

8.2.3　建筑垃圾源头减量化规划

1. 建筑垃圾源头减量化施工模式

建筑垃圾源头减量化施工模式是指施工单位在整个施工过程中要贯穿建筑垃圾"降在源头"的这个系统理念，在设计和施工组织方面采取措施，利用优化的施工组织措施将建筑垃圾削减化。

2. 减量化措施

（1）与城市规划编制体系相协同

在宏观层面，主要强调与城市总体规划衔接，在既有的总体规划体系中明确与建筑垃圾源头减量相关的内容，并补充建筑垃圾治理规划新增的相关要求，重点在于绿色可持续理念的融入、减量目标的确定及明确建筑垃圾处理设施空间布局。宏观层面重点是对建筑垃圾总体治理目标、建筑垃圾处理设施空间布局提出要求，确定建筑垃圾资源化利用率、无害化处理率等总体指标，明确建筑垃圾治理的总体方案。

在城市规划中观层面，建筑垃圾源头减量主要与控制性详细规划衔接，现阶段控规与建筑垃圾源头减量衔接的内容不足，缺乏实际操作性。控规涉及的内容十分广泛，如建筑垃圾减量化指标的控制、设施布局等都是建筑垃圾源头减量的重要内容，在此阶段应注重指标的控制，协调好各城市系统的关系。在控规中应将建筑垃圾减量的总体目标、控制指标进行细化分解，将具体指标与控规的指标体系相结合，以此让建筑垃圾源头减量管控常态化。

在微观层面，主要与修建性详细规划衔接，加强对规划用地的调研分析，分析建筑垃圾处理设施周边环境及运输线路，合理规划场地的布局、绿地设计等内容，科学布置建筑垃圾处理设施，进一步细化、落实总规、控规的相关控制指标，并加强建筑垃圾处理设施建设运营后期的审查工作，以此指导具体的开发。

（2）优化施工方案，减少建筑垃圾产生

在砌筑和浇筑之前进行工程量的计算，并将计算结果的相关数据制成卡片式的牌子挂在搅拌点；对负责搅拌的工人进行交底，严格控制水泥、水、砂石等组分的比例；利用散装水泥、预制砂浆和混凝土；砌筑前根据不同部位的砌筑面积和砌块、砖的尺寸进行排布，做到材料最有效的利用。要求钢筋加工工长严格监管钢筋加工，合理安排同型号尺寸不同的钢筋的加工，充分利用下脚料，减少其加工错误和浪费；对施工工人进行节材教育，及时归整模板和各种钢构件，防止变形、生锈，延长其使用寿命。建筑垃圾源头减量化控制应根据不同的建筑情况，科学地采取相应的优化措施来降低建筑垃圾的产生。

（3）提前对建筑垃圾产生量进行未来预测

未来预测还要根据城市及当地环境现状展开，主要围绕未来城市建筑垃圾的发生特性与发生量进行预测，构建预测数学模型，对城市建筑垃圾排放进行多元化计算，最后得出未来预测结果。这有利于城市进行未来的建筑垃圾处理处置规划。

（4）加快制定城市建筑垃圾治理专项规划

制定规划时，应该首先把建立城市建筑垃圾信息化管理数据库纳入规划，注重在源头对建筑垃圾进行分类的废弃物管理总体规划。先进国家的经验表明，城市建筑垃圾管理规划的科学性与实施的高效性，与可靠的建筑垃圾种类、数量和处理成本等数据有着很强的相关性，精准的数据不仅有利于各级政府科学地编制建筑垃圾管理的战略规划，还有助于保证全国范围或者区域范围城市建筑垃圾回收利用体系建设的科学性、前瞻性与联动性，为企业在城市建筑垃圾回收、处理以及再生利用等相关产业的投资决策提供基本的数据支撑。

制定规划时还应吸收先进国家多年来的城市建筑垃圾管理的成功理念，注重建筑垃圾综合管理规划的可持续性以及城市建筑垃圾最小化的规划。尽可能地让主要利益相关者都参与到规划中来，即从建筑垃圾产生点到最终处置之间的所有规划过程中来，以做好城市建筑垃圾管理的短期、中期以及长期规划。

（5）加大绿色建筑和装配式建筑的占比，提高居住舒适性

装配式预制构件可附加建筑物需要的多种功能，如保温隔热、装饰装修，可在工厂采用自动化设备生产，降废显著，可采用清水混凝土、自密实混凝土等绿色混凝土生产预制构件。

3. 建筑垃圾源头减量的意义

传统施工过程中建筑垃圾未进行分类收集、运输和处理，导致可直接重新利用的建筑垃圾被浪费，而且增加了运输和处理量。实施源头减量化模式，将会在很大程度上削减建筑垃圾的外排量，减少因填埋占用的宝贵土地和开山取石、河道采砂等对自然环境造成的负面影响，更加强了建筑材料的循环使用，社会效益巨大。又由于减少了建筑垃圾翻挖、处置及清运等工序，大大减少了新材料的用量，实现尽可能地节约资源、保护环境。在资源严重匮乏的今天，对创造一个节约型、环境友好的社会氛围，有着十分重大的现实意义。

8.3 建筑垃圾分类预测

8.3.1 工程渣土预测

1. 工程渣土定义

工程渣土是指建设单位、施工单位新建、改建、扩建和拆除各类建筑物、构筑物、官网等过程中所产生的弃土、弃料、淤泥、余渣等固体废弃物。工程渣土预测以沈阳市地铁建设和综合管廊建设为例。

2. 工程渣土预测

据有关资料介绍，经对砖混结构、全现浇结构和框架结构等建筑的施工材料损耗的粗略

估计，在每 1 万 m² 建筑的施工过程中，建筑废渣就会产生 500 ～ 600t。若按此测算，我国每年施工建设所产生和排出的建筑废渣就有 5000 万 t。地下基础工程产生的建筑渣土量更是惊人，例如南京市 2014 年修建地铁产生的建筑渣量达 100 万 t。

建筑垃圾中土地开挖产生的表层土和深层土是建筑垃圾中资源化利用程度最高、操作工艺最简便的建筑垃圾之一，其中表层土可用于种植，深层土主要用于回填造景等。将这些建筑垃圾充分资源化利用，了解其产生量是必不可少的过程。

3. 沈阳市地铁建设渣土预测

沈阳市自 2005 年启动建设沈阳地铁 1 号线和地铁 2 号线，总里程为 54.96km 的两条线路已载客运营。2017 年沈阳地铁 3 号线、6 号两条线路也会获得批准，3 号线、6 号线的总长度为 75km。除此之外，沈阳地铁的 9 号线、10 号线、4 号线已建设，2020 年时通车总里程将达到 160km。预计 2023 年建成通车，沈阳地铁的通车里程将增加到 235km。未来，含 7 条已经批准的地铁线路，总计规划了 13 条主要地铁线路，全部建设完成之后，沈阳地铁通车总里程近 610km。

我国地铁工程的建设中隧道直径主要约为 6m，其中盾构机直径一般约为 6300mm，沈阳地铁主要采用由北方重工集团生产的盾构机，其盾构直径为 6280mm，整机长达 80m，重 400 多 t。按照沈阳地铁建设规划，每条线路要盾构出两条隧道，供两个方向的地铁列车运行。根据国家规范规定：地铁车站根据施工地点的具体情况采用明挖法、盖挖法、暗挖法，其土方工程的量较大。我们按照地铁盾构直径计算盾构面积，再乘以线路长度来计算产生的渣土总量，整体产生量统计计算时，因为缺少车站建设产生的渣土量，所以此处计算时不需要乘以折减系数，整体的计算总量是偏于保守的。即：地铁工程渣土总量 = 隧道盾构横截面积 × 地铁线路长度。具体各年份地铁工程渣土产生量见表 8-1，则预计 2023 年左右的渣土总量为 14550730m³，2023 年与远期规划线路的渣土总量约为 37773695.08m³。

表 8-1　沈阳市地铁工程渣土生产出量统计表

年份	地铁线路	盾构横截面积（m²）	线路长度（km）	是否双线路	渣土总量（m³）
2010	1、2 号线	30.959	54.96	是	340013.28
2018	4、9、10 号线	30.959	160	是	6503866.72
2023	3、6 号线	30.959	75	是	4643850.00
远期规划	5、7、8、11、12、13 号线及一些线路的支线	30.959	375.06	是	23222965.08
	2023 年与远期规划线路				

4. 沈阳市综合管廊建设渣土预测

沈阳市是全国首批综合管廊试点城市，在老城区规划建设干线综合管廊 88km，同时布置支线管廊 94km，过街缆线管廊 66km；规划新城区主管廊 157.9km。2011 年，在浑南新城启动了第一条地下综合管廊工程，该管廊工程全长 22.3km，横截面 6.4m×3m，一期管廊于 2012 年竣工。2016 年启动了另外三条综合管廊，即南运河综合管廊、铁西新区综合管廊、五爱街（南北二干线）综合管廊、沈阳市综合管廊。

工程渣土或淤泥产生量详见 8-2，所有管廊合计渣土或淤泥的产生量约为 1424544.03m³。

表 8-2 沈阳市综合管廊工程渣土或淤泥生产出量统计表

年份	项目	横截面积（m²）	线路长度（m²）	渣土或淤泥总量（m²）
2011	浑南新城地下综合管廊一期	19.2	22.3	428160
2016	浑南新城地下综合管廊二期	19.2	10	192000
2016	五爱街综合管廊	63	2.313	145719
2016	南运河综合管廊	30.175	12.828	387090.03
2016	铁西新城综合管廊	30.175	9	271575
合计				1424544.03

8.3.2 工程泥浆预测

1. 工程泥浆定义

泥浆是一种由水、膨润土颗粒、黏性土颗粒以及外加剂组成的一种悬浊体系，由膨润土或黏性土与水配制而成，一般来说，按体积比计算，水占 70% ~ 80%，固体颗粒占 20% ~ 30%。工程泥浆主要应用于建筑及桥梁桩基工程、地下隧道盾构和一些非开挖工程的施工中，用来平衡井壁压力，保护孔壁稳定、冷却钻头、携带钻渣。施工过程中，由于钻渣混入，泥浆性质发生改变，当不能满足规定的使用要求时则废弃。

2. 工程泥浆预测

据统计，我国建筑泥浆的产生量每年为数亿立方米，仅南京就产生 1000 多万 m³，"十二五"到"十三五"期间南京市主城区建筑泥浆的平均申报量约为 120 万 m³，考虑江宁、浦口等地的建筑泥浆，预计将达 220 万 m³；温州 2008 年单由施工工地产生的废弃泥浆量为 80 ~ 100 万 t 左右并呈现逐年大幅上升的趋势；宁波 2011 年的废弃泥浆产生量高达 2000 万 t；揭阳市每天产生 1.5 万 m³ 的建筑余泥、2000t 渣土，一年下来，这些余泥渣土可以填满 3 个北京工人体育场。

8.3.3 工程垃圾预测

1. 工程垃圾定义

工程垃圾大多为固体废弃物，一般是在建设过程中产生的。不同结构类型的建筑所产生的垃圾的各种成分虽有所不同，但其基本组成是一致的，主要是由土、渣土、散落的泥浆和混凝土、剔凿产生的砖石和混凝土碎块、打桩截下的钢筋混凝土桩头金属、竹木材，各种包装材料和其他废弃物等组成。

2. 工程垃圾预测

从 2006 年至 2014 年间，我国建筑业房屋施工面积呈指数增长，由此可见，我国的建筑垃圾数量也很可能呈指数化快速增长趋势。2015 年，我国建筑业房屋施工面积略有下降，但基本与 2014 年持平。

从存量来看，过去 50 年，中国至少生产了 300 亿 m³ 的黏土砖，这在未来 50 年大多会转化成建筑垃圾；我国现有 500 亿 m² 建筑，未来 100 年也大都将转化为建筑垃圾；从增量来看，2006 年全国建筑业房屋施工面积为 41.02 亿 m²，而到 2015 年全国建筑业房屋施工面积为 123.97 亿 m²，年均增长率为 13%。

据测算，每 10000m² 建筑施工面积平均产生 550t 建筑垃圾，建筑施工面积对城市建筑垃圾产出量的贡献率为 48%，则各年度施工面积对应的建筑垃圾量见表 8-3。

表 8-3　2006-2017 年间建筑业房屋施工面积及其对应建筑垃圾产生量

年份	建筑业房 191 屋施工面积（亿 m²）	对应建筑垃圾产生量（t）
2006	41.02	4.7
2007	48.2	5.52
2008	53.05	6.08
2009	58.86	6.75
2010	70.8	8.12
2011	85.18	9.77
2012	98.64	11.31
2013	113.2	12.97
2014	124.97	14.32
2015	123.97	14.2
2016	126.42	14.49
2017	131.72	15.93

8.3.4　拆除垃圾预测

1. 拆除垃圾定义

建筑物拆除垃圾的组成与建筑物的种类有关：废弃的旧民居建筑中，砖块、瓦砾、混凝土块、渣土约占 80%，其余为木料、碎玻璃、石灰、金属、包装物、防水材料、各类电线、塑料制品等；废弃的旧工业、楼宇建筑中，混凝土块约占 50%～60%，其余为金属、砖块、砌块、塑料制品等（表 8-4）。对不同结构形式的建筑工地，垃圾组成比例略有不同，而垃圾数量因施工管理情况不同在各工地差异很大。

表 8-4　建筑物拆除垃圾的组成与建筑物的种类

垃圾组成	占比（%）		
	砖混结构	框架结构	框架 – 剪力墙结构
碎砖（碎砌块）	30～50	15～30	10～20
砂浆	6～15	10～20	10～20
混凝土	8～15	15～30	15～35
桩头	—	8～15	8～20
包装材料	5～15	5～20	10～15
屋面材料	2～15	2～5	2～5
钢材	1～5	2～8	2～8
木材	1～5	1～5	1～5
其他	10～20	10～20	10～20
合计	100	100	100
单位建筑面积产生垃圾量（kg/m²）	50～200	45～150	40～150

2. 拆除垃圾预测

资料显示，拆除每 1m² 建筑约产生 0.7t 建筑垃圾，例如南宁市拆除某立交桥产生了约 1000m³、220000t 的建筑垃圾。而中国一家住宅建筑公司在拆除工程的统计中表明，每 1m²

住宅大约产生 1.35t 的建筑垃圾。因此，依据年更新改造建筑面积每 $1m^2$ 产生 1.35t 的建筑垃圾，可以推算出更新改造的建筑垃圾年产出量。

拆除垃圾产生量计算公式：

$$V_2 = A_2 \times C_2$$

上述公式中，V_2 是拆除垃圾产出量；A_2 是拆除面积；C_2 是拆除垃圾的单位面积产出量系数，即建筑拆除产出量＝拆除面积 × 拆除垃圾的单位面积产出量系数。预测拆建垃圾产出量关键因素是单位面积产生量系数，根据中国建筑工业出版社出版的《建筑施工手册》中确定的单位建筑面积建材用量可以获得各结构类型的拆除建筑单位面积产生系数，以此为基础预测拆除垃圾产生量。

8.3.5 装修垃圾预测

1. 装修垃圾定义

随着建筑物种类和建筑材料的不断发展，建筑垃圾的组成也发生了改变，例如北京市建筑装潢垃圾的比率就由 2001 年的 5%，提高到 2005 年的 8%。从侧面也说明新开工商品房及住宅建筑量有了较大增长。2005 年北京市建筑垃圾中，建筑装潢垃圾 300 万 t，占全市垃圾总量的 8%。

2. 装修垃圾预测

据统计，1997 年上海市的建筑装潢垃圾约为建筑施工垃圾总量的 10%。随着人均收入和生活水平的不断提高，人们对于房屋的装潢要求越来越高，由此产生的建筑装潢垃圾也随之不断增加。因此，以建筑施工垃圾年总产出量的 15% 来推算建筑装潢垃圾的年总产出量。

建筑装修产生垃圾量的计算公式为：

$$V_1 = A_1 \times C_1$$

上述公式中，V_1 为装修垃圾产出量；A_1 为装修面积；C_1 为装修垃圾单位面积产生系数，即装修垃圾＝装修面积 × 单位面积产生系数。

假设装修面积＝当年现有房屋建筑面积 ×10%；居民住宅、公共类建筑垃圾产生量分别按每 $1m^2$ 0.1t、0.2t 计算，住宅类建筑和公共类建筑在我国建筑所占比率约为 60% 和 40%，可预测出我国装修垃圾年产生量。

8.4 建筑垃圾处理设施规模、选址与布局

在城市建筑垃圾处理过程中，主要根据建筑垃圾处理处置设施的布局情况，以及具体设施的功能用途，划分处理任务。在此过程中，建筑垃圾处理处置设施自身布局的合理性会对其回收利用率及处理成本等产生较大影响。通过采用科学的分析和设计方法，可以为建筑垃圾处理处置设施的布局优化提供参考。从而将建筑垃圾的分配、转运，通过空间上的规划和管理，依托科学、合理地规划，延长源头减量控制时限，拓展规划减量控制范畴。

8.4.1 转运调配

转运调配系统的功能主要是将建筑垃圾集中在特定场所临时分类堆放，根据需要定向外运。其网点的布置应在保证覆盖设定的全部回收区域的前提下，考虑现有及未来可能的建筑

分布情况，在兼顾建筑集群的同时保证网点均匀分布，满足大规模的回收也方便小规模的散户交送建筑垃圾，同时还要兼具回收功能，对来自各个收集点的建筑垃圾支付相应的成本，并按照分类处理系统和再分配系统的处理利用要求分类存放，根据各分类处理站的运应情况，合理安排建筑垃圾的存储、运输和调度。

建筑垃圾的最终处理方式有很多种，不同处理方法之间的成本也不尽相同，如何合理地根据不同建筑垃圾的材料选择处理方式是垃圾处理厂转运调配的主要方面。

1. 建筑垃圾转运站的选址

对于城市建筑垃圾转运站而言，在选址过程中，不仅要考虑其作用、功能是否能够满足区域内的垃圾处理需求，而且还要考虑垃圾转运站的建设，是否会对周围的环境造成影响，采用最优的设计，降低建筑垃圾转运站的建设成本，提高整个项目的经济效益。具体体现在以下三个方面：

（1）对于全年无休的建筑垃圾转运站，在进行地址选择时，应考虑有良好供电、排水的区域，以便于建筑垃圾有效运转。

（2）为了缩短建筑垃圾转运的距离，建筑垃圾转运站应设置在距离建筑垃圾产出量较多区域的位置，同时保持附近交通的便利性，以便于建筑垃圾运输车完成转运。

（3）重视环保理念，尽可能地避免设置在居住小区、办公场地附近，可以选择在市政公共区域或者工业厂区内。减少建筑垃圾转运站的臭气、噪声、污水以及蚊虫对周围居民产生影响。

2. 建筑垃圾转运站建设原则

（1）符合城市的发展规划：在进行城市建筑垃圾转运站建设过程中，除了确定其地址之外，其建设规模还需要满足城市发展以及交通运输的要求。通过调研建筑垃圾产生的规律，合理地设计建筑垃圾转运站，以提高城市建筑垃圾处理效率。

（2）全面建设原则：在建筑垃圾转运站布局设计过程中，应采取有效的施工设计来降低对周围居民的影响。比如在设计建筑垃圾车运输路线时，可以结合当地的交通拥堵情况，合理地安排运输车的出车时间以及间隔。同时还需要结合建筑垃圾转运站所处区域的地形地貌特点，合理地对其结构进行设计，以有效污水和雨水。

（3）保持工艺先进性原则：在进行建筑垃圾转运站建设过程中，应当积极提高工艺的科技化含量，引入先进的转运设备，采取有效的措施实现建筑垃圾转运站的除臭、降尘、去污等功能，确保建筑垃圾转运站的正常运行，减少对周围生态环境的影响。

（4）外观和谐原则：在进行建筑垃圾转运站设计过程中，还需要结合周围的环境以及建筑物特点，降低建筑垃圾转运站的臭味、噪声、污水以及蚊虫滋生问题。例如通过绿化设计，来隔离建筑垃圾转运站的噪声污染，减少其对周围环境的影响。

8.4.2　填埋场

1. 建筑垃圾填埋场的环境效应

建筑垃圾填埋场的环境效应主要体现在渗滤液对周边地表水和地下水的污染问题。

（1）建筑垃圾填埋场渗滤液特性

美国曾对 21 个建筑垃圾填埋场渗滤液的 305 项指标（242 种有机组分、26 种无机组分、37 项常规组分）进行了监测，其中 212 项未检出。

与生活垃圾填埋场相比，建筑垃圾填埋场渗滤液的化学需氧量（COD）及总有机碳（TOC）均要低得多，一般为数百 mg/L，其 COD 及 TOC 主要来源于建筑垃圾中的废纸板、废木材，因为废纸板和废木材在厌氧条件下可溶出木质素和丹宁酸并分解生成挥发性有机酸。建筑垃圾填埋场封场初期，由于废混凝土中含有大量的水化硅酸钙和氢氧化钙，渗滤液呈强碱性，pH 值高达 11；当废混凝土中的水化硅酸钙和氢氧化钙完全溶出后，渗滤液的 pH 值一般稳定在 7 左右。建筑垃圾填埋场渗滤液的氨氮、COD、TOC 等含量要远远低于生活垃圾填埋场渗滤液，因而其危害性要远远小于生活垃圾填埋场渗滤液。

（2）建筑垃圾填埋场渗滤液的危害性

美国对 21 座建筑垃圾填埋场渗滤液的 305 项指标监测结果表明，有 23 项指标对人体健康构成危害，建筑垃圾填埋场渗滤液很多指标达到人体健康承受值的数倍甚至上千倍。

（3）建筑垃圾填埋场的水环境效应

建筑垃圾填埋场渗滤液的特性决定了其对周边水环境的潜在影响。美国在 20 世纪 90 年代曾对 10 座不同背景（建筑垃圾组成、填埋场水文地质条件、环保措施等）的建筑垃圾填埋场的水环境污染情况进行了调查。从相关调查结果可得出，如果建筑垃圾填埋场不采取任何环保措施（如防渗、表层覆盖、地表水导排等）或所采取的环保措施不当（如表层覆盖层厚度太薄、衬底水力渗透系数太大、防渗层厚度不够等），很可能对周边的地表水和地下水造成污染。

2. 建筑垃圾填埋场场址选择原则

城市建筑垃圾处理场厂（场）址选择是一个综合性很强的工作。它是以国家现行文件为指导，在上级主管部门下达有关建厂（场）的指示精神下，对备选几处厂（场）址进行技术、经济、环境以及人身体健康等各方面的比较，从中选择一个建设投资少、运营费低、建设快，并具有最佳环境效益和社会效益的厂（场）址。根据城市周边的地势和自然条件情况，以天然谷地作为填埋场场址为最佳。

城市建筑垃圾卫生填埋场场地的选择需满足以下条件：

（1）建筑垃圾填埋场场址的设置既要符合当地城乡建设总体规划要求，又要满足当地城市环境的专业规划要求，尽量符合城市环境、卫生事业发展规划。

（2）建筑垃圾填埋场对周围环境最好不产生影响，即使对周围环境存在影响也要不超过国家相关规定的现行标准。

（3）建筑垃圾填埋场应与当地的水土资源保护、大气保护、自然保护以及生态平衡的要求相一致。

（4）填埋场应具备充足的库容，使用年限为 10 年以上，并应充分利用天然地形以增大填埋库容。

（5）填埋场的地点应交通方便，并且运距合理。

（6）厂址征地费用较低，方便施工。

（7）厂址应选择在人口密度较低，且土地利用价值较低的地点。

（8）厂址应位于当地城市的夏季主导风向的下风向，且距人畜居栖点 500m 以外为宜。

（9）厂址要尽量设在地下水流向的下游，最好远离水源。

同时填埋场选址时应避开下列地区：

（1）国务院和国务院有关主管部门及省、自治区、直辖市人民政府划定的生活饮用水源地、风景名胜区、自然保护区以及其他需要特别保护的区域。

（2）居民密集居住地区。

（3）直接与航道相通的地区。

（4）地下水的补给区、淤泥区以及洪泛区。

（5）活动的断裂带、坍塌地带、石灰坑、地下蕴矿带及熔岩洞区。

8.4.3　资源化利用厂

建筑垃圾资源化利用工厂的总体规模直接决定了总投资，资源化利用工厂总体规模的选择和确定往往决定了整个项目的命运和未来的运作效率。投资主体的回报主要靠收取建筑垃圾处理费，因此合理的项目规模有利于经济效益的产生和城市环境的改善。反之，如果规模不当，那么整个项目处在规模不经济状态，或者不能完成建筑垃圾处理任务，或者造成产能浪费，最终都会导致项目失败。

1. 建筑垃圾资源化利用厂选址影响因素

（1）产出量及预测产出量

建筑垃圾产出量是决定建筑垃圾资源化利用工厂整体规模的重要考察指标，建筑垃圾资源化利用工厂通常通过分期规划，通过近期、中期和远期的需求大小确定每个时期相应的建设规模；因此，应根据建筑垃圾资源化利用工厂建设的需要，在确定建筑垃圾产出量的基础上，并采用相应的预测模型，预测近期和远期建筑垃圾产出量。通过对建筑垃圾产出量的预测，还不能确定整个建筑垃圾资源化利用工厂的整体规模，因此，应当将其他众多因素考虑进来。

（2）建筑垃圾收集率

建筑垃圾收集率是指在所有规划范围内的建筑垃圾，能够通过各种方法收集到的比例。建筑垃圾资源化利用工厂的规划规模，应当充分考虑到当地建筑垃圾总量和垃圾收集率，即：建筑垃圾资源化利用工厂处理规模 = 收集率 × 建筑垃圾产出量。

2. 总体规划的调整

在经济快速发展的过程中，环境、资源与整体规划之间的矛盾日益严重。所以，早期对建筑垃圾资源化利用工厂的投资及规模进行研究时，必须根据相应的规划指标做出对应的修改。在确定整个项目的规模时，应当充分考虑当前建筑垃圾的产出量来确定短期项目规模，而远期规划则应按照未来建筑垃圾资源化利用工厂的处理规模，要有长远打算。

8.5　建筑垃圾资源化利用规划

8.5.1　工程渣土利用规划

1. 构建工程渣土减量化系统

以"改造性再利用"的开发方式改造城市。"改造性再利用"就是保持建筑的基本特征，挖掘建筑的最大潜力，给旧建筑以新的活力。对一项"改造性再利用"工程的开发，首先要将内容分为历史、建筑、技术等方面；其次是研究新功能；然后找出两者之间最佳的匹配关系。匹配的原则是满足新功能的要求，保持旧建筑的特征，结构上合理，经济上可行，维护上方便，使建筑进入新的良性循环。"改造性再利用"可以从根本上减少工程渣土的产生量。

以可持续发展理念设计城市建筑。首先在建筑的设计方案上应使建筑物不易受到损害，使用耐久性更好的建材，从而使建筑物更经久耐用；其次在结构设计上应少产生建筑垃圾，即没有建筑垃圾、没有零头料、没有不能重新使用的辅料，这就要求设计人员在建筑过程中，对建筑材料和建筑构件有准确的把握，或使用统一标准的建筑材料和构件；再次应考虑建筑物将来的维修和改造时便于施工，且建筑垃圾较少；最后也应考虑建筑物在未来拆除时，建筑材料和构件能够再生利用。

2. 建立建筑企业内部的工程渣土循环系统

通过科技手段化废为宝，充分利用智力资源，形成对自然资源能够多次重复利用的良性循环。对工程渣土采用机械和人工相结合方法进行分类，根据工程渣土情况与回收利用需求，可回收利用的尽量回收利用。

对回收的普通混凝土，骨料粗的可以完全和部分替代石子，细的可以代替砂子，对混凝土的磨细物可作为再生混凝土的添加料；废旧砖瓦可以作为类结构轻骨料混凝土及其构件的原料，也可以作为再生烧砖瓦、免烧砌筑水泥的原料；废旧高铝水泥混凝土可以制作再生耐火骨料、再生高铝矾土和再生混凝土膨胀剂。对于道路改造建设，尽可能回收利用沥青，重新利用于道路建设；对道路废混凝土也可以采用以上的工艺流程重新运用于道路建设中。

3. 构建城市建筑渣土利用系统

城市是"一个典型的开放的复杂巨系统"，建筑工程渣土的产生量是与城市建设深度和广度紧密联系在一起的。因此，城市主管部门应将建筑工程渣土与其他自然资源一样来对待，对建筑单位无法完全利用、排放的建筑工程渣土，应与城市建设、城市及周边地区的生态环境建设和景观建设结合起来，统一规划和建设；将排放建筑渣土的单位和需要建筑工程渣土的单位有机地结合起来。同时也应该规划好建筑工程渣土的排放地，以免产生建筑工程渣土排放难的问题，也可以避免由此产生的一系列环境和社会问题。

各地政府也应将储备的土地作为临时渣土处置场地，按经济规律对储备的土地进行"三通一平"的建设。这既可以解决建筑工程渣土的处置，也使政府储备的土地价格升值，增加渣土处置的资金收入。建筑工程渣土的利用范围不应仅限于目前建设单位的用土，而应扩大建筑工程渣土的利用范围，政府应规划好废旧物资回收点，将建筑施工单位的废旧物资及时、充分回收，以免浪费资源及对环境造成危害。

4. 实施科学而严格的管理

要使建筑企业将清洁生产和废弃物的综合利用融为一体，彻底解决渣土污染环境的问题，就必须通过严格的立法和执法。我国城市建筑渣土管理的法规体系目前尚不完善，需要进一步健全。

对渣土处置要掌握环境标准的宽严度，环境标准与经济技术条件紧密结合。环境标准应该是一定时期经济与技术水平的综合体现，这样的环境标准才能宽严适度，技术上可行，经济上能承受，实践中能行得通。要使环境标准不至于过严或过宽。就应在环境标准的制订过程中听取各有关单位的意见，加强对渣土污染特性和治理技术状况的了解，并随着经济和技术水平的变化对环境标准作适当的修订。

应对建筑工程渣土做专题调查，应考虑将部分所收的费用，用作渣土减量化、资源化技术的研究和推广费用；着手研究和制订不同建筑单位建筑渣土排放量的标准。

5. 增强人们的观念和参与意识

城市建筑渣土的处置是一项长期的环境保护工作，不但需要施工、设计单位和城市管理部门的积极参与，也需要建设单位的积极配合。在加强推广建筑垃圾再利用的同时必须先提高建设单位的环保意识。同时，此项工作更需要广大市民的积极参与。环保部门要坚持不懈地加强宣传教育，使市民意识到环保工作也有自己的一份责任，而不仅是少数部门和行业的事。这样，可以有效地遏制私设渣土处置场地的事件和乱倒建筑工程渣土现象的发生。

8.5.2　工程泥浆利用规划

1. 制订明确清晰的资源化利用目标

工程泥浆资源化利用的思路是抓住一条主线，紧扣四个环节，注重五个结合。即以市场主导、企业主体、政府推动、规范处置、合理利用为主线，紧扣减量化处置、生态化建设、资源化利用和市场化运作四个重点环节，注重加强与"五水共治""三改一拆""三居工作"、节能减排、新型墙材行业绿色发展五个结合，力争尽快形成可复制、可推广的资源化利用模式。

通过选择一部分企业开展河道、淤泥、固废、污泥、固化泥浆新墙材资源化利用试点，积累经验，以点带面，进而实现政策扶持、设施配套、技术保障、税赋减免等目标，达到国家、社会、企业多赢。

2. 通过技术手段，提高工程泥浆资源化利用效率

工程泥浆经过"脱水固结一体化处理技术"工艺处理后，可以作为工程回填土、园林绿化土用于城市的围海造地和重大工程上，也可以作为制砖或烧制陶粒的原材料，从而实现建筑工程泥浆的减量化、无害化、稳定化及资源化利用，具有良好的经济效益以及巨大的社会环保效益。脱水固结一体化处理技术大大提高工程泥浆资源化利用效率。

3. 丰富工程泥浆的资源化利用形式

有机土制造：浆脱水后可以当作有机土运用，既解决了泥浆的去路，又为植物生长提供了载体。但由于工业泥浆中含有重金属等毒害物质，即使处理过的泥浆也不适合农用。

建筑原材利用：泥浆深度脱水后可用于加工生产建材。通过钻孔灌注桩泥浆处理设备将泥浆脱水后，形成含水率极低的泥饼，用作制砖、水泥原料等。既处理了泥浆，又解决了传统建材制作时的原材料，节省了成本，一举两得。

陶土制品加工：泥浆深度脱水后形成的泥饼还可以用来生产陶粒、花盆等，也可以用来作路基、路面、地下管道沉淀材料等，从环保与经济角度出发，可以形成非常好的资源。

泥浆作热源：泥浆脱水后形成的泥饼，有机质高，可将其作为燃料利用。一般采用两种方式：是泥浆深度脱水后，送入流化床直接利用，另一种方式是将处理后的泥浆与轻油混合作燃料再利用。

4. 加大政策扶持力度

推动政府相关部门制订政策，在贷款、税收、补贴等方面鼓励和扶持工程泥浆资源化处理利用的企业，努力打造形成完整的工程泥浆资源化产业链，对投资经营垃圾处理达到一定规模、运行良好的企业给予一定的经济奖励，把政府的直接投资行为变成鼓励行为。推广建筑工地泥浆现场的建筑泥浆实行现场固化处理制度，泥浆不出工地，从源头上鼓励资源化利用，从根本上取代目前长距离陆路运输加船舰驳运的处置与建筑融合。在设计、施工方面考虑将来材料的拆除和资源再利用，不仅要考虑装配式建筑如何方便安装，也要考虑将来如何拆除，如何尽可能利于资源回收利用。

8.5.3 工程垃圾利用规划

1. 加强工程垃圾资源化激励政策

一是将使用工程垃圾制造的建材产品纳入政府优先采购的绿色产品，使生产企业无后顾之忧；二是筛选出适合我国国情的先进适用技术，建立示范工程并出台产业技术政策进行推广；三是出台更加有力的政策以提高利用工程垃圾制造的建材产品使用比例；四是地方政府出台政策法规，促进建筑垃圾的处置和资源化再利用。

2. 发展工程垃圾资源化技术，建立工程垃圾资源化标准体系

通过发展和引进国外先进技术，研究适合我国工程垃圾回收的仪器设备，开发适合我国工程垃圾资源化的方案是解决资源化的出路。推进工程垃圾资源化再利用应用技术，建立示范工程，另外建立资源化标准体系是确保资源化能够产业化的保证。

3. 加强工程垃圾资源化宣传，提高建筑垃圾资源化意识

提高资源化意识，不仅针对建造者和设计者，还包括政府及管理人员，这样有利于回收工作的展开，而且有利于资源化产品的推广，使工程垃圾产业链不断增大。

8.5.4 拆除垃圾利用规划

1. 建立拆除垃圾就地资源化处理模式

（1）先分再拆，垃圾减量过半

要实现拆除利用一体化管理，实施建筑拆除和建筑垃圾资源化处置一体化管理。现场拆除项目的工序也有所变化，比如得先把沙发、家具、杂物等生活垃圾分拣出来，再把塑钢门窗、木材、钢材等逐个拆除。这样做的好处更在于，虽然说前端分拣任务量增加了，却为下一个破碎环节提供便利，让破碎后的再生骨料大大减少杂质，提高利用率。

（2）垃圾再生，用于路基回填和再生砖生产

建筑垃圾全部就地处理后，用于生产再生骨料，并将生产出再生骨料用到路基回填、临时道路铺设、制砖等工程项目中。

将再生骨料生产成透水砖、路面砖、草坪砖及铺路用的二灰，产品供不应求。这些再生的样品砖和平时看到的并无不同，色彩丰富鲜艳，品类齐全。

2. 推动产学研结合，加大拆除垃圾综合利用工作的法规完善和政策扶持

将高校以及科研院所以及企业之间搭建了良好的交流和合作平台，通过这样的方式，在全国各省、市住房与城乡建设厅成立"绿色低碳发展领导小组"，下设"拆除垃圾综合利用领导小组"，建立了完善的政策和法规，并且对相关的竞争机制给予更为全面和有效的界定。

3. 加快建设拆除垃圾的循环路径

（1）木材资源的循环

建筑改造或拆除时，根据木材的具体状况来判断其是否适合再生利用，是作为建筑物的组成部分来重新使用，又或者作为生产和再生产过程中的能量来源而加以利用。燃烧和腐烂的木材分解为二氧化碳和其他物质，这些物质会再度为森林所吸收，成为生产木材资源的原料。仅仅数十到数百年的时间，拆除的木材就可以形成与自然界物质系统完全融合的循环圈。此外，废旧木材的再循环方式也具有相当的多样性，可用于制造人造板或木塑复合材料、氨基木材等木材衍生产品，亦为延长木材的生命周期，增强其可持续性提供了更多

可能。

（2）钢材资源的循环

钢铁建材作为建筑材料和装饰材料被运用在建筑上，并且直到建筑物被拆除的这段时期内，可以较为稳定地保存其价值，使其处于循环过程中相对静止的状态，这一状态的持续可以显著地延长钢材资源的生命周期，减少钢材资源不断再循环所需要消耗的能源。建筑改造或拆除时，根据钢材的具体状况来判断其是否适合再生利用，是否作为建筑物的组成部分来重新使用。

（3）混凝土资源的循环

混凝土在建设领域均是不可或缺的材料。但废旧混凝土通常体积大，强度高，回收工序复杂，回收再循环利润低，其回收利用一直不被重视。拆除的混凝土经过破碎、分选，能够重新作为新混凝土的粗细骨料，作为交通工程中的路基材料来使用，用途较为广泛，且用量十分可观。就我国目前大规模的建筑拆除和城乡建设而言，混凝土的回收利用对减少自然材料的开采和减少拆除建筑垃圾填埋用地具有重大意义。

此外，混凝土中的水泥、粗骨料以及细骨料等原材料的生产过程中，可以掺入化工、电力、冶炼乃至生活垃圾、污水处理等行业产生的废渣、废料，并且其生产过程中也有较为成熟的循环工艺。但在混凝土材料中如何掺加建筑垃圾来制造新混凝土，必须予以技术上的重视。

8.5.5　装修垃圾利用规划

1. 源头控制装修垃圾

加强源头管控，降低增量增速。建设单位要将建筑垃圾处置方案和相关费用纳入工程项目管理，可行性研究报告、初步设计概算和施工方案等文件应包含建筑垃圾产生量和减排处置方案。鼓励建设单位建筑全装修成品交房，减少个人装修，减少二次装修造成的建筑垃圾。

2. 装修垃圾的资源化分类回收

（1）装修垃圾中的轻质物料如薄膜、纸张、布料、纤维、泡沫、海绵等送去资源化分类或制 RDF（垃圾衍生燃料）处理。

（2）装修垃圾中的重质物料如砖、石、瓷砖、渣土等送去制砖或填埋处理。

（3）较轻物料如木材、木板等可重新生产环保木塑材料。

（4）磁选分选出铁类金属，涡电流分选出其他有色金属。

3. 建立装修垃圾处理智慧云平台

装修垃圾处理智慧云平台运用物联网、大数据和人工智能前沿技术，厦门环创科技装修垃圾处理系统构建"环创科技云平台"，平台不仅整合 SCADA 数据采集监控系统、GIS 车辆地理信息系统、AI 视觉识别系统、APP 装修垃圾收运管理系统、视频自动监控系统（VSCS）等多源系统数据。

通过深度学习、大数据统计分析等智能分析技术，可对城市装修垃圾处理量、物品类别及智能收运处置管理进行精准监测和可视化展示，实现实时装修垃圾收运情况及设备运维事件分析、自动识别、推送和报警、设备与溯源分析、预测与建议等智能分析，形成一个云端到设备层数据的无缝链接，应用大数据驱动分析与决策。

4.装修垃圾无害化处理资源化利用

装修垃圾无害化处理、资源化利用工作将进一步完善装修垃圾日常运营与管理措施，加快终端处置能力建设，配套建立规范清运、有偿服务、监督管理体系，形成特色的装修垃圾管理模式；落实清运工作主体，各区负责辖区内的装修垃圾清运管理工作，由环卫部门组织代运或政府采购的方式明确清运企业；明确有偿服务收费标准，按照"谁产生、谁付费"原则，产生单位或个人承担装修垃圾处理费，装修垃圾处理费的结付方式；建立监督管理的体系，将装修垃圾处理工作纳入社区网格化管理，从事装修垃圾运输和处置的企业要配备管理员负责收费与管理工作，配合社区、物业公司或装修公司确认产生单位或个人装修垃圾的清运量、清运费用、清运时间、清运地点，做好现场对接工作。

8.6 建筑垃圾治理分期建设与实施目标

8.6.1 近期目标

1.建立健全建筑垃圾源头减量管理程序

建筑垃圾主管部门主要为城管局、住建局、环卫局。目前，多数城市呈现部门管理混乱现象，建筑垃圾的管理还没有形成系统的管理模式。

（1）加强顶层设计，注重区域协调，完善体系建设，建立部门联动机制。

建筑垃圾源头减量是一项系统性工程，涉及部门众多，涉及行业广泛，管理上需要各部门的配合，技术上需要各领域参与。政府作为建筑垃圾源头减量顶层设计的主导者，应建立完善的建筑垃圾制度体系，加强各城市在建筑垃圾治理领域的跨区协作。

将施工现场建筑垃圾源头分类和密闭存储工作纳入绿色工地达标考核体系，由政府相关部门进行监管；建筑垃圾处置企业或建筑垃圾运输企业实行企业资质许可及运输车辆准运许可制度，并按规定的时间及路线收集、运输。政府部门在所属区域设置、管理有偿服务性质的建筑垃圾消纳场，并向有关行政管理部门备案；建立建筑垃圾综合信息平台，将建筑垃圾相关信息等发布至信息平台实现资源共享，便于政府相关部门有效监管。

（2）建立建筑垃圾数字化管理平台。

依托数字城管系统和全国城镇生活垃圾信息管理系统，城市管理及住房建设等部门要紧密配合，按照住房城乡建设部《建筑垃圾监管平台建设指南》要求，搭建基于 GPS 和物联网等信息技术的城市建筑垃圾车辆运输管理系统、建筑垃圾综合管理循环数字化管理平台，进一步完善建筑垃圾排放申报、运输过程监管及末端处置场所和再生产品应用的全过程管理机制，及时公布建筑垃圾种类、数量、运输、处置等相关信息，以及违反建筑垃圾运输与处置法律法规规定的施工企业、建筑垃圾运输企业、渣土消纳场名单，以及处理处罚情况。

（3）完善城市建筑垃圾管理的评价指标体系。

将建筑垃圾源头减量化目标和资源化目标纳入城市节能考核目标，建立责任考核体系，提高全市各级政府对建筑垃圾源头减量化及资源化工作的重视程度。明确各级政府各部门中城市规划、城市建设、城市管理、公安交管、环保部门的职责，建立推动建筑垃圾源头减量化和资源化利用的合作工作机制。将建筑垃圾资源化利用目标纳入节能减排考核指标，在全国性城市评价中，如国家卫生城市、国家园林城市、全国文明城市、国家环境保护模范城市等，将建筑垃圾源头减量化作为其中重要的评价指标。

（4）完善空间规划，制订专项规划，近中远期结合，解决设施用地瓶颈。

尽快制订各城市建筑垃圾处理的中长期规划，将之纳入经济社会发展规划、国土空间规划、总体规划和详细规划中，为建筑垃圾处置相关企业预留相应的用地，从根本上解决用地瓶颈问题。

（5）实现源头减量，提高消纳能力，加大宣传力度，再生产品高效利用。

再生处理工艺和再生产品的选择应因地制宜、实事求是、突出地方特色，充分利用城市现有条件，通过调整产业结构解决原料、生产企业、产品生产和应用等问题，通过源头减量、分类收集、高效再生处理，实现全产业链的高效利用。

2. 建筑施工阶段的建筑垃圾减量化管理

在工程施工过程中，工程技术管理水平的高低直接决定产生施工垃圾的数量多少。一般而言，高水平的工程技术管理可以有效地减少建筑垃圾的数量。因此通过提高技术管理水平来减少建筑施工垃圾的产生是一种有效的手段。

（1）在施工组织设计的编制中体现建筑垃圾减量化的思想。

安排合理的施工进度、设计科学高效的施工方案、施工单位还应根据自身的实力和掌握的再循环利用的技术以及现场的条件来决定购置合适的建筑垃圾处理设备。

（2）重视施工图纸会审工作。

由于各分包单位与总承包商沟通不当，极易出现图纸与施工脱节的情况，并导致在某些建筑部位的施工垃圾增加。施工单位的技术人员应该向建设单位和设计单位就存在争议的图纸提出建议和解决方案，避免产生不必要的施工垃圾。

（3）做好施工的预检工作。

工程预检主要是要控制轴线位置尺寸、标高、模板尺寸及墙体洞口留设等方面，从而防止因施工偏差而返工。另外，做好隐蔽工程的检查和验收及制订相关技术措施，也是控制施工垃圾有效的技术手段和措施。

（4）提高施工水平和改善施工工艺。

目前较多的提高施工水平和改善施工工艺做法有：使用可循环利用的钢模代替木模，减少废木料的产生。采用装配式替代传统的现场制作，也可以控制建筑垃圾的产出量，提高建筑业机械化施工程度，可以避免人为的建材浪费。

（5）加强成本控制管理。

要严格按照合同和图纸规定的要求进行材料采购，并进行严格的计量和验收；认真核算材料消耗水平，坚持余料回收，防止把余料当作施工垃圾处理；做好材料在使用之前的储存工作，避免因储存不当而造成不必要材料浪费。

3. 建筑拆除阶段的建筑垃圾减量化管理

目前，旧建筑拆除阶段的减量化实现方式常见的有以下两种：一种是从"再利用"的角度出发，应尽量避免旧建筑拆除，积极开发旧建筑的再利用价值；另一种是新的建筑拆除技术，它将转变旧建筑拆除方式，使其由传统的"拆毁式"向"解构式"转变。

（1）做好旧建筑处置评价工作，积极开展旧建筑的"资源化"再利用

更新改造或拆除重建这两种不同的处置方案，对旧建筑拆除垃圾和新建建筑施工垃圾的产出量具有决定性意义。目前，在我国旧建筑的处理大多采用拆除重建这种方式，很少考虑

建筑垃圾减量化的因。目前许多发达国家的建筑业生产中新建施工量占据的份额较小，大多以旧建筑的改、扩建为主，提倡发展旧建筑的"资源化"再利用。未来我国应该细化旧建筑的评价体系，充分挖掘旧建筑的潜在价值，以发展旧建筑"资源化"再利用为目标，减少旧建筑拆除垃圾的产生。

（2）优化建筑拆除方法

未来减少爆破拆除、推土机等破坏性的拆除方式。多采用旧建筑解构拆除和选择性拆除等方法。

8.6.2 远期目标

1. 加强规划引导

建议有关部门会同市城市建设、规划、国土等部门研究细化全国建筑垃圾管理的目标要求，制订建筑垃圾资源化利用专项规划，统筹考虑建筑垃圾的减量化，合理规划布局建筑垃圾转运调配场、消纳场和资源化利用厂数量、生产规模，推进建筑垃圾无害化、资源化处置。建议在城市总体规划、土地利用及循环经济发展规划中，阶段性纳入建筑垃圾资源化利用相关内容，研究出台建筑垃圾资源化利用的指导意见。落实《绿色建筑行动方案》，树立绿色建筑和绿色发展的理念，严格拆除程序管理、发展绿色建筑垃圾再生建材，促使地方政府在管辖区内对建筑垃圾资源化利用的责任落地。

（1）城市建设用地分类标准中明确建筑垃圾处置用地

现行的《城市用地分类与规划建设用地标准》（GB 50137—2011）的城乡用地分类和代码中，U22类用地内容并未包括建筑垃圾的消纳、处置场地，这也是目前我国很多城市建筑垃圾处置消纳工作难以开展的重要原因之一。建议在城市建设用地分类规范中增加建筑垃圾消纳场及资源化设施类的用地，可以保证建筑垃圾消纳场和资源化场地的合法性，保障土地供应，促进我国城市建筑垃圾的减量。

（2）在总体规划层面建立建筑垃圾指标系统

总体规划具有法律效力，是中观和微观层面的城市规划、城市设计编制的指导性文件，可在总体规划中设置建筑垃圾源头减量相关的条款，对建筑垃圾源头减量、资源化、各类用地绿色建筑比例等进行规定，不必深入细节，只进行宏观要求，中观及微观层面的城市规划即可将相应的建筑垃圾源头减量相关指标进行分解并落地实施。

（3）建筑垃圾治理专项规划

城市建筑垃圾治理专项规划是以城市总体规划为指导的城市发展专项规划。编制建筑垃圾治理专项规划可以对城市的建筑垃圾的源头削减、过程减量、末端资源化进行长远计划，是建筑垃圾减量化事业发展符合城市化的发展诉求，为建筑垃圾资源化处置场地及建筑垃圾填埋场地进行科学选址、工程量及资金预算的估计，帮助建立城市建筑垃圾管理体系，对于指导城市建筑垃圾减量排放有重大作用。

2. 完善相关法律法规

目前国家处理建筑垃圾的依据主要为《固体废物污染环境防治法》《城市固体垃圾处理法》等规定，对于建筑垃圾资源化处理的相关法律法规十分缺乏，应完善法律制度保障。应该制订建筑垃圾资源化利用专项法律，明确建筑垃圾的产生、分类、运输、资源化利用及工程应用等各环节、各主体的法律责任及义务。建议完善《中华人民共和国建筑法》和《中华人民共和国固体废弃物污染环境防治法》中有关建筑垃圾资源化利用的专项管理内容，提高对建筑垃圾随意倾倒的处罚力度。

3. 建筑垃圾处理产业化

达到建筑垃圾处理产业化的标准为：在行业标准的约束下，能够高效组织和集成建筑垃圾原材料的生产、新产品的研发和制造，持续实现建筑垃圾再利用，并为社会提供相应产品的工业化生产。

建筑垃圾处理产业不再是一般产业的"资源—生产—抛弃"式的生产模式，而演变为"资源—生产—原料—再生产"的模式，将建筑垃圾作为原料纳入生产系统，形成新的产业模式应该从以下几点着手：

（1）完善技术标准、行业规范。

建筑行业最关心的问题之一就是产品质量，若无法确定性地保证产品质量，则市场对其认可程度将永远停留在较低水平上。因此建筑垃圾作为原材料纳入生产体系必须通过相关技术标准检验，才能让市场顺利消化。要推进建筑垃圾资源化利用标准体系建设，建议将拆除阶段的建筑垃圾处置费用增添至《房屋建筑与装饰工程预算定额》的预算条目中，完善建筑拆除和建筑垃圾术语、分类、运输、处置及再生产品生产与应用等标准规范，鼓励地方根据实际情况制定地方标准、技术规程、工艺和图集等。

（2）特许经营，扩大投资。

建筑垃圾的原料来源不是市场能给予的，它受政府的控制，建筑垃圾的运输是也是政府特批的，所以，当前建筑垃圾的资源化利用和产业化要实行特许经营，并且要明确在推动建筑垃圾再生产品市场应用环节上，政府需要协调解决的问题。

建筑垃圾处理的基础设施、设备及运营需要大量的资金，单纯依靠政府的投资远远不能使建筑垃圾处理产业正常发展，企业应该在不同条件下采取不同融资模式，进行风险评估与管理，即使资金得到有效的利用，满足建筑垃圾处理产业化过程中的资金缺口，又能有效减少政府的直接债务。

（3）建立建筑垃圾资源化利用试点。

有条件的城市可以设立试点，通过开展试点可以确定建筑垃圾资源化利用的实际收益，保证建筑垃圾回收利用的价值超过其成本，要保证资源化企业长期稳定运行，为多个地区建筑垃圾回收和利用提供可以借鉴的经验。

（4）加强产学研合作。

城市建筑垃圾处理及回收利用逐步转型为产业化经营，高校结合实际建立建产、学、研合作平台，加强对建筑垃圾资源化利用创新创业的支持，有关部门也出台优惠政策鼓励有想法的个人和企业加强技术创新和研发，逐步建立建筑垃圾处理资源化利用产业链，进而实现建筑垃圾的绿色化与环保化使用。

8.7　建筑垃圾规划减量化的评价标准和方法

8.7.1　建筑垃圾规划减量化评价指标体系

1. 目标

首先是向社会提供建筑垃圾规划减量化的完整指标体系，其次指标体系要反映建筑垃圾从产生到处理的全貌，尤其是要基于源头分类和资源回收，再次指标间要有合理的逻辑关系，最后指标测量的技术要可靠，成本要可行。

2. 设计原则

建筑垃圾规划减量化的完整指标体系的构建覆盖建筑垃圾生命周期全部环节，要求分析从建筑垃圾生产到处理的全过程，包括产生、收集、运输、处理、资源化利用五个环节，其中资源回收利用贯穿于建筑垃圾生命周期的各个环节。

按照科学性、实用性、简明性等原则建立建筑垃圾减量化的指标体系。具体指标的选取主要遵循两个原则，一是指标选取要能充分体现上一级指标的含义和要求，二是指标数据必须具备可获得性。分别征求建筑垃圾处理、资源化利用、以及建筑垃圾管理和综合评价领域的专家意见，针对我国城市建筑垃圾处理的实际情况，尽量考虑指标间的独立性，同时兼顾指标的量化方法和数据采集的难易程度和可靠性，对指标进行调整，最终建立一套全面、系统、简洁、易行的综合评价指标体系（图8-1），按照集中度将综合评价指标体系划分为三个层次。

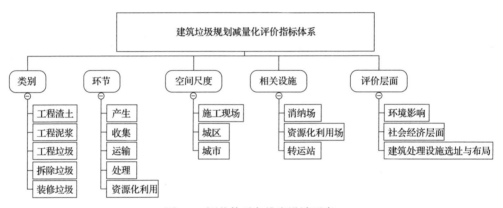

图 8-1　评价体系各维度设计要素

3. 评价指标体系

城市建筑垃圾减量化涉及垃圾产生、收集、清运、处理及资源化利用等几个过程。根据分层处理的原则，对其进行综合评价的指标体系包括目标层、子目标层、指标层三个层次。

目标层：该层次主要综合反映垃圾处理情况。

子目标层：该层次主要反映在建筑垃圾处理过程中进行评价的不同方面。

指标层：该层次是建筑活垃圾处理过程中的基础指标，反映对应子目标中较为主要方面的问题。城市建筑垃圾规划减量化处理评价指标体系见表8-5。

表 8-5　评价指标体系

目标层	子目标层	指标层	单位	指标性质
（A）建筑垃圾规划减量化综合评价	（B1）环境影响评价	（C1）建筑垃圾无害化处理率	%	正
		（C2）可回收建筑垃圾回收	%	正
		（C3）建筑垃圾分类回报普及率	%	正
		（C4）建筑垃圾资源化利用率	%	正
		（C5）建筑垃圾填埋率	%	正

续表

目标层	子目标层	指标层	单位	指标性质
（A）建筑垃圾规划减量化综合评价	（B2）社会经济评价	（C6）建筑垃圾收运费	元 /t	负
		（C7）运行管理水平	—	正
		（C8）建筑垃圾处理成本	元 /t	负
		（C9）建筑垃圾分类回收所得利润	元 /t	正
		（C10）惩罚措施收费	元 / 年	中性
	（B3）设施布局评价	（C11）处理设施配置	—	正
		（C12）基本情况（选址、布局、处理能力）	—	正
		（C13）区域之间设施覆盖率对比	—	正
		（C14）不同处理设施区域分布情况	—	正
		（C15）处理设施分布与城市规划的一致性	—	正
		（C16）不同处理设施之间的空间相关性	—	正

目标层即"城市建筑垃圾规划减量化综合评价"得分划分为五个等级，见表 8-6 所示。

表 8-6　综合评价等级划分表

综合得分	0 ～ 20 分	20 ～ 40 分	40 ～ 60 分	60 ～ 80 分	80 ～ 100 分
评价等级	很差	差	一般	好	非常好

4. 评价指标

目标层包括：环境影响评价、社会经济评价和设施布局评价三个子目标层。每个子目标下又细分为不同的具体指标。

环境影响评价层包括：建筑垃圾无害化处理率、可回收建筑垃圾回收率、建筑垃圾分类回收普及率、建筑垃圾资源化利用率和建筑垃圾对环境的污染率。

社会经济评价层包括：建筑垃圾收运费、运行管理水平、建筑垃圾处理成本、惩罚措施收费和垃圾分类回收所得利润。

设施布局评价层包括处理设施配置、基本情况（选址、布局、处理能力）、区域之间设施覆盖率对比、不同处理设施区域分布情况、处理设施分布与城市规划的一致性、不同处理设施之间的空间相关性。

8.7.2　建筑垃圾规划减量化评价方法

通过建立指标评价标准体系，用指标评分的方法对每个指标进行评分，在查阅论文、实地调研、咨询意见以及整理相关指标数据的基础上，确定了以下用于评价的标准指数，根据本节采用的体系，采用百分制打分，得分越高，对建筑垃圾减量更有利，共划分为 0 分、20分、40 分、60 分、80 分、100 分六个等级。具体评价指标量化评分标准见表 8-7。

表 8-7　指标评价标准

（C1）建筑垃圾无害化处理率	标准指数	<50%	50% ～ 60%	60% ～ 70%	70% ～ 80%	80% ～ 90%	90% ～ 100%
	评分值	0	20	40	60	80	100
（C2）可回收建筑垃圾回收率	标准指数	<10%	10% ～ 20%	20% ～ 30%	30% ～ 40%	40% ～ 50%	>50%
	评分值	0	20	40	60	80	100

续表

（C3）建筑垃圾分类回报普及率	标准指数	<10%	10%～30	30%～50%	50%～70%	70%～90%	90%～100%
	评分值	0	20	40	60	80	100
（C4）建筑垃圾资源化利用率	标准指数	<50%	50%～60%	60%～70%	70%～80%	80%～90%	90%～100%
	评分值	0	20	40	60	80	100
（C5）建筑垃圾的填埋量	标准指数	<50%	40%～50%	30%～40%	20%～30%	10%～20%	<10%
	评分值	0	20	40	60	80	100
（C6）建筑垃圾收运费（元/t）	标准指数	>90	80～90	70～80	60～70	50～60	<50
	评分值	0	20	40	60	80	100
（C7）运行管理水平	评分值	0	20	40	60	80	100
（C8）建筑垃圾处理成本	标准指数						
	评分值	0	20	40	60	80	100
（C9）建筑垃圾分类回收所得利润（元/t）	标准指数	<2K	5K～1W	1W～2W	1W～2W	2W～5W	<5W
	评分值	0	20	40	60	80	100
（C10）惩罚措施收费（元/年）	标准指数	<500或>5W	500～1K	1K～5K	5K～1W	1W～2W	2W～5W
	评分值	0	20	40	60	80	100
（C11）处理设施配置	评分值	0	20	40	60	80	100
（C12）基本情况（选址、布局、处理能力）	评分值	0	20	40	60	80	100
（C13）区域之间设施覆盖率	标准指数	<50%	50%～60%	60%～70%	70%～30%	80%～90%	90%～100%
	评分值	0	20	40	60	80	100
（C14）不同处理设施区域分布情况	评分值	0	20	40	60	80	100
（C15）处理设施分布与城市规划的一致性	标准指数	完全没落实	落实性差	落实性较差	落实性一般	落实性较好	完全落实
	评分值	0	20	40	60	80	100
（C16）不同处理设施之间的空间相关性	标准指数	不相关	相关性差	相关性较差	相关性一般	相关性较好	相关性好
	评分值	0	20	40	60	80	100

注：表中 K 表示千；W 表示万。

8.8 本章小结

当前我国建筑垃圾围城问题严峻，随着存量规划、城市更新工作的开展，建筑垃圾将给城市带来更大挑战。国内建筑垃圾相关研究主要集中在末端治理，城市规划领域的宏观控制研究较少。将建筑垃圾减量化工作和城市规划的体系相衔接，从源头控制建筑垃圾的产生和排放，在城市规划的整个运行体系里明确建筑垃圾减量化工作的地位和角色，将建筑垃圾减量化研究落实到城乡规划编制体系的各个环节中去，从而做到规划与设计源头上做到建筑垃圾减量的目标。在城市规划管理的各个层面落实监督建筑垃圾减量化目标也是建筑垃圾源头减量的重要内容。将城乡规划运作体系结合建筑垃圾减量化、资源化的工作统一进行，更有利于从上层做出指导、从源头控制污染，减少资源开采、制造和运输成本，减少对环境的破坏，比末端治理更为有效。

在城市规划编制体系中选择了总规、控规、修规三个层面进行衔接分析，规划体系内的仍有许多其他规划未能纳入研究范围，有一定的局限性。希望能为未来城市规划领域的建筑垃圾的源头减量化研究工作提供一定的参考价值。

参考文献

[1] 李湘洲. 国内外固体废弃物管理的新动向与对策 [J]. 粉煤灰，2004，16（5）：44-47.

[2] 王武祥. 建筑垃圾的循环利用 [J]. 建材发展导向，2005，3（1）：67-71.

[3] 陈刚，苏磊，陈扬. 国外建筑垃圾再生骨料的应用情况及在国内市场的应用前景分析 [J]. 中国环保产业，2005（7）：39-41.

[4] 庞永师，杨丽. 建筑垃圾资源化处理对策研究 [J]. 建筑科学，2006，22（1）：77-79.

[5] 李清海，孙蓓. 国内外建筑垃圾再生利用的研究动态及发展趋势 [J]. 中国建材科技，2009，（4）：33-35.

[6] 贺艳萍. 建筑垃圾减量化管理方法和博弈分析 [D]. 重庆大学，2011.

[7] Tam V W Y, Tam C M . A review on the viable technology for construction waste recycling [J]. Resources, Conservation and Recycling, 2006, 47(3):209-221.

[8] Osmani M, Glass J, Price A D F. Architects' perspectives on construction waste reduction by design [J]. Waste Management, 2008, 28(7):1147-1158.

[9] Gracia Rodríguez, Alegre F J, Germán Martínez. The contribution of environmental management systems to the management of construction and demolition waste: The case of the Autonomous Community of Madrid (Spain) [J]. Resources, Conservation and Recycling, 2007, 50(3):334-349.

[10] 李南，李湘洲. 发达国家建筑垃圾再生利用经验及借鉴 [J]. 再生资源与循环经济，2009，2（6）：41-44.

[11] 苏永波，王玲. 韩国建筑垃圾资源化利用对我国的启示 [J]. 建筑经济，2018，39（12）：21-25.

[12] 贾明雁. 瑞典垃圾管理的政策措施及启示 [J]. 城市管理与科技，2018，20（06）：78-83.

[13] 高景莉. 中德建筑垃圾资源化利用政策比较研究 [D]. 长安大学，2018.

[14] 胡鸣明，何琼，石世英，等. 建筑垃圾管理成本分析——以重庆为例 [J]. 建筑经济，2011（04）：93-97.

[15] 刘婷婷，张劼，胡鸣明. 建筑垃圾资源化环境效益分析：以重庆为例 [J]. 中国环境科学，2018，38（10）：3853-3867.

[16] 鲁官友，马合生，张云富，等. 深圳市建筑垃圾管理现状和减量化措施分析 [J]. 商品混凝土，2019（01）：69-70.

[17] 安玉华，李诗盈. 我国建筑垃圾资源化的现状及对策研究 [J]. 绿色环保建材，2018（10）：35～37.

[18] 戴劲草. 建筑业可持续发展环境层面若干问题研究 [D]. 清华大学，2008.

[19] 贺娟，钟伟，张永辉，等. 基于物质流和全过程管理的中国建筑垃圾资源化分析 [J]. 环境工程，2018，36（10）：102-107.

[20] 朱万旭，张瑞东，周红梅，等. 建筑垃圾免烧型陶粒的研制及其应用研究 [J]. 四川建筑科学研究，2018，44（06）：82-86.

[21] 蒋麦林，李庆伟，张冠涛，等. 建筑垃圾再生料无侧限抗压试验研究 [J]. 中国市政工程，2018（06）：70-71，105

第9章 设计减量化

9.1 建筑垃圾减量化国内外研究情况

建筑垃圾既是亟需处理处置的废弃物，同时又是可资源化利用程度较高的宝贵资源，它产生于建筑施工、维修管理、设施更新、建筑物拆除及回收再利用等各个方面。因此，控制建筑垃圾的产生，与设计方案、施工计划、运行维护、建筑拆除等各阶段的措施密不可分。

然而在我国，建筑垃圾产出量巨大，环境危害性很高。现阶段国内建筑行业、环保行业针对建筑垃圾更多关注其产生后的回收、处置与资源化利用环节，而在前端设计产生环节的相关研究开展较少，指导性、控制性标准极度缺失。建筑垃圾减量化（Waste Minimisation）是一种从源头避免、消除和减少垃圾的方法。建筑垃圾减量化设计是指通过设计施工过程，以降低建筑垃圾在建设过程中的产生，并且对已产生的垃圾进行再利用。建筑垃圾减量化设计在国内尚属新兴的研究课题，相关科研工作开展的较少，有且仅在香港深圳等极少数城市实施了地方性的与建筑垃圾相关的设计管理规定。相较而言，在欧洲尤其是德国、荷兰、丹麦等国，建筑垃圾资源化利用率都超过了80%以上，调查显示，日本建筑工地产生的废弃物总量有638万t，与2005年度相比，建筑垃圾减少约17%，资源化利用率达92.2%。国土交通省的调查显示，截至2012年底，日本建筑垃圾的再资源化率达96%，其中混凝土再资源化率高达99.3%。韩国在2002年建筑垃圾的资源化利用率就到达了83.4%。新加坡也在推行"绿色宏图2012废物减量行动计划"，可以将98%的建筑垃圾进行回收再利用。因此，对中国建筑垃圾减量化设计的研究具有强烈的现实意义和指导价值。

9.1.1 国外研究现状

在一些发达国家如英国、日本、德国、美国对建筑垃圾减量化和建筑材料循环利用有更为严格的要求和更多的措施研究，主要体现在对可持续建筑评估中的相关要求及相应的减量措施及建筑垃圾管理方面，具体而言，通过建筑垃圾减量化设计降低建筑垃圾产生数量的方法在英国受到了广泛关注。首先，英国建筑行业非营利组织 CIRIA（Construction Industry Research and Information Association）组织编写的设计手册为建筑设计者提供了建筑垃圾减量化设计的主要措施，主要包括三个方面：减少进行建设活动所需资源、降低施工及拆除过程中制造的废物，同时增加可再生材料的应用。手册中使用了 WMM（Waste Minimization and Management）的概念（第2章到第4章内容），按照设计前的客户要求、设计、施工、拆除，分别从客户、设计院、施工方的角度（第5章到第8章内容），说明建筑垃圾产生的根源和减少的方法，并在第9章提出模型，对项目进行整体评估。其次，英国创建了世界上第一个也是全球使用最广泛的绿色建筑评价标准——BREEAM 建筑研究所环境评估法（BREEAM-

Building Research Establishment Environmental Assessment Method)，并不断更新完善，从管理、居民安全和健康、能源、交通、水、材料、生活与建筑垃圾、土地利用、污染等方面对住宅进行可持续性评估。再次，英国从 20 世纪 90 年代起，还出台了一系列建筑垃圾管理条例，政府与一些组织建立了网站，为设计者、生产者和开发者提供这方面的最新信息并进行相应的宣传，比如，采用对垃圾的类型和来源进行划分并对建筑垃圾的材质做分类，给出不同的危害性等级等，为设计过程中建筑垃圾减量化策略提供支持等。

美国建筑师协会 AIA 联合 Waste Management 研究在设计层面上实现可持续性的建筑垃圾管理，例如，如何确保建筑垃圾管理计划融入设计阶段，更多选取可回收利用的建筑材料，与运营及维护团队共同商议有效的建筑垃圾处理方式等等。美国环境保护机构 EPA 也持续研究现阶段美国境内建筑材料回收再利用的具体措施，分析影响此回收利用率的相关经济、文化、材料因素，减少建筑废弃材料的一些建议等。其次，美国绿色建筑委员会（U.S Green Building Council 简称 USGBC）发布了 LEED（Leadership in Energy and Environmental Design）标准，以此减少设计中环境和住户的负面影响，该标准于 2003 年开始推行，在美国部分州和一些国家已被列为法定强制标准。目前，经过 LEED 认证的项目遍及 103 个国家，拥有超过 10735 个认证项目、超过 43 063 个注册项目。此外，作为弥补可持续设计文献缺失的《Strategies for Sustainable Architecture》一书清楚的讲解了欧洲，北美，以及澳大利亚的设计实例来阐述可持续的设计理念，书中一百多个实例让设计师们清晰的了解到绿色可持续设计的理念以及在实际设计工作中相关的实施难点。再次，北美建筑技术协会 ASHRAE 编写的建筑标准，则针对设计高性能绿色建筑（低层民宅除外）给出了相应要求，并在章节 9.3 中针对建筑施工现场垃圾管理以及总量垃圾控制，以及如何处理回收并处理收集的可回收和不可回收的建筑垃圾，设置了相应标准。同时，包含了针对项目推进过程中各项所需注意事项及计算方法等，该标准也为美国各州的建筑垃圾处理提供了广泛的指导。虽然对于建筑废弃材料的相关法律法规在美国境内还停留在各州立法的阶段，目前尚未有明确统一的规定见诸联邦政府，但各个州政府对于建筑废弃材料的一些规定与做法上的相似之处以及相关专业网站对于建筑废弃材料处理的建议，也为联邦统一标准的制定提供了参考。

德国可持续建筑协会（Deutsche Gesellschaft für Nachhaltiges Bauen e.V.）的 DGNB 系统是一个既注重可持续建筑的经济品质，又注重其生态品质的认证体系，也是世界范围内的通用标准之一。DGNB 认证系统具有国际通用性，已经在欧洲和其他国家，如巴西、泰国得到了广泛应用。目前，中国也有了可持续建筑的 DGNB 认证案例。DGNB 体系包含可持续发展所有层面的 50 多条准则：环境质量、经济质量、社会文化及功能质量、技术质量、过程质量、场地质量。该 DGNB 系统用于建筑可持续性评价，根据建筑使用阶段（新建建筑、既有建筑或翻新建筑）和项目的规模（建筑物或城区），从 6 个核心要素（上述要素均基于建筑可持续性），即环境质量、经济质量、社会文化及功能质量、技术质量、建设过程质量和区位质量对项目进行全面的综合评估。相关要求主要体现在经济质量中全寿命周期的建筑成本与费用及技术质量中的环境可恢复性，可循环利用，易于拆除等方面。在 2018 版的 DGNB 标准中特别强调循环经济的概念，DGNB 系统是第一种将循环经济原则作为可评估和可测量建筑物的评价手段。因此，DGNB 认证系统在确保物料循环到位、使产品可以重新使用或回收的过程中起着重要的作用，其次，《循环回收工作手册—建筑和建筑拆除垃圾以及再利用建筑产品使用方式工作手册》《包装废弃物处理法》《循环经济及废弃物法》等相关政策的问世，明确了建筑垃圾管理的责任、要求与措施，特别是依照从资源到产品再到资源的循环经济理念，应运而生的《包装废弃物处理法》就是现在为多数的国家所采纳的生产者责任制度（或称扩大生产者责任制度）。

9.1.2　国内研究现状

就国内而言，香港地区相对走在前列，尤其 BEAM Plus（环评报告）开发项目环境评估方案，定义了涵盖从建筑设计和施工，运营和维护到拆除阶段的各种建筑生命周期范围内的可持续性问题的最佳实践，且其被公认为世界领先的绿色建筑评估系统之一，它提供了一套完整的性能标准，可供开发人员和业主使用。BEAM Plus 为新建筑设定的标准是安全，健康，舒适和高效，维持生活质量工作场所的生产力，同时尽量减少自然的消耗资源和减少环境负荷。现有建筑物按照 BEAM Plus 的标准进行管理和操作现有建筑物，可以使其在整个生命周期内可以保持高水平的表现。在室内建筑方面，BEAM Plus 在非住宅室内空间的装修和翻新中也对可持续性提出基准检验方案。此外，绿建环评（社区）也旨在评估开发项目的项目绩效，并帮助项目业主在后期项目实施的早期规划阶段就纳入更广泛的城市可持续性原则框架中去。

陈家珑教授重点关注建筑垃圾的资源化利用和再生材料的使用。他曾撰写《我国建筑垃圾资源化现状及对策》，在该文中他从各个角度对当前国内外建筑垃圾资源化的现状进行了深入的分析和比较，提出从法律、政策、管理、技术研究、标准化、源头控制、产业培育等多方面入手，有条理的稳步地实现建筑垃圾综合利用的进程，是建筑垃圾资源化的高效且合理的最优途径。

王家远教授《设计阶段建筑垃圾减量化影响因素调查分析》一文中总结了国内外文献要点，并结合访谈从建筑技术、材料管理规划、设计师行为态度、设计师能力、建筑设计、外部等从不同的六个方面对设计阶段中会减少建筑物废弃物产生量的影响因素进行了分析和归纳，并据此设计调查问卷，针对深圳市的建筑设计人员展开广泛调查。经过对结果的分析和调查，提取并识别出 35 个会在设计阶段对建筑物废弃物的减量化水平起到影响作用的因素，并基于这些结果和影响因素对该方面提出了合理化、科学化的建议和措施。具体的建议措施为：在研究和形成相关建设单位的立项申请报告以及可行性研究报告的过程和结果中，都应该体现和包含有关项目建设中的废弃物的产生、回收、利用以及合理化的减少措施等内容，并将这些过程所可能产生的费用纳入到总的投资估算中去；相关的工程设计人员在进行建筑设计的过程中也要重视设计方案的优化，尤其是建筑物耐久度的提高、材料消耗以及废弃物的减少等方面。优先选用建筑垃圾再生产品以及可以回收利用的建筑材料；在具体的建筑工程项目设计文件中，必须明确规定在建设过程中要采用新型的墙体材料、预拌混凝土以及预拌砂浆；而且在考虑到建筑结构安全和建筑使用功能保证的前提下，要选用高强钢筋以及高强高性能的混凝土等相关的产品和工艺技术，采用预拌混凝土、预拌砂浆以及新型墙体材料。严禁施工现场对砂浆以及混凝土直接进行搅拌，如施工单位违反此规定，主管部门有权罚款并责令改正，标准为砂浆 400 元 /m³，混凝土 200 元 /m³。预拌混凝土、预拌砂浆以及预制构配件等生产企业在保证产品质量的前提下，应当使用一定比例的建筑垃圾再生骨料。市级主管部门可制定详细占比；建筑业想实现工业化，构配件需做到设计标准化，生产工厂化，并做到现场装配。建筑工程的门、窗、墙板等非承重构件应当使用预制构配件；鼓励住宅装修后再交付。建设单位最好在交付前为住宅购买者提供全装修，与此同时，政府出资的保障性住房也需要按照此标准交付。政府投资建设的办公场所装修完成后八年内不得重新装修。确需重新装修的，应当经主管部门批准；施工现场临建，不论是用作住宿还是办公，都需要满足可周转的要求，现场所用临时围栏等也要求为装配式，提高再利用率。禁止采用砌筑式用房和围挡。违反本条规定采用砌筑式用房的，主管部门进行罚款，依据建筑面积，标准为 100 元 /m²；使用砌筑式围挡的，按照墙体面积 100 元 /m² 处以罚款；禁止擅自拆除或者改建既有建筑物、构筑物以及市政道路。但不符合城市规划、规划变更、存在质量问题或者违法建筑除外。存在质量问题确需拆除或者改建的，应当委托专业机构进行评估和论证，并报市规划、国土房产和主管部门审批；新建工程项目的建设和既有建筑物、构筑物、市政道路的拆除，工程项目开工前，建设单位要将建筑垃圾减排和资源化处置方案上报有关主管部门并备案，减排和再利用是处理建筑垃圾的主要手段。建筑垃圾处理方案的内容应包括以下基本信息：

（1）建筑工程名称、施工地点、施工面积；

（2）各项目参与方包括建设方、监理方及承包方的单位名称、法人姓名；垃圾处理单位名称、法人姓名；

（3）建筑垃圾的种类、数量；

（4）建筑垃圾减量措施、现场分类以及回收利用方案、污染防治措施；

（5）建筑垃圾来源、收运线路、车型、处置地点。

对建筑垃圾的综合处理除以上基本信息外，还应当包括拆除步骤和方法。

颜建平（2017）对建筑垃圾综合利用及标准化处理的相关政策要求进行了详细介绍，贺艳萍（2011）对建筑垃圾的源头减量化方案及技术规范进行了研究并按最新国家规范相匹配并搭建循环利用建筑废物的标准体系。

另外，在论文《从中英比较调查看建筑垃圾减量化设计的现状及潜力》中，提到，英国从 20 世纪 90 年代起出台了涉及建筑垃圾减量化的法律法规，出版了一系列与建筑垃圾最小化设计相关的指导手册，而且政府和一些组织还建立了网站，为设计者、生产者和开发者提供这方面的最新信息并进行相应的宣传。而在我国，虽然建筑垃圾的减量化已经引起了政府的重视，对建筑垃圾的再生技术亦已经有了一定的研究成果，但是缺少系统的信息支持，特别是对于建筑垃圾减量化设计的关注十分有限。我们的建筑师很少接触到建筑垃圾减量化设计的概念，至少是对其没有一个清楚且系统的认识，这方面还需要加强宣传与教育。

9.1.3　研究情况分析

本节通过文献查阅，共搜集有关建筑垃圾减排、再利用、处理处置、对环境的影响、经济影响等方面的文献 61 篇，包括国外标准 5 项，论文 27 篇，国内标准 9 项，论文 19 篇，其他资料 1 篇。通过整理，可得出以下主要结论：

1）产生建筑垃圾的重点原因包括：陈旧建筑物的废除、新建筑施工过程中产生的废弃物、市政基础设施动迁改建、家庭装修、建筑物坍塌。

2）在设计阶段考虑到建筑垃圾减量对于整体建筑垃圾减量有重要作用，设计师在建筑垃圾减量方面做出贡献主要集中在以下四个方面：

（1）减少建设活动中对材料等不必要的浪费；

（2）增加设计的灵活性，延长建筑使用寿命，以改造代替拆除；

（3）减少建设和拆除过程中产生的垃圾，因地制宜进行设计，尽量采用可循环材料；

（4）增加再生材料的使用。

3）建筑垃圾减量化的设计策略主要包括以下几方面：

（1）探究垃圾测算的切实性；

（2）可拆解设计（减少建造、改建和拆除过程中对材料的消耗和垃圾的产生）和可重复利用材料的使用；

（3）使用标准化尺寸单元；

（4）推广预制装配式结构体系设计，使用预制单元；

（5）使用标准材料避免切割；

（6）避免后期的设计改动；

（7）优先使用绿色建材和再生建材；

（8）保证建筑物的质量和耐久性；

（9）提倡建筑物的弹性设计。

9.1.4 建筑设计阶段垃圾减量化实地调研情况

近年来，随着我国城市化进程的加快，城市建设如火如荼地展开。城市建设在满足生产与生活需要的同时，也引发了资源、生态和环境等诸多问题。据统计，平均每 10000m² 建筑面积的施工过程，将产生建筑垃圾 500～600t。这些建筑垃圾主要产生于建筑物施工及装饰过程、旧建筑物维修和拆除。我国绝大多数建筑垃圾未经任何处理，直接采用露天堆放或填埋的方式进行处理。这样不仅耗用了大量的土地、浪费了各种资源，而且对环境也造成了严重的污染。

实施建筑垃圾减量化管理是解决问题的有效途径。我国关于建筑垃圾减量化的研究起步较晚。正是在这样的背景下，由中国建筑发展有限公司、北京建筑大学、中国建筑设计研究院有限公司、中国建筑东北设计研究院有限公司（中建东北院）等单位联合承担了"十三五"国家重点研发计划课题：建筑垃圾减量化关键技术及标准化研究与示范。课题组希望在规划、设计和施工各个阶段建立建筑垃圾减量化设计方法和设计标准，从源头上减少建筑垃圾的产生量。

2018 年 5 月—2018 年 7 月，建筑垃圾减量化关键技术及标准化研究课题组赴北京、深圳和西安三地进行了实地调研，中建东北院也在 2017 年对沈阳市建筑垃圾的相关情况进行调研，初步了解了建筑垃圾处理情况。

9.1.4.1 北京市建筑垃圾调研情况

北京市地处华北地区，是全国政治中心、文化中心、国际交往中心、科技创新中心，是中国共产党中央委员会、中华人民共和国中央人民政府和全国人民代表大会常务委员会的办公所在地，总面积 16410.54km²。截至 2018 年末，北京市常住人口 2154.2 万人，实现地区生产总值（GDP）30320 亿元，人均地区生产总值实现 14 万元。课题组与 2018 年 5 月对北京市的建筑垃圾的情况进行了集中调研。

1. 工程渣土类项目

2018 年 5 月 29 日，课题组调研了 8 号线地铁珠市口站和大红门桥站工地。地铁项目产生的建筑垃圾主要以工程渣土为主，北京市南部地区，地铁车站及轨道所在地层主要为粉细砂、砂卵石，属于较优质的混凝土原材料，8 号线大红门桥站总开挖土方量的一半为砂卵石。但此建材如在现场使用，将存在以下限制：

（1）天然砂卵石使用前需进行筛分，地铁项目一般位于市区繁华地段，施工场地非常紧张，无法布置筛分设备及存料场地；

（2）如筛分后现场使用，属于环保条例中限制使用的"自拌料"，不允许使用。且同样由于场地紧张，现场不具备拌和混凝土所需场地；

（3）现场筛分材料无法出具合格证（仅原材料产地或营运搅拌站才能按规范要求进行批次试验，出具合格证，现场不具备场地和条件）。

鉴于上述原因，场地内出产的工程渣土无法就地回用，只能外运消纳场。据了解，其中较好的砂卵石，被清运公司销往搅拌站获利。而现场喷锚及建设需要的混凝土，只能外购商品混凝土。轨道范围内暗挖段土方全部为出土，车站范围内明挖段土方部分可以用于回填。但同样由于没有堆土场地，所有挖出土方只能外运，待回填时单独外购土方。

调研思考和建议：

地铁项目规划阶段，应考虑土方消纳问题。如能综合考虑土方就近堆放、处理、检测、再利用，则能大量减少土方运输量，提高建筑废物的资源转化率。

2. 拆除垃圾项目

2018 年 5 月 29 日，课题组调研了北京市石景山区原首钢厂区。"首钢环境"建在原首钢工业区内，在拆除园区内旧有建筑的同时，做到废弃物不出厂区，全内部处理，建筑垃圾实现首钢集团内的闭路循环。在拆除之初，即做好分类处理规划，包括场地规划、拆除组织规划等，针对不同种类废弃物，制订不同处理策略，做到垃圾高效回收。针对同质化较高的建筑垃圾，开发不同种类的再生产品，部分产品已应用于实际工程，如中国建筑设计院科研楼、长安街西沿工程等。

调研思考及建议：

（1）首钢区域内大量混凝土及钢结构建筑的拆除，均产生了大量的优质建筑垃圾，再利用率高，再生产品品质高；

（2）对于大规模成片区域的改造拆迁，特别是存在大量混凝土建筑的区域，必须考虑建筑垃圾就地有组织处理，减少垃圾流转，制造本地新的经济增长点；

（3）政府应制订引导性政策并在政府投资工程中带头示范，打破传统观念误区，鼓励优质建筑垃圾再生建材的再利用。

3. 装修垃圾项目

2018 年 5 月 30 日，课题组调研了中建大厦的装修现场，由于施工场地紧张，堆放场地基本没有，因此，拆除垃圾必须快速清运，并且需要避免材料的现场加工；现场拆除的装修材料均按物业管理要求分类装袋，集中存放，分期由专业公司集中清运；新装修材料均为工厂定制的预制成品或半成品，现场拼装，现场没有湿作业，边角废料很少；

电专业线槽可再利用；暖通风管可再利用；暖通室内风盘根据新位置更换，仅更换末端线路；

调研思考及建议：

（1）北京市公建或民宅的二次装修物业管理监管比较到位，有效地在源头处操控建筑拆除废物的流向。

（2）二次装修采用预制装配方式，可大大减少现场作业量，减少现场能耗，尽量避免现场动工和场地堆积，降低新施工过程中场地建筑废物的生成。

4. 资源化减量类项目

2018 年 5 月 30 日，课题组分别对大红门建筑垃圾处理堆场 1 和堆场 2 进行了调研。堆场 1 采用现场设置的可移动分拣设备，可将混杂的拆除垃圾分离为土和大颗粒类物质，其中的钢筋和轻物质，需要人工分拣，一台设备配备 3 个操作人员；堆场 2 采用固定线设备，就是在分拣流水线上搭了临时的棚子，由铲车和卡车从堆场内运至流水线入口。其分拣结果较堆场 1 分类更细。但对于钢筋、轻物质，仍采用人工分拣的方式。

（1）处理后的分类产物，土可用于回填，大颗粒物质可用于路基施工，均有再利用价值。

（2）由于现阶段市区内无法报批垃圾处理场，堆场 2 的棚子属于违建，随时可能被拆除。

（3）拆除垃圾由于没有进行第一次现场分类，中间混杂少量家具等材料，对破碎分拣造成不利的影响，且大大降低了最终产品的品质。

（4）无论堆场 1 的露天移动式设备，还是堆场 2 的临建内的流水线，其生产过程均产生扬尘，对小范围的环境存在污染。

调研思考及建议：

（1）政府应采取疏导加管理的方式，引导临时建筑垃圾处理厂的正规化、合法化建设，并对其提出明确的环保要求，纳入管理范围内，不能采取明令禁止但闭眼不管的方式。

（2）建筑垃圾处理设备应增加自身的环保性能，改变脏乱的生产环境，或将污染范围控制在最低，这样才有利于处理设备的合规化。

（3）建筑垃圾分类应自拆除阶段即进行分类处理，混合后的建筑垃圾其处理成本很高，处理后产品品质反而很低。

4.1.4.2 深圳市建筑垃圾调研情况

深圳地处广东南部，珠江口东岸，与香港一水之隔，东邻大亚湾和大鹏湾，西濒珠江口和伶仃洋，南隔深圳河与香港相连，北部与东莞、惠州接壤。全市下辖 9 个行政区和 1 个新区，总面积 1997.47km^2。截至 2017 年末，深圳常住人口 1252.83 万人，其中户籍人口 434.72 万人，实际管理人口超过 2000 万人，城市化率 100%，是中国设立的第一个经济特区，是中国改革开放的窗口和新兴移民城市，已发展成为有一定影响力的现代化国际化大都市，创造了举世瞩目的"深圳速度"，享有"设计之都""时尚之城""创客之城""志愿者之城"等美誉。课题组于 2018 年 6 月 13 日—15 日进行了调研。通过调研，主要了解了以下几点内容：

1. 深圳市关于建筑垃圾的相关政策

经深圳市第四届人民代表大会常务委员会批准，2009 年深圳市发布了《深圳市建筑垃圾减排与利用条例》，条例提出了"垃圾排放费"的概念，"实施建筑垃圾共同管制制度，主管部门按照联单记载的分类情况和数量核收排放费"，不过由于在垃圾处理过程中还要缴纳费用，所以虽提出了概念，但并没有真正实施。

2011 年，深圳市住房建设局 8 号文件发布了《建筑垃圾减排技术规范》的相关通知。通知对减排设计提出了指导性原则，并明确要求施工图设计完成后，施工图审查机构应按照设计减排检查表的具体要求对设计减排内容进行审查。审查不合格的，审图机构应要求设计单位修改，修改完成后再重新进行审查，直至合格。在施工图审查过程中，减排设计检查表仍未得到充分有效的利用，基本处于并未实施或者流于形式的状态。

2. 深圳市的建筑垃圾减排总体情况

深圳市实际管理人口超过 2000 万人，人口密集，土地资源紧张。建筑垃圾的产生量比较大，基本上每年有 9900 万 m^3 的废弃物。以往，深圳市建筑余土主要通过外运的方式处理，海路主要运往中山和珠海等城市，陆路主要运往东莞和惠州。另外，还有部分用于填海。目前，由于各地对环境保护意识的增强，已不接收外运来的建筑余土，深圳的填海工作也须申报国务院批复后才能实施，所以建筑垃圾基本只能深圳本地消化。

深圳市的土地资源紧张，现有的 13 个垃圾收纳场基本饱和。广东省对建筑垃圾收纳场的选址应当向社会公开征求意见。目前政府规划再建设 8 个收纳场，但由于所在区域的居民反对，新开收纳场的工作难度较大。课题组参观了深圳部九窝余泥渣土收纳场和新屋围拆除垃圾收纳场。九窝收纳场一期收纳容量 2700 万 m^3，二期收纳 2800 万 m^3，目前该收纳场已封场，渣土上方已进行覆绿处理，后期将主要用于公园和绿化用地。新屋围收纳场主要收纳建筑拆除垃圾，估计一年后达到设计收纳能力。由此可看出，深圳对于建筑垃圾源头减量和循环再生利用的需求很高。

3. 参观深圳的建筑垃圾再生产品企业——深圳绿发鹏程环保科技有限公司

绿发鹏程环保科技有限公司于 2005 年在深圳成立是专业从事建筑垃圾拆迁，清运和处理一体化的高新技术企业。年处理建筑类固体废弃物达 150 万 t。日处理量达 5000t，综合利用转化率达 98%。每年生产月 150 万 m^2 的绿色环保材。

绿发环保专业从事回收建筑类固体废弃物，通过自主研发的技术生产再生骨料，各类城市市政专用轻质砖材，促进固体废弃物的高效循环利用，以及墙板、干粉砂浆、彩砖等新型环保建材产品。废料掺加量可达 70% ~ 95%，一般面层采用非再生骨料。

4.1.4.3　西安市建筑垃圾调研情况

西安古称长安、镐京，是陕西省会、副省级市、关中平原城市群核心城市、丝绸之路起点城市、"一带一路"核心区、中国西部地区重要的中心城市，国家重要的科研、教育、工业基地。联合国科教文组织于 1981 年确定的"世界历史名城"。地处关中平原中部，北濒渭河，南依秦岭，八水润长安。下辖 11 区 2 县并代管西咸新区，总面积 10752km²，2018 年末常住人口 1000.37 万人，常住人口城镇化率 74.01%。全年地区生产总值 8349.86 亿元。课题组于 2018 年 7 月对西安市建筑垃圾的情况进行了调研。

1. 西安建筑垃圾总体概况

据西安市市容园林局渣土办了解，全市拆除垃圾 2000 万 t（含修路），我国每年产生的装修废弃物达到 600 ~ 800 万 t。2012 年实施《建筑垃圾管理条例》，推行建筑垃圾资源化优惠政策，鼓励建筑垃圾处理企业在城市规划用地建厂，并从建筑垃圾源头，施工过程及垃圾填埋全过程进行监管，将建筑垃圾与装修垃圾区分处理，不许填埋，明确末端处理方式。对于源头减量，采取三种措施，第一，垃圾种类透明，所属辖区自行利用；第二，全产业链高效利用，资源直接分配给厂家；第三，成立装修装饰垃圾分类公司，专项处理。

西安市已经率先实行再生技术将建筑施工过程中产生的废弃混凝土变成骨料用于城市道理路基填筑。成立 6～8 个资源化利用工厂，年处理量达 150 万 t 以上，以所在辖区分片管理，主要分布于东、西、南、北四个方向。对于再生材料的利用，举步维艰，以政府示范项目牵头利用，用于公园等基础设施的建设。

2. 参观中铁十一局集团西安市地铁 1 号线二期工程——土压盾构

该地铁修建工程为建筑垃圾利用特色工程，该工程利用泥沙分离技术（设备），将因盾构过程中加水产生的大量泥浆，分层分离处理为含水率符合规范回填土要求的砂土，从而减少渣土外运。盾构机进行盾构施工时，需要加入泡沫剂和膨胀土，导致土层含水率大于 60% 以上，利用泥沙分离设备，根据砂石粒径筛分，固液分离，将含水率控制在 30% 以下，因此渣土利用率可观。

3. 参观建新环保科技发展有限公司

建新环保科技有限公司是一家从事建筑类固体废弃物高效循环利用的高新技术企业，其拥有年处理 200 万 t 建筑固体废弃物循环利用生产线，因此，它是"拆除、清运、处置、应用"综合性建筑垃圾绿色循环利用全产业链运营代表性企业。该公司利用自行研制的建筑垃圾分离装置，单线产能达到 200t/h，瞬时产能 300～400t/h，日处理量 3000～3500t。能对建筑垃圾中的渣土、废铁、轻质物实现自动分离。其生产的再生骨料洁净度高，再生骨料轻质物含量达到千分之一，该企业生产的产品性能远高于相关的国家标准。再生粗骨料，可以将其应用到强度等级比较低的混凝土上；对于再生的无机混合型料，在修建道路工程的基层回填方面可以加以利用；而在回填不同的工程基坑时，可优先考虑使用再生型细骨料；空心砖、护坡砖和透水砖等均属于再生免烧砖。再生小型构件，主要用于路缘石、盖板等。

西安市该类型企业少，企业仍面临推广难，企业存活难，投资大，运输成本和处理成本高等问题。因此，要推动垃圾减量化措施的落地实施，应从五个方向考量：（1）垃圾源头垃圾分类；（2）统筹利用相关专业机构；（3）综合、协调利用工地现场；（4）附近周转利用；（5）资源化工厂的专业化处理。西安市建筑垃圾整体仍面临利益与资源的冲突关系中，拆除垃圾多，垃圾处理利用企业少，再生产品利用率低等问题，需要政府、执法管控及相关部门，出台相关利好政策，推广建筑垃圾再生产品，兴建示范工程。

4. 参观西安创新港项目

该项目由陕西建工集团和西安交通大学联合实施，项目总体 159 万 m²，48 个单体，240 天封顶。现场设有建筑垃圾处理车间，生产建筑垃圾分类产品（预制过梁、预制盖板、预制雨篦子，预制三角块），目标是对外零排放，装修装饰材料进消纳站。

该项目特点是面积大，做到土方平衡，提前做好测绘工作，每个场区设置渣土堆放处，混凝土余料现场利用。

该工程项目经理龚总认为，该工程能做到土方平衡，并能在短时间内封顶，主要归功于以下几个方面：第一，做好审图工作，图纸会审交由项目审图机构，在施工前，及时处理 1500 余条设计问题，对建筑布局进行合理化建议；第二，BIM 施工阶段，交付阶段，全生命周期的 BIM 设计，完善 BIM，借助平台培养人才，借助 BIM 技术进行图纸提前会审。第三，永临结合，和甲方配合，提前进行市政设计，减少后期拆除。

5. 参观陕西五建集团

陕西五建集团 2013 年开始进行垃圾分类，自行研制集装箱性施工现场自动回收利用系统，再生利用率 80% 以上，可节约综合成本 30% 以上。具体措施包括：

（1）统一模数，标准化构件。

（2）管道安装一次成优，实施现场水电安装集成化加工，提高生产效率。

（3）利用 BIM 对二次结构方案进行仿真模拟，基于仿真模拟结果，可以实现利用可视化的方式向施工班组交底。

6. 调研陕西众科

致力于固废分离装备技术开发与研究的陕西众科固废分离装备研究院（简称"陕西众科"自行研制装备，垃圾处理量 20 ～ 30 万 t/ 年，不产生新的污染，途径科学，保证处理质量，可移动处理设备，随时转运。

4.1.4.4　沈阳市建筑垃圾调研情况

沈阳市是辽宁省省会，副省级市，被国务院定位为东北地区的中心城市，全国重要的工业基地。沈阳位于中国东北地区南部，地处东北亚经济圈和环渤海经济圈的中心，是长三角、珠三角、京津冀地区通往关东地区的综合枢纽城市。全市下辖 10 个区、2 县，代管 1 县级市，全市总面积逾 12948km²，市区面积 3495km²，2015 年常住人口 829.1 万人，户籍人口 730.4 万人，生产总值 7280.5 亿元。沈阳是国家历史文化名城，素有"一朝发祥地，两代帝王都"之称，是中国最重要的以装备制造业为主的重工业基地，有着"共和国长子"和"东方鲁尔"的美誉。进入新世纪以来，沈阳城市建设翻开了新的篇章，继 20 世纪 90 年代建成的二环路、三环路以外，又建成四环路、六环路（五环路在建）。根据最新的《沈阳市城市总体规划》（2011—2020 年）显示，沈阳中心城区的范围已经从三环扩展至四环，面积扩大 3 倍多。沈阳市正在积极构建"东山西水、一河两岸、一主三副"的城市空间格局。2020年，规划中心城区城市建设用地 730km²，中心城区常住人口 735 万人，人均城市建设用地99.3m²。沈阳的四环路全长 130 多 km，比北京的五环路还要长 30 多 km，可见沈阳的城市规模之大，城市建设速度之快。预计到 2030 年常住人口将达到 1200 万，中心城区人口到达825 万。沈阳城市建设要告别传统的"摊大饼"的发展模式，要精细化发展，提升中心城区内的建设质量，提升百姓的幸福感。中心城区的许多建于 20 世纪 80 年代的老旧住宅建筑，保温性能以及楼梯质量都出现严重问题，随着城市的发展这些建筑都要进行拆除，按照沈阳城市的规模，将会产生数量巨大的建筑固废物，课题组于 2017 年对沈阳市的建筑垃圾基本情况进行了调研，调研目的：（1）了解沈阳市建筑固废物的基本类型组成成分；（2）了解沈阳市各类建筑固废物的存量以及未来产出量；（3）为沈阳市开展建筑固废物资源化工作找到依据。

调研结果：沈阳市的建筑固废物主要包括以下几大类：（1）已有建筑拆除产生的建筑固废物。主要包括：楼宇爆破、城镇化建设、棚户区改造、城中村改造等产生的建筑固废物。（2）新建地下工程产生的建筑固废物。主要包括：城市地铁建设、城市综合管廊建设等产生的地下工程渣土。（3）公路工程所产生的建筑固废物。包括：桥梁拆除、白色路面改为黑色路面、沥青路面翻新铣刨等。（5）施工过程中散落的建筑垃圾。（6）施工过程以及装饰装修工程产生的建筑固废弃物。其中，占有量最大的为已有老旧建筑拆除的建筑固废物，地铁工程、管廊工程渣土以及城中村拆除，所以我们就此类固废物的数量和分布情况在沈阳市内展开深入调研。

根据的《沈阳市城市总体规划》（2011—2020年）显示，沈阳市中心城区的范围已经从三环扩展至四环，面积扩大3倍多。沈阳市正在积极构建"东山西水、一河两岸、一主三副"的城市空间格局。随着城市的不断发展扩大，未来四环之内的城中村都将被拆迁开发，城中村的建筑物多为一到两层的砖混结构房屋，建设密度很大，所以计算城中村建筑固废物的总量时，采用卫星地图计量出每个城中村的占地面积，再实地复核占地面积。现有的成果中没有关于城中村建筑面积的核算方法，本课题根据对多个城中村的占地面积（卫星图测量与实地复核）、建筑面积（卫星图测量与实地复核）得出城中村建筑面积占占地面积的具有统计学意义的百分率为60%。然后再根据拆除砖混结构建筑垃圾产生量计算城中村拆除后产生的建筑垃圾总量。城中村建筑固废物的产生量如表9-1所示。

表9-1　沈阳市城中村建筑固废物产生量统计表

位置	建筑面积（m²）	废砂石（t）	废砖（t）	废玻璃（t）	可燃废料（t）	总计（t）
二环三环之间	474000	423898.2	189979.2	805.8	11850	626533.2
三环四环之间	15084000	1348962.12	604566.72	2564.28	37710	1993803.12
合计						2620336.32

民用建筑垃圾产生量模型计算中的重要数据就是对于各年份拆除面积、施工面积、装饰装修面积的统计。在沈阳市统计局的统计年鉴中，仅有每年度的施工面积、竣工面积以及新开工面积的统计数据，结合辽宁省统计年鉴的统计数据，按照业内通常的估算方法，对于年度拆除面积的统计，取当年拆除面积为当年新开工建筑面积的10%；对于年度装修面积，暂定为当年现有房屋面积的10%，因此需要将各年份竣工面积累加来计算出当年现有房屋的建筑面积。

通过统计计算，根据沈阳市统计年鉴和辽宁省统计年鉴中的相关数据记录，得到从2006年到2015年十年间沈阳市建筑业房屋施工、竣工和新开工面积统计数据，分析计算出沈阳市2006年到2015年的建筑固废物的每年产生量和各年份的累计产出量如表9-2及图9-1～图9-3所示。

表9-2　沈阳市建筑垃圾每年产出量和累计产出量统计表　　　　　　　　（万t）

年份	拆除产出量	施工产出量	装修产出量		年产出量（不包含拆除量）	年产出量（包含拆除量）	累计产出量（不包含拆除量）	累计产出量（包含拆除量）
			住宅	公共				
2006	190.7	172.8	10.1	9.3	192.2	383.4	192.2	383.4
2007	276.9	250.9	20.2	21.3	292.4	569.3	484.6	952.7
2008	322.9	292.4	31.0	34.1	357.5	680.4	842.1	1633.1
2009	377.3	342.4	41.7	47.2	431.3	808.6	1273.4	2441.7
2010	488.7	442.6	52.8	64.3	559.7	1048.4	1833.1	3490.1
2011	648.1	510.1	68.9	86.9	665.9	1314	2499	4804.1
2012	606.9	550.1	85.4	112.3	747.8	1354.7	3246.8	6158.8
2013	722.6	578.4	97.7	126.1	802.2	1524.8	4049	7682.8
2014	709.3	574.8	107.6	140.1	822.5	1531.8	4871.5	9214.6
2015	709.3	417.1	115.2	156.1	688.4	1397.7	5559.9	10612.3

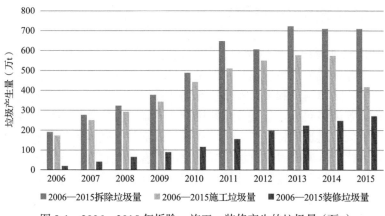

图 9-1　2006—2015 年拆除、施工、装修产生的垃圾量（万 t）

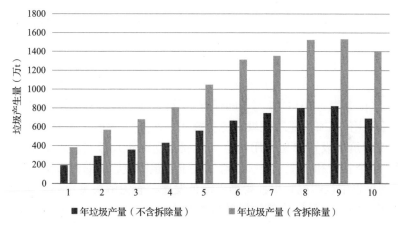

图 9-2　2006—2015 年含拆除量和不含拆除量的年垃圾产出量（万 t）

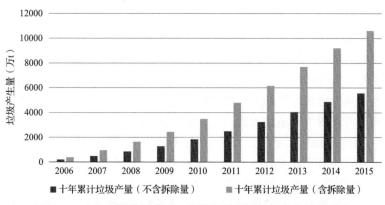

图 9-3　十年含拆除量和不含拆除量的累计垃圾产出量（万 t）

　　考虑到沈阳市实际情况，沈阳市的拆除量可能与全国其他地方存在差异，表 9-2 计算数据的年产出量和累计产出量都按照包含拆除量和不包含拆除量两个部分计算，从表 9-2 数据可知，沈阳市 2015 年建筑垃圾的产出量已达到 1397.7 万 t，在不考虑资源化和其他的利用途径前提下，从 2006 年到 2015 年累计建筑垃圾产出量已达到 10612.3 万 t。

9.2 建筑垃圾减量化设计标准

根据相关地区实地调研，可以得出，虽然政府与社会各界在建筑垃圾减量化设计领域做出了积极的努力并取得了长足的进步；但是，目前我国在资源化利用建筑垃圾方面还不成型，鉴于此，相关的法律制度和设计实施指导仍然处于完善之中，实践中仍存在对建筑垃圾的循环利用率不高等诸多问题。且资源化利用产业不是一方主体努力就能取得成效的，需要建设单位、施工单位、建筑建材生产企业、环保行政部门、建筑垃圾排放监管部门等多方主体的同心合作。因此，从源头对建筑垃圾减量化进行有效地管理，建立完善且可操作性强的建筑设计标准，将大大降低对建筑垃圾循环利用的难度，推动建筑业可持续发展，创建出一个绿色的、和睦的美好社会。

9.2.1 设计标准研究背景及意义

随着大量老旧建筑物逐渐达到使用寿命和城市化进程的快速发展，我国建筑固废物的排放量逐年增长。目前，我国的建筑固废物的再生利用率远低于日本、韩国以及欧美国家，大部分建筑固废物未经任何处理，被运往郊外或城市周边进行填埋或露天堆存，既浪费了土地和资源，又污染了环境，全国各地现存的建筑固废物也面临着相同的问题。为落实国务院的《绿色行动方案》（国办发〔2013〕1号）的任务："推进建筑垃圾资源化利用""推行建筑垃圾集中处理和分级利用"，加快建筑垃圾资源化技术、装备研发推广，编制建筑垃圾综合利用技术标准，开展建筑垃圾资源化利用示范，研究建立建筑垃圾再生产品标示制度。截止到2016年全国10余个省市和167个地区出台了关于建筑固废物的管理政策。2017年习近平总书记在十九大的报告中也明确指出：要推进绿色发展，着力解决突出环境问题，加强固体废弃物和垃圾处置。所以，开展建筑垃圾的资源化再生利用工作是摆在各个城市面前的主要任务。

发达国家大多实行"建筑垃圾源头削减策略"，即在建筑垃圾形成之前，就通过科学管理和有效控制将其减量化。例如英国将立法和财政措施作为建筑垃圾减量化的主要驱动力，通过工程设计来实现废物的减量化，而不是施工期才开始。

国外在此领域，VWY Tam 对不同分包合同所导致的材料浪费程度进行了研究，指出了包工不包料形式的分包合同材料浪费量最大，而包工包料形式的分包对材料的浪费最小。先进的施工技术也会减少建筑垃圾的产生量，C.S.Poon 提出选择性拆毁技术，也就是用建设过程相反的拆除方式可以减少建筑垃圾的产生。R.A.Begum 提出在设计时注意尺寸配合和标准化，尽量采用标准化的灵活建筑设计可以减少切割产生的废料。

我国对建筑垃圾的研究起步较晚，尤其在城市规划领域尚未形成一套关于建筑垃圾减量化的完整办法和评价实施体系，需要梳理有效的处理模式，通过科学合理的规划，减少垃圾源头产生，实现建筑零排放，在建造时利用延长建筑物寿命的技术和建筑结构，同时发展强化的建筑材料技术，减少建筑垃圾的产生。但是一些具有前瞻性的研究人员也较早地提出了建筑垃圾源头减量化，只有从建筑垃圾的产生源头出发，减少建筑垃圾的产生，才能从根本上减少建筑垃圾的产生量及未来的增长量。

2017年"十三五"国家重点研发计划——绿色建筑及建筑工业化专项，首次设立了建筑垃圾类的专项研发计划——"建筑垃圾资源化全产业链高效利用关键技术研究与应用"课题，中建发展联合 27 家单位共同开展该课题的相关研究工作。其中课题 1 为建筑垃圾源头减量化关键技术及标准化研究与示范，就是专注于建筑垃圾源头减量化的相关标准、技术规程、施工技术的研究。主要的研究目标为：针对我国工程设计行业缺少建筑垃圾源头减量化设计方法与设计标准，通过事先考虑工程如何减少建筑废物的产生，形成废物后的可能处理措施和可循环利用途径，全面提出建筑、结构、装饰各部分的新设计理念和原则，并形成相关设计指南及研究建筑垃圾源头减量化工程设计评价标准；针对施工现场建筑垃圾未能减量和利用，分类设备不完善给后期处理造成困难的现状，通过现有施工技术的研究和分析、研发适合后期资源化利用的装储吊运装备并示范，提出现场减量、分类和再利用综合技术并编制相关标准，为全产业链资源化利用打好基础。具体涉及三个方面的研究内容：

（1）城乡规划中建筑垃圾源头减量化研究；

（2）基于建筑垃圾源头减量化的工程设计技术、评价及标准化研究；

（3）施工阶段建筑垃圾源头减量化研究。

其中子课题 2 就是针对设计阶段的建筑垃圾源头减量化的相关技术和标准的研究。将从方案设计、初步设计、施工图设计等不同阶段的建筑垃圾减量化设计方法，在空间形态、平面布局、土方平衡、结构形式、机电设备设计等方面研究建筑垃圾减量化设计的原则和方法，提出基于建筑垃圾源头减量化工程设计的基本规定。研究基于装配式预制构件、BIM 技术以及绿色建筑的设计原则实现建筑垃圾在设计阶段的源头减量化。研究建筑垃圾源头减量化设计评价标准。总结归纳出建筑垃圾减量化设计的具体评价标准，为我国建筑垃圾减量化的设计工作提出指导性意见，填补我国在此项领域的空白。将提出基于建筑垃圾减量化的设计技术的标准或指南 1 部，形成 1 项建筑垃圾减量化设计新技术，有效地指导建筑垃圾源头减量化的设计工作。

根据已有的大量研究，不难看出，设计阶段的疏忽和建筑材料的性能低下是产生大量建筑垃圾的主要原因之一。Poon 教授在一个减量化的具体实际操作细则中提出设计师能够对建筑的结构进行优化，为了能够达到建筑垃圾减量化的目标，可以从两方面入手，包括改变设计概念（在设计阶段进行）和选择合适的建筑材料。以延长建筑寿命的方式避免建筑拆解；Baldwin 主张在设计阶段帮助设计师加强信息管理，优化设计方案；Tam 等则建议通过采用预制构件等低废料率建筑材料。由此可见，首先设计人员对建筑垃圾减量设计的全面认识和控制措施的采取尤为重要。

其次，在设计阶段建立建筑垃圾减量设计标准，为设计师快速掌握减量化设计方法提供理论依据。例如，制定绿色建筑材料的选择标准应当非常严格地实施统一的构造模数设计准则等等，从源头上杜绝"三边"工程，保证建筑物的质量和耐久性。

再次，成熟的设计标准也使得管理有法可依，虽然我国出台了相关法律对建筑垃圾的处置方式、循环利用、税费管理等方面做了框架式规定，但是一个完善的综合管理法律体系还未建立，对设计阶段的监管更是空白。因此在针对制度缺失的情况下学习和借鉴适合我国国情的国外先进制度，编制建筑垃圾减量设计标准，完善我国的建筑垃圾资源化的法律制度，有着其他学术不可比拟的现实和理论的重大作用。

9.2.2　设计标准编制要素

在设计阶段，就要开始关注到有关尺寸之间的相互配合与统一化，尽量采用标准化的灵活建筑设计，以减少切割产生的废料；保证设计方案的稳定性，提供更详细的设计，尽量避免对设计方案进行频繁更改而产生不必要的剔凿；注重长远规划设计、提高耐久性设计、合理选购材料和构件，尽量采用可修理、可重新包装的耐用建筑材料，以及考虑延长建筑物的使用寿命等等，这些将使建筑垃圾的污染问题得到最优解，好的开始也会带来良好的社会效益与经济收益。然而，设计标准的编制是一个庞大的系统工程，应充分考虑下列各方要素：

1.建设项目全面执掌控制

首先要学会分辨什么是新建的建筑工程、建筑工程的改扩、工程的加固以及什么是工程项目的装饰与装修，不仅要从项目是不是可行来进行探索，还要从建筑的设计、工程的实施、竣工工程的验收整个过程来思考，特别是要考虑将建筑垃圾进行有效的再次使用渗透在各个阶段的行政治理方法和措施。

2.合理安排设计进程

我国的建筑设计人员认为：甲方的要求导致最后的设计改动、图纸的修改是建筑垃圾产生的主要原因。由此可以推断，我国的建筑设计过程中较多的图纸拖延和信息缺失可能导致了更多的建筑垃圾的产生，这就要求设计人员要科学安排设计进程和提高设计的完整性和准确性来减少设计过程中带来的建筑垃圾。

3.提供更多信息、加强与各方的合作

需要为建筑设计从业人员提供更多的培训，并使用可拆解设计和再生材料，让更多建筑设计从业人员了解并关注；为了使建筑垃圾减量化取得较好的效果，政府、研究机构、设计师、开发商和供应商等各方的合作非常关键，尤其是建筑设计人员的作用需要特别的给予重视。

9.2.3 设计标准研究方法

建筑垃圾减量化设计标准是国内首次提出建筑垃圾减量化的工程设计的技术措施，从工程设计的整个周期，多种建筑材料的选择使用以及实现建筑垃圾减量化设计的鼓励措施等多个方面，提出了建筑垃圾减量化在工程设计中要遵循的原则和设计方法。同时结合减量化设计标准建立一套完善的全面的建筑垃圾减量化在工程设计领域的评价标准，用以指导和规范我国工程设计领域实现建筑垃圾的减量化。具体来说，给出建筑垃圾减量化在工程设计应用中的新方法，给出建筑垃圾减量化的具体实施措施和设计关键点，建立建筑垃圾工程设计减量化评价标准，给设计工作者提供指导，从而实现工程设计中在建筑垃圾减量化处置上的标准化。

建筑垃圾调研方法主要有：调查法、观察法、模型估算法。调查法是科学研究中最常用的方法之一。它是有目的、有计划、有系统地搜集有关研究对象现实状况或历史状况材料的方法。观察法是指研究者根据一定的研究目的、研究提纲或观察，用自己的感官和辅助工具去直接观察被研究对象，从而获得资料的一种方法。科学的观察具有目的性和计划性、系统性和可重复性。

建筑垃圾产生量的计算方法主要有单位产出量法、材料流分析法、系统建模法。其中单位产出量法是应用最广的一类方法，可以应用于区域层面和项目层面各个时期的建筑固废物产出量估算，并且应用方式众多。

1.单位产生量法

（1）建设许可资金的单位产出量法

人均乘数法是最早的单位产出量法，这种方法在计算过程中没有考虑到建筑固废物的产出量与建筑活动变化的紧密关系。为了在建筑固废物量化方法中体现这种关系，Yost和Halstead基于美国国家统计局公布的建设项目许可证书中的建设资金额，发展了一种建筑固废物的估算方法。这种方法可以对区域层面的建筑固废物产出量进行估算，目的是为建筑固废物回收企业的选址提供决策支持。他们以石膏板为例介绍了这种方法：首先对若干具体的项目进行实地调研，获得各个项目的废弃石膏产出量和建筑面积，应用线性回归分析获得单位面积废弃石膏板的产生率；接下来根据统计局颁布的建设许可证书中的建设资金额和建设面积，应用线性回归方程获得单位面积对应的价格；第三步是根据建设许可证书计算目标区域范围内总的建设金额；第四步是根据前面建立的关系，预测区域废弃石膏的总产生量。

这种方法将建设许可中的建设资金作为转换因子，同样适用于其他材料废物产生量的计算。应用这种方法的好处是能够使建筑垃圾的量化与建设活动的规模建立关联，从而降低误差，前提是政府对当地的建设项目具有良好的备案及公开机制。

（2）统计数据的单位产出量法

这种方法是前述方法的延伸，进行估算前若能找到可靠的相关行业数据或前人研究成果，将会使建筑固废物的量化变得非常简单。单位产出量测量标准的选择应当根据材料的几何性质决定，如废弃混凝土可以选择以单位面积的质量为标准，废弃工程渣土选择以单位面积的体积为标准等。政府一般都有对项目建设面积的统计，因此，此方法的关键步骤是如何获取单位产出量。

（3）分类系统的单位产出量法

由于建筑废弃材料的多样性和复杂性，只对建筑固废物的总量进行测算，已不能很好地满足管理要求。为制订更加精细的策略，可以建立建筑固废物分类系统，将各类建筑固废物按分类系统细化，计算每类建材垃圾的量。Solis-Guzman等针对建筑施工现场产生的建筑固废物首先提出了建立分类系统的思想，他们基于西班牙的建设项目预算系统，建立了建筑固废物的分类系统。分类系统要求层次清晰，按章节一级一级地进行细分，每一章代表一大类活动，用数字表示；每一节代表这一大类活动中的某一类，用字母表示。例如，在该项研究中，02TX中的02代表第二章（即土石方工程），而TX代表其中的某一特定小节（即土石方运输）。分类系统确定后，各种材料的废弃量就可以按前述方法进行计算。

2. 材料流动分析法

材料流分析法由Cochran和Townsend提出，用于分析区域层面产生的建筑固废物和拆除固废物总量。这种方法以工程材料的总购买量为研究对象，按其在建筑项目中的用途进行分析，并基于以下假设：项目购买的建筑材料（M）并非都构成建筑物实体，一些建材在建设阶段不可避免地废弃掉成为建筑垃圾（CW），剩余的材料构成建筑物实体，这部分材料在建筑物到达其建筑生命终点进行拆除时全部转化为拆迁垃圾（DW），即$DW = M - CW$。假定某一类建筑结构的平均建筑生命为50年，则如果计算这类建筑2013年建筑垃圾的产出量，则可以用如下公式表示：

$$CW_{(2013)} = M_{(2013)} \times w_C$$
$$DW_{(2013)} = M_{(1963)} - CW_{(1963)}$$

式中，w_C代表施工场地的建材平均废弃率，一般施工指南中都有规定。而2013年的拆除垃圾量则等于50年前构成建筑物的建材总量。将两式相加即得到2013年建筑固废物的总产出量。使用这种方法算出建筑固废物的总量，一般比实际产生的建筑固废物总量要多，因为在实际建设和拆除项目中产生的建筑垃圾会有一定比例的回收利用。

3. 系统建模法

系统建模法精细化的量化结果有利于制订更加详尽合理的策略，因此一些学者提出了用系统建模的方法对建筑垃圾产生量进行预测。这种方法将建筑垃圾量化视为一个由许多影响因素构成的系统，通过建立模型对各影响因素进行分析，有利于提高预测精度。Wimalasena 等提出了"基于工序的量化"思想，认为建设工程建筑固废物的产生，是由一系列单独建筑工序构成，将这些工序累加起来，即得到项目建筑固废物的产生量。这一方法从系统角度对建筑垃圾的产生量进行预测，通过对每个工序的建筑垃圾产生量进行识别，保证对总量预测的精度。他们认为：工序运作过程中建筑垃圾产生量的影响因素有四类：工序特定因素（如施工方法、工序工期、预算等），人力与机械因素（如劳动力数量、机械运作情况、事故情况等），现场条件和天气因素（如工作时的温度、湿度、亮度等）及公司政策（如安全政策、工资情况等）。这些因素又可以分为人为因素和非人为因素。通过一系列定性和定量的方法，确定每个因素对建筑垃圾产出量的贡献度，从而可以在不同的环境下根据这些因素，对建筑垃圾的产生量进行预测。

单位产出量法和现场调研法是当前应用最为广泛的两种方法。单位产出量法可以满足各类建筑垃圾的量化需求，其关键步骤是确定单位建筑垃圾的产生率，通过计算总体单位数量得到建筑垃圾总产出量。现场调研法对于项目层面的建筑垃圾量化非常有效，但是若要应用于区域范围内的建筑垃圾产出量化，则需要消耗大量的人力和时间。

材料流分析法在计算区域范围内的建筑垃圾产出量时有着简单精确的优点。但是由于多数情况下缺乏历史数据的支持，导致此方法未能广泛应用。另外，由于当前建筑垃圾量化研究的对象集中于房屋建设项目，缺乏桥梁、道路、构筑物等其他建筑类型的量化实例，往往导致这类建筑在量化研究中被忽略。

系统建模法有利于从系统考虑，得到更为精确的量化结果。在实际的项目实施过程中，决策者不仅希望得到建筑垃圾的总量，更希望得到各类建筑垃圾的产生量，为制订决策提供支持。传统的计量方法很难满足这一要求，因此在项目层面引入建筑垃圾分类系统或采用系统建模测量方法将成为以后发展的趋势。

预测方法的选择根据实际预测对象有一定的适用性和针对性。由于缺乏中国历年建筑垃圾产生量和拆除垃圾、装修垃圾产生量的统计数据，因此，无法直接从建筑垃圾产生量的时间序列角度建模预测，也不适合使用其他直接以建筑垃圾历年产出量为依据建立序列关系预测模型的预测方法。在这种缺乏历史直接数据的实际情况下，考虑间接建立因果模型对建筑垃圾产生量进行预测，即从与建筑垃圾产生量存在直接关系的施工面积、拆除面积和装修面积的统计数据入手，根据通常单位施工、拆除与装修面积建筑垃圾产生量，利用单位产出量法来核算现有的，并预测未来的建筑垃圾产生量情况。通过建筑面积来估算建筑垃圾数量是一种常用方法，主要指标是建筑面积和单位面积建筑垃圾产出系数。采用这种估算方法，关键在于确定合理的单位面积建筑垃圾产出系数。

拆除垃圾产生量的计算公式为：

$$V_1 = A_1 \times C_1$$

式中，V_1 为拆除垃圾产出量；A_1 为拆除面积；C_1 为拆除垃圾的单位面积产生系数，即拆除垃圾 = 拆除面积 × 单位面积产生系数。

根据《建筑施工手册》(中国建筑工业出版社) 中确定的单位建筑面积的建材用量,可得各类结构类型的拆除垃圾单位面积产生系数,具体表 9-3。

表 9-3　拆除建筑垃圾单位面积产生系数　　　　　　　　　　　　　　(kg/m²)

分类		废钢	废混凝土砂石	废砖	废玻璃	可燃废料	总计
民用建筑	混合	13.8	894.3	400.8	1.7	25	1335.5
	钢混	18	1494.7	233.8	1.7	25	1773.1
	砖木	14	482.2	384.1	1.8	37.2	906.7
	钢	29.2	651.3	217.1	2.6	7.9	908.1
非民用建筑	混合	18.4	863.4	267.2	2.0	27.5	1178.4
	钢混	46.8	1163.8	292.3	1.9	37.7	1542.5
	砖木	1.8	512.7	417.5	1.7	32.1	965.8
	钢	29.2	651.3	217.1	2.6	8.0	908.2

目前在中国的旧城改造过程中,拆除的大多数是 20 世纪 50、60 年代的建筑,根据当时的建筑结构类型、建筑材料的情况,可以把旧建筑拆除垃圾估算中的建筑结构类型分为混合、钢混和砖木三种,综合考虑后选取各自所占拆除垃圾的比率为 50%、30% 和 20%(表 9-4)。

表 9-4　拆除建筑垃圾单位面积综合产生系数　　　　　　　　　　　　(kg/m²)

类型	混合	钢混	砖木	综合系数
民用建筑	1335.5	1773.1	906.7	1381.02
非民用建筑	1178.4	1542.5	965.8	1245.11

施工垃圾主要由基础施工时产生的工程渣土和建筑主体施工产生的散落的砂浆混凝土,砌块运输破损以及废钢筋、废木材、废旧模板等组成。根据实际情况,工程渣土在市场内部可以实现内部占补平衡,无序资源化处置;而废钢筋、废木材、废旧模板通常可以回收利用;包装材料也作为生活垃圾一起倾倒。真正需要预测的其他建筑施工垃圾产生量相对较少,建筑施工垃圾产生量的计算公式为:

$$V_2 = A_2 \times C_2$$

式中,V_2 为施工垃圾产生量;A_2 为施工面积;C_2 为施工垃圾的单位面积产生系数,即施工垃圾 = 施工面积 × 单位面积产生系数。

目前对砖混结构,全现浇结构等建筑施工材料损耗的粗略统计,暂取拆除垃圾的产生系数为 0.05,即每 1m² 建筑施工面积产生的废弃砖和水泥块等建筑废渣为 0.05t。

建筑装修产生垃圾量的计算公式为:

$$V_3 = A_3 \times C_3$$

式中,V_3 为装修垃圾产出量;A_3 为装修面积;C_3 为装修垃圾的单位面积产生系数,即装修垃圾 = 建筑装修面积 × 单位面积产生系数。

1)装修面积

$$装修面积 = 当年现有房屋建筑面积 \times 10\%$$

2)单位面积产生系数

装饰装修工程包括公共建筑类装饰装修工程和居民住宅装饰装修工程。

（1）公共建筑

公共建筑类装饰装修施工产生建筑垃圾量＝总造价（万元）× 单位造价垃圾量，式中，总造价（万元）按建设方与施工方签订之有效合同计算（只计算装修工程部分造价，不计设备费）。单位造价垃圾量按如下方式测算：办公（写字）楼按每万元 2t；商店、餐饮、旅馆等按每万元 3t。假设公共建筑的平均建安成本为 3300 元 /m²，则办公（写字）楼按 0.6t/m²；商店、餐饮、旅馆等按 1t/m²。

（2）居住类建筑

居民住宅装饰装修施工产生建筑垃圾量＝建筑面积 × 单位面积垃圾量，其中：建筑面积按房产证的面积计算。单位面积垃圾量按如下原则预测：160m² 以下住宅按 0.1t/m²，161m² 以上的居民住宅按 0.15t/m²。

建筑垃圾减量化设计标准将以调研和产生量计算为基础，通过七个主要的方法进行研究。

（1）研究从建筑规划、方案设计、初步设计、施工图设计等不同阶段的建筑垃圾减量化设计方法，通过空间形态、平面布局、结构形式、机电设备设计等方面建立建筑垃圾减量化设计的原则和方法，提出基于建筑垃圾减量化工程设计的基本规定。

（2）采用工业化生产的预制构件实现建筑垃圾在设计阶段的减量化，研究通过采用工业化生产预制构件及应用预制化建材部品，减少现场施工取料不准造成的建筑材料的浪费及由于现场施工质量难以保证造成的返工问题而带来的建筑垃圾，从而达到建筑垃圾减量化的作用。

（3）应用可再利用材料、可再循环材料、标准材料实现建筑垃圾在设计阶段的减量化，可再利用材料是不改变物质形态可直接再利用的，或经过组合、修复后可直接再利用的回收材料。可再循环材料是通过改变物质形态可实现循环利用的回收材料。标准材料是满足国家的相关标准能够在某一领域中普遍通使用的材料。研究合理使用上述材料延长仍具有使用价值的建筑材料的使用周期，替代传统形式的原生原材料，生产出新的建筑材料减少新建材的使用量。

（4）应用废弃物为原材料生产的建材实现建筑垃圾在设计阶段的减量化，研究采用建筑垃圾为原材料生产的再生建材制品，应用到实际设计的工程中，既实现了建筑垃圾的减量化，又扩大了再生建材的应用范围，符合建筑垃圾减量化的设计原则，真正实现建筑垃圾从源头减量化的目的。

（5）采用一体化精细化的设计原则实现建筑垃圾在设计阶段的减量化，一体化，可以理解为土建装修设计一体化等，研究在设计阶段就按照建筑的使用要求、业主的需求实现一体化设计，避免后期装修改变使用功能、改变空间结构等产生的建筑垃圾。结合设计过程中建筑、结构、机电等各专业的实际问题达到建筑垃圾在设计阶段的减量化的目的。

（6）建筑垃圾减量化设计的鼓励措施实现建筑垃圾在设计阶段的减量化，研究相关的建筑垃圾减量化设计鼓励措施，积极推动建筑垃圾减量化在工程设计领域的推广和实施，建立完善的政策法规有效监督减量化设计的实施，做到建筑垃圾减量化设计有法可依。

（7）建筑垃圾减量化设计的提高与创新措施实现建筑垃圾在设计阶段的减量化，研究建筑所在地域的气候、环境、资源，结合建筑场地的特征和建筑功能，基于建筑信息模型（BIM）技术在建筑规划设计、施工建造、运营维护各个阶段的应用，实现建筑垃圾的减量化。

同时结合场地及总体设计、建筑集成设计、结构系统设计、外围护系统设计、设备与管线系统设计、内装系统设计、BIM设计、装配式设计八大系统，将七个研究方法与八大系统结合，七个研究方法综合分析、整理，以八大系统划分为八个主要的独立单元呈现给读者。研究方法上较为灵活且又各自独立，成果整理之后，根据相关成果的类型分类汇集到八大系统之中。设计人员在看到这部设计标准时，可以直接与从事的专业相衔接。例如，建筑设计师可以参考场地及总体设计、建筑集成设计、外围护系统设计、内装系统设计相关章节的内容。结构设计师可以参考场地及总体设计、结构系统设计、外围护系统设计、装配式设计等相关章节的内容。机电设计师（给排水、暖通空调、电气工程）可以参考设备与管线系统设计、内装系统设计等相关内容。室内设计师可以参考内装系统设计、建筑集成设计等相关的内容。同时，建筑、结构、给排水、暖通、电气、室内设计师也要参考其他专业的主要设计要点和设计内容，了解专业之间的减量化设计意图，达到各专业之间协同配合、共同实现减量化的目的。

9.2.4 设计标准主要内容

根据课题的研究成果，《建筑垃圾减量化设计标准》中将主要包含11个部分的内容，具体为（1）总则、（2）术语、（3）基本规定、（4）场地及总体设计、（5）建筑集成设计、（6）结构系统设计、（7）外围护系统设计、（8）设备与管线系统设计、（9）内装系统设计、（10）BIM设计、（11）装配式设计等。各章节的主要内容为：

（1）总则。主要贯彻国家有关建筑垃圾减量化的相关法律法规和技术政策，推进建筑行业的可持续发展，规范民用建筑工程建筑垃圾减量化设计，提升建筑垃圾减量化设计水平，制订本规范；本规范适用于新建民用建筑的建筑垃圾减量化设计；本规范规定了建筑垃圾减量化设计的基本要求，当本规范与国家法律、行政法规相抵触时，应按国家法律、行政法规的规定执行；民用建筑的建筑垃圾减量化设计除应符合本规范的规定外，尚应符合国家现行有关标准的规定。

（2）术语。主要包含建筑垃圾、建筑垃圾源头减量化、建筑垃圾减量化设计、建筑垃圾产生量、建筑垃圾回收利用量、建筑垃圾回收利用指数、可再利用材料、可再循环材料、主动减量化措施、被动减量化措施、建筑垃圾收纳场、开裁率、材料套裁等。

（3）基本规定。主要包括建筑垃圾减量化设计的基本原则，例如建筑垃圾减量化设计应遵循实事求是、因地制宜，具体问题具体分析的原则，结合建筑物所在地的相关政策法规、气候、资源、生态环境、经济和技术条件等特点进行。建筑垃圾减量化设计应综合建筑的使用功能、技术与经济特性，体现精工细作，涵盖建筑设计的全专业，采用有利于减少建筑垃圾产生量的场地、建筑形式、技术、设备和材料。建筑垃圾减量化工程设计在设计理念、方法、技术应用等方面要积极与绿色建筑、装配式建筑、BIM应用等新技术对接。在建筑垃圾减量化工程设计之前应做好前期调研，建筑物场地客观情况调研：地理位置、气候条件、生态环境、地形地貌、道路交通设施以及市政基础设施等；建设项目市场调研：建设项目的功能要求、市场需求、使用模式、技术条件等；建设项目社会调研：区域资源情况、区域经济发展水平、人文环境、生活质量、公众对于建筑垃圾减量化设计的接受程度。建筑垃圾减量化工程设计宜优先采用主动减量化措施，辅助以被动减量化措施。建筑材料选择时应评估其资源消耗量，选择资源消耗少、可集约化生产的建筑材料和建筑产品。在满足相关功能的前提下，材料的选择应符合宜优先选用可再循环材料、可再利用材料；宜使用以废弃物为原料生产的建筑材料；应充分利用建筑施工、既有建筑拆除和场地清理时产生的尚可继续利用的材料；宜选择耐久性优良的建筑材料。

（4）场地及总体设计。应符合国家和当地城乡规划的要求，建设项目场地内及周边的公共服务设施和市政基础设施应集约化建设与共享。建设场地的规划设计应包含建筑垃圾、生活垃圾等垃圾的收集方式和回收利用的场所或设施。建设场地产生的建筑垃圾应集中在特定场所临时分类堆放，根据项目所在地的具体处置规则定向运输。分期开发的建设场地应按整体建设规划考虑设置至少一处建筑垃圾临时分类堆放场所或固定堆放场所，满足整个建筑场地所产生建筑垃圾的临时收纳。建设场地设置的临时分类堆放场所或固定堆放场所不能长期堆放渣土和建筑垃圾，最迟应在整体工程建设结束时，将其运输到规定地点存放或开展资源化利用。严寒、寒冷地区与夏热冬冷地区的建设场地，应考虑临时分类堆放场所或固定堆放场冬季施工期间以及冬季停止施工期间的安全防护措施。雨季期间建设场地设置的临时分类堆放场所或固定堆放场所应具有可靠防护措施，防止渣土和建筑垃圾发生滑坡等事故。总体竖向设计应结合地形地貌进行充分优化，优先考虑工程区域内的挖填土石方平衡。如条件适宜，应尽量保留场地中原有景观元素（如树木、山石、水体等）并加以利用，减少场地废物运出。景观设计与建筑设计应协同进行，同步确定室内外高差和室外管线标高，避免因景观二次设计导致室外管线的拆改。

（5）建筑集成设计。应优先选用本地生产的建筑材料，建筑构件应选用耐久性好的材料及构造做法，避免采用随环境温湿度变化易老化的材料。应考虑工程项目未来可能的用途改变，建筑空间宜采用灵活可变的布局方式，以利于在未来建筑物用途发生改变时能够避免或减少建筑物主体结构的拆除。应按国家颁布的《建筑模数协调统一标准》要求，简化建筑物形状，减少、优化部件或组合件的尺寸、种类，建筑与组合件的尺寸关系应符合模数要求。对难以执行模数设计的新型结构体系，建设单位应组织专家对其合理性进行评审。公共建筑楼电梯、卫生间、管道井等宜使用标准化单元和尺寸。居住建筑宜采用标准楼电梯、管道井、集成卫生间、集成厨房等标准单元组合。在设计中应注意建筑构配件尺寸与材料产品供应商提供的尺寸相匹配，避免过多材料切割造成的浪费。宜减少纯装饰性无明确使用目的的构件，幕墙、太阳能集热器、光伏组件及具有遮阳、导光、导风、载物、辅助绿化等功能的室外构件应与建筑进行一体化设计，并尽可能将各种功能合并设计。建筑外墙、阳台板、空调板、外窗、遮阳设施及装饰部品等宜进行标准化设计。

（6）结构系统设计。应对地基基础、结构体系、结构构件进行优化设计，达到节材效果。结构设计过程中，应充分考虑场地条件，依据地勘报告，选用合理的基础形式和地基处理方式。在方案设计阶段，结构专业应配合建筑专业对建筑体型、结构体系等方面进行试算评估，提出合理优化意见。结构设计过程中，应根据工程经验适当选取墙、柱、梁截面及板厚，对于非承重结构及二次结构，应首先考虑采用预制构件，标准化构件。宜通过采用先进技术，适当提高结构的可靠度水平，提高结构对建筑功能变化的适应能力及承受各种作用效应的能力。对于住宅建筑，结构剪力墙布置宜沿标准户型外侧布置，居室空间无结构竖向构件和水平构件，做到套内空间彻底开放。结构设计过程中，应根据建筑使用功能，依据相关规范，合理选取荷载值，对于荷载较大区域（屋面、消防车、覆土等），应与相关专业二次复核确认。在保证结构安全以及使用功能的前提下，宜优先采用高强高性能混凝土、高强钢筋、高强度钢材。对于改扩建（加固）工程，根据改建后建筑使用功能，合理拆除必要部分，尽量保留原有结构构件，避免过度拆除，对影响结构安全性构件进行加固设计。

（7）外围护系统设计应。与建筑专业和主体结构专业一体化设计，综合考虑建筑的功能需求、色泽、材料、质感、结构承载力等设计要求。外围护系统设计应考虑相关专业的需求，与相关专业一体化设计，考虑预留预埋、连接件的设置及附加荷载（通风百叶、灯光照明、防排水、机电防雷、清洁维护等）。外围护系统支承结构优先选择减小主体结构附加作用的体系。建筑外围护系统应选用耐久性好的轻质高强外装饰材料和构造。频繁使用的活动配件宜选用长寿命产品，并应考虑部品组合的同寿命性。外围护系统设计应考虑建筑全寿命周期内材料的拆卸、更换、维护及再利用方案。为未来外围护系统的选择性拆除或解构拆除做好准备，避免破坏性拆除，减少垃圾产生量。应避免纯装饰性构件和不必要的转换连接，与主体结构的连接以及外围护系统的支承结构体系传力路径明确、直接，优先选用机械连接。面板和结构件宜进行参数化、标准化、模块化设计，提倡工厂化生产，在满足建筑外立面效果的同时方便制作、运输和安装。利用套裁等方式提高材料开裁率和材料利用率。外围护系统设计文件应标明主要材料材质、规格、主要物理性能参数及技术要求；应标明外围护系统的主要性能指标要求；外围护系统的计算书应包含结构计算书和节能计算书两部分。围护系统设计应对主要材料和用量进行分类说明，并对其按照可回收、不可回收、潜在利用价值进行说明，可以提出材料寿命期后的回收或处理建议。优先采用大板块装配式安装技术，优先选用标准型材和型钢。外门窗及装饰板宜采用在工厂生产的标准化系列部品。外围护系统优先采用 BIM 技术，鼓励零部件设计与生产的数字化对接。

（8）设备与管线系统设计。应优先选用寿命长、质量优的设备及材料，减少设备更换及材料老化产生的垃圾，并应预留设备运输通道，安装拆卸空间。设备与管线系统的设计应采用集成化技术，标准化设计。机电专业设计变更需进行多方案比较，应考虑建筑垃圾产生量的影响，以减少建筑垃圾量，以不产生拆改为宜。设计单位在进行一次土建设计时，应考虑未来精修区域的设备需求，应满足一般的精装需求，并预留扩展条件，宜满足较高的精装需求。设备与管线系统的设计应与建筑设计同步进行，预留预埋应满足结构专业的相关要求，不宜在施工完成的构件上剔凿沟槽、打孔开洞。考虑水电暗装条件，宜采用压槽工艺预留墙槽。给排水管线应选用便于安装维修的设备、管材、管件等；人防设计中暖通应优先选用平战兼用的设备及管线；消防设计中暖通应优先选用平时及消防兼用的设备及管线；电气专业宜选用可扩展和后期可灵活处理的设备。对于改建和扩建项目，设计单位与建设单位应充分协商，在设计方案阶段出具现场审核报告，对翻新、扩建和拆除等不同方式进行综合评估，在满足使用功能的前提下，优先考虑翻新或扩建，避免过度拆除，减少建筑垃圾的产生。

（9）内装系统设计。合理使用室内装饰材料使用量；室内设计阶段应尽量避免二次拆改，产生不必要的建筑垃圾；室内改造项目合理回收或就地利用现有建筑的室内装饰材料，家具，设备；优先选用维修、装修和改造时废弃物产生量少的建筑材料；优先选用将来拆除时可以再生利用的建筑材料；严禁采用高能耗、污染超标及国家和地方限制使用或已经淘汰的材料；尽可能满足干式工法的要求。土建工程应与装修工程一体化设计，优先选用本地生产的室内建筑材料，公共建筑中按功能需求在室内空间优先选用灵活隔断（墙）。对于住宅类建筑内装设计时宜优先考虑整体化定型设计厨房，卫生间；设计过程中对内装与各专业交接部分需尽量考虑节材设计及方便后期维护，减少拆改及替换等工作；在改造类项目中，优先重复利用，收集处理或者打磨翻新的家具，标准化连接件及装饰材料。

（10）BIM设计。在项目策划阶段宜尽早地采用建筑工程设计信息模型（BIM）作为建筑全生命周期的管理平台，BIM技术所建立的数字化模型是可以贯穿项目从规划、设计、建造施工、运营维护、直至拆除等阶段，集成各个参与方的成果，从而加强设计到建造使用的整体性，因此可促进将建筑垃圾减量化内容纳入设计阶段的评估范围。设计阶段后期与施工阶段初期的建筑工程设计信息模型（BIM）可用来对未来施工与使用直至拆除阶段所产生的建筑垃圾进行的预估。从而对设计成果在垃圾减排方面进行量化评估。进而可针对不同方案进行比选。对已建成项目应用BIM建模技术，可更高效、更充分的利用现有空间资源，完备的数据库有利于对既有建筑采取恰当的维护修缮。延长建筑的寿命，延缓拆除时间，从根源上减少建筑垃圾的产生。在项目建筑工程设计信息模型（BIM）建立前期，须依据国家、行业统一的标准，前瞻性系统性的对该项目的BIM技术的应用进行规划，保证完整的集成项目在各个阶段，各个参与方的信息、数据有效且关联度高，构件与材料分类计量准确，数据公开，既可向上追溯又可向下传递。以实现建设工程各相关方协同工作、信息共享。建筑工程设计信息模型（BIM）在不同阶段和不同相关方之间的协同应基于统一的信息共享和传递方式，应保证模型数据传递的准确性、完整性和有效性。模型结构应具有开放性和可扩展性；在保证信息安全的前提下，模型的交付与获取，可采用远程网络访问的形式。建筑工程设计信息模型（BIM）应循序渐进，根据建设工程不同阶段的发展逐步深化细化、从几何信息和非几何信息两方面，达到相应的精细度等级，满足现行有关工程文件编制深度的规定。

（11）装配式设计。住宅、酒店、办公楼、学校、宿舍等以标准单元为主的建筑宜采用装配式预制单元进行建筑组合。在建设工程设计文件中应明确要求建设工程采用预拌混凝土、预拌砂浆以及新型墙体材料，尽量减少现场砌筑墙体。门洞、窗洞、墙板等非承重应使用预制构配件。建筑结构体系根据项目实际情况考虑使用预制单元式建筑构配件。屋面防水应采用防水卷材、金属、瓦等预制材料。构件搭接尽量避免用胶粘剂，以便分离后两种材料在清洁的状态下可以循环利用。建筑隔墙尽量采用易于拆解的轻质墙体，以便空间的灵活使用。装配式建筑应遵循建筑全寿命期的可持续性原则。装配式建筑设计应按照通用化、模数化、标准化的要求，以少规格、多组合的原则，实现建筑及部品部件的系列化和多样化。装配式钢结构建筑的部品部件应采用标准化接口。装配式混凝土结构宜采用标准化且重复率高的构件。装配式混凝土结构的现浇节点宜采用标准化节点，为现场采用可重复模板提供条件。建筑内装设计应遵循标准化设计和模数协调的原则，宜采用工业化生产的集成化部品进行装配式装修。内装部品应与室内管线集成设计，并应满足干式工法的要求。内装部品应具有通用性和互换性，易于局部拆卸和安装。

9.2.5　设计减量化标准的现实意义

为实现经济、社会的可持续发展，建筑行业推行可持续发展具有重要的意义。"绿色"

便是契合循环经济发展形势应运而生的重要手段。建筑领域节能减排的研究，对全球性的气候问题的解决，对实现可持续发展都有相当重要的意义，尤其是在建筑垃圾这一环节。建筑垃圾的填埋会侵占大量的土地使我们本就紧张的土地资源更加紧缩，由于建筑垃圾材料的特殊性，填埋并不能使之降解，所以填埋的土地很难有其他用途；另一方面，部分建筑垃圾污染土壤，如锈蚀钢筋等，会对周边土壤产生污染，导致部分有害元素超出正常水平，难以种植农作物或者植物；与此同时，通过填埋，建筑垃圾还会进一步污染水体，尤其是某些废弃物中含有的有毒有害物质，通过雨水冲刷，进入地下水甚至整个水循环系统，将对我们的生活造成极大的影响；建筑垃圾中的粉尘，如果不在设计环节加以控制，将会持续污染大气。

设计阶段影响减量化因素之间的错综复杂，以及国内对设计阶段建筑垃圾减量化研究的相对滞后，决定了加强减量化设计管理的复杂性及长远性。因此，在实施建筑垃圾减量化设计管理的过程中，必须综合考虑建筑技术、建筑设计、材料管理规划、外部制度、设计师能力、设计师行为态度各方面的因素的影响力及它们之间的相互作用关系，有针对性地制定以设计标准为基础的解决方案，逐步转换建筑设计师的设计方式，推进设计阶段废弃物减量化的实施，从而提高建筑垃圾减量化的水平，更好地推动向资源节约型、环境友好型社会快速发展。

9.3 设计减量化评价

建筑垃圾减量化设计评价的主要内容包括：（1）建立样本数据库，统计以往项目中建筑垃圾产生量，可以通过统一的相关核算标准进行统计计算，也可以通过施工单位汇集整理的数据（无论是统计计算数据还是施工单位数据都应该有明确的计算方法和可靠的计算依据）。（2）按照不同类型分类别统计，如按照居住建筑、公共建筑划分，按照新建项目和改造加固项目划分，然后再按照混凝土结构、钢结构划分。由于基础部分离散性较大，可区别基础结构与上部结构。（3）根据建筑垃圾数据样本，进行建筑垃圾产生量估算。（4）设计文件中增加建筑垃圾减量化设计专篇。重点介绍设计过程中采取的垃圾减量化的各项措施。建筑垃圾减量化设计专篇可分控制项和优选项。不同项给予不同分值。按低于 60 分为不合格，60 ~ 85 分为合格，高于 85 分为优秀。（5）项目案例以实际为例来复核建筑垃圾减量化设计专篇的具体内容，确认最终施工完成后的实际产生建筑垃圾量。

9.4 本章小结

建筑垃圾基于其产生特点，涉及建筑施工、维修管理、设施更新、建筑物拆除等各个方面。因此，控制建筑垃圾的产生与建筑工程中方案设计、施工计划、运行维护、建筑拆除等各阶段的措施密不可分。现阶段国内针对建筑垃圾更多关注其回收、处置与资源化利用环节，而在前端设计产生环节关注较少。

建筑垃圾减量化设计是指在设计阶段利用技术手段，减少建筑垃圾的产生，并对已产生的建筑垃圾再生利用，进一步减少存量建筑垃圾的设计策略，是从源头避免、消除和减少垃圾的方法。

1.设计师在建筑垃圾减量化中的角色

（1）加强建设项目全过程管理，区分新建建筑工程、改扩建建筑工程、加固工程、装修装饰工程，从建筑的全生命周期阶段考虑，细化建筑垃圾在各阶段的减量方法。

（2）加强全过程的建筑垃圾减量化设计。大部分建筑设计从业人员认为建筑垃圾产生于建造过程，与设计策略本身无关。研究表明，采用相关设计策略可减少建筑垃圾的产生，要求各专业设计人员对建筑全周期过程、建筑材料性能和建筑构件的通常尺寸有准确认识，相关标准或行业规范也应对此进行规定。

（3）合理安排设计进程。我国很多建筑设计从业人员认为甲方的要求引起设计改动、图纸修改，其所导致的改变是建筑垃圾产生的主要原因，设计人员要加强与甲方沟通，科学安排设计进程和提高设计的完整性和准确性，减少设计过程中带来建筑垃圾的产生。

（4）提供更多信息、加强与各方的合作。需要为建筑从业人员提供更多的培训，让更多建筑从业人员了解并关注可拆解和对再生材料的使用。为使建筑垃圾减量化取得较好效果，政府、研究机构、设计师、开发商和供应商等各方的合作非常关键，尤其是建筑设计从业人员的作用需给予特别重视。

2.设计中的建筑垃圾减量化策略

（1）注重长远规划设计，提高耐久性设计，合理选购材料和构件，以保证建筑质量和耐久性。

（2）提倡建筑物的弹性设计，增加设计灵活性，延长建筑使用寿命，以改造代替拆除。

（3）使用标准化尺寸单元，推广预制装配式结构体系设计，使用可替换的预制单元等低废料率建筑材料。

（4）因地制宜进行设计，尽量采用可循环材料。

（5）加强再生材料的使用。

（6）保证设计方案的稳定性，提供更详细的设计，尽量避免对设计方案进行频繁更改而产生不必要的剔凿。

3.建筑垃圾减量化设计标准

（1）建立设计标准可使设计人员建立对建筑垃圾减量设计的全面认识并采取相应控制措施。

（2）建立设计标准可帮助设计师快速掌握垃圾减量化设计方法，也能使设计有据可查。

（3）成熟的设计标准使管理有法可依。

本章总结了在设计阶段可以采用的能达到建筑垃圾减量化目的的相关设计技术。这些设计技术目前在部分项目中也都有成功的应用案例。但是，在建筑垃圾减量化的成效评估方面，目前仅能采用定性的评价方法，在建筑垃圾产生量的定量评估上面，还需要开展相关的研究工作。因此，建筑垃圾的减量化设计应考虑将建筑设计和后续的建筑施工有机结合，建立相关样本数据库，对各项目进行全程的跟踪数据统计，得到采用不同的设计技术措施后在施工中建筑垃圾的实际产生量数据。从而可以为今后建筑垃圾减量化设计的量化评估提供可靠数据支持。

参考文献

［1］ CRITTENDENB, KOLACZKOWSKIS.Waste Minimisation:A Practical Guide.［M］. Institution of

Chemical Engineers,Rugby,1995.

［2］　黄玉林. 我国建筑垃圾的现状与综合利用［J］. 建筑技术，2003，（5）：161-162.

［3］　CoventryS, Guthrie P. Waste Minimisation and Recycling in Construction—Design Manual［M］. CIRIA SP 134，Environment Transport Regions，London，UK，1998.

［4］　BREEAM International NC 2016 Technical Manual 2016. Technical Manual SD233 2.0.

［5］　http://www.hse.gov.uk/construction/safetytopics/storage.htm; https://www.gov.uk/how-to-classify-different-types-of-waste.

［6］　RCRA in Focus: Construction, Demolition and Renovation, U.S. Environmental Protection Agency (EPA).

［7］　Strategies for Sustainable Architecture Paola Sassi, ISBN-13: 978-0415341424.

［8］　ASHRAE Standard 189.1 Standard for the Design of High-Performance Green Buildings Except Low-Rise Residential Buildings, American Society of Heating, Refrigerating and Air-Conditioning Engineers.

［9］　周文娟，陈家珑，路宏波. 我国建筑垃圾资源化现状及对策［J］. 建筑技术，2009，40（8）：741-744.

［10］　王家远，李政道，王西福. 设计阶段建筑垃圾减量化影响因素调查分析［J］. 工程管理学报，2012，（004）：27-31.

［11］　颜建平. 浅析加强建筑垃圾管理及资源化利用的措施与对策［J］. 建筑·建材·装饰，2017，（022）：152-153.

［12］　贺艳萍. 建筑垃圾减量化管理方法和博弈分析［D］. 重庆大学，2011.

［13］　蒿奕颖，康健. 从中英比较调查看我国建筑垃圾减量化设计的现状及潜力［J］. 建筑科学，2010，（06）：7-12.

［14］　国务院关于沈阳市城市总体规划的批复. 国函〔2000〕4号. 北京：中华人民共和国国务院.

［15］　沈阳市城市总体规划（2011-2020年）. 沈阳：沈阳市规划和国土资源局.

［16］　绿色行动方案. 国办发〔2013〕1号. 北京：中国人民共和国国务院办公厅.

［17］　王瑞峰，沈阳地铁盾构隧道设计浅谈［J］. 北方交通，2011（1）：53-56.

［18］　叶康慨，沈阳地铁过河隧道盾构施工技术［J］. 隧道建设，2007，27（6）：39-42.

［19］　陈涛，于晓东，沈阳地铁1号线工程建设的若干问题探讨［J］. 世界轨道交通，2007（6）：36-38.

［20］　地铁设计规范：GB 50157—2013［S］. 北京：中国建筑工业出版社，2013.

第 10 章　施工减量化

10.1　综述

施工现场建筑垃圾减量化，是以施工现场建筑垃圾产生量最小化为目标，进行施工组织优化，即通过源头精准投入、过程垃圾管控等具体措施提高施工现场建筑垃圾减量化水平。

实际施工过程中，选择科学合理的源头减量化施工模式是实现施工现场建筑垃圾总量减量化目标的关键影响因素，要求施工单位在整个施工过程中要贯彻将建筑垃圾"降在源头"的这个系统理念，在深化设计和施工组织方面采取措施，利用优化的施工组织措施将建筑垃圾减量化。

此外，还要以源头减量化目标为标准，利用协同平台、物联网、大数据分析等具体技术，对现场人、机、料进行精细化管理，即通过对建筑垃圾产生的过程管理确保源头减量化效果，最终实现施工现场建筑垃圾总量减量化。

10.2　施工现场分类

施工现场建筑垃圾是一种可利用的资源，合理的分类方法可提高建筑垃圾的综合利用率和社会管理效率，只有在明确的分类框架下，共同组成建筑垃圾治理的组织体系，并充分发挥各自的资源优势，才能达到建筑垃圾综合治理的目的。以下为现行主要建筑垃圾分类方式：

1. 建筑垃圾来源分类法

这种分类方法是根据建筑垃圾的产地进行分类，主要用于建筑垃圾管理研究（表 10-1）。

表 10-1　建筑垃圾来源分类法明细表

类别	特征物质	特点	管理研究重点
基坑弃土	弃土分为表层土和深层土	产生量大，物理组成相对简单，产生时间集中，污染性小	工地和运输的组织，防扬尘、防抛撒和防污染路面等
道路及建筑等拆除物	沥青混凝土、混凝土、旧砖瓦及水泥制品、破碎砌块、瓷砖、石材、废钢筋、各种废旧装饰材料、建筑构件、废弃管线、塑料、碎木、废电线、灰土等	其物理组成与拆除物的类别有关，成分复杂，具有可利用性和污染性强双重属性	利用市场机制，做好源头废旧物资的回收利用和建筑固废的再生利用
建筑弃物	主要为建材弃料，有废砂石、废砂浆、废混凝土、破碎砌块、碎木、废金属、废弃建材包装等	建材弃料的产生伴随整个施工过程，其产生量与施工管理和工程规模有关	科学合理地组织建筑施工，最大程度地减少建材弃料的产生及开展废旧物质的回收和再生利用

续表

类别	特征物质	特点	管理研究重点
装修弃物	拆除的旧装饰材料、旧建筑拆除物及弃土、建材弃料、装饰弃料、废弃包装等	成分复杂，可回收和再生利用物较多，污染性相对较强	需合理组织施工、做好工地管理，积极开展废旧物质的回收和再生利用，减少排放
建材废品材料	建材生产及配送过程中生产的废弃物料、不合格产品等	其物理组成与产品相关，可通过优化生产工艺和提高生产管理水平减少产生量	需分类收集、处理和再生利用

2. 可利用性分类法

这种分类方法是根据建筑垃圾的原有功能和可利用性进行分类，主要为建立建筑垃圾回收利用市场机制及开展综合利用研究服务（表 10-2）。

表 10-2　建筑垃圾可利用性分类法明细表

类别	特征物质	研究重点
无机非金属类可再生利用建筑固废	混凝土碎块、废混凝土、废砂浆、废砂石、沥青混凝土、废旧砖瓦、破碎砌块、灰土、石膏、废瓷砖、废石材等	产品的开发和推广、相关技术标准的制定、政策保护等
有机类可再生利用建筑固废	废旧塑料、纸、碎木等	源头废旧物质的回收机制
金属类建筑固废	废钢筋等	源头废旧物质的市场回收机制
废旧物品	旧电线、门窗、各类管线、钢架、木材、废电器等	建立市场回收利用机制

目前，我国某试点工程施工现场的建筑垃圾主要分为金属类、无机非金属类、有机类、复合类、危废五类，根据不同施工阶段及不同类别，主要包含的固体废弃物见表 10-3。

表 10-3　不同施工阶段产生的固体废弃物

分类		基础阶段	主体阶段	装修、机电安装阶段
金属类	直接经济效益类	钢筋、铁丝、角钢、型钢、废卡扣（脚手架）、废钢管（脚手架）、废螺杆	钢筋、铜管、钢管（焊接、SC、无缝）、铁丝、角钢、型钢、金属支架	电线、电缆、信号线头、铁丝、角钢、型钢、涂料金属桶、金属支架
	间接经济效益类	废电箱、废锯片、废钻头、焊条头、废钉子、破损围挡	废锯片、废钻头、焊条头、废钉子、破损围挡	废锯片、废钻头、焊条头、废钉子、破损围挡
无机非金属类	间接经济效益类	混凝土、碎砖、砂石、桩头、水泥	混凝土、砖石、砂浆、腻子、玻璃、砌块、碎砖、水泥	瓷砖边角料、大理石边角料、碎木、损坏的洁具、损坏的灯具、损坏的井盖（混凝土类）、涂料滚子、水泥
有机类	直接经济效益类	模板、木方	模板、木方	木材
	间接经济效益类	木制包装、纸质包装、塑料包装、塑料、塑料薄膜、防尘网、安全网、废毛刷、废毛毡、废消防箱、废消防水带、编织袋、废胶带、防水卷材	塑料包装、塑料、涂料、玻化微珠、保温板、岩棉、废毛刷、安全网、防尘网、塑料薄膜、废毛毡、废消防水带、编织袋、废胶带、防水卷材、木制包装、纸质包装	木制包装、纸质包装、涂料、乳胶漆、苯板条、塑料包装、塑料、废毛刷、废消防水带、编织袋、废胶带、机电管材
复合类	间接经济效益类	预制桩头、灌注桩头、轻质金属夹芯板	轻质金属夹芯板	轻质金属夹芯板、石膏板
危废	间接经济效益类	—	岩棉、石棉、玻璃胶等	油漆（桶）、玻璃胶、结构胶、密封胶、发泡胶

10.3 国外施工现场建筑垃圾减量化现状

我国对施工现场固体废弃物的研究较晚，起步于20世纪90年代，比发达国家晚20年左右，各国固废的研究状况见表10-4。对固废的研究主要是简单的论述层面上的理论，并没有深入了解固废的性质、产出量、处理和来源，相应的法律法规还没有形成体系，不能从根本上解决固废产出量高、回收率低等问题，因此，"十三五"规划规定2020年达到固废减排70%的目标。

表 10-4 各国固废的研究状况

国家	回收利用率	监管模式	相关法规中文名称	优惠政策	再生产品推广方式
美国	70%	建立建筑垃圾处理的行政许可制度，实行特许经营	《固体废弃物处理法》《超级基金法》	低息贷款、税收减免和政府采购	将建筑垃圾分为三个级别进行综合利用
德国	86%	收费控制型模式	《垃圾处理法》《垃圾法》	多层级的建筑垃圾收费价格体系	环境标志
荷兰	70%	—	《荷兰/欧盟的垃圾处理设施与环境影响评估法规》	填埋税、财政补贴	建立砂再循环网络
法国	60%～90%	专业化公司管理	《环境法典》	—	环境标志
丹麦	80%	税收管理型模式	《环境保护法》	—	环境标志
日本	97%	建筑垃圾全过程管理	《废弃物处理法》《建筑再利用法》	财政补贴、贴息贷款、优惠贷款	建筑垃圾分类与综合利用
新加坡	60%	建立建筑垃圾处理的行政许可制度，实行特许经营	《绿色宏图2012废物减量行动计划》	财政补贴、研究奖励、特许经营、高额惩罚	建筑垃圾综合利用
中国	10%	—	《中华人民共和国固体废物污染环境防治法》《城市固体垃圾处理法》等	—	—

1. 日本

日本对"建设副产物"的细分多达20多种，处理不同种类副产物适用的法律也不同。比如杂草等按一般垃圾处理，木材、建筑污泥等按建筑垃圾处理，金属等按产业垃圾处理，石棉、荧光灯变压器等有毒有害物质按特别管理产业垃圾处理，建筑渣土则不归入垃圾。

减少施工现场垃圾产生和尽可能再利用是日本处理建筑垃圾的主要原则。根据《建设副产物适正处理推进纲要》，建设项目的发包人和施工方有义务在建设过程中减少建设副产物的产生，建材供应商和建筑设计者有义务生产和采用能再生利用的建材。对能再使用的建设副产物应尽量再使用；对不能再使用的建设副产物应尽量再生利用；对不能再生利用的副产物则尽量通过燃烧实现热回收。

日本对建筑垃圾的生产、分类、处理有严格的流程管理。施工队要向建筑公司总部提交可能产生的垃圾估算、分类再利用和最终处理的详细计划，并将结果报告保存5年。如果一家企业上一年产生的产业垃圾超过1000t，则必须在当年6月30日前向当地都道府县知事提交垃圾减量的计划。

国土交通省的调查显示，截至2012年底，日本建筑垃圾的再资源化达97%，其中混凝土再资源化率高达 99.3%。

日本是对建筑垃圾立法最为完备的国家。1991 年的《资源重新利用促进法》规定，建筑施工过程中产生的建筑垃圾，必须通过"再资源化设施"进行处理。2000 年的《建筑废物再生法》规定，一定规模的建筑物拆除和新建，必须按相应的技术标准对建筑垃圾进行分类回收、再生利用。

2. 德国

根据德国法律，建筑垃圾生产链条中的每一个责任者，都需要为减少垃圾和回收再利用出力。建筑材料制造商必须将产品设计得更加环保和有利于回收。比如生产不同长度的板材，避免将来重新切割。建筑承包商（包括工程师、建筑设计师）必须把垃圾回收纳入建筑计划，比如多采用可回收建筑材料等。房屋拆迁工程商责任最为关键，法律要求他们的拆除行为必须有利于建筑垃圾回收。在激烈的市场竞争下，拆迁商经常以很低甚至零价格从业主那里得到合同。然后他们通过分解、回收和销售建筑垃圾获利。这种政策安排迫使建筑承包商和拆迁商最大程度地防止建筑材料受污染，因为这不仅会导致他们收益减少，而且将来还需要为垃圾填埋或焚烧支付费用。

在德国的每个区域都会建设大型的建筑垃圾循环再利用综合加工工厂，而且其现有的建筑垃圾制备再生骨料技术和配套的机械设备在全世界处于领先地位。德国是一个工业大国，而且对于建筑垃圾循环再利用的处理程度也相对较高。在德国，建筑垃圾的来源可以分为土基开挖、道路土地开挖、老旧的建筑材料以及施工现场的工地垃圾四种垃圾。有关部门规定，建筑工程的施工方必须将建筑垃圾进行分类回收、清理和运走，有再利用价值的应该进行再生处理。比如，可燃物质可以选择运送到发电厂参与发电产能环节；土和瓦砾等可以选择破碎后再加工成道路的填充物或者砖瓦。

根据有关数据统计，在 2005 年时，德国的建筑垃圾回收再利用的比例已经高达 86%。德国的西门子公司开发出一种干馏燃烧垃圾处理技术，可以高效地分离筛选建筑垃圾中的各种可再生材料，并进行回收利用，进一步解决了建筑垃圾利用的问题。

目前，德国是建筑垃圾回收做得最好的国家之一，回收利用率达到 86%。

3. 新加坡

新加坡国家环境局数据显示，2014 年全年该国产生的建筑垃圾总量为 126.97 万 t，其中得到回收利用的为 126 万 t。

对于建筑垃圾回收工厂，新加坡国家环境局还通过出租土地的方式予以支持，这些工厂回收的建筑垃圾占据新加坡全部建筑垃圾回收的 80% ～ 90%。为了最大程度地回收建筑垃圾，新加坡政府也出台了建筑拆除行为准则，这是一整套的程序指南，帮助建筑拆除承包商更好地规划拆除程序。

新加坡注重从源头上减少垃圾产生，与之相关的政府措施包括绿色与优雅建筑商计划和绿色建筑标志计划等。前者是 2009 年推出的一项认证计划，从员工管理、尘土和噪声控制以及公共安全等多个方面对建筑从业者进行评分。后者始于 2005 年，该认证专门针对热带地区的建筑，以评估建筑物对环境的负面影响及奖励其可持续发展性能为目的，考核的指标包括节能、节水、环保、室内环境质量和其他绿色特征与创新五个方面。

4. 丹麦

丹麦的建筑垃圾循环再生率很高，他们采取的主要措施是对填埋和焚烧建筑垃圾进行征税。丹麦建立了一个以技术方法、科学研究为中心的组织结构，以及与管理工具密切结合的联合系统，确保了对主要废弃物流动的控制和对大部分建筑垃圾的循环利用。目前，丹麦的建筑垃圾循环利用率已提高到80%左右。丹麦税法规定从1987年1月1日起，凡焚烧或填埋的垃圾税收为5欧元/t，以后逐年提高，到1999年，垃圾填埋税增加了900%。由于垃圾填埋税的增加，迫使人们去研究和开发垃圾的再生利用问题。

5. 美国

美国建筑垃圾的资源化有效利用与其完备的政策法规体系息息相关。1965年，美国出台了《固体废弃物处置法》，其立法宗旨是促进对公众健康和环境的保护，节约有价值的物质和能源资源。该法主要规定联邦政府需从资金和技术方面协助地方政府进行固体废弃物管理，但不直接管理固体废弃物。

1976年，美国国会对《固体废弃物处置法》进行了修订，并重新命名为《资源保护和回收法》，这是美国固体废物管理的基础性法律，开启了联邦政府对固体废物的管理工作。该法创立了美国联邦固体废弃物管理体系，确定了国家废物管理的政策是：废物防止（指源头消减）、回收利用、垃圾焚烧和填埋处置。该法经多次修订，完善了污染预防、源头减量等固体废物管理计划，改变了长久以来末端治理的控制政策，实现了质的突破和跨越性提升。

1980年，美国国会通过了《综合环境响应、补偿和责任法》（又称《超级基金法》），该法规定任何在生产过程中产生废弃物的企业，要自行承担处理责任，不能随意倾卸，从而在源头上限制了建筑垃圾的产出量，促使各企业自觉寻求建筑垃圾资源化利用的途径。

1990年通过的《污染预防法》最具典型意义，它彻底转变了以往管理固体废弃物的惯性思维，由重视末端治理变为重视源头防治，认为对污染应尽可能地实行预防或源头削减是美国的国策，提出废弃物处理应按一定顺序进行，首先应优先思考从废弃物污染源头进行预防和削减；其次对无法预防和削减的废弃物应尽可能地以对环境安全的方式进行循环利用；最后对无法预防和循环利用的废弃物进行无害化处置。

在美国，主管建筑垃圾等废物处理的最高机构是国家环境保护局。自2000年以来，美国国家环境保护局对建筑垃圾管理实施的政策有：（1）合理废弃计划，通过自愿性质的行动让建筑施工单位将废物削减设想付诸实施，并给予技术支持；（2）在集中填埋垃圾这一程序上采取流向控制政策，从而方便各州的垃圾处理计划实施和资金筹集；（3）采用完全记账法、废弃付费法的经济管理政策，力图通过废物回收利用创造就业机会。

此外，美国各州在贯彻联邦立法的前提下，也结合自身实际制定了适合各州特色的政策法规。目前美国建筑垃圾资源化率达70%。

有数据显示，美国每年产生建筑垃圾约3.25亿t，占城市垃圾总量的40%。美国的建筑垃圾综合利用大致可以分为2个级别："低级利用"，即现场分拣利用，一般性回填等，占建筑垃圾总量的50%～60%；"中级利用"，即用作建筑物或道路的基础材料，经处理厂加工成骨料，再制成各种建筑用砖等，约占建筑垃圾总量的40%。

美国对建筑垃圾实施"四化"，即"减量化""资源化""无害化"和综合利用"产业化"。美国对减量化特别重视，制定标准、规范和政策、法规，从政府的控制措施到企业的行业自律，从建筑设计到现场施工，从优胜劣汰建材到现场使用规程，无一不在限制建筑垃圾的产生，鼓励建筑垃圾"零"排放。这种源头控制方式可减少资源开采，减少制造和运输成本，减少对环境的破坏，比各种末端治理更为有效。

6. 韩国

立法要求使用建筑垃圾再生产品。韩国政府 2003 年制定了《建设废弃物再生促进法》，2005 年、2006 年又先后对其进行了两次修订。《建设废弃物再生促进法》明确了政府、排放者和建筑垃圾处理商的义务，明确了对建筑垃圾处理企业资本、规模、设施、设备、技术能力的要求。更重要的是，《建设废弃物再生促进法》规定了建设工程义务使用建筑垃圾再生产品的范围和数量，明确了未按规定使用建筑垃圾再生产品将受到哪些处罚。

综上来看，国外发达国家建筑垃圾减排均遵循以下发展路径，并对我国的建筑垃圾减排提供了依据和启示：强调且均实行建筑垃圾源头削减策略，并将源头减量化作为优先方向。建筑垃圾源头削减策略是指从源头上预防或避免建筑垃圾产生，在源头上控制建筑垃圾产出量。提倡且均采取生产者责任延伸制度。生产者责任延伸制度（extended producer responsibility，EPR），是指"生产者对其产品承担的责任将从生产环节延伸到设计、流通、回收、利用、处置等全生命周期的制度"。发达国家建筑垃圾减排实施路线如图 10-1 所示。

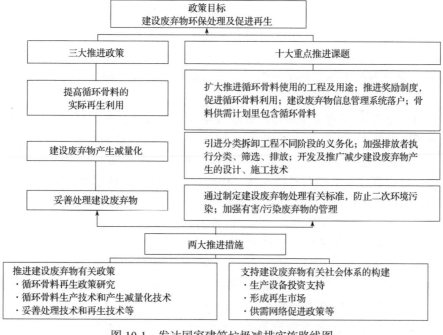

图 10-1　发达国家建筑垃圾减排实施路线图

简而言之，各发达国家虽然实行了不同的建筑垃圾管理与处置方法，但都将防止废物的产生作为建筑垃圾管理的首先层级，当废物产生不可避免时，废物处置的优先顺序为再利用→回收→再生利用（如能源利用）→处置（如预处理后填埋）。以德国为例，建筑垃圾管理与处置从防止产生到最终的无害化处置呈现出一个倒三角，其资源化率已达 85%，填埋处置方式所占份额分别在 2008 年、2010 年、2012 年中占 5%、4%、4%，在所有处置方式中所占份额最小；而我国的建筑垃圾管理与处置呈现出的是一个正三角。目前，我国建筑垃圾资源化率不到 10%，当下使用最多的处理方式依然是填埋。

我国应借鉴发达国家建筑垃圾资源化的成功经验，从两者的差异中寻求适合我国建筑垃圾资源化的战略性调整思路，探索出一条适合我国国情的发展道路。

10.4　国内现状及相关政策标准体系解读

10.4.1　组织机构

由于建筑垃圾的监管涉及十多个不同的部门，没有部门统一管理，有的部门虽担负制止责任，却无权处罚，因此常会出现"有利争利，有责推诿"的现象。

10.4.2　相关政策

2005 年，发布《城市建筑垃圾管理规定》(住建部〔2005〕139 号)。

2009 年，《中华人民共和国循环经济促进法》规定，对工程施工中产生的建筑废物进行综合利用，不具备综合利用条件的，建设单位应当委托具备条件的生产经营者进行综合利用或者无害化处置；省、自治区、直辖市人民政府可以根据本地区经济社会发展状况实行垃圾排放收费制度；国家实行有利于循环经济发展的政府采购政策。

2011 年，财政部、国家税务总局发布的《关于调整完善资源综合利用产品及劳务增值税政策的通知》规定，生产原材料中掺加比率不低于 30% 的特定建材产品免征增值税，对销售自产的以建（构）筑废物、煤矸石为原料生产的建筑砂石骨料免征增值税。生产原料中建（构）筑废物、煤矸石的比率不低于 90%。对垃圾处理、污泥处理处置劳务免征增值税。对再生节能建筑材料企业扩大产能贷款贴息。

2013 年，国务院发布的《循环经济发展战略及近期行动计划》指出，要"推进建筑废物资源化利用。推进建筑废物集中处理、分级利用，生产高性能再生混凝土、混凝土砌块等建材产品。因地制宜建设建筑废物资源化利用和处理基地。"

住房城乡建设部建筑节能与科技司将"提高建筑垃圾综合利用水平"列为 2014 年工作要点，要研究制订推进建筑垃圾综合利用相关政策文件，指导各地开展建筑垃圾综合利用工作，启动试点示范，推动相关技术、产品、设备的研究开发、推广应用和产业化发展。

2014 年 2 月 19 日，为进一步贯彻落实国务院《节能减排"十二五"规划》和《"十二五"节能减排综合性工作方案》的部署，全面推进节能减排科技工作，科技部、工业和信息化部组织制定了《2014—2015 年节能减排科技专项行动方案》，将"建筑垃圾处理和再生利用技术设备"列为"节能减排先进适用技术推广应用"重点任务。

2014 年 12 月 31 日，国家发展改革委、科技部、工业和信息化部、财政部、环境保护部、商务部等六部委联合印发《重要资源循环利用工程（技术推广及装备产业化）实施方案》，要求"产业废弃物资源化利用：到 2017 年，在共伴生矿产资源、尾矿、粉煤灰、煤矸石、冶炼渣、工业副产石膏、赤泥、建筑废物等领域研发 60 ~ 70 项具有自主知识产权的技术、装备，推广 50 ~ 60 项先进适用技术、装备。""研发建（构）筑物的拆除技术、建筑废物的分类与再生骨料处理技术、建筑废物资源化再生关键装备、新型再生建筑材料应用技术工艺。推广再生混凝土及其制品制备关键技术、再生混凝土及其制品施工关键技术、再生无机料在道路工程中的应用技术。"针对建筑垃圾研发回收利用成套设备，推广应用建筑垃圾、道路沥青处理及利用设备。

2015 年，工业和信息化部工业节能与综合利用司将"全面推动再生资源综合利用"列为 2015 年工作要点，编制建筑垃圾资源化利用先进技术与装备目录、建筑垃圾资源化产业发展专项规划。

2015 年 3 月 18 日，发展改革委发文组织申报"资源节约和环境保护 2015 年中央预算内投资备选项目"。范围包括：节能、循环经济和资源节约重大项目，重大环境治理工程，战略性新兴产业专项中节能环保技术装备产业化示范项目；其中，建筑垃圾资源化示范项目作为循环经济示范内容和资源综合利用"双百工程"成为节能、循环经济和资源节约重大项目之一。补助标准：原则上按东、中、西部地区分别不超过 8%、10%、12%，且单个项目最高补助上限为 1000 万元。

2015 年 4 月，《中共中央国务院关于加快推进生态文明建设的意见》正式发布。《意见》要求，全面促进资源节约循环高效使用，推动利用方式根本转变。发展循环经济，按照减量化、再利用、资源化的原则，加快建立循环型工业、农业、服务业体系，提高全社会资源产出率。完善再生资源回收体系，推进建筑垃圾资源化利用。

2015 年 4 月 14 日，为贯彻落实《循环经济发展战略及近期行动计划》（国发〔2013〕5 号），扎实推进循环经济发展，发展改革委印发了《2015 年循环经济推进计划》。文件要求，由住房城乡建设部、发展改革委、财政部、工业和信息化部推进建筑垃圾资源化利用工作。研究起草《关于加强建筑垃圾管理及资源化利用工作的指导意见》和《建筑垃圾资源化利用试点方案》；开展建筑垃圾管理和资源化利用试点省建设工作；鼓励各地探索多种形式市场化运作机制，创新建筑垃圾资源化利用领域投融资模式。

2015 年 10 月十八届五中全会上提出"创新、协调、绿色、开放、共享"五大发展理念。

2017 年，中央经济工作会议，工作重心转移到"高质量发展"，今后三年要重点抓好决胜全面建成小康社会的防范化解重大风险、精准扶贫、污染防治三大攻坚战。

2017 年 10 月，十九大工作报告第九条：加快生态文明体制改革，建设美丽中国，"加强固体废弃物和垃圾处置"。

2018 年，"无废城市"建设试点工作方案（国办发〔2018〕128 号）：以大宗工业固体废物、主要农业废弃物、生活垃圾和建筑垃圾、危险废物为重点，实现源头大幅减量、充分资源化利用和安全处置。

2020 年，发布《中华人民共和国固体废弃物污染环境防治法》（环保部），第四十六条：工程施工单位应当及时清运工程施工过程中产生的固体废物，并按照环境卫生行政主管部门的规定进行利用或者处置。

2020 年 5 月 1 日起，新版《北京市生活垃圾管理条例》（以下简称新《条例》）正式实施。为配合《条例》的实施，北京市还印发了《北京市生活垃圾分类工作行动方案》以及四个实施办法，"柔性"政策循序推进。其中直接涉及建筑垃圾的条例如下：

第二条　本市行政区域内生活垃圾的管理活动适用本条例。

本条例所称生活垃圾，包括单位和个人在日常生活中或者为日常生活提供服务的活动中产生的固体废物，以及法律、行政法规规定视为生活垃圾的建筑垃圾等固体废物。

危险废物、医疗废物、废弃电器电子产品按照国家相关法律、法规和本市其他有关规定进行管理。

第二十八条　市、区人民政府应当加快建筑垃圾资源化处理设施建设，提高处理能力，并制定建筑垃圾综合管理循环利用政策，促进建筑垃圾排放减量化、运输规范化、处置资源化以及再生产品利用规模化。

本市城市管理、住房城乡建设等相关部门应当加强对建筑垃圾的全程控制和管理，制定建筑垃圾再生产品质量标准、应用技术规程，采取措施鼓励建设工程选用建筑垃圾再生产品和可回收利用的建筑材料，支持建筑垃圾再生产品的生产企业发展。

建设单位、施工单位应当根据建筑垃圾减排处理和绿色施工有关规定，采取措施减少建筑垃圾的产生，对施工工地的建筑垃圾实施集中分类管理；具备条件的，对工程施工中产生的建筑垃圾进行综合利用。

第三十三条 产生生活垃圾的单位和个人是生活垃圾分类投放的责任主体，应当按照下列规定分类投放生活垃圾：

（一）按照厨余垃圾、可回收物、有害垃圾、其他垃圾的分类，分别投入相应标识的收集容器；

（二）废旧家具、家电等体积较大的废弃物品，单独堆放在生活垃圾分类管理责任人指定的地点；

（三）建筑垃圾按照生活垃圾分类管理责任人指定的时间、地点和要求单独堆放；

（四）农村村民日常生活中产生的灰土单独投放在相应的容器或者生活垃圾分类管理责任人指定的地点；

（五）国家和本市有关生活垃圾分类投放的其他规定。

第三十九条 居民对装饰装修过程中产生的建筑垃圾，应当按照生活垃圾分类管理责任人规定的时间、地点和要求单独堆放，并承担处理费用；生活垃圾分类管理责任人应当依法办理渣土消纳许可。

第四十三条 运输生活垃圾的车辆应当取得生活垃圾准运证。运输厨余垃圾或者渣土、砂石、土方、灰浆等建筑垃圾，应当专车专用并符合相关规定。

第四十五条 生活垃圾集中转运、处理设施的运行管理单位应当按照要求接收生活垃圾，并进行分类处理。

从事生活垃圾经营性处理服务的企业，应当取得城市管理部门核发的生活垃圾处理经营许可。

设置建筑垃圾消纳场所的，应当取得城市管理部门核发的建筑垃圾消纳场所设置许可。

第四十六条 建设单位应当将建筑垃圾交由有资质的运输单位，按照渣土消纳许可确定的时间、路线和要求，运输至符合规定的渣土消纳场所。实施建筑垃圾就地资源化处置的，应当采用符合建筑垃圾资源化处理要求的设备或者方式。

建设单位应当将实际产生的建筑垃圾的种类、数量、运输者、去向等情况，及时告知渣土消纳场所。渣土消纳场所发现与实际接收的数量不符的，应当及时报告城市管理部门。

第七十二条 建设工程的建设单位、拆除工程的承担单位违反本条例第四十六条第一款规定处理建筑垃圾的，由城市管理综合执法部门责令限期改正，处 1 万元以上 10 万元以下罚款。

从宏观来看，目前，围绕建筑垃圾（含建筑固体废弃物），国家政策陆续出台且仍以"资源化利用"为主要导向，并逐步向"源头减量化"转移。

10.4.3 相关标准

《建筑垃圾处理技术标准》(CJJ/T 134—2019)；

《混凝土和砂浆用再生细骨料》(GB/T 25176—2010);

《混凝土用再生粗骨料》(GB/T 25177—2010);

《再生骨料应用技术规程》(JGJ/T 240—2011);

《再生骨料地面砖和透水砖》(CJ/T 400—2012);

《工程施工废弃物再生利用技术规范》(GB/T 50743—2012);

《道路用建筑垃圾再生骨料无机混合料》(JC/T 2281—2014);

《再生骨料混凝土耐久性控制技术规程》(CECS 385—2014);

《水泥基再生材料的环境安全性检测标准》(CECS 397—2015);

《建筑垃圾再生骨料实心砖》(JG/T 505—2016);

《再生骨料透水混凝土应用技术规程》(CJJ/T 253—2016);

《废混凝土再生技术规范》(SB/T 11177—2016);

《半移动式破碎筛分联合设备》(JB/T 12799—2016);

《再生混凝土结构技术规程》(JGJ/T 443—2018);

《建筑垃圾再生工厂设计规范》(GB 51322—2018);

《固定式建筑垃圾处置技术规程》(JC/T 2546—2019);

《再生混合混凝土组合结构技术规程》(JGJ/T 468—2019)。

10.4.4　各地具体措施及典型项目

1. 全国

生产原材料中掺和比率不低于 30% 的特定建材产品免征增值税。对销售自产的以建筑废物、煤矸石为原料生产的建筑砂石骨料免征增值税。生产原料中建筑垃圾、煤矸石的比率不低于 90%。再生节能建筑材料企业扩大产能贷款贴息。

2. 北京

将建筑垃圾综合利用纳入循环经济发展规划，研究出台建筑垃圾资源化利用鼓励性政策。

加快建筑垃圾资源化利用、装备研发和技术推广，完善建筑垃圾再生产质量标准、应用技术规程，开展建筑垃圾资源化利用示范。

研究建立建筑垃圾再生产标识制度，将建筑垃圾再生产品列入推荐使用的建筑材料目录、政府绿色采购目录。

此外，北京市有四个建筑垃圾处理再利用现场入选了由北京市发改委和住建委联合发布的关于印发北京市建筑垃圾资源化处置利用典型案例的通知。这些建筑垃圾处理厂通过引进建筑垃圾处理设备成功地实现了建筑垃圾的变废为宝。

3. 上海

《上海市建筑垃圾处理管理规定》第四十一条：本市对建筑垃圾资源化利用设施建设予以适当补贴，实行建筑垃圾跨区处置综合补偿制度。

本市实施建筑垃圾资源化利用产品的强制使用制度，明确产品使用的范围、比例和质量等方面的要求。建设单位、施工单位应当按照有关规定，使用建筑垃圾资源化利用产品；无强制使用要求的，鼓励优先予以使用。

此外，还颁布了《上海市建筑垃圾处理管理规定》（沪府令〔2017〕年第 57 号）、《上海市建筑废弃混凝土回收利用管理办法》（沪住建规〔2018〕7号）、《上海市建筑废弃混凝土资源化利用建材产品应用技术指南》（沪建建材〔2019〕36号）、《上海市建筑垃圾运输单位招投标管理办法》《上海市建筑垃圾运输许可证吊销程序规定》等建筑垃圾减排法令法规。

4. 深圳

建筑垃圾综合利用企业享受税收减免、信贷、供电价格等方面的优惠。从事建筑垃圾综合利用技术开发和产业化的企业可以依法申请高新技术企业、其所从事的项目可依法申请认定高新技术项目。经认定的，在税收、土地等方面享受高新技术企业、项目优惠。

实行建筑垃圾排放收费制度。按实际排放费收费和按建筑垃圾产生量定额计量收费两种方式。

实行建筑垃圾再生产产品标识制度。标注建筑垃圾再生产标识，并列入绿色产品采购目录。明确建筑物拆除项目，拆除施工企业必须与综合利用企业联合进行拆除作业及建筑垃圾综合利用。

5. 四川

为转变城乡建设模式和建筑业发展方式，推进建筑领域节能减排，根据《国务院办公厅关于转发发展改革委、住房城乡建设部绿色建筑行动方案的通知》（国办发〔2013〕1号）要求，结合四川实际，制定全省绿色建筑行动实施方案《四川省绿色建筑行动实施方案》。其中要求：强化产业支撑，因地制宜发展绿色建材；强化建筑全寿命管理，严格建筑拆除管理程序；强化责任落实，推进建筑垃圾资源化利用，落实建筑垃圾处理责任制，按照"谁产生、谁负责"的原则进行建筑垃圾的收集、运输和处理。总结推广灾后恢复重建建筑垃圾综合利用经验，重点推广现场分拣利用等方式，积极推广建筑垃圾资源化利用新技术，构建建筑垃圾综合利用技术支撑体系。地方各级人民政府对本行政区域内的废弃物资源化利用负总责，地级以上城市要因地制宜设立专门的建筑垃圾集中处理基地。

为进一步规范建筑垃圾处置管理，维护城乡环境和道路交通安全，根据《成都市建筑垃圾处置管理条例》和相关法律、法规的规定，结合成都市实际，制定了《成都市建筑垃圾处置管理条例》。

6. 辽宁

按照《关于落实2018年辽宁省城市管理执法专项整治工作的意见》（辽住建城管〔2018〕4号）建筑垃圾治理三年方案要求，实现城市二类重点管理地区基本消除渣土运输污染，形成规范有序的建筑垃圾运输市场秩序。加强建筑垃圾运输车辆管理，起草建筑垃圾运输车辆地方性标准，细化建筑垃圾车量密闭标准。加大违法失信企业联合惩戒力度，加大执法查处力度，重拳打击未办理运输核准手续的"黑渣土车"以及渣土车不密闭运输、沿途遗撒、不按规定路线行驶等违规行为。加快工程弃土消纳场建设，开展建筑垃圾存量治理。探索市县建筑垃圾信息共享交易平台建设，促进建设工地工程渣土相互调剂利用，缓解建筑垃圾消纳压力。

7. 河南

2015年，河南省人民政府发布《关于加强城市建筑垃圾管理促进资源化利用的意见》要求，到2016年，省辖市建成建筑垃圾资源化利用设施，城区建筑垃圾资源化利用率达到

40%。到 2020 年，省辖市建筑垃圾资源化利用率达到 70% 以上，县（市、区）建成建筑垃圾资源化利用设施，建筑垃圾资源化利用率达到 50% 以上。通过以奖代补、贷款贴息等方式，鼓励社会资本参与建筑垃圾资源化利用设施建设，享受当地招商引资优惠政策，促进建筑垃圾资源化利用设施建设和再生产品应用。

8. 广州

建筑垃圾处置补贴资金按再生建材产品中建筑垃圾的实际利用量予以补贴，补贴标准为每吨 2 元。

生产用地补贴资金对符合补贴条件企业的厂区用地，结合企业的生产规模予以补贴，补贴标准按 3 元 /m^2。生产的产品应以建筑垃圾为主要原料，且利用率在 70% 以上。

9. 山东

山东省发布《关于进一步做好建筑垃圾综合利用工作的意见的通知》，综合利用财政、税收、投资等经济杠杆支持建筑垃圾的综合利用。提出市、区发改委应当将建筑垃圾资源化利用项目列为重点投资领域。全部或者部分使用财政性资金的建设工程项目，使用建筑垃圾再生产品能够满足设计规范要求的，应当采购和使用建筑垃圾再生产品。

工程项目使用建筑垃圾再生混凝土、再生砖、再生干粉砂浆和再生种植土且分别达到总量 30%、20%、10%、10% 的，建筑垃圾处置费全额返还；工程项目部分使用建筑垃圾再生产品，未达到前项规定比例的，建筑垃圾处置费按照实际使用比例返还。

10. 香港

香港特区政府采取有力措施，将需要深埋处理的建筑垃圾总量在 2004 年降低到每天 6000t。为了达到这一目标，特区政府环境署提出了"尽量避免，努力减少，循环使用"的减费方针。同时，在香港注册结构工程师和注册建筑承包商的从业条例中，增加了建筑垃圾处理的相关内容，要求建筑业从业人员提高控制建筑垃圾的意识，并在工程实践中切实执行相关条例。

作为建筑垃圾的重要管理手段，特区政府采取了一系列措施。它们包括：

1988 年，制定了《减少废弃物示范计划》，用于减少和控制需要处理的废弃物数量。

1989 年，制定了《10 年废弃物处置计划》，用于完善对废弃物的管理。

1996 年，制定了《香港房屋环境评估条例》，用于认证香港住宅和办公楼的环境表现。

1999 年，特区政府成立"废弃物控制委员会"，专门监管环保条例的执行情况。

2005 年 12 月 1 日，香港开始正式实施建筑废物处置收费计划，承办价值 100 万元或以上建造工程合约的主要承办商，必须为有关合约开立专用的缴费账户。主要承办商必须在合约批出后 21 天内申请，否则即触犯法例，并采取阶梯收费（表 10-5）。

表 10-5 香港建筑废弃物处置收费标准

政府建筑废物处置设施	接收的建筑废物种类	收取费用（港币 /t）
公众填料接收设施	完全由惰性建筑废物组成	71
筛选分类设施	含有按质量计多于 50% 的惰性建筑废物	175
堆填区	含有按质量计不多于 50% 的惰性建筑废物	200
离岛废物转运设施	含有任何百分比的惰性建筑废物	200

2017 年 4 月 7 日，为进一步确保有效鼓励减少废物排放，香港特区政府环境保护署上调香港特区建筑废物处置收费标准，调整后，堆填费由每吨 125 港元增至 200 港元，公众填料费由每吨 27 港元增加至 71 港元，筛选分类费由每吨 100 港元增加至 175 港元。

11. 其他省市

天津市：制定并实施《天津市建筑垃圾资源化利用管理办法》。

重庆市：建筑垃圾实行分类处置制度，并遵循减量化、资源化、无害化原则。

陕西省：将固体废物污染防治纳入法治化轨道。

安徽省：五部门联手规范建筑垃圾管理。

成都市：正着手积极设计建筑垃圾最新的管理平台。

青岛市：将建筑垃圾资源化利用项目列为重点投资领域。

截至目前，除香港外，我国各地建筑垃圾政策及减排措施仍以资源化利用为主，源头减量化工作尚未形成规模性、系统性对策或解决措施。

10.5 施工现场建筑垃圾减量阻碍分析

1. 理念认识

各阶层对建筑垃圾减量化和资源化利用重视程度不足，在行业和社会内未形成良好氛围。

随着中国城镇化发展的迅速推进，大规模的拆除和建造活动产生了数量庞大的建筑垃圾，尽管建筑垃圾的处理问题已经引起相关政府管理部门、科研人员的注意，但总体而言社会各界对建筑垃圾资源化的认识程度都还不够。

从社会整体意识来看。以前，人们只关注产生的建筑垃圾，关注建筑垃圾对环境的影响和危害，很少关注建筑垃圾是如何产生的？如何避免、减少？在什么环节怎样去做？缺少对建筑垃圾也是一种资源、能循环利用的关注，缺少如何避害趋利、变废为宝的关注。

从政府管理意识来看。缺乏正确的认识，即建筑垃圾的管理不只是环卫部门的事，而是整个政府部门的事；建筑垃圾处理是城镇化发展过程中不能回避的问题，和道路、给排水、生活垃圾一样是城市基础建设的重要组成部分，是保证城市正常运行和健康发展的物质基础。而建筑垃圾资源化处理是城市发展到一定阶段必须利用的技术途径。解决好建筑垃圾的问题，对改善城市人居生态环境、增强城市综合承载能力、推动城市节能减排、促进城市可持续发展都有重要作用，不是临时的措施，而是新常态事务。

2. 基本理论

缺乏对建筑垃圾概念、分类、量化方法等摸底调研和理论研究。

建筑垃圾分类方面，建筑垃圾减排工作仍处于高耗能阶段，主要原因是我国的建筑垃圾没有像国外一样进行前期分类，混在一起加工成本比天然的成本要高很多。垃圾分类只是垃圾处理的前提，垃圾分类管理的最终目的，是最大程度地实现垃圾源头减量化，变废为宝，同时减少垃圾处理量。我国在这方面与发达国家存在很大差距，现有建筑垃圾均是未经分类或分类不符合要求的，混杂渣土、其他物质的量较大，加大了再生处置的难度，造成再生骨料生产成本很高，也难以保证再生产品的质量。

在量化研究方面，已有的国内外量化研究都有各自的局限性。通过定性方法得到的经验性数据，比如问卷调查或通过定额标准获取的数据，难以用于指导制定详细、科学的施工固废管理政策与策略。再者，欧美发达国家常采用定量方法获取相对精确的数据，如直接称重法和卡车计量法。但由于施工工艺、建筑类型等因素的不同，其获取的固废产生量数据难以衡量国内所产生的废弃物数量。尽管国内也有一些研究采用直接称重法来对废弃物数量进行量化，但由于这类研究所调研实施工程样本数量少的缘故，其结论的可信性有待进一步验证。另一方面，虽然机器学习技术应用广泛，但对施工现场固废产生量预测的研究极少。综合来看，现有的研究缺乏符合国内施工现场实际管理水平的量化方法及科学合理的预测方法。

3. 技术支撑

源头垃圾减量化技术研发不足，未形成规模效应。

我国对建筑垃圾处理和再生利用技术的研究起步较晚，投入的人力、物力不足，虽然有一定的成果，但缺乏针对源头减量化的新技术、新工艺的研发能力，与国外的设备技术相比适用性上有差距。

目前，建筑垃圾资源化利用固定式处理设备绝大部分是在原先的砂石生产设备基础上增加部分功能改进而来，其处理建筑废物能力有限。由于目前我国尚未实行建筑垃圾的源头分类，因此，处置工艺和设备必须考虑原料的分类分选、破碎机型、入料与破碎、出料与传输、钢筋与轻物质分离等问题。

其次，全国资源化处置建筑垃圾的企业经营普遍存在困难，究其原因，主要是建筑垃圾原料复杂和工艺不够成熟稳定。这方面，关键是要解决建筑垃圾的分类技术与装备，解决在施工现场分类问题。分类问题解决不了，建筑垃圾的加工成本永远降不下来。分类有管理问题，也有技术问题。比如，分类的标准；拆除工地如何分类、在建工程如何分类；分类后如何储存、如何运输等。这些研究，一定要以企业为主导，包括施工、运输、装备制造企业等。目前，受能力范围的限制，资源化处置企业往往靠自己搞分类，这不是最好的办法，其效率和效果都远不如源头分类，加工成本反而更高。另外，研究低成本加工技术要与再生产品应用量结合起来，应用量大的产品才有可能降低成本；还要与现场就地回用结合起来，减少运输和装倒成本。

4. 标准规范

建筑垃圾术语、分类、处理，再生产品使用和性能。

目前，我国的建筑垃圾标准相对零散，未成体系，标准偏重于处理及利用技术本身，在管理、现场控制、设备等方面仍存空缺。部分建筑垃圾产品还缺少相应的技术标准和质量标准，普通民众对于建筑垃圾再生品的品质很难鉴定。

5. 管理体系

精细化管理不足，粗放生产方式。组织模式割裂，易产生浪费。规划、设计、采购、施工、运营维护存在问题。

目前，我国还没有形成一个有效的指导意见或者实施细则用于指导城市建筑垃圾资源化利用。省级行政区中只有 13 个具有建筑垃圾资源化的管理办法或规定，并且还有相当一部分规定是宏观的、原则性的，可执行性不强；作为建筑垃圾资源化的实施主体的地级行政区虽然有一半对建筑垃圾资源化建立了规章制度，但是能够推动本区域建筑垃圾资源化发展的不多。主要存在的问题有：

首先，建筑垃圾的处理和利用是一个系统工程，涉及产生、运输、处理、再利用各个层面，包括地方住建、城管、市容、环保、工业与信息化、发改委、交通、公安、国土等多个行政管理部门。只有所有的环节统一管理、协同配合、有效联动，才能形成一个闭合的建筑垃圾处理链，真正实现建筑垃圾的资源化利用。目前，这个链条是孤立和碎片化的。按《城市建筑垃圾管理规定》，政府市容环境卫生主管部门负责本行政区域内建筑废物的管理工作，但这只是建筑垃圾产生后的管理。实际上，从整个社会层面讲，实现建筑废物的减量化、资源化、综合利用产业化，需政府、建设、设计、施工、研发单位和社会公众共同参与，涵盖了建筑垃圾资源化全过程中的源头控制、产生、运输、再生处置和推广应用等各个阶段。要在建设项目立项决策、设计、施工、验收、运营和拆除等方面加以控制，这是源头和产生阶段的管理内容，不在其职责和权限之中。

其次，缺乏源头减排约束机制。多数发达国家均实行"建筑垃圾源头消减策略"，效果显著。而我国在项目设计时无建筑垃圾资源化处理预算，产生的建筑垃圾无资源化处置费用，设计单位、建设单位、施工单位根据成本最低原则，不愿选择对建筑垃圾采取资源化利用的处置方式。发展改革部门在审批建设项目立项时，未提出对建筑垃圾减排与综合利用处置方面的要求。建设行政主管部门在建设项目招投标文件中未对建筑垃圾减排与综合利用提出明确要求。城市规划和建筑设计缺乏远见，导致很多建筑还没到使用寿命，就被拆除重建。拆除管理空白、方式粗放。

不仅如此，产生者负责机制尚未建立。谁产生谁负责，既是政策规定，也是社会共识，但如何落实产生者负责是亟待解决的管理问题。首先要研究谁是产生者，应该负什么责任。例如拆除垃圾，由于建设工程产品寿命周期长和建筑废物的产生滞后性，几十年甚至上百年过去了，当初工程的利益获得者早已不知去向，原产生者负责实际成为空谈。这里还有多种产生者，一种是当初工程的拥有者，曾获得过工程带来的利益，随着工程自然寿命的结束必须要为建筑废物的产生承担责任；一种是因各种原因使工程寿命非自然结束，这里要确定的产生者比较复杂，但可以明确的是，谁从中获得了最大利益谁就是产生者，就该为建筑废物的产生负责，而让拆除者负责的做法既不合理也难以实现。

再者，缺少再生产品推广机制。虽然我国在相关法律中提出："国家鼓励和引导公民、法人和其他组织使用有利于保护环境的产品和再生产品""国家机关和使用财政资金的其他组织应当优先采购和使用节能、节水、节材等有利于保护环境的产品"。在一些部门和地方也将符合标准的再生产品列入绿色建材推荐目录和政府绿色采购目录，要求使用财政资金的建设项目优先使用建筑垃圾再生产品；但由于缺少具体措施，没有具体比例，强制性不够，使这些要求只成为号召。如何采取相应的程序和办法，使其成为必须执行的条例？如何在设计、竣工验收环节强化落实？如何建立和实施建筑垃圾再生产品标识制度？落实再生产品推广使用机制，是深入开展建筑垃圾减排，尤其是建筑垃圾源头减量化的紧迫问题。

6. 产业体系

上下游供需平衡。建筑垃圾产生、再利用。

尽管我国建筑垃圾处理技术不断改进提升，但相比国外的先进技术，还有很大差距，这就使得我们的回收利用率较低，资源浪费依然较大。建筑垃圾资源化处理背后暗藏着许多灰色利益链，严重阻碍和制约着建筑垃圾向资源化处置方向发展的进程。传统的建筑垃圾处置企业经过长期发展，在管理、资金、政府资源等方面都有了一定的经验，也形成了庞大的产业链和利益链，逐步发展成为藩篱围成的"固定圈子"。例如，建设工程总承包对工程中产生的建筑垃圾，往往会以子工程出标书单独招标，以最低的价格招标，对招标后如何运输往往不闻不问。而承运方中标后，由于中标价格低，为赚取最大利益，运输者为躲避检查，经常会在深夜偷运偷倒，进而导致环境污染。

许多人思想观念有误，对于建筑垃圾再生产品，往往接受程度低或有抵触情绪，总觉得垃圾制作出来的东西还是垃圾，而拒绝使用。更重要的是，企业在对建筑垃圾回收利用时，是需要花费大量的人力物力，这些费用需要企业自己承担，使得环保再生材料的价格相比同类产品没有优势，这是"卖不好"的表现。另外一个问题是企业"吃不饱"。虽然从一开始，企业是按照某种年处理量生产建设，但实际上年处理量远远低于预期，大多数时候它们只能"等米下锅"。究其原因还是建筑垃圾的终端处置场所太少，各施工单位、运输单位为了节约成本纷纷自寻出路，城乡结合部往往成为建筑垃圾的"重灾区"，一边是建筑垃圾的随意丢弃，破坏环境；一边是建筑垃圾处理行业"巧妇难为无米之炊"。

7. 法规政策

缺乏法规要求，缺少激励性或惩戒性措施。

现行与建筑垃圾处理相关的《城市市容和环境卫生管理条例》《循环经济促进法》等法规主要关注建筑垃圾造成的环境污染及其对市容带来的影响，几乎未涉及建筑垃圾循环利用问题；政策法规缺乏整体性，没有形成一个完善的体系，无法为深入开展建筑垃圾资源化利用提供政策法规支持和保障；缺乏统一规划，没有专管机构，住建、市政、城管部门及街道居委会的职能都有所涉及。

《环境保护法》规定国家采取财政、税收、价格、政府采购等方面的政策和措施，鼓励和支持环境保护技术装备、资源综合利用和环境服务等环境保护产业的发展（建筑垃圾资源化利用属于环保产业，不能按一般建材企业对待）。

国家鼓励和引导公民、法人和其他组织使用有利于保护环境的产品和再生产品，减少废弃物的产生。国家机关和使用财政资金的其他组织应当优先采购和使用节能、节水、节材等有利于保护环境的产品、设备和设施（建筑垃圾再生产品应优先在工程中应用，政府有责任推动）。

《清洁生产促进法》所称清洁生产，是指不断采取改进设计、使用清洁能源和原料、采用先进的工艺技术与设备、改善管理、综合利用等措施，从源头削减污染，提高资源利用效率，减少或者避免生产、服务和产品使用过程中污染物的产生和排放（建筑垃圾也应从设计、施工等各阶段考虑源头减量的问题）。

《循环经济促进法》规定，设计、建设、施工等单位应当按照国家有关规定和标准，对其设计、建设、施工的建筑物及构筑物采用节能、节水、节地、节材的技术工艺和小型、轻型、再生产品（尚未具体落实，再生产品推广应用存在阻力）。

国家鼓励利用无毒无害的固体废物生产建筑材料（缺少具体办法）。

城市人民政府和建筑物的所有者或者使用者，应当采取措施，加强建筑物维护管理，延长建筑物使用寿命。对符合城市规划和工程建设标准，在合理使用寿命内的建筑物，除为了公共利益的需要外，城市人民政府不得决定拆除（拆除管理缺位）。

建设单位应当对工程施工中产生的建筑废物进行综合利用；不具备综合利用条件的，应当委托具备条件的生产经营者进行综合利用或者无害化处置（建设单位未能承担起此责任）。

省、自治区、直辖市人民政府可以根据本行政区域经济社会发展状况，实行垃圾排放收费制度。收取的费用专项用于垃圾分类、收集、运输、储存、利用和处置，不得挪作他用

（建筑垃圾收费低，收费用途不明，处置企业得到较少）。

《建筑法》规定，需要拆迁的，其拆迁进度符合施工要求（没有明确建筑垃圾管理的基本要求）。

10.6　施工现场建筑垃圾控制方法探讨

1. 从施工人员角度减少建筑垃圾的方法

技术人员要熟悉图纸，实施现场监管，做好各道工序的验收，做好建筑材料的预算，减少由于过剩的建筑材料转化为建筑垃圾的概率。操作人员要尊重建筑工人，建立健全的制度，让工人们认识到浪费建筑材料对个人及整个社会的危害性。材料员要严把质量关，多与施工管理人员沟通，认真审批进料单，避免材料进料过多而造成的浪费。坚决杜绝偷工减料、以次充好或随意更改设计方案等降低工程质量的现象发生，保证建筑物的质量和耐久性，减少不必要的维修、加固甚至重建工作。

2. 从管理方法方面减少建筑垃圾的产生

不同结构形式的建筑工地，垃圾组成比例略有不同，而垃圾数量因施工管理情况的不同在各工地差异很大。如采用商品砂浆，将钢筋制作外包给专门的钢筋加工中心，就能大大减少混凝土这种建筑垃圾和废钢筋的产生。可以采用分包的方式将单项工程承包给个人，承包者为了保证效益就会想办法降低建筑垃圾的产生。

3. 从施工工艺方面减少建筑垃圾

采用可以循环使用的钢模板代替木模板，就能减少废木料的产生；采用装配式代替现场制作，也是减少建筑垃圾的好办法；采用产业化的生产方式，房屋的构件可以在工厂批量生产，减少了传统施工现场的各种不稳定因素，可以节约建筑材料，减少建筑垃圾。

4. 推广绿色建材

采用 GHB 轻骨料混凝土隔墙板、粉煤灰小型空心砌块、钢丝网架水泥聚苯乙烯夹芯板、石膏空心砌块等，均可以减少建筑垃圾。

10.7　施工现场建筑垃圾的场内再利用探讨

建筑垃圾走回收循环再利用之路，可有效地减少建筑垃圾量。建筑垃圾的许多废弃物经分拣、剔除或粉碎后，大多数是可以作为再生资源重新利用的。比如，废钢筋、废铁丝、废电线和各种废钢配件等金属，经分拣、集中和重新回炉可重新成为原材料；砖、石、混凝土等废料经破碎后，可以代替砂用于砌筑砂浆、抹灰砂浆和混凝土垫层等，还可以用于制作砌块、铺道砖、花格砖等建材制品。又比如，公路工程具有工程数量大、耗用建材多的特点。公路设计的一项基本原则就是因地制宜，就地取材，努力降低工程造价。建筑废渣透水性好，遇水不冻涨、不收缩，强度变化不大，是公路工程难得的稳定性好的建筑材料。建筑废渣也可以应用在铁路的路基、软弱土路基处理、粉土路基、黏土路基、淤泥路基和过水路基等方面，可以用作改善路基加固土。另外，建筑废渣可用于建筑工程地基与基础的稳定土基础、粒料改善土基础、回填土基础、地基换填处理和楼地面垫层等，还可用于机场跑道、城市广场、街巷道路工程的结构层、稳定层等。

10.8　施工现场建筑垃圾常规源头减量措施

10.8.1　消防管线永临结合技术

1. 适用范围

消防管线永临结合技术适用于施工图纸完善的工程项目。利用正式的消防作为施工阶段的消防管道线路，能有效地减少临时材料的应用。

2. 技术要点

消防管线永临结合技术原理是根据工程给排水施工图纸和建筑施工图纸，对工程施工图纸进行分析，结合实际，有的放矢，采用正式消防管道作为临时消防用水管道，在地下室与室外管道连接。

利用建筑正式消防管线，作为施工阶段临时消防用水的管线，将正式管线按设计图纸安装在对应位置，在剪力墙或楼板上埋设支架固定管道，并安装出水支管，用于现场用水。能有效解决施工阶段防火消防要求，且能节约临时消防管线。如图 10-2、图 10-3 所示。

图 10-2　正式消防管道做临时消防管　　　　图 10-3　电梯间正式消防管道做临时消防管

10.8.2　施工道路永临结合技术

1. 适用条件及范围

本技术适用于工程承包合同中包含现场室外及道路的相关工程。

2. 技术要点

（1）进行现场平面布置策划时，与建设单位进行沟通，对施工现场实地情况进行调研，综合考虑现场道路布置。

（2）工程施工时，优先进行规划道路施工，将施工道路作为规划道路路基，节约土地、节约材料。

（3）此技术避免了工程施工后期对现场施工道路的破除，减少了材料浪费及环境污染。

3. 施工要求

（1）施工流程

场地平整→施工放线→沟槽开挖→管道敷设→砌筑检查井→回填→检查井封堵→垫层→路面。

（2）施工要求及注意事项

①道路施工前，应同建设单位进行沟通，取得设计同意，并办理洽商，根据设计图纸规

划道路位置并进行施工。

②施工时，路基处理应严格按照规划道路设计进行，确保各项指标满足设计要求。

③每项施工完成应安排验收。

④施工道路高程应参考规划的正式道路，施工时留够规划路基层及面层施工厚度（图10-4）。

⑤管道敷设及检查井施工应定位准确，施工质量符合设计要求。

⑥检查井上部采用预制混凝土盖板封堵，待规划路施工时破除局部检查井位置路面。

图10-4 永久道路与临时道路结合布置现场实况图

10.8.3 成品隔油池、化粪池、泥浆池、沉淀池应用技术

1. 适用条件及范围

适用于施工现场隔油池、化粪池、泥浆池、沉淀池。

2. 技术要点

成品隔油池、化粪池、泥浆池、沉淀池可定型化生产、重复使用，安装快捷，搬运方便、绿色环保。

3. 施工要求

（1）成品化粪池

①施工工艺流程

放线→基坑开挖→垫层施工→化粪池安装就位→化粪池注水→土方分层回填→砌筑检查井→验收→投入使用。

②施工要点

基坑开挖到设计标高时，找平压实，地基承载力不低于100kN/m²。浇筑200mm厚C20混凝土垫层，铺设200mm砂或石粉垫层。

吊装时应注意化粪池进出口方向。化粪池标高应符合工程设计要求。吊装就位后，局部调整使之水平。

化粪池在吊装就位后，池内应灌注清水使之稳定，再人工夯实。

化粪池就位后及时回填，池下部四周用砂土填实，高度应不小于池体直径三分之一。回填土应分层夯实，每层300mm，宜用人工夯实。

（2）成品沉淀池

①施工工艺流程

场地清理→测量定位、放线→混凝土垫层施工→成品沉淀池吊放→进出水管安装→满水试验→投入使用。

（3）成品隔油池

①工作原理

隔油器由进水口、隔渣篮、隔板、箱板、盖板、出水口及出水口罩等结构组成，分为截流分离区和净化排水区两大功能区。截流分离区是将含油污水中的菜渣等截流除去，并利用油水比重分离法将油、污泥、水逐步分离；净化排水区则将处理后的水沉淀分离，最后经排水口过滤排出，从而实现对油水的分离。

②施工工艺流程

隔油池柜体定位→柜体拼装→进出水管道安装对接→灌水通水试验→投入使用。

（4）成品泥浆池

将加工好的成品钢箱泥浆池运至施工场地直接使用。材料及设备要求见表 10-6：

表 10-6　材料及设备要求

种类	规格（mm）	性能指标	质量（kg）	厚度和材质
成品化粪池	长 × 直径：12450×3200	100m³	4000	20mm 玻璃钢
成品沉淀池	长 × 直径：3700×1500	9m³	400	8mm 玻璃钢
成品泥浆池	6000×6000×500	12m³	1130	3mm 钢板
成品隔油池	1000×500×600	1.0t/h	134.1	1.35mm 不锈钢

注意事项：

①化粪池、沉淀池雨期施工时，要有排水措施，防止基坑积水及边坡坍塌，同时将罐内注满水，防止漂浮而造成位移。

②回填时不能局部猛力冲击（如气夯等），必须使池子周围回填土密实。

③要及时清掏隔油池、化粪池、沉淀池内沉淀物，不发生堵塞、渗漏、溢出等现象，并将沉淀物及时清运，食堂排放污水设置滤网，隔油池安排专人每天清理。

10.8.4　铝合金模板应用技术

1. 适用条件及范围

铝合金模板适合建筑物墙体、水平楼板、柱子、梁、楼梯、窗台、飘板等位置的使用。

2. 技术要点

（1）楼面顶板

①楼面顶板标准尺寸 400mm×1200mm，局部按实际结构尺寸配置。楼面顶板型材高 65mm，铝板材厚 4mm。

②楼面顶板横向间隔 ≤ 1200mm 设置一道 150mm 宽铝梁龙骨，铝梁龙骨纵向间隔 ≤ 1350mm 设置快拆支撑头 150mm×200mm（早拆头）。

（2）梁模板

①梁模板尺寸按实际结构尺寸配置。梁模板型材高 65mm，铝板材 4mm 厚。

②梁底设单排支撑，梁底支撑间距 1350mm，梁底中间铺板，梁底支撑铝梁 150mm 宽，方便施工人员拆装模板。

（3）墙模板

①墙体模板标准尺寸 400mm×2600mm（外墙板）及 400mm×2500mm（内墙板）。墙模板型材高 65mm，铝板材 4mm 厚。

②外墙顶部加一层 200～300mm 宽的承接模板，起到楼层之间的模板转换作用。

③外墙板生根处理

外墙在完成一层浇灰后，运到上一层使用时，在外墙外表面需要有支撑外墙模板的构件，即外墙承接板。外墙承接板配置 2 套。

④墙模板处需设置对拉螺杆，其横向设置间距≤800mm、纵向设置间距≤800mm。对拉螺杆起到固定模板和控制墙厚的作用。对拉螺杆为M18螺杆，材质为Q235。

⑤墙模板背面设置有背楞，材料采用40mm×60mm方管。背楞设置纵向间距≤800mm。墙体共设置4道背楞。穿墙螺栓孔间距为：从下往上200mm起，间距依次为600mm、700mm、800mm。

⑥斜撑由上部斜撑杆、下部斜撑杆及斜撑固定点组成。斜支撑下端套入底板上固定点（埋入的M16螺栓）。

（4）拉杆体系，穿墙栓需要与PVC管与胶杯配合使用，胶管、杯头为PVC材质，须与拉杆配套使用。胶管ϕ32mm×3.2mm，外径32mm，内径26mm，胶管长度允许误差±1mm。杯头外径为45/24mm，内径22mm。

（5）模板采用背楞加固，背楞采用60mm×40mm×2.5mm双方管加固，背楞断开处采用U字码连接，通过穿墙螺栓与背楞连接。

（6）铝合金模板材质采用6061-T6铝合金型材，型材化学成分、力学性能应符合国家标准《变形铝及铝合金化学成分》(GB/T3190)、《一般工业用铝及铝合金挤压型材》(GB/T6892)的规定。

（7）铝合金模板支模高度大于3m时需要编写专项方案，并进行论证。

3. 施工要求

（1）工艺流程

测量放样→安装墙柱钢筋（墙柱水电施工）→墙板涂刷脱模剂→安装墙柱铝模→安装梁铝模→安装楼板铝模→梁模楼板模涂刷脱模剂→安装梁板钢筋（梁板水电安装）→收尾加固检查→混凝土浇筑→拆除墙、柱、梁、板模板→拆除板支撑→拆除梁支撑。

（2）施工要点

铝模板体系是根据工程建设图纸，经定型化设计及工业化加工，生产出适合工程建设的模板及支撑体系。铝模使用前施工策划和图纸深化是重点，首先要编制严谨的施工组织设计，确定配合铝模施工的二次结构、楼地面、墙面、顶棚等部位工艺做法。铝模在深化设计时要充分结合其他工序，这样才能达到最佳的使用效果。当铝模深化设计时，尽量将外墙洞口两侧的短墙、门洞顶部砌体及过梁、门窗小垛及构造柱结合到铝模图纸中随主体一次性浇筑，施工省时省力。

铝模加工成型后，对模板构件分类、分部位排序，使用时转运到施工现场将各构件"对号入座"，利用销钉组装固定。组装就位后，用钢管立杆做竖向支撑，可调支撑调整模板的水平标高；利用可调斜撑调整模板的垂直度及稳定性；利用穿墙对拉螺杆及背楞保证模板体系的水平刚度。在混凝土强度达到拆模条件后，仅保留竖向支撑，按先后顺序对墙模板、梁侧模板及楼面模板进行拆除，迅速进入下一层的循环施工。

10.8.5 定型模壳施工技术

1. 适用条件及范围

适用于酒店、商场、写字楼、地下停车场等大跨度、大空间及其他大柱网公共建筑的楼面结构工程。

2. 技术要点

定型模壳施工技术是在现浇钢筋混凝土楼盖结构中采取埋芯式工艺，在楼盖内按设计要求每隔一定距离，放置定型模壳后，绑扎梁板钢筋，然后浇筑混凝土，形成现浇钢筋混凝土密肋楼盖。该技术利用模壳构件，减轻建筑本身自重的同时，还提高了建筑自身的强度和抗震性能，降低了工程造价和劳动强度，增加了建筑的实用性和美观性。与普通梁板结构相比，可节约空间，降低层高，节约钢筋和混凝土用量，减免了传统模板消耗，节约工程造价；与空心楼板相比，无须采取抗浮措施，施工更简便，更好地实现了节能环保的理念。

3. 施工要求

模板支设、钢筋绑扎安装及定型模壳的安装过程中，应先在底模上将模壳安装位置弹线，注意与底模牢靠固定，防止施工过程中模壳发生移位。混凝土浇筑前应制定合理的浇筑路线，浇筑过程中采取减震措施，防止模壳在受到连续冲击荷载下受到损坏。为保证施工的连续性和结构的密实度，泵送混凝土坍落度应控制在 160 ～ 180mm。工程施工中振捣棒不得触碰模壳，同时浇筑时应振捣密实，防止产生蜂窝麻面。对浇筑过程中出现的跑模现象应及时处理，将模壳尽量顶回原位。

4. 实施效果

（1）定型模壳结构简单，模壳固定和施工操作方便。

（2）膜壳分为免拆式和可拆卸式两种，免拆式膜壳为一次性产品，无须拆除，节约人工费，但膜壳单价较高；可拆卸式膜壳，一般以租赁的形式，通过展开面积计算模壳价格，其租赁单价较低，但拆除成本较高。

（3）减轻了楼板重量，减少了钢筋和混凝土用量，降低了工人劳动强度。

（4）定型模壳与普通梁板结构相比，整体性能好，楼板自重减轻，梁、柱配筋也相应减少，相对减少了材料的投入。施工工艺简单，施工速度快，在后期处理上也非常方便，因模壳内部表面光滑，可以省去抹灰及吊顶，可以直接刮腻子、刷涂料，节省了施工时间，外观新颖。

10.8.6　早拆模板施工技术

1. 适用条件及范围

该技术适用于各种类型的公共建筑、住宅建筑等框架结构建筑的楼板和梁，以及桥、涵等市政工程的结构顶板模板的施工。

2. 技术要点

本技术是为实现早期拆除楼板模板而采用的一种支模装置和方法，其工作原理就是"拆板不拆柱"，拆模时使原设计的楼板处于短跨（立柱状态小于 2m）的受力状态，即保持楼板模板跨度不超过相关规范所规定的跨度要求。当混凝土强度达到设计强度的 50% 时即可拆除楼板模板及部分支撑，而柱间、立柱及可调支座仍保持支撑状态；当混凝土强度达到设计要求时，再拆除全部竖向支撑。

3. 施工要求

（1）放线

绘制支撑杆的点位线图作为现场内支撑架体搭设的施工指导图，模板施工前放出支撑杆件定位及墙位置控制线。

（2）搭设内支撑

早拆支撑施工和传统施工方法相同，应按照放出的支撑杆件点位线来搭设内支撑，严禁不按图施工私搭乱设。

（3）安装早拆柱头

早拆柱头安放在支撑杆上部，插入支撑杆内的长度不得小于150mm，早拆柱头安放后需对柱头上的标高进行调整，使早拆柱头顶在模板底部。

（4）主次楞安放

早拆柱头标高调整后便可开始主次楞的安放，先将主龙骨安放在早拆托架上，然后在主龙骨上安放次龙骨。调节早拆托架的高度使次楞顶高度和早拆柱头钢板的高度相同。梁底和板底主次楞应独立支设，便于模板的拆除。

（5）铺设模板

模板铺设时必须按模板设计平面图支设，将模板铺设在次楞和早拆柱头上。模板铺设好再调整早拆柱头的高度使其顶紧模板。

（6）拆除模板

模板分两次拆除：混凝土浇筑后同条件试块抗压强度达到设计强度的50%时开始模板的第一次拆除，只拆除楼板底部的主楞和次楞，保留模板及内支撑；待混凝土强度达到规范要求后开始第二次模板拆除，将梁底、板底的模板及内支撑架拆除。

4. 实施效果

采用早拆体系，支设相同面积的水平模板，其材料投入仅为传统碗扣式脚手架体系的1/3左右，模板架料等非实体投入量大大降低。支撑体系搭设工作量的减少，减少了劳动力的投入；支撑体系数量的减少，降低了塔吊垂直运输的负担，缩短了施工工期；以钢代木，大量节省木材的使用。综合来看，其经济和社会效益显著。

（1）板模板底部的主、次楞投入量由传统的投入三层减少为只需投入一层。

（2）轮扣支撑架体装拆快捷，木工的功效较传统的钢管扣件式支撑架提高近三倍。

（3）早拆柱头的使用可以增加模架体系的安全储备，适当增加支撑杆之间的间距。

（4）节约材料的进出场费用。

（5）早拆体系的运用可以缩短施工工期，使其可以较早地投入使用。

10.8.7 覆塑模板应用技术

1. 适用条件及范围

本技术适用于所有现浇混凝土结构工程。

2. 技术要点

覆塑模板是通过采用优质木（竹）材作为基板加工而成，表面采用PP塑料覆膜，耐用性好，在施工过程中覆塑模板解决了传统模板生产周期长、安装工艺复杂等缺点，具有装卸方便快捷、可重复使用、混凝土出模质量好等优点。覆塑模板解决了漏浆跑浆以及主龙骨固定的难题，特别对于公共建筑内高大墙柱构件以及弧面构件，采用覆塑模板，可以在满足高精度、高质量要求的前提下，加快施工进度，拆模后表面光滑，达到清水混凝土饰面效果，无须二次抹灰，节省费用，合格率高。

3. 施工要求

（1）支模时要拉水平、竖向通线，并设竖向垂直度控制线。

（2）应根据混凝土结构构件特点，对模板进行专门设计。

（3）对于模板高度在3m以上的部分应设置禅缝。

（4）应根据覆塑模板的特点对工人进行技术交底，支模时严禁随便切割，拆模时严禁猛砸乱撬。

（5）覆塑模板的拼缝采用硬拼方法，需用专用加固件连接。

4. 实施效果

（1）该技术采用木质材料的环保胶粘剂、表面采用 PP 膜，对环境的影响比较小且耐用性非常好，重复利用率高，平均可重复使用 30 次。

（2）与常规的木（竹）模板相比，覆塑模板拆模后无须清洗，不污染混凝土表面。通过该项技术，可缩减工期 40% 左右，节省 40% 左右的成本，同时可降低 50% 左右的辅助成本。

10.8.8 压型钢板、钢筋桁架楼承板免支模施工技术

1. 适用条件及范围

适用于钢结构建筑中楼板施工阶段，主要体现在节材与材料资源利用方面。

2. 技术要点

（1）建筑压型钢板具有自重轻、强度高、承重大、良好的刚度和防水、抗震性能；施工安装方便、快速、工期短，能减少材料用量，减少安装、运输的工作量，缩短施工工期，节省劳动力，综合经济效益好；施工过程中压型钢板被视为混凝土楼板的永久性模板，减少层板投入；其设计的钢板肋取代了部分受力钢筋，与混凝土具有很好黏结强度，同时减少了钢筋绑扎量。能解决施工中的质量、安全问题，可同时多层施工，加快施工进度，利于现场施工文明及质量控制。

（2）压型钢板的几何参数：

钢板厚度：05～1.5mm，常用 0.8mm、1.05mm、1.2mm；

肋高：45mm，65mm，70mm，常用 65mm；

材质：Q235、Q345 钢材；

板宽：510mm、540mm、600mm 等。

（3）装配式钢筋桁架楼承板技术实现了机械化生产，有利于钢筋排列间距均匀、混凝土保护层厚度一致，提高了楼板的施工质量，减少现场钢筋绑扎工程量。装配式楼承板和连接件拆装方便，可多次重复利用，节约钢材，降低成本。

3. 施工要求

（1）压型钢板施工要求

①压型钢板施工之前应及时办理有关楼层的钢结构安装、焊接、节点处高强度螺栓、油漆等工程的施工隐蔽验收。

②深化压型钢板排板，并形成材料表。

③根据现场情况拟定生产计划、运输计划，保证施工现场供货及时。

④复核梁、墙结构，保证铺装平整，符合排板和设计要求。

⑤根据设计铺装方向依次安装，压型钢板交接处打钩扣严。

⑥压型钢板在梁上的搭接长度应不小于 50mm。

⑦压型钢板铺设完毕、调直固定后应及时用专用夹具夹紧进行锁口，防止由于堆放施工材料造成压型板咬口分离以及漏浆。

⑧在已经铺装好的压型钢板上进行测量放线，以便栓钉焊接位置准确。检查压型钢板与

钢梁间间隙，控制在1mm内，焊接位置保持干燥。焊接采用穿透焊，栓钉直接穿透压型钢板后焊接在钢梁上。

⑨钢筋吊运。在钢梁位置均匀放置方木，钢筋均匀堆放在方木上，避免压型钢板变形。钢筋绑扎后完成后，设置专用走道，不得随意踩踏钢筋。

（2）装配式钢筋桁架楼承板技术要求

①装配式钢筋桁架楼承板应按照排板图进行安装，控制好模板基准线及钢筋桁架起始端基准线。钢筋桁架下弦钢筋混凝土保护层厚度为20mm。确定板长时，桁架下弦钢筋伸入梁边的锚固长度不应小于5倍的下弦钢筋直径，且不应小于50mm。

②施工阶段钢筋桁架模板的最大挠度应按荷载的标准组合进行计算，挠度与跨度之比值不大于1/180，也不大于20mm。采用钢筋桁架楼承板时楼板厚度100～200mm，施工阶段无支撑跨度3～5m。

③严禁局部混凝土堆积高度超过0.3m，严禁在钢梁与钢梁（或立杆支撑）之间的楼承板跨中部位倾倒混凝土。不得将泵送混凝土管道支架直接支承在装配式钢筋桁架楼承板的模板上。

10.8.9 拼装式可周转钢制（钢板和钢板路基箱）路面应用技术

1. 适用条件及范围

该技术适用于所有建筑工程临时施工运输道路的铺设。尤其适用于以下工程：（1）大型的工业项目：厂区面积大，单体栋号施工周期短，施工场地占地面积大。（2）打桩地基工程：现场不具备混凝土硬化的条件。（3）工程后期管网施工。（4）应急工程：不需要养护时间，直接铺设使用。（5）在施工过程中，钢板箱可以顺利地流水使用。

2. 技术要点

拼装式可周转钢制路面技术是根据现场土质情况，在自然土层平整夯实后，摊铺无机料，形成水稳层后铺设强度高，耐久性和延性较好的钢板，通过连接片和六角螺栓保证钢板路面的整体性和水稳层能够在重型运输车辆的反复碾压下不破坏，同时省去了混凝土路面铺装、找平、养护等带来的工作，有效提前了施工道路的使用时间。

钢板路基箱则是在钢板箱结构形式研究的基础上，主要以有限元数值模拟的方式对其受力性能及变形能力进行分析，确定结构中主要构件的规格型号及性能等指标，并根据试验情况对构件进行优化设计。经过理论研究、模拟试验和实际应用并进一步优化，最终得出一种由钢板和型钢组合而成的钢板箱体，其构造坚固，铺设方便，施工快速，无污染，可持续可循环利用。

3. 施工要求

（1）拼装式可周转钢制路面技术

①施工工艺流程

道路深化设计→原始地面平整压实→无机料水稳层摊铺夯实→钢板路面加工→钢板路面铺装→钢板拼缝处连接→路缘石安装→减速带及喷淋系统安装。

②操作要点

a. 道路深化设计

根据现场实际情况，设计钢板路的剖面、路线和路宽，进行3D预拼装，确定各区段钢板平面尺寸。路宽设计为6m或4m，6m宽路面由中间向两侧放坡，4m宽路面单侧放坡。

b. 原始地面平整压实

利用全站仪在施工现场对钢板路面进行放钱，对线内区域原始地面进行平整并夯实，压实系数不小于 0.95。

c. 混合料水稳层摊铺夯实

摊铺不小于 200mm 厚无机混合料，混合料由水泥、石灰、工业废渣组成，平整并夯实碾压，压实系数不小于 0.95，并用 20mm 粗砂找坡，放坡系数 3‰。

d. 钢板路面加工

制作钢板之间的连接片，准备六角螺栓，对钢板路面先钻孔后车丝，用于六角螺栓拧入和连接片固定。

e. 钢板路面铺装及连接

当场地夯实平整后，利用吊车和 4 名工作人员辅助，在水稳层上面铺设 20mm 厚的钢板，然后利用连接片和六角螺栓对钢板进行连接，使六角螺栓通过连接片拧入钢板车丝孔内固定连接。

f. 路缘石安装

将路缘石埋置于钢板路两侧，用以限制钢板路面的侧向位移。

g. 减速带及清洁系统安装

在钢板路面每隔 20m 处，安置一道减速带，在路面一侧设置循环水道路自动清洁系统，用以清洁路面。

（2）钢板路基箱技术

①钢制的路基箱主要由上下正反面钢板和充当箱体骨架的工字钢材组成，构造坚固。

②钢板箱的路基经过加强夯实处理，两侧做出流水坡度，可以快速将雨水排入道路两侧的排水沟内。

③铺设过程中，将两块钢板箱（1500mm × 6000mm）并排铺设，中间留 500mm 空隙，构成宽度为 3.5m 的路面，纵向钢板箱间距为 100mm。快速形成临时施工道路并即刻使用，其铺设方便，排列整齐，施工快速，无污染，可循环利用。

④道路系统还包括路基转角处、交叉路口处，错车部位的预制异型钢构件或预制混凝土构件。

4. 实施效果

（1）施工速度快，铺设及移动方便，有利于分单元施工作业。在一作业区施工完毕后可直接将钢板路基箱移至另一作业区，摆脱以往混凝土道路的局限性。

（2）使用过程承载力强、不易损坏、维护费用低、不产生建筑垃圾，可多次循环利用，待使用年限过后，还可回收再利用。

（3）改变了传统现浇混凝土路面的破除及外运作业，减少了扬尘及噪声，同时减少了施工垃圾的产生，车辆行驶摩擦不会产生摩擦粉尘，体现绿色文明施工的理念。

（4）可多次回收周转，回收率高达 99%，相比混凝土路面节约成本约 85%。同时通过合理优化与调整，减少了钢板切割、节省了材料、降低了成本，大大缩短了临建道路的施工周期，节省了工程成本。

10.8.10　高层建筑封闭管道建筑垃圾垂直运输及分类收集技术

1. 适用条件及范围

适用于高层及超高层（或临时场地降尘，场地狭小不能设置垃圾池周转）项目采用封闭管道垂直运输固体废弃物。

2. 技术要点

垃圾管道上下通长设置，每层预留卸料口，建筑垃圾从各层卸料口通过管道落到建筑垃圾储运池。管道中应设置缓冲及降尘设备。

3. 施工要点

（1）材料选择：封闭式管道的材料直径不宜太小。

（2）选择插式接桶、焊接式管道（适用于高层），管道使用 3mm 厚的焊缝钢管、直径可根据施工现场情况而定，使用三角铁固定于墙体与楼板上。

（3）根据图纸选择在施工中提前需要预留的洞口位置，选择在风井口预留，或在可运输使用的楼层。

（4）每个楼层设置一个垃圾进料口。

4. 实施效果

封闭式管道垂直运输通道的使用，解决了楼层垃圾难以外运的问题，提高了垂直运输机械的使用效率。节省了大量劳动力，将现场楼层内建筑垃圾集中堆放于现场设置垃圾管道的位置，垂直运输管道直接运输至指定楼层位置，封闭的垃圾通道也进一步解决了扬尘问题。这种封闭式管道垂直运输通道在某航运中心项目垃圾清理过程中，取得了极好的效果，应用十分成功，加快了施工、节约了成本，具有广阔的推广应用前景。

10.8.11 全自动数控钢筋加工技术

1. 适用范围

本技术适用于建筑工程中钢筋数控加工、调直、弯曲、切割、成型等工艺。

2. 技术要点

该技术采用微电脑控制，配备完善的电气自动控制系统，电脑储存记忆，设有储存图形库，可储存不同的产品形状，只需输入长度、图形尺寸、数量和批次准确，即可全自动运行，生产出需要的成品钢筋，采用电子数字尺，无须机械尺量，对不同形状尺寸的钢筋做到精确制作。对于建筑冷轧带肋钢筋、热轧三级钢筋、冷轧光圆钢筋和热轧盘圆钢筋的弯钩和弯箍，具有设备使用故障率低、弯曲钢筋速度快、耗能低不损肋、噪声小、振动轻等特点。设计合理，能将 $\phi 4mm \sim \phi 22mm$ 的圆钢弯曲成所需各种形状。具有占地少、效率高、运行平稳、操作方便等优点，适合各种建筑工地等钢筋施工场所使用。稳定可靠，高效快捷，操作轻松。

3. 施工要求

（1）设备操作人员应熟悉设备结构、性能、原理，方可操作设备。

（2）设备操作前仔细检查设备状况，安全情况，确认设备无问题后可启动设备。

（3）设备启动前先检查相关电路有无异常，尤其 PE 线的连接情况，确认无异常后合上总电源开关。

（4）闭合操作台上的电源开关，检查有无报警显示，如有报警指示，按报警画面的故障提示消除报警故障。

①首先打开电控柜总电源。②打开系统开关。③手动 / 自动 / 编辑按钮的中间，这个位置为编辑状态，开始进行图案的编辑。④当出现紧急情况或错误动作时必须及时按下急停按

钮，此时急停显示灯将打开。⑤根据显示屏的报警提示解决错误，按下复位键恢复准备工作状态。⑥当按过急停按钮时或者是从其他状态打到自动状态时需要回参。

注意：当在自动工作时出现故障得到解决后，无法实现各结构回到工作初始位置时，要按下急停后复位回参。

（5）调整：①预调直部分的调整；②钢筋出现上下弯曲的调整；③钢筋出现里外（侧向）弯曲的调整；④钢筋压下量的调整；⑤剪切机构的调整；⑥弯曲轴的调整。

（6）上述步骤正常后方能批量投入生产。

（7）做好设备的润滑工作。

（8）工作完毕后，关掉电源开关，做好设备清洁卫生。

4. 实施效果

全自动数控钢筋加工技术的应用既节省了人工，又提高了钢筋加工的精细度，而且减少了钢筋的损耗，有效节约了钢材。

10.8.12　钢木龙骨技术

1. 适用条件及范围

适用于一切用木方做龙骨的模板体系。

2. 技术要点

钢木龙骨又称几字梁，是由 2mm 厚的热镀锌钢板轧制成"几"字形状，中空填充木方（防止钢制外壳被压扁），再用螺栓连接成一整体（木方必须为整根通长，螺栓位于几字梁的两端）；其抗弯强度为 $2kN/m^2$（不计算填充的木方）。

（1）材质

采用了钢木组合的形式，在保证强度及刚度的同时，又不会使得其重量增加许多，确保了凭人力即能操作。

选用了热镀锌的钢板来轧制，可确保其能长期、安全使用。

长度尺寸系列分别为：4m、3m、2m、1.5m。

几字梁高度 80mm，上口宽 64mm，下口宽 44mm。使用时，开口朝上，当用作次龙骨时，面板可用钢钉钉固在其内含的木方上。

3. 施工要求

施工工艺流程同一般木方龙骨。使用时不可裁切，只能搭接使用。

4. 实施效果

几字梁作为木方龙骨替代产品的优势：一是材料性能稳定，周转次数多，可用于多个项目的施工。二是其长度已成系列，可以搭接使用，不需在现场再加工成需要的尺寸，提高了施工效率。

10.9　施工现场建筑垃圾数字化源头减量措施

源头资源优化技术主要基于 BIM 技术的施工全过程仿真分析方法，是以施工现场固体废弃物产生量最小化为目标的施工组织优化技术，施工现场固体废弃物控制技术与措施，以施工全过程材料资源与临时设施最优化配置为目标的施工现场固体废弃物减量化技术，实现施工现场固体废弃物源头控制目标。

10.9.1 主体材料数字减量技术

目前，我国建设工程施工材料类型的确定依然由建设单位主导，设计咨询单位提供建议。作为施工单位，除 EPC 类工程，通过优化材料类型实现施工材料源头减量化存在难度。作为施工现场建筑垃圾的主要来源，混凝土材料的减量化控制仍然依赖于后处理，即资源化利用，不仅如此，混凝土材料主要应用于主体结构工程，通过前期优化实现减量化控制存在隐患。因此，可通过施工源头减量化控制的施工材料，基本可定义为施工现场内可通过前期深化或优化设计，达到最小或最优投入量的材料。而主要源头减量化技术也应围绕施工材料展开。

机电安装工程作为工程施工深化设计的主要对象，根据工程类型的不同，都存在不小的减量化空间，除常规深化设计及优化设计外，本小节将主要针对机电管线材料特点说明其减量化方法。

1. 机电管线特点及减量化分析

与混凝土、砂浆、砖石等不同，机电管线的施工投入通常以加工成品为主，或定义为定尺、定型材料。材料的采购主要以现有施工内容的工程预算量为基础，通过经验放大进行采购量的计算。因此，施工冗余量及管线切割后的废弃量成为机电管线施工建筑垃圾的主要来源。基于 BIM 技术，在材料定尺采购的前提下，通过模拟预测，实现材料的精准投入，将有效控制施工材料建筑垃圾的源头。

2. 机电管线预制化切割及优化重组技术

（1）管线预制化切割

以管线采购定尺长度为切割分段依据，结合最小可利用短管长度、施工许可误差，基于 BIM 技术，对模型中的机电管线进行预制化切割，可宏观展示工程中机电管线安装情况，并针对不合理管线分段进行优化完善（图 10-5）。

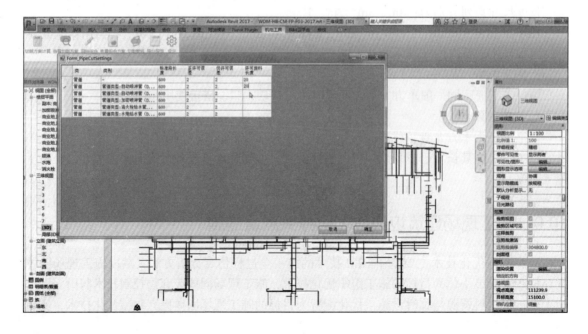

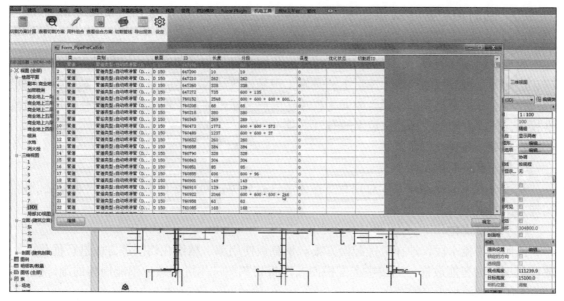

图 10-5　参数设置

（2）管线优化重组

结合管线切割后情况，对切割后产生的短管进行优化重组，即将短管以组合的形式，降低整材的投入量（图 10-6）。

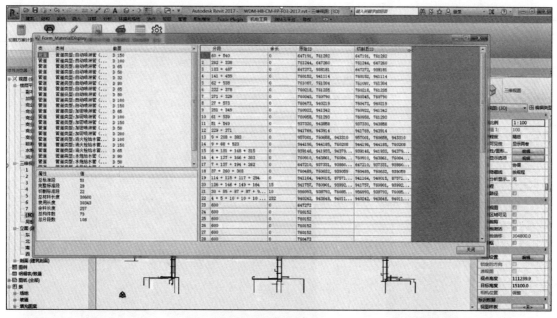

图 10-6　优化重组

以某项目为例，通过优化重组，余废料占比仅为全部用料的 3%，30 种以上类型的管线余废料均小于整材定尺长度，有效地降低了施工材料的损耗率，真正实现了施工材料源头减量化。

10.9.2 临时用材数字减量技术

1. 临时用材特点及减量化分析

目前,我国在施新建工程的模架支撑体系仍以扣件式脚手架及木质模板组合为主,前期深化设计不合理导致的周转效率低下,是施工现场建筑垃圾产生的主要原因。其中,由于粗放式投入导致的整材利用率低现象尤为严重。因此,通过前期合理优化,实现临时用材的精准投入,是减少施工现场建筑垃圾的有效手段。

2. 模架体系优化配置技术

(1)标准化深化设计

基于现有规范标准体系,对现有支撑体系进行分类,利用 BIM 技术进行快速深化设计,实现架体的整体配置。

(2)配模优化

按照施工流水段,选择最优配模方案。从整板使用率、精细化切割等方面进行优化,完成模板加工的智能放样,直接生产配模图及模板切割图。尽可能减少不能周转的细碎模板,减少施工现场模板废弃物产生。

(3)模板支撑优化

按模板支撑的种类和施工工艺,提供多种支撑形式、支撑材料、参数、地区的选项,模板支撑施工设计与排布时,可以按工程实际情况进行选择,符合相关规范要求,按照施工流水段进行施工设计与自动排布,使产生切割量最少,选择最优方案(图 10-7)。

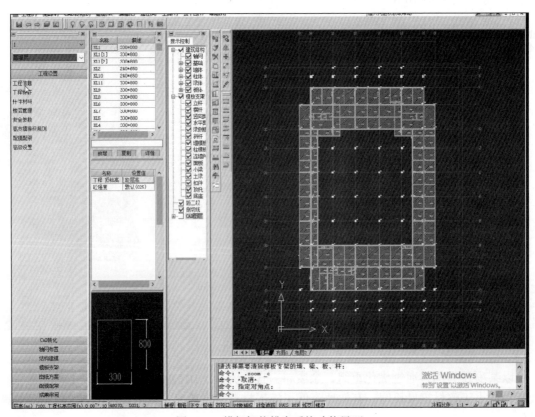

图 10-7 模架智能排布系统功能界面

10.10　本章小结

目前，施工现场建筑垃圾减量化重视程度不足，缺乏源头分类技术的相关理论研究，减量化技术研发不足，标准零散，现场控制和设备、资源化产品标准缺失，相关法规缺失。针对建筑垃圾施工减量化阻碍因素，进一步的施工减量化应建立和完善相关法规和标准，强化宣传，充分发挥部门、企业、社会等各方力量，共同参与和监督城市建筑垃圾管理工作，实行共建共管共规范；进一步加强垃圾分类技术的研究，应用科学、合理的建筑垃圾减量化评估方法；加大研发减量、收集、利用为一体的新技术、新工艺、新设备及应用；创新生产技术，提高建筑垃圾再生制品的品质，以此提高再生建筑材料的市场竞争力，增加建筑垃圾循环，实现整体减量。

第 11 章　建筑垃圾减量化验证方法（遥感）及案例

卫星遥感技术具备宏观、快速、客观的监测特点，利用多时期卫星遥感数据，针对政府管理部门、企事业单位业务关注的地表自然资源变化、生态环境状况、城市建设和发展、工程建设进度、灾害及应急处置等方面，通过对地表开展持续动态的监测，实现对地表覆盖地物和关注指标类型的状态、位置等信息的准确掌握，进一步支撑各行业和管理单位开展业务和政府决策。

围绕本书建筑垃圾的产生、分类、减量化处理等体系，本章主要阐述利用卫星遥感技术，通过对建筑垃圾产生过程和分布情况的监测，重点在建筑施工和工程拆迁阶段对建筑垃圾产出量、拆迁工程进度、区域垃圾存量等进行监测，掌握全部区域内不同建筑阶段、建筑形式产生的垃圾数量，从而对建筑垃圾量和如何减少进行测算和应用。本章主要介绍了卫星遥感监测的指标、指标应用作用、遥感监测技术流程和建筑垃圾减量化遥感评估方法；结合案例区域示范，开展工程渣土（土石方工地）、工程垃圾（施工工地）、拆除垃圾（拆迁工地）和大中型垃圾堆场监测与分析。

11.1　遥感技术及其特点

从 20 世纪起，空间技术开始起步，经过多年来的发展，从空中和太空对地球进行监测有了更加全面地了解。"遥感"首次提出，在美国地理学会 1962 年的学术讨论会上，其是以航空摄影技术为基础发展起来的一门新兴技术，自 1972 年美国发射了第一颗陆地卫星后，标志着航天遥感时代的开始。此后遥感作为地学、光学、物理学、空间技术等的交叉学科，已发展成为科学与技术为一体的经济实体。目前，遥感技术已广泛应用于自然资源、生态环境、城市管理、水利林业、气象地质、灾害应急等领域，成为一门实用的、先进的空间探测技术。

11.1.1　遥感概述

遥感，广义理解为一切不直接接触目标物和现象的远距离探测，包括对电磁场、力场、机械波（声波、地震波）等的探测。狭义理解的遥感指应用探测仪器，在不与被测目标相接触的情况下，从远处把目标的电磁波特性记录下来，通过分析，揭示出物体的特征性质及其变化的综合性探测技术。

通常所说的遥感技术指在距离地面目称物几千米到几百千米、甚至上千千米的飞机、飞船、卫星上，使用光学或数据磁带记录下来传送到地面，经过信息处理、判读分析和野外实地验证，最终服务于资源勘探、动态监测和有关部门规划决策的全过程。通过不同的物体种类、特征，遥感技术根据对电磁波的反射或发射辐射特征的差异性，来判读地面目标物和状态。

根据遥感的定义，遥感系统主要由以下四大部分组成：

（1）信息源：是遥感需要对其进行探测的目标物。任何目标物都具有反射、吸收、透射及辐射电磁波的特性，当目标物与电磁波发生相互作用时会形成目标物的电磁波特性，这就为遥感探测提供了获取信息的依据。

（2）信息获取：是指运用遥感技术装备接收、记录目标物电磁波特性的探测过程。信息获取的技术装备主要包括遥感平台和传感器。其中遥感平台是用来搭载传感器的运载工具，常用的有气球、飞机和人造卫星等；传感器是用来探测目标物电磁波特性的仪器设备，常用的有照相机、扫描仪和成像雷达等。

（3）信息处理：是指运用光学仪器和计算机设备对所获取的遥感信息进行校正、分析和解译处理的技术过程。信息处理的作用是通过对遥感信息的校正、分析和解译处理，掌握或清除遥感原始信息的误差，梳理、归纳出被探测目标物的影像特征，然后依据特征从遥感信息中识别并提取所需的有用信息。

（4）信息应用：是指专业人员按不同的目的将遥感信息应用于各业务领域的使用过程。信息应用的基本方法是将遥感信息作为地理信息系统的数据源，供人们对其进行查询、统计和分析利用。遥感的应用领域十分广泛，最主要的应用有：军事、地质矿产勘探、自然资源调查、地图测绘、环境监测以及城市建设和管理等。遥感系统原理及应用示意如图 11-1 所示。

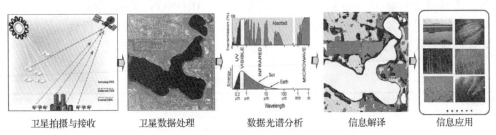

卫星拍摄与接收　　　卫星数据处理　　　数据光谱分析　　　信息解译　　　信息应用

图 11-1　遥感系统原理及应用示意图

11.1.2　遥感数据源

随着遥感在各应用领域的不断扩展，遥感数据源不断地丰富，总体上遥感数据源逐渐向遥感星座相互配合、多类型空间平台、多传感器类型、多波段、高空间分辨率、高时间分辨率等方向发展。

美国于 1972 年开始发射的 Landsat 系列卫星数据，成为遥感技术广泛应用的开始。随着对地观测技术的快速发展，高空间分辨率遥感卫星数据日益广泛应用在各个领域，1999 年世界上第一颗可提供 1m 分辨率影像的商业遥感卫星 IKONOS 发射成功；2001 年美国 Digital Globe 公司发射 QuickBird 卫星，其提供的全色影像星下点分辨率达到了 0.61m，2016 年 9 月 26 日 Digital Globe 公司发射了 WorldView-4 卫星，能够捕获全色分辨率 0.3m 和多光谱分辨率 1.24m 的卫星影像，是目前全球领先的超光谱、高分辨率商业卫星。我国于 1999 年发射了第一颗地球资源遥感卫星 CBERS，最高空间分辨率为 19.5m。改革开放后，我国遥感数据源得到了极大丰富，遥感数据源获取能力大幅提高，智研咨询发布的《2018—2024 年中国遥感卫星行业市场深度调查及未来前景预测报告》显示，迄今中国已有 100 多颗在轨卫星，主要包括通信卫星、遥感卫星、导航卫星三种类型的卫星。2014年国发60号文《国务院关于创新重点领域投融资机制鼓励社会投资的指导意见》提出"鼓励民间资本参与国家民用空间基础设施建设，引导民间资本参与卫星导航地面应用系统建设"，随着卫星遥感产业需求的增长和鼓励政策的陆续出台，国内民用遥感卫星的发射数量逐年增加，2012年国内发射3颗遥感卫星，到2018年国内发射了40颗遥感卫星。越来越多的遥感数据源为建筑垃圾减量技术研究提供了更便利的手段。

国产卫星已初步形成了全天候、全天时、时空协调的对地观测能力。资源三号卫星于2012年1月9日成功发射，是我国第一颗民用三线阵立体测图卫星，正视全色影像和多光谱影像分辨率分别达到2.1m和5.8m。高分卫星是中国《国家中长期科学和技术发展规划纲要（2006—2020）》确定的16个重大科技专项之一，目前已成功发射高分一号高分宽幅、高分二号亚米全色、高分三号1m雷达、高分四号同步凝视、高分五号高光谱观测、高分六号陆地应急监测、高分七号亚米立体测绘共7颗民用高分卫星，实现了高低不同轨道、可见光到微波不同谱段观测，极大地提高了中国天基对地观测水平；2015年，二十一世纪空间技术应用股份有限公司发射了中国首个商业化高分辨率遥感小卫星星座北京二号并投入商业化运营，可提供全色0.8m、多光谱3.2m的卫星遥感数据；随着我国越来越多的卫星发射，中国国内进口卫星遥感数据多数已被国产高分辨率卫星数据所替代，比率已近80%。

目前，在进行环境遥感监测中常用的遥感传感器既有中分辨率地球资源卫星如TM、CBERS，还有高分辨率卫星如北京二号、高分二号、IKONOS、QuickBird等以及合成孔径雷达卫星等。可用于多尺度建筑垃圾减量监测的航天遥感传感器及其波段数、空间分辨率、重访周期如表11-1所示。

表11-1 目前常用的航天遥感卫星

制图比例尺	卫星名称	传感器	波段数	空间分辨率（m）	重访周期（d）
1:200 000 ～ 1:100 000	Landsat	TM	7	30/120	17
		ETM	8	15/30/120	17
	SPOT	HRVIR	5	2.5/10/20	26
	CBERS	CCD	5	19.5	3
1:50 000 ～ 1:5000	IKONOS	IKONOS	5	1/4	3/1.5
	资源三号	ZY-3	4	2.1/5.8	5/59
	高分一号	GF-1	9	2/8/16	41
	高分二号	GF-2	5	1/4	5
	北京二号	BJ-2A/B/C	5	0.8/3.2	2～3
	QuickBird	QuickBird	5	0.61/2.44	1～6
	Pleiades	Pleiades-1A/B	5	0.5/2	1
	高景一号	高景一号 01/02	5	0.5/2	4

11.1.3 遥感技术特点及应用

遥感作为一门对地观测综合性科学，具有覆盖范围广、时效性好、周期性和连续观测、多期可比性、客观性和数据综合性的特点，能及时获取同一时间大面积区域的景观实况、现势性好、更新周期短的多时相遥感图像，通过对比、分析和研究地物动态变化情况，为环境监测及研究分析地物发展演化规律提供基础。图 11-2 分析观测地物——咸海水面面积及范围的变化。

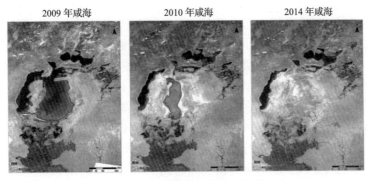

图 11-2　咸海动态监测示意图

目前遥感已经发展成为了一个新兴的科学技术领域，是高新技术的重要组成部分，广泛应用于国民经济建设社会发展的诸多领域，特别是在自然资源、生态环境、城市发展、农业林业、地质矿产、水利及海洋等领域中发挥着重要的作用。应用市场的主要客户为政府部门、企事业单位、科研院所等，随着遥感技术的发展，遥感数据及其应用将渗透到更多的领域与行业。

11.2　建筑垃圾遥感监测

建筑垃圾按产生来源分为施工建筑垃圾和拆迁建筑垃圾两大类。施工建筑垃圾指在建筑用地建设的过程中产生的建筑垃圾，主要是建筑形成剩余的砂石、混凝土结块碎料、砖料、钢筋水泥混合碎渣、建筑废料等，通过利用遥感技术，可以监测施工过程中各阶段建筑垃圾性质和数量的变化情况。

拆迁建筑垃圾指在房屋拆迁过程中产生的建筑垃圾。遥感监测主要分为两个阶段，第一阶段是拆迁前建筑垃圾量的预估阶段，利用前时像遥感卫星数据，从遥感影像上提取建筑阴影，结合卫星高度角和太阳高度角计算建筑高度，也可利用立体相对卫星遥感数据，直接通过测绘模型建立建筑 DEM 模型，利用不同的方法计算出建筑的体积，从而计算可能产生的建筑垃圾数量；第二阶段是拆迁过程中建筑垃圾逐渐减量的动态监测阶段，根据拆迁阶段，定期获取监测区域的遥感影像，从遥感影像上提取拆迁建筑用地，利用时空对比监管建筑垃圾减量过程的动态变化。第一阶段是第二阶段的对比基准，第二阶段是对第一阶段的验证，相辅相成、互相验证。

11.2.1　遥感在建筑垃圾减量方面的应用

1. 国内外研究现状

目前，卫星遥感、低空遥感以及近地面遥感监测技术已广泛应用于地物分类、目标探测等领域，且取得了良好的效果。而将卫星遥感、低空无人机遥感及近地面遥感技术用于建筑垃圾类型识别、体量测算及监控预警的相关研究尚未深入开展。发达国家利用上述技术开展了建筑垃圾管控技术的研发和应用。如爱尔兰国立大学以遥感卫星为基础，利用 GIS 等工具首次完成建筑垃圾的填埋分布模式研究，已经对爱尔兰全国进行了分布统计应用；Serco SpA 公司利用光学遥感数据、雷达遥感数据对意大利部分区域垃圾填埋场进行 2D、3D 监控。

我国很多学者对遥感在生活垃圾、建筑废物、工程渣土等固体废物城市治理中的应用进行了研究。吴文伟等人在 2000 年利用航空遥感数据以判读解译、实地调查、现场抽检的技术流程对北京市五环路以内的固体废弃物堆放和填坑状况进行调查分析，并结合固体废弃物分布图，分析了 1987—1997 年十年间固体废弃物的不同。石建光等人使用卫星遥感技术估算四川汶川地震后产生的建筑垃圾总量，对地震灾区的灾情提供各种信息，全面、具体地定量描述灾情。秦海春等人在 2015 年利用国产高分一号遥感影像数据识别大型城镇垃圾填埋场，采集多期影像数据，对垃圾填埋场进行变化监测分析，有效获取城镇垃圾填埋场的位置及边界范围信息，为城镇垃圾处理设施的运行情况监管提供数据支持。2015 年 12 月 24 日，中国宇航学会卫星应用专业委员会遥感专业组在北京航空航天大学召开座谈会，以深圳滑坡事件为切入点，探讨城市治理中卫星遥感技术在滑坡灾害监测与救援中的作用，专家们建议利用国产高分遥感卫星数据开展城市大型渣土的遥感筛查工作，采用立体、定量方法等进行堆放场的风险评估，结合国家、省市要求设立相关灾害监测项目，示范卫星遥感技术的作用，在此基础上，以点带面，推广应用。环境保护部卫星环境应用中心建立了工业固废堆场卫星遥感监测技术体系、国家环境保护标准《尾矿库环境风险评估技术导则》（HJ740—2015），对包头市工业固废堆场、工业料场、渣土场、破坏场地等潜在污染场地进行遥感监测。

我国的遥感技术在建筑垃圾类型识别、体量测算等方面没有完全开展，为此，开展建筑垃圾天、空、地一体化的精准识别研究，开发以移动终端技术和物联网技术为基础的天、空、地一体化监测和综合管控平台具有较高的应用价值，有望实现建筑垃圾全过程精准管控，大幅提升政府监管效率和服务水平，系统解决建筑垃圾无序管理产生的安全和环境问题，促进我国城镇化可持续发展。

2. 遥感在建筑垃圾减量方面的应用

建筑垃圾从产生、处置到资源化等过程会涉及诸多管理和技术环节，且影响因素较多，因此需要将建筑垃圾从产生、分类、收集、运输、处置和再生利用等全生命周期过程作为一个有机整体，从系统视角分析技术、安全、环境、经济和政府监管等多重因素对其管理的耦合约束效用。利用遥感对地观测的技术特点，可以实现在建筑垃圾全生命周期中的管理和应用，主要包括建筑垃圾地面监测、建筑垃圾产出量估算和存量现状估算，利用遥感连续观测特点可间接对区域建筑垃圾减量进行评估。

（1）地表覆盖物识别和监测

建筑垃圾是工程渣土、工程泥浆、工程垃圾、拆除垃圾和装修垃圾等的总称，包括新建、扩建、改建和拆除各类建筑物、构筑物、管网等以及居民装饰装修房屋过程中所产生的弃土、弃料及其他废弃物。根据其定义和表现形式，遥感可对地表堆积的建筑垃圾如工程渣土、工程垃圾、拆除垃圾和装修垃圾进行监测和识别，对这些建筑垃圾堆积现状分布、数量和消减变化进行动态监测，掌握本区域建筑垃圾的类型、分布和面积。

（2）建筑垃圾体量估算

利用遥感影像提取建筑物面积及估算高度，并结合建筑物材质进而估算建筑物产生垃圾体量，此估算方法关键是获取建筑物的高度信息。建筑物高度估测的研究进展，分别为基于光学遥感影像提取建筑物高度、基于高分辨率 SAR 影像提取建筑物高度以及基于光学遥感影像与高分辨率 SAR 影像的融合对建筑物高度进行提取，建筑物高度可利用立体影像对提取和利用单幅遥感影像阴影提取两种方法构建高度估算模型。

（3）监测成果应用分析

利用遥感评估建筑物垃圾体量和建筑垃圾地表堆放动态监测成果，主要为政府部门对城市拆迁规划、区域建筑垃圾存量估算、动态消减控制、区域垃圾堆放规划提供参考数据，实现管理部门宏观、快速、全面掌握本区域建筑垃圾存量、分布，支持区域建筑垃圾监测预警，辅助政府管理部门建筑垃圾减量规划和政策制定，为政府管理提供决策支持。

综上所述，遥感以其宏观、快速、动态的特点，在地表资源及要素管理方面应用广泛，并在建筑施工和大型垃圾监控动态过程研究中起到了重要的作用，为建筑垃圾减量提供新的技术手段和验证方法。

11.2.2　遥感监测指标及应用

建筑垃圾通常按垃圾性质、建筑类型等进行分类，在遥感技术上，通过分析卫星遥感对地观测的技术特点，重点利用遥感技术对建筑变化、建筑垃圾分布、垃圾阶段变化、消纳和处理变化等情况进行监测，建筑垃圾各成分情况和性质等属性不在遥感监测范围。因此，从建筑垃圾产生和减量过程的角度，主要选取建筑拆建阶段以及各阶段增减状态作为监测指标，并进行建筑垃圾减量化验证。建筑垃圾减量化遥感监测对象主要包括施工产生的建筑垃圾、拆迁过程中产生的拆除垃圾和区域内的其他大型垃圾堆放点（场）。

1. 施工过程中的建筑垃圾

建筑施工现场是建筑垃圾的一个主要来源，在建筑施工的不同阶段，会产生不同类型的建筑垃圾，施工主要有土石方阶段、主体施工阶段、主体完工未绿化阶段三个。其中，土石方阶段会产生工程渣土，根据对土石方阶段的施工工地监测，可掌握区域工程渣土产生的源头，根据土石方阶段工地的面积和规模，预估区域工程渣土产生的量，增强源头管理。

2. 拆除垃圾

我国近几年在城区改造、疏解整治等拆迁建设规模力度较大，产生大量的拆迁垃圾。在拆迁前期，可利用遥感监测违规拆除建筑分布、类型及面积，在遥感监测的基础上运用三维建模理论计算建筑的体积，然后利用拆除工程建筑垃圾量计算方法（本书参照《河南省建筑垃圾计量核算办法（暂行）》的规定），计算拆迁产生的建筑垃圾数量。拆迁过程中，利用多源高分辨率卫星数据监测拆迁工地的分布及进展，包括拆迁阶段、已平整阶段的拆除工地面积，动态监测拆除建筑垃圾的变化情况，及时发现新增、整治等变化情况，为管理部门进行拆除垃圾管理和资源化利用提供数据支持。

3. 大型垃圾渣土堆放点

据统计，全国城市垃圾历年堆放总量高达 70 亿 t，而且产生量每年以约 8.98% 速度递增，垃圾堆放总面积已达 5 亿 m^2，约折合 75 万亩耕地，这些城市垃圾绝大部分是露天堆放，而且大多的生活垃圾和建筑垃圾有些没有严格区分。利用卫星影像对非正规垃圾堆放点进行动态监测，包括经纬度坐标、位置描述、面积等，可为市容环境整治、建筑垃圾减量规划提供数据支持和决策依据。建筑垃圾监测指标参见表 11-2。

表 11-2　建筑垃圾监测指标

序号	监测内容	监测指标	定义
1	施工过程产生的建筑垃圾	土石方阶段（工程渣土）	指处于挖土阶段及地基完成之前建筑施工用地上的建筑垃圾
2		主体施工阶段（工程垃圾）	指处于地基施工完成与建筑主体封顶之间的建筑施工用地上的建筑垃圾
3		主体完工未绿化阶段（工程垃圾）	指房屋主体施工完成，但施工区域未完成绿化或硬化之间的建设施工用地上的建筑垃圾，该阶段施工用地同时包括周边与该建筑施工相关的裸地，其工程垃圾相比于主体施工阶段减少
4	拆除垃圾	拆除阶段（拆除垃圾）	指处于房屋拆迁及土地平整之前阶段的建筑垃圾
5		已平整阶段	指处于土地平整完成阶段的土地，该阶段已将拆除垃圾清除
6	大型垃圾渣土堆放点	大型垃圾渣土堆放点	指一定面积以上大型垃圾渣土无序堆放点（监测面积要基于遥感影像分辨率进行确定，对亚米级数据可达到300m² 以上面积进行识别）
7		其他建筑垃圾	指非建筑区的区域，现状显示建筑垃圾的区域

11.2.3　遥感监测技术流程

建筑垃圾遥感监测技术流程一般包括影像数据源选择及采集、影像数据处理、解译知识库建立、遥感信息解译、外业调查及修订、专题成果制作等过程（图 11-3）。在每个监测过程均设置质量检查和保证环节，确保监测各个环节数据的准确度和精度，满足最终成果精度要求。

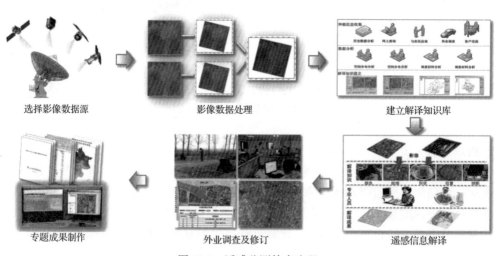

选择影像数据源　　　影像数据处理　　　建立解译知识库

专题成果制作　　　外业调查及修订　　　遥感信息解译

图 11-3　遥感监测技术流程

1. 影像数据采集和预处理

（1）监测范围和遥感数据源分析与确定

针对目标监测范围，对区域地形、地貌和天气情况进行分析，并根据当地城市或区域建设和发展情况，确定所需影像的分辨率、采集时间、采集周期等需求，选定所需卫星星源，采购卫星影像。

建筑垃圾等固体废物大多数占地面积不大，形状不规则，甚至与其他地物间杂，因此为提高识别精度，应选用分辨率高的卫星图像数据，图像分辨率在优于 1m 左右则较好，诸如

landsat-5 卫星的 TM 的分辨率为 30m，数据适用于大的堆放场。国内外可获取的优于 1m 的数据源，包括北京二号卫星、高分二号卫星、Pléiades 等。利用中国资源卫星应用中心陆地观测卫星数据服务平台、北京二号卫星星座数据服务系统、Pléiades 数据查询网站等进行北京二号、Pléiades、高分二号数据的查询工作，获取影像快视图、落图数据等，联系影像供应商进行数据采集。

（2）采集影像数据检查

对采集的原始影像数据进行检查，包括数据云量大小是否合格、采集时间窗口是否满足需求、侧摆角是否在项目规定范围内、原始影像数据图像质量是否满足需求等，通过质检数据保障所需数据效果与质量。以优于 1m 高分辨率卫星影像为例，采集影像检查内容见表 11-3。

表 11-3　采集影像检查内容

序号	检查类别	数据质量要求
1	分辨率	分辨率优于 1m
2	数据时相	根据需要，一般采集时间窗口不超过一个季度
3	测摆角	侧摆角不大于 20°
4	云量	云、雪覆盖量应小于 10%，且不能覆盖监测区的重要地物，遇极端天气情况导致的厚云对人工地物遮挡比例不超过监测区域的 10%
5	影像质量	原始影像地物清晰，无光谱溢出、数据质量不稳定和掉线等质量问题
6	基本信息	文件名称、数据格式、数据组织、数学基础、成果信息是否完整，文件是否缺失、多余、数据无法读出
7	相邻影像重叠度	检查相邻影像之间的重叠度是否在 4% 以上，特殊情况下不少于 2%

（3）影像预处理及监测底图制作

原始影像获取后基于监测区域的 DEM（数据高程模型）数据、平面控制数据，对原始影像进行加工处理，制作监测区遥感正射影像图（DOM），支持后期的信息提取工作。利用原始遥感影像和控制资料制作正射影像图的主要步骤包括：DEM 和平面控制数据准备、原始影像整理、正射纠正、影像融合、影像重采样、图像增强处理、影像镶嵌、影像裁切、坐标转换、质量检查和成果输出等。技术路线如图 11-4 所示。

对经过预处理的卫星影像进行质量检查，确保影像范围、影像质量、坐标系统、精度、融合质量、镶嵌和裁切质量能够满足业务需要，某监测区域监测底图如图 11-5 所示。

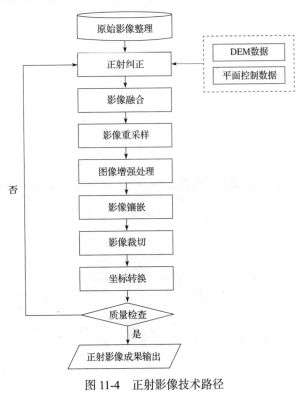

图 11-4　正射影像技术路径

2.建筑垃圾遥感解译标志库构建

解译标志是地物在影像上的详细描述和特征数据，是遥感解译、判读的基础，根据建立的解译标志，对图像上的各种特征进行分析、比较、推理和判断，可以提取用户所需的专题信息。由于地物周围所处自然环境复杂，不同的地物特征的差异性，地物在遥感影像上的特征如光谱特征、空间特征和时间特征差异性也比较大，因此在遥感解译和判读过程中，需要融合判读者的经验和必要的各种资料建立解译标志，比如专题统计资料、专题图件，不同分辨率、不同比例尺的遥感影像资料等。

图 11-5　监测区域正射影像图示例

解译标志有直接标志和间接标志，直接标志是地物本身的有关属性在图像上的直接反映，如形状、大小、颜色和色调、阴影等。间接标志是指与地物的属性有内在联系，如位置、结构、纹理等，通过相关分析能够推断其性质的影像特征。

由于建筑垃圾组成本身的复杂性，没有相对统一的物质组成和规则的形状边界，而且内部结构紊乱，使建筑垃圾在影像中表现出极大的异质性，很难通过简单的多尺度影像分割得到对应的影像对象，从而增加了提取建筑垃圾、城市固废的难度。结合多年建筑施工工地和城市固体废物遥感信息提取技术研究和经验积累，针对工程渣土、工程垃圾、拆除垃圾、装修垃圾 4 类建筑垃圾，通过分析其组成部分在遥感影像上表征出的空间、光谱、纹理诊断性特征，构建不同类型不同阶段的建筑垃圾遥感影像解译标志库。

（1）建筑施工工地不同阶段影像特点及进展

建筑施工工地根据施工进展分为土石方阶段、主体施工阶段、主体完工未绿化阶段和拆迁平整阶段（图 11-6、图 11-7）。一般施工工地形状比较规则，土石方阶段地表形态包括裸露地表和苫盖绿网；主体施工阶段影像凹凸不平，且颜色大多是灰或金属色；主体完工未绿化阶段影像上主体建筑物已经完工，建筑物顶部比较规整，地表裸露或盖有绿网。

（a）土石方阶段

图 11-6　施工工地各阶段进展

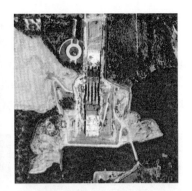

（b）主体施工阶段

（c）主体完工绿化阶段

图 11-6 施工工地各阶段进展（续）

（a）违法建设未拆除　　　　　　　　　　（b）已拆除建筑垃圾未清运

（c）已平整　　　　　　　　　　　　　　（d）已绿化

图 11-7 拆迁平整阶段进展

（2）大型垃圾渣土堆放点影像特点及进展

色调：垃圾场在影像上色调普遍偏白，与周围影像色调存在一定的差异，垃圾场内部呈现杂乱不规则的斑块斑点特征，在高分辨率影像上相对容易辨别出非正规生活垃圾场场形不均匀、颜色发白的堆体。建筑垃圾和工业垃圾一般呈现发灰、发暗的色调，大型垃圾堆放点、填埋点的颜色与周围地物有较大区别，其色调并不单一，各种颜色分布多呈斑点状（图11-8）。

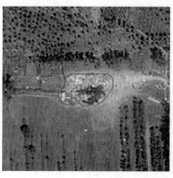

图11-8　大型垃圾渣土堆放进展

形状：一般垃圾堆放为不规则形状，且边界也不是很明显。正规垃圾填埋场具有较规则的边界。

大小：垃圾场的大小与周围居民区分布情况有关，一般不超过1万 m^2。

纹理：垃圾具有明显的纹理特征，生活垃圾呈现灰白相间、纹理较粗糙的情况。

位置布局特征：较大的非正规垃圾场不会分布在住宅密集区，一般分布在住宅密集区的周围，生活垃圾一般堆放在居民区周围的坑体内或空地上，由小路连接。

综上所述，垃圾的主要特点为：颜色与周围地物明显不同，颜色、纹理结构较不单一，不均匀，为灰白色，形状不规则，纹理粗糙，有凹凸感；离居民区相对较近，地势平坦，交通相对方便。

3. 建筑垃圾遥感解译

结合建筑垃圾遥感影像解译标志库，综合利用中高分辨率卫星遥感，采用面向对象、深度学习及人机交互等目标识别方法，提取识别建筑施工工地及各类型建筑垃圾数量、占地面积等指标。中低空间分辨率的遥感影像数据多用来识别面积较大的垃圾堆放点，无法监测大量面积较小的城市固废堆，高分辨率卫星影像可以解译中小型露天固废堆弃场和小型施工工地。建筑垃圾和城市固废其成分和空间形态复杂，分布具有随机性的特点，基于高空间分辨率的影像也难实现自动提取。

基于优于1m高分辨率卫星影像，对监测区域的建筑施工垃圾各项监测指标进行现状信息提取，解译技术路线如图11-9所示。

（1）划分任务网格。为实现信息生产任务的全面、快速、正规地开展，建设任务网格，网格建设大小为：400m×400m。

（2）根据影像的判读标志，如色调（颜色）、形状、位置、大小、阴影、布局、纹理及其他间接标志等和解译人员的专业知识和判读经验，从影像上识别地表垃圾污染源信息。

（3）多任务协同信息初判。信息提取工作量大，常规的单机独立作业模式和人机交互信息提取方式很难满足业务生产需求，通常采用并行和协同的遥感数据生产技术，实现多人大区域协同提取。

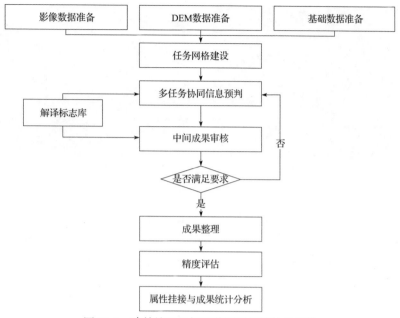

图 11-9　建筑施工垃圾现状图层解译技术路线

（4）基于高分辨率影像判读提取目标地物的最小单元。叠加监测周期内优于 1m 高分辨率遥感影像，同时叠加公里网格，按照从左到右、从上到下的顺序逐个网格进行信息提取，通过人机交互和目视判读的方式，进行监测区域建筑垃圾信息提取；并按照分类体系中的指标代码，进行属性赋值（图 11-10）。

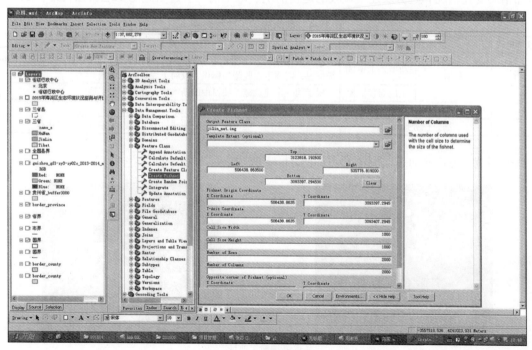

（a）信息提取

图 11-10　任务网格建设示意

（b）遥感影像　　　　　　　　（c）人机交互目视判读

图 11-10　任务网格建设示意（续）

（5）成果审核。为了避免出现遗漏图斑以及其他错误的情况，在进行预判之后，生产人员要进行相互之间的检查工作以及专题负责人的审核工作。主要检查内容包括：图斑的拓扑关系是否正确，图斑边界勾绘精度是否满足要求，图斑是否存在漏判和错判现象，图斑属性表结构是否正确，属性表内容是否完整、准确。

4. 建筑垃圾遥感变化监测

利用本期卫星遥感影像数据，叠加建筑垃圾前期监测现状矢量数据，按照从左到右、从上到下的顺序采用卷帘方式逐个网格查询前期发生变化的区域，结合遥感解译标志，判定变化图斑的指示类型，更新建筑垃圾矢量数据。通过至少两期影像的动态对比，结合遥感解译标志，开展区域建筑垃圾变化监测，提取建筑施工工地、垃圾堆点数量、占地面积等指标的变化情况，将矢量数据划分为延续、新增和已处理三种状态，通过对比分析反映区域建筑垃圾空间分布格局变化情况和趋势及建筑垃圾的运转消纳、减量情况。建筑施工工地状态表见表 11-4。

表 11-4　建筑施工工地状态表

状态编码	动态监管指标		定义
1	新增	新增施工项目	在监测周期内，本期新增出现的建筑施工项目产生的工程渣土和工程垃圾情况，需要重点监测与标识，及时下发核实与调查
		工地面积扩大	属于同一个建筑施工项目中的新增扩大建筑施工工地
2	延续	延续工地	前期已存在，延续的施工裸地
3	已处理		在监测周期内，建筑施工已完成或恢复，已经无建筑垃圾的状态

建筑物 / 构筑物动态监测示意图如图 11-11 所示。

（a）新增施工项目

图 11-11　建筑物 / 构筑物动态监测示意图

（b）施工工地延续

（c）建筑垃圾清理

图 11-11　建筑物／构筑物动态监测示意图（续）

5. 外业调查

外业调查验证的目的是建立建筑垃圾的解译标志以及检验遥感判读的正确率。外业调查主要包括外业计划制订、外业调查数据及设备准备、实地外业调查、外业调查后期数据整理等方面的内容。选取疑似或典型区域进行遥感解译外业实地验证。具体流程如图 11-12 所示。

（1）外业调查内容逐项判别

外业调查过程中，外业人员到实地勘察建筑垃圾情况，主要核查建筑垃圾的性质、边界及判读的正确性，并填入业务调查记录表。

（2）数码照片实地拍摄

每个核查点拍摄多张照片尽可能地反映外业点的实际情况，且在外业矢量数据中记录相片数和拍摄日期，并对其进行编号。不同阶段外业照片如图 11-13 所示。

（3）外业核查数据室内整理

将外业调查记录表录入数据库，并完成相应的统计工作，绘制有关的统计图表。绘制带有外业时间、所属区县、外业记录和验证对错等字段的 Excel 电子表格。外业调整点及外业照片数据库如图 11-14 所示。

6. 成果修订和精度评估

需通过开展相应野外调查、有经验人员互检或借助相关辅助资料，对成果进行进一步的修订，计算信息提取精度，保证成果精度（包括边界精度和属性精度）。

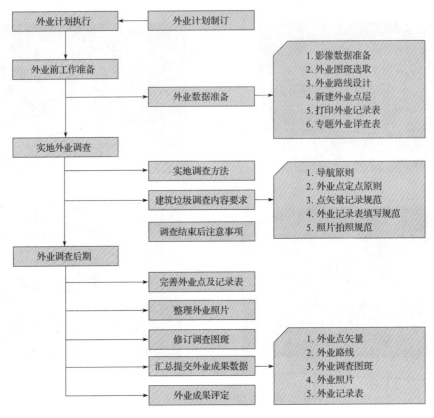

图 11-12　建筑垃圾监测外业调查流程图

（a）土石方阶段

（b）拆迁平整阶段

图 11-13　不同阶段外业实景

(b) 大型垃圾渣土堆放点

图 11-13 不同阶段外业实景 (续)

11.2.4 成果形式及应用

建筑垃圾遥感监测成果包括卫星影像数据、监测空间矢量数据和统计分析数据,表现形式分别为栅格数据 (.tiff 或 .img 格式)、矢量图层 (.shp 格式) 和表格 (.xls 格式)。其中最终影像成果满足正射校正精度,图像色彩为真彩色,数据要求颜色均匀、色调均匀、图像清晰、纹理清晰、各种地物边界清晰;矢量成果包含图斑属性信息,例如编号、类型、位置、面积等;监测成果按指标、按区域制作建筑垃圾分布专题图及统计表。政府管理部门可利用监测的成果数据全面、快速、动态地掌握本地建筑垃圾的数量、分布、面积以及消减变化情况,为评估本区域建筑垃圾产出量、存量及减量提供参考数据,可为

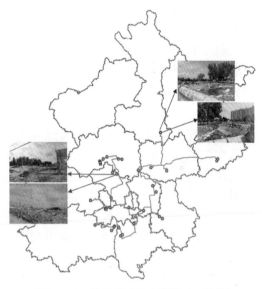

图 11-14 外业核查结果样图 (8 月份)

环境风险事先预警提供技术保障,为管理部门制定建筑垃圾管理政策提供决策支持。

11.3 建筑垃圾减量化遥感评估

根据建筑垃圾管理需要,结合遥感技术特点,利用遥感技术监测建筑垃圾减量技术涉及的地表指标现状及变化,对建筑垃圾体量评估、存量评估、减量化评估方法进行阐述,辅助建筑垃圾减量化技术应用效果验证、灾后建筑垃圾快速估算和城市建筑垃圾管理。

11.3.1 建筑垃圾体量评估

传统的建筑垃圾估算基于大量的统计资料和需要进行现场调查,耗费大量的时间和人力,利用卫星遥感技术所具有视域大、全天候等特性,可对建筑物的三维信息进行估算,并能将估算产生的建筑垃圾,应用于城市拆迁规划、老旧小区改造、建设规划等业务,为城市垃圾固废规划、管理和震后建筑垃圾估算提供了快速有效的手段。

1. 利用遥感估算

利用立体摄影测量或高分影像估算建筑物高度，并提取建筑物面积，结合建筑类型和结构类型等建筑信息的调查分析，构建城市区域建筑物、构筑物的三维信息库。

随着高分辨率遥感影像数据的广泛应用，利用高分辨率遥感影像来提取建筑物高度信息也越来越多地受到国内外学者的重视，主要有利用立体像对提取和利用单幅遥感影像阴影提取两种方法构建建筑物高度估算模型。立体像对是指在同一条航线上两张相邻像片之间的重叠，其重叠度在60% ～ 53%，立体像对可供在立体镜下观察判读，可以观察目标物体的立体信息，即高度信息。遥感影像阴影指因倾斜照射、地物自身遮挡光源而造成影像上的暗色调，它反映了地物的空间结构特征，阴影不仅增强立体感，而且它的形状和轮廓还显示了地物的高度和侧面形状，可根据侧影的长度和照射角度，推算出地物的高度。目前，依据阴影来估算建筑物高度的理论基础已较为完善，准确提取遥感影像中的建筑物及阴影信息并精确量取阴影长度成为提高建筑物高度估算精度的重要因素。以基于阴影的卫星数据提取建筑物高度评估为例，使用高分辨率光学卫星数据，运用面向对象方法及基于知识规则的城市建筑物和阴影信息提取模型，实现阴影长度的估算，以阴影长度估算城市建筑物高度，结合解译出的建筑物面积，估算出建筑物三维信息。估算流程如图 11-15 所示。

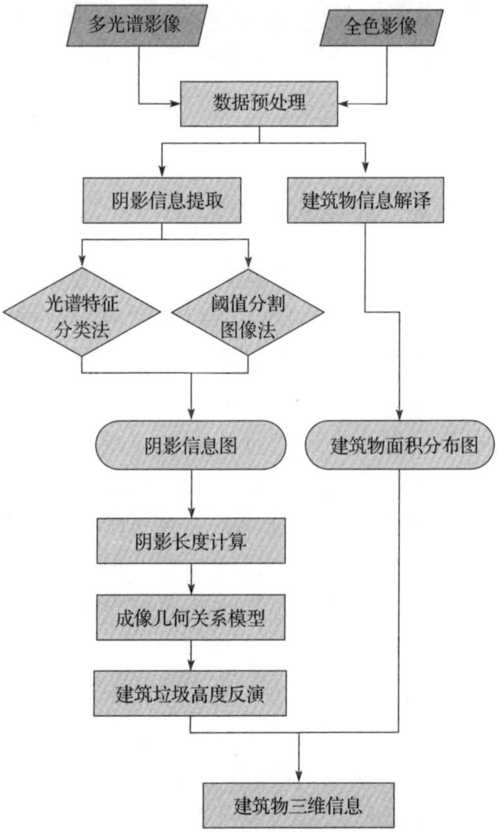

图 11-15　基于阴影的建筑物三维信息估算

2. 拆除建筑垃圾产生量估算方法

拆除工程包括房屋拆除工程和构筑物拆除工程，本书参照了河南省住房和城乡建设厅《河南省建筑垃圾计量核算办法（暂行）》，房屋拆除工程建筑垃圾量计算如下：

房屋拆除工程建筑垃圾量 = 建筑面积 × 单位面积垃圾量

利用遥感结合地面调查，监测待拆除的建筑物类型和实际占地面积，并根据实地调研，估算不同建筑物类型产生的单位面积垃圾量，调整建筑垃圾估算系数，调整全年拆除建筑垃圾产生量：

房屋拆除工程建筑垃圾产生量 = 建设面积 × 建筑垃圾估算系数（分类型）

式中，建设面积为管理部门记载的建设面积或遥感监测实际拆除面积。建筑垃圾估算系数为按照平房、楼房、厂房仓库等监测的建筑类型分别估算，单位：t/m^2。

11.3.2　区域垃圾存量评估

1. 区域大型垃圾渣土存量评估

以城市或区域为范围，利用遥感手段对区域内垃圾堆放点数量、建筑施工工地产生的建筑垃圾类型和数量的监测成果，预估区域内垃圾（主要包括生活垃圾、建筑垃圾）存量，并对堆放量比较大、比较集中的堆放点进行动态监测，辅助垃圾堆体稳定性评估和排查建筑垃圾堆放点隐患。

2. 建筑拆除垃圾量估算

根据建筑物拆除现状遥感监测结果，可获得每个建筑物拆除地块范围内的未拆除和建筑垃圾堆放的面积。对比地块原状态中建筑区面积可估算当前建筑垃圾量。

建筑垃圾量 = 建筑垃圾产生量 × （未拆除面积 + 建筑垃圾堆放面积）/ 建筑区面积

注：此处的建筑垃圾量包括建筑拆除垃圾量和待拆除建筑物可能产生的垃圾量。

11.3.3　区域建筑垃圾减量化评估

根据利用遥感手段获取的数据，可通过两种方式对区域建筑垃圾减量化评估。一是结合建筑垃圾体量估算和现有存量估算结果，进行区域建筑垃圾的减量化评估；二是利用遥感对特定区域的连续动态监测，评估建筑垃圾的产生、运转、消纳和减量。

年初建筑垃圾体量 − 现有存量 = 减量

某一工地估算建筑垃圾体量 − 最终产生量 = 减量

通过建筑垃圾存量、清运情况的持续监测，结合区域内城市综合治理和规划，可利用大数据分析技术，对区域内建筑垃圾产出量、已有垃圾存量进行估算和预测，为城市管理和建筑垃圾消纳管理提供辅助决策。

11.4　建筑垃圾遥感监测案例

11.4.1　工程渣土和工程垃圾遥感监测

1. 案例背景

建筑施工是工程渣土和工程垃圾产生的主要来源，同时建筑施工工地扬尘也是大气污染和大气颗粒物增加的重点来源，而建筑施工工地不同阶段会产生大量的建筑垃圾，包括工程渣土、工程垃圾和装修垃圾，对建筑工地的不同施工阶段监测，掌握潜在的建筑垃圾产生位置、分布和数量进行预估，多期数据持续跟踪工地施工状态变化和评估建筑垃圾运转、消纳情况，为建筑工程渣土类建筑垃圾管理提供新的思路和方法。

2. 案例监测概况

本案例选取某市 100km² 为监测区域，利用北京二号高分辨率（0.8m）卫星影像对本区域内施工工地进行动态监测（表 11-5）。通过对采集的影像进行正射校正、图像匀色和增强、数据融合、裁剪和监测底图制作等预处理工作，使影像数据能够满足专题监测的精度要求和解译要求。

表 11-5　施工工地各阶段监测指标

序号	监测指标	定义
1	土石方阶段（工程渣土）	指处于挖土阶段及地基完成之前建筑施工工地上的建筑垃圾
2	主体施工阶段（工程垃圾）	指处于地基施工完成与建筑主体封顶之间的建筑施工式地上的建筑垃圾
3	主体完工未绿化阶段（工程垃圾）	指房屋主体施工完成，但施工区域未完成绿化或硬化之间的建设施工工地上的建筑垃圾，该阶段施工工地同时包括周边与该建筑施工相关的裸地，其工程垃圾相比于主体施工阶段减少

利用 2018 年 9—12 月高分遥感影像，采用人机交互式解译或自动解译辅以人工修订的方法提取监测范围内建筑施工工地土石方阶段、主体施工阶段、主体完工未绿化阶段的分布、数量和面积，可结合外业调查，根据不同建筑工程类型估算产生的建筑垃圾产出量，评估区域产生的建筑工程垃圾的体量及消减情况。

根据各监测指标及定义，对某一楼房施工工地各阶段监测示例如图 11-16 所示。

（a）土石方阶段

（b）主体施工阶段（一）

（c）主体施工阶段（二）

（d）主体完工未绿化阶段

图 11-16　建筑施工工地解译示意图

以月为周期，对监测区域内建筑施工工地进行动态监测，各月度建筑施工进展分布图如图 11-17 所示。

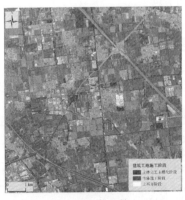
（a）2018 年 9 月

（b）2018 年 10 月

图 11-17　监测区域月度建筑施工工地分布图

 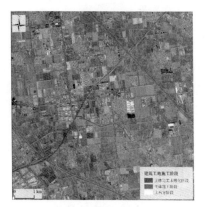

（c）2018 年 11 月　　　　　　　　　（d）2018 年 12 月

图 11-17　监测区域月度建筑施工工地分布图（续）

根据解译结果，统计监测区域各阶段面积周期变化，得到月度建筑施工工地不同阶段面积变化情况，见表 11-6。

表 11-6　月度建筑物拆除阶段面积　　　　　　　　　　　　　　　　hm²

监测时间	土石方阶段	主体施工阶段	主体完工未绿化阶段
2018 年 9 月	15.91	81.63	43.30
2018 年 10 月	16.90	48.97	27.18
2018 年 11 月	9.26	14.86	5.39
2018 年 12 月	8.87	15.92	6.10

根据表 11-6，绘制月度建筑施工工地面积变化，如图 11-18 所示。

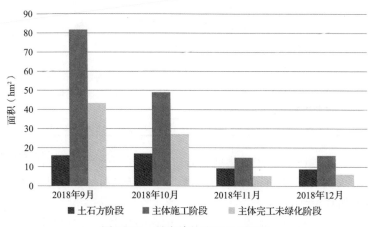

图 11-18　月度建筑施工工地面积

从以上监测成果可得出监测区域建筑施工工地的动态变化情况，根据各月建筑施工阶段预估工程渣土、工程垃圾乃至装修垃圾潜在产生的时间和体量，如 2018 年 9、10 月份监测区域以主体施工阶段为主，这两个月产生的建筑垃圾以工程垃圾为主，后期 11、12 月份主体已完工，工程垃圾会减少，装修垃圾和工程渣土会随着建筑物装修和地表绿化工程开展而增多。

11.4.2 拆除垃圾遥感监测

1. 案例背景

随着我国城市建设和新型城镇化快速发展，城市建筑物拆除工程越来越多，包括城市精细化管理过程中，对老旧小区、违规建设以及规划调整区域开展整治、拆除、疏解等行为，产生了大量的建筑垃圾，如何及时消纳、有效利用建筑垃圾，及时监测处置这些垃圾的效率和进度，是摆在很多基层管理者面前的重要课题。

为了提高城市精细化管理水平，将卫星遥感技术应用到工程管理过程中，对违法建设拆除完成进度进行动态跟踪监测，重点针对拆除建筑垃圾的产生、垃圾堆放面积、处置清运进展进行持续监测与分析，及时掌握建筑拆除地块范围内的建筑物拆除、建筑垃圾堆放、场地平整现状信息，为摸清建筑垃圾底数及位置分布、趋势分析与决策提供了基础数据支持，以高新技术助力城市精细化管理。

2. 案例监测概况

选取某一监测区域为例，监测范围约100km²，监测区域在城乡结合部，利用北京二号高分辨率卫星对建筑拆除区域前后的地表动态变化进行监测，统计拆除面积等定量指标，及时掌握专项行动进度及成效。第一期监测建筑物拆除现状掌握区域内将要拆除建筑垃圾的分布、数量和类型，估算产生的建筑垃圾体量；后期动态监测建筑物拆除进度，掌握建筑物拆除进度和已拆除建筑垃圾的转运、清理进展。

（1）拆除区建筑物现状

利用2017年7、8月高分辨率卫星影像，对建筑拆除地块范围内的建筑拆除前的状态进行判读。区分建筑拆除地块范围中的建筑区及非建筑区。其中建筑区按建筑类型分为平房、楼房、厂房仓库三个类型，非建筑区为空地、绿地等无可拆除物的情况。建筑拆除图斑基础数据提取指标见表11-7。

表 11-7　建筑拆除区地表基础数据监测指标

编码	指标	说明
1	楼房区	每个图斑内的建筑区只赋一种类型，指标内四种类型不用单独切割，以该建筑区内主要包含的类型为主进行属性赋值（彩钢厂房区、设施农业类合计占90%以上时可定为该类）
2	平房区	
3	彩钢厂房区	
4	设施农业	
5	非建筑区	除去建筑区以外的区域，包括空地、堆土、无建筑垃圾堆放、绿地等

根据监测指标，监测区域各建筑物类型分布如图11-19所示，其中所需拆除的建筑物共760.51hm²（7.6km²），彩钢厂房区面积占比最大为整个所需拆除建筑物的65%。

（2）拆除垃圾估算

本书参考河南省住房和城乡建设厅印发的《河南省建筑垃圾计量核算办法（暂行）》中关于房屋拆除工程建筑垃圾量计算方法，并结合研究地区不同类型建筑物单位面积建筑垃圾体量估算，厂房仓库类按0.2t/m²计算，高层类按1t/m²计算，平房类按0.9t/m²计算。根据监测成果，本书用遥感监测面积估算建设面积，估算本监测区域将产生的垃圾量约2883030.23t。

建筑垃圾产生量 = 建设面积 × 建筑垃圾估算系数（分类型）

建筑垃圾产生量 =（494.81 + 72.19）× 10000 × 0.2 + 186.02 × 10000 × 0.9 + 7.49 × 10000 × 1（见图11-20数据）

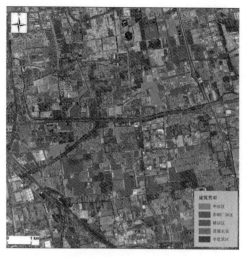

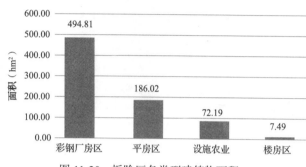

图 11-19　监测区建筑物拆除基础数据
（2017 年 7 月份）

图 11-20　拆除区各类型建筑物面积

　　实际估算时可从各地住建委处获取建设面积，各类建筑物每 $1m^2$ 产生的垃圾数量需在国家估算方法的基础上结合实际情况，进行调查评估，修正估算系数。

　　（3）建筑拆除图斑动态监测

　　建筑区分为未拆除、建筑垃圾、已平整三个类型，非建筑区分为非建筑区、新增垃圾区两个类型。根据监测成果分析拆除地块范围内建筑物拆除比例，建筑垃圾堆放面积等信息。建筑拆除图斑月度信息提取指标说明见表 11-8，拆除垃圾产生、清理和消亡过程动态监测如图 11-21 所示。

表 11-8　建筑拆除动态监测指标

编码	指标	说明
1	未拆迁	建筑区内仍为建筑的区域
2	拆迁阶段垃圾	拆迁未平整的区域
3	拆迁已平整	包括拆迁后已经平整、已经绿化、新开工地、在建工地等拆迁后平整的情况
4	新增垃圾	指非建筑区的区域，现状显示建筑垃圾的区域

（a）2017 年 3 月未拆迁

（b）2017 年 9 月拆迁阶段拆除垃圾

图 11-21　棚户区拆除垃圾全生命周期动态监测

（c）2017 年 12 月拆迁平整阶段 　　　　　　　（d）2018 年 9 月已绿化

图 11-21　棚户区拆除垃圾全生命周期动态监测（续）

利用 2018 年 6 ～ 9 月影像按月度对监测区域进行监测，分析建筑物拆除阶段变化，评估产生的建筑垃圾和已有拆除后建筑垃圾清理情况，监测成果如图 11-22 所示。

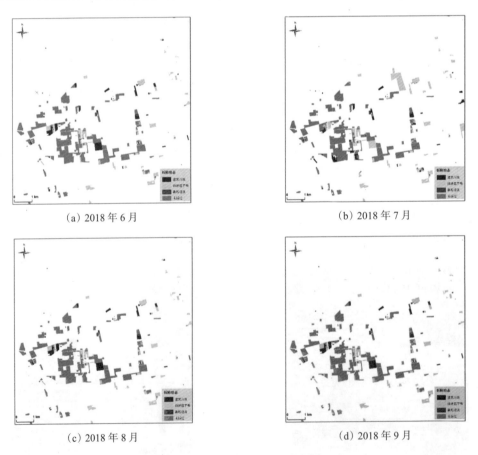

（a）2018 年 6 月 　　　　　　　　　　　　（b）2018 年 7 月

（c）2018 年 8 月 　　　　　　　　　　　　（d）2018 年 9 月

图 11-22　研究区建筑拆除动态监测

根据表 11-9，绘制 2018 年 6 月—2018 年 9 月各拆除工地建筑物拆除产生的建筑垃圾覆盖面积及建筑垃圾清理面积月份变化折线图，如图 11-23 所示。

表 11-9　月度建筑物拆除阶段面积　　　　　　　　　　　　　　　hm²

监测时间	拆迁已平整	建筑垃圾堆放	未拆迁	新增垃圾
2018 年 6 月	129.81	64.89	450.30	1.12
2018 年 7 月	224.17	47.79	441.27	0.00
2018 年 8 月	252.45	47.25	434.69	0.00
2018 年 9 月	2819.58	441.18	415.48	0.00

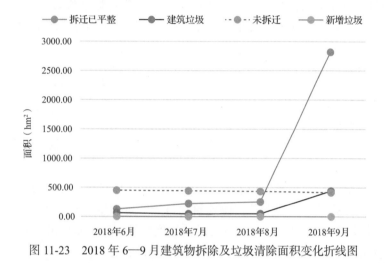

图 11-23　2018 年 6—9 月建筑物拆除及垃圾清除面积变化折线图

根据监测成果，建筑拆除过程中基本没有外部转入的新增垃圾，所有产生的建筑垃圾和清理的建筑垃圾均是拆迁工地产生的。在 6、7、8 月份建筑垃圾堆放面积基本稳定，垃圾清理平整量较大，高于拆迁垃圾的产生量，9 月份随着拆迁面积增大，产生的建筑垃圾也急剧增多，垃圾清理平整面积也直接增多。

（4）建筑拆除垃圾量估算

根据建筑物拆除现状遥感监测结果，可获得每个建筑物拆除地块范围内的未拆除、建筑垃圾堆放的面积和拆迁已平整面积，以及各拆迁地块内建筑物的拆除状态面积，对比地块原状态中建筑区面积可估算当前建筑垃圾量。本监测区域 2018 年 6—9 月拆除地块状态及各类建筑物面积见表 11-10。月度各类建筑物拆除垃圾总量估算见表 11-11。

表 11-10　月度各类建筑物不同状态面积统计表　　　　　　　　　　hm²

状态	类型	2018 年 6 月	2018 年 7 月	2018 年 8 月	2018 年 9 月
拆迁已平整	彩钢厂房区	58.28	69.06	91.81	105.22
	楼房区	5.83	1.08	4.37	4.83
	平房区	50.25	118.33	123.84	138.17
	设施农业	15.45	35.71	32.42	33.74
建筑垃圾堆放	彩钢厂房区	22.58	18.04	20.89	19.80
	楼房区	0.14	4.89	1.60	0.00
	平房区	25.42	25.41	20.58	16.19
	设施农业	16.75	4.17	4.17	8.13

续表

状态	类型	2018年6月	2018年7月	2018年8月	2018年9月
未拆迁	彩钢厂房区	381.12	377.27	368.63	358.93
	平房区	32.98	35.28	34.06	29.81
	设施农业	35.90	28.72	32.00	26.74
新增垃圾	—	—	1.12	0.00	0.00	0.00

根据区域建筑物现状拆除垃圾估算方法，估算各月份现状拆除垃圾的体量，估算方法如下：

建筑垃圾量＝建筑垃圾产生量×（未拆除面积＋建筑垃圾堆放面积）/建筑区面积

注：此处的建筑垃圾量包括建筑拆除垃圾量和待拆除建筑物可能产生的垃圾量。

表11-11　月度各类建筑物拆除垃圾总量估算　　　　　　　　　hm²

监测时间	彩钢厂房区	楼房区	平房区	设施农业	小计
2018年6月	1530440.87	514.93	221382.52	199599.95	1951938.27
2018年7月	1498647.98	18536.51	230066.50	124694.62	1871945.62
2018年8月	1476659.33	6056.10	207144.04	137146.36	1827005.83
2018年9月	1435787.14	0.00	174375.03	132168.83	1742331.00

根据表11-11、图11-24估算可以看出，2018年6—9月期间，该区域建筑垃圾拆除总量（包括建筑物已拆除的拆除垃圾量和待拆除建筑物可能产生的垃圾量）逐月减少，原因有两种情况：一是本区域建筑拆除垃圾在拆除后及时转运到别处，二是本区域在建筑物拆除的过程中及时运用减量化技术，将拆除垃圾就地资源化利用或消除。

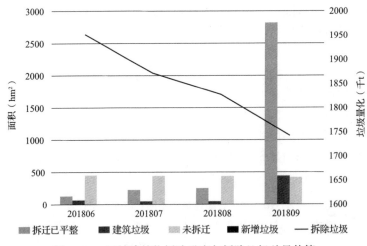

图11-24　区域建筑物拆除进度与拆除垃圾总量估算

3.违法建筑拆除和建筑垃圾消纳监测效果

在建筑拆除全过程中开展卫星遥感动态监测：

（1）拆除前，监测地表覆盖情况，建筑面积、分布等信息；

（2）拆除中：开展拆迁进度监测，判别工程未拆除、拆除未平整、绿网覆盖；

（3）拆除后，开展建筑垃圾分布、建筑垃圾消纳、拆迁是否平整和绿化等状态，并将监测成果按区、街乡镇对各类情况占地面积进行统计并制图，可为监督检查提供有力的数据支持。

利用卫星遥感监测技术手段，能够全面、客观地掌握建筑垃圾的空间分布情况，统计分析建筑垃圾存量，并通过建筑垃圾清运情况的持续监测，及时发现区域拆除建筑垃圾处置过程中存在的问题，为区域违法建筑拆除和建筑垃圾消纳管理和决策提供有力的技术支撑。

11.4.3　大型垃圾渣土堆放点监测

1. 案例背景

城市固体废弃物（以下简称"城市固废"）是指在人类生产建设、日常生活和其他活动中产生的固态或半固态的废弃物体，主要包括生活垃圾、建筑垃圾和工业垃圾等，利用遥感技术对"垃圾围城"现象进行监测，可以形成"季度监测—治理评级—区县通报—效果评估"的整套应用模式，加快发现、清除的时间周期，减少城市固废垃圾长期堆放造成对地下水等的环境影响，极大地减少了因历史遗留的城市固废垃圾堆处理费用高、难度大的问题，降低了城市垃圾无序堆放对环境的影响。

2. 案例监测情况

利用北京二号高分辨率卫星影像，从影像中提取大型垃圾场地（根据影像分辨率情况一般面积不小于 $300m^2$）位置，通过实地调查对比，综合考虑影像纹理、色调、形状和垃圾场位置分布经验知识，构建垃圾场地遥感识别专家知识库，判别人员在此基础上，基于遥感影像进行垃圾场地的信息提取。

本案例中大型垃圾堆放点包括工业固废堆放、建筑垃圾未清理的场地和生活垃圾固废堆放点，不包括正规垃圾填埋场、垃圾焚烧厂等垃圾处理场地。其监测指标见表 11-12，某处垃圾渣土堆放监测示例如图 11-25 所示。

表 11-12　大型垃圾渣土堆放点监测指标

序号	监测指标		定义
1	垃圾类型	生活垃圾	指 $300m^2$ 以上（基于遥感影像分辨率判断）大型垃圾渣土无序堆放点
2		建筑垃圾	指非建筑区的区域，现状显示建筑垃圾的区域
3	监测状态	新增	连续监测，本期新增
4		已整治	连续监测，本期与上期对比，已经整治的
5		延续	连续监测周期内一直存在

图 11-25　垃圾渣土影像及现场照片（2017 年 5 月影像，面积 0.107hm²）

案例选取 400km² 城乡结合部为监测区域,利用 2018 年北京二号高分辨率卫星,对监测区域按季度进行大型垃圾堆放点(场)动态监测,2018 年第一季度监测大型垃圾堆放点(场)分布图如图 11-26 所示。

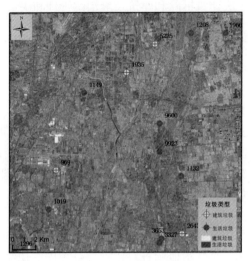

图 11-26 2018 年 1 季度大型垃圾堆放点(场)分布图

动态监测 4 个季度大型垃圾堆放状态及面积,统计表及垃圾堆放面积图见表 11-13、图 11-27。

表 11-13 1～4 季度监测大型垃圾堆放点面积统计表   (m²)

监测时间	建筑垃圾	生活垃圾	总量
2018 年第 1 季度	10772	34273	45045
2018 年第 2 季度	11399	78101	89500
2018 年第 3 季度	19938	57015	76953
2018 年第 4 季度	17766	10518	28284

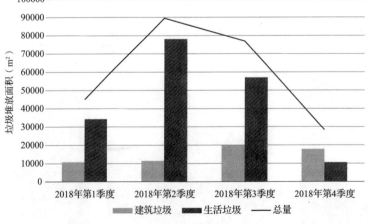

图 11-27 1～4 季度大型垃圾堆放面积

根据监测成果统计分析,2018 年大型垃圾堆放面积是先增后减,其中生活垃圾占比较大，建筑垃圾堆放量第 3 季度、第 4 季度增加明显。

表 11-14　1～4 季度大型垃圾堆放点各状态面积统计表　　　　　　　　　（m²）

监测时间	新增		已整治		延续	
	建筑垃圾	生活垃圾	建筑垃圾	生活垃圾	建筑垃圾	生活垃圾
2018 年第 1 季度	5547	26535	5225	7738	0	0
2018 年第 2 季度	5852	51566	5547	16935	0	9600
2018 年第 3 季度	5589	4346	5852	52669	8497	0
2018 年第 4 季度	5557	4295	12209	6223	0	0

根据表 11-14 分析大型垃圾堆放点面积统计专题图及建筑垃圾堆放动态变化专题图，如图 11-28、图 11-29 所示：

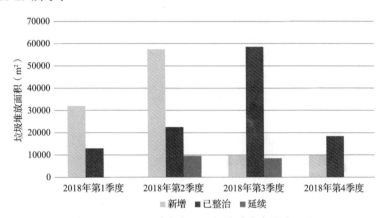

图 11-28　1～4 季度大型垃圾堆放点各状态面积

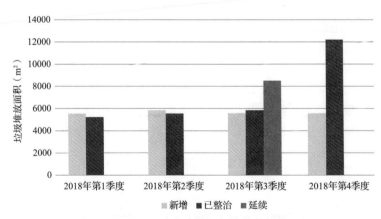

图 11-29　1～4 季度建筑垃圾堆放各状态面积

从图 11-28、图 11-29 分析，2018 年每季度新增建筑垃圾量比较稳定，前三季度建筑垃圾整治量也比较固定，第 4 季度建筑垃圾整治力度增大，建筑垃圾减量明显。

11.5　本章小结

本章利用遥感手段对建筑垃圾减量化管理进行实验和验证，主要以建筑施工工地、城市综合治理拆除工程、非正规垃圾堆放场地为研究对象，采用遥感监测与 GIS 分析方法，客观、高效地获取大范围区域内的建筑施工工地、拆除工程进度和垃圾场地信息，结合建筑垃圾体量估算方法对区域内建筑垃圾总量进行估算，动态监测评估总量变化，为建筑垃圾减量化技术落实提供验证手段和新的思路。

但是该方法也有一定的局限性，一方面，由于卫星遥感只能监测到垃圾堆放场地的平面面积，无法精准监测到垃圾堆的高度，因此无法精确估算垃圾的体积；此外大规模拆除建筑垃圾多为地表大面积平铺状态，垃圾堆高度很低，单纯依靠平面面积进行统计会导致对垃圾量估算的偏差。如果能够获取到多时相高精度 DEM 数据，就可以精确计算出垃圾体积，甚至可以准确估算出垃圾体积的年度变化；另一方面，各地区建筑类型和结构类型在不同地区产废率有一定的差异，建议选取典型城市进行调查分析，综合分析城市区域规划、建筑垃圾产生的时空分布特征等建筑垃圾产出量与组分影响因素，选取关键参数变量，创建城市区域建筑垃圾产出量、组分定量估算和预测模型，将核算过程和结果表达动态化，并将不确定性处理和敏感性分析始终贯穿于模型的创建与应用过程，以提高对来源广泛、成分复杂的建筑垃圾产生数量估算的准确性和时效性。

随着航天技术的持续发展和遥感观测系统性能的不断改进，将遥感等多种空间技术手段融合应用于建筑垃圾减量是未来建筑垃圾精准管控的方向。2018 年国家已经启动"十三五"国家重点研发计划"建筑垃圾精准管控技术与示范"项目，尝试利用遥感、BIM 技术等多源信息融合方法，建立建筑垃圾全过程实时监测与智能管控平台，实现建筑垃圾减量化、资源化、无害化利用目标。我们认为将天基卫星遥感、空基低空遥感或无人机及地基视频监控技术结合，进行建筑垃圾类型/体量的"天、空、地"一体化监测是建筑垃圾减量化监控技术的必然趋势；并面向管理部门业务管理需要，结合各类技术特点，构建我国建筑垃圾大范围快速提取、重点区高精度监测、典型区实时判别的监测模式，能够满足不同空间尺度和不同时间尺度的建筑垃圾追踪需求，揭示多维尺度的建筑垃圾时空分布格局演化规律。

当然，目前还需要解决和验证几个关键性问题，包括：构建基于多源卫星遥感的大范围快速识别与体量估算模型，并建立相应的监测技术体系；研究基于低空无人机高光谱及 LiDAR 的精细识别及体量精准测算方法；研究基于近地面图像数据的体量变化测度方法，建立重点区域建筑垃圾类型与体量智能监测技术体系；从空天地技术层面和大范围快速、重点区域精细化、典型区实时业务应用层面满足建筑垃圾类型/体量天地一体化快速识别与精准管控的需求。

参考文献

［1］ 李德仁，王树根，周月琴. 摄影测量与遥感概论［M］. 北京：测绘出版社，2008.

［2］ 郭超凯. 数解中国高分系列卫星［EB/OL］.（2019-12-10）［2020-5-20］. http://www.chinanews.com/gn/2019/12-10/9029738.shtml

［3］ 张方利，杜世宏，郭舟. 应用高分辨率影像的城市固体废弃物提取［J］. 光谱学与光谱分析，2013（8）：2024-2030.

［4］ 马翠萍，刘有为，杨永. 遥感技术在环境监测领域的应用［C］. 河北环境科学 - 华北五省市环境科学学会年会. 2011（增刊）：121-123.

［5］ 王智勇，文强等. 从开拓到引领——赋能国内商业遥感卫星运行服务［J］. 中国测绘，2019（10）：28-30.

［6］ STAUNTON J, WILLIAMS C D, MORRISON L, et al. Spatio-temporal distribution of construction and demolition (C&D) waste disposal on wetlands: A case study［J］. Land Use Policy, 2015, 49:43-52.

［7］ 吴文伟，刘竞. 北京市固体废弃物分布调查中遥感技术的应用［J］. 环境卫生工程，2000，008（002）：76-78.

［8］ 石建光，邓华，林树枝. 震后建筑垃圾的遥感估算方法［J］. 福建建筑，2009（4）：1-4.

［9］ 秦海春，张晓亮. 基于国产高分遥感影像的城镇垃圾填埋场监测管理研究［J］. 中国建设信息化，2015（21）：76-78.

［10］ 葛榜军，黄家柱. 以深圳滑坡为鉴发挥卫星应用技术在城市治理中的作用［J］. 卫星应用，2016（1）：85-85.

［11］ 申文明. 基于天地一体化的工业固体废物监管技术研究［M］. 北京：中国环境科学出版社，2013.

［12］ 樊华，黄莉. 遥感和地理信息系统对生活垃圾填埋场的监测与管理［J］. 江西化工，2004（4）：50-52.

［13］ 张雅琼等. 基于 GF-1 卫星遥感影像的生态空间周边建筑余泥渣土场提取方法研究［J］. 环境保护科学，2018，44（6）：50-55.

［14］ 住房城乡建设部市容环境卫生标准化技术委员会. 建筑垃圾处理技术标准：CJJ/T134-2019［S］. 北京：中国建筑工业出版社，2019.

［15］ 孙晓丹. 整村搬迁中建筑垃圾的测算与填埋区确定研究［D］. 中国地质大学（北京），2013.

［16］ 何显抢. 中国城市垃圾现状［EB/OL］.（2018-01-21）［2020-5-20］. 佰佰安全网 https://www.bbaqw.com/cs/77470.htm.

［17］ 刘敏，方如康. 现代地理科学词典［M］. 北京：科学出版社，2009，484.

［18］ 陈芸芝，石义方，汪小钦，等. 基于阴影的资源三号卫星数据城市建筑物高度估算［J］. 地球信息科学学报，2015，17（2）：236-243.

［19］ 张晓美，何国金，王威，等. 基于 ALOS 卫星图像阴影的天津市建筑物高度及分布信息提取［J］. 光谱学与光谱分析，2011，31（7）：2003-2006.

［20］ 谭衢霖. 高分辨率多光谱影像城区建筑物提取研究［J］. 测绘学报，2010，39（6）：618-623.

［21］ 王京卫，郭秋英，郑国强. 基于单张遥感影像的城市建筑物高度提取研究［J］. 测绘通报，2012（4）：15-17.

［22］ 河南省住房和城乡建设厅. 河南省建筑垃圾计量核算办法（暂行）[S］豫建墙［2016］4 号.

［23］ 徐谦，李令军，赵文慧，等. 北京市建筑施工裸地的空间分布及扬尘效应［J］. 中国环境监测，2015（05）：83-90.

［24］ Chen Hefa, Hu Yuanan. Bioresource Techology［J］. 2010, 101(11):3816.

［25］ 王晨，殷守敬，孟斌，等. 京津冀地区非正规垃圾场地遥感监测分析风险评价［J］. 2016，26（8-9）：799-807.

［26］ 刘敬疆. 建筑垃圾资源化利用技术指南［M］. 北京：中国建筑工业出版社，2018.

第12章　回顾与展望

　　建筑业是我国国民经济的支柱产业，然而在促进我国国民经济增长的同时，也产生了大量建筑垃圾。建筑垃圾占用土地、污染水体、污染空气、影响市容，加剧了土地和资源的紧张局面，阻碍经济社会、环境可持续发展。建筑垃圾的减量化排放是缓解垃圾围城、避免或降低生态环境风险，实现循环经济绿色发展的最积极、有效的措施，也是目前建筑垃圾领域学术界、工程界的头等大事。

　　本书在建筑垃圾减量化技术现状基础上，梳理和分析了建筑垃圾的定量评估体系、减量化管理体系和减量化技术方法，包括五类建筑垃圾减量化理论和技术，三大建筑工程阶段的减量化理念和实操分析。本书为建筑垃圾的分类控制减量和建筑垃圾规划、设计、施工全过程减量两种方式提供有效的技术参考。

12.1　我国城市建筑垃圾减量化技术体系分析

12.1.1　建筑垃圾的减量化管理及定量评价

1. 减量评价方法

　　建筑垃圾的定量评价包括直接法和间接法。直接法一般直接量化建设各阶段建筑垃圾的减量重量或体积；间接法即通过一系列间接因素对建筑垃圾的减量化效果进行评价，如生命周期评价法、专家打分法、层次分析法等。专家打分法是设计阶段首选技术评价方法，是经过多轮意见征询、反馈和调整后，对项目方案可实现程度进行分析的方法。施工阶段减量化和拆除阶段减量化评价一般采用直接法，如施工阶段即直接量化材料消耗量与剩余材料量。生命周期是常用的定量评价方法之一，建筑垃圾生命周期是指从生产、收集、运输直到最终处理的过程，该方法用国际社会普遍认同的环境负荷量化评价方式，应用于建筑废物管理方面，如应用于建筑垃圾资源化技术的能耗估算和二氧化碳减排的环境效益评估，为建筑废物资源化再利用提供一定的支持。

2. 减量化管理

　　垃圾减量化管理，特别是源头减量化是减少垃圾排放最积极有效的措施，即从工程设计、施工管理和材料选用上控制和减少建筑垃圾的产生和排放数量。建筑垃圾减量化设计通过建筑设计本身，尽可能减少建造过程中废弃物的产生，并对已产生的垃圾进行再循环、再利用，从而达到减量的目的。施工阶段减量即从改进施工管理和技术方面达到建筑材料的减量化目的。拆除后资源化利用阶段的减量化主要基于资源回收，提高再利用和资源化水平达到减量目的。

3. 减量化验证方法

为实现建筑垃圾全过程精准管控和减量化研究，将天基卫星遥感、空基低空遥感或无人机及地基视频监控技术结合，开展建筑垃圾"天、地、空"一体化的精准识别，构建我国建筑垃圾大范围快速提取、重点区域高精度监测、典型区域实时判别的监测模式，满足不同空间尺度和不同时间尺度的建筑垃圾追踪需求。

利用"天、空、地"遥感手段获取的数据，可通过两种方式对区域建筑垃圾进行减量化评估。一是结合建筑垃圾体量估算和现有存量估算结果，进行区域建筑垃圾的减量化评估；二是利用遥感对特定区域的连续动态监测，评估建筑垃圾的产生、运转、消纳和减量。

12.1.2　五类建筑垃圾减量化理论和技术

1. 工程渣土减量化

依据住房城乡建设部《关于推进建筑垃圾减量化的指导意见》（建质〔2020〕46 号）工程渣土的减量化原则，工程渣土减量化评价可以从减少产生量、增加再利用量两个方面入手，在规划、设计和施工三个环节分别制定评价标准，并通过层次分析法、专家打分法等进行系统评价。

在城市规划阶段，要将工程渣土的消纳、处置、综合利用等设施列入规划设计内容，并加强源头管理，做好申报和监督工作，实行统筹管理，提高效率。在工程设计环节，要优化设计方案，加强科学设计，发挥设计方案的前置导向作用，尽量减少工程渣土的排放量，提高工程渣土就地消纳量。在工程施工过程中，要推进工程渣土分类堆放，推行工程渣土科学回填，堆山造景，尽量做到工程渣土的就地利用。

2. 工程垃圾减量化

工程垃圾来源广泛，产生于建筑施工全过程，因此，工程垃圾减量化需从政策法规、减量化技术与措施、工程项目建设全过程的利益相关者行为等多方面进行减量化控制，具体实施措施如下：

（1）规划过程减量化

在修建性详细规划中，将城市总体规划和控制性详细规划的工程垃圾的相关指标如源头减量化率、资源化率、分类回收率有关指标落地实施，并在绿色建筑评价标准中，增加对再生产品使用量要求，实现资源化利用，达到在规划过程中工程垃圾减量化。

（2）设计过程减量化

运用标准设计，采用标准模数和预制构件，以减少工程垃圾的产生。利用 BIM 技术建立单一信息源模型，确保所使用信息的准确性和一致性，减少因设计修改造成的资源浪费。制定和完善设计阶段减量化的规则与制度。

（3）施工过程减量化

提高工人技术水平和环保意识；用 BIM 技术指导施工，控制垃圾产出量；应用节材环保施工工艺；加强环保建材的利用；材料储存地点宜就近卸载，避免二次搬运；实施工程垃圾分类管理制度。

（4）工程垃圾的分类

分类是垃圾高效处理的前提，是末端减量化即资源化利用的前提，分类技术包括垃圾箱收集，适用金属垃圾的磁选，适用废塑料等轻物质的风选和水选，块状垃圾的光电分选，以及各类垃圾的振动筛分和人工智能识别与机械臂分选。

3. 拆除垃圾减量化

拆除垃圾是工程渣土外的最大建筑垃圾组分，体量大，存在周期长，对环境危害大。我国拆除垃圾减量化方向是吸取发达国家的"源头减量"的先进理念，完善配套法律法规，明确各方责任和义务，加强拆除垃圾前端、中端、末端全过程管理，加强垃圾分类分拣，提升资源化利用水平，形成拆除垃圾资源化产业。

4. 装修垃圾减量化

装修垃圾的重金属和有机污染物含量高，生态环境风险较高。装修垃圾减量化和资源化处理是环境保护和可持续发展的战略目标之一。装修垃圾最好的治理和利用措施，应该是源头减量，具体措施如下：

（1）从源头控制建筑垃圾的产出量，推广预制装配式结构体系设计、开间设计方案，使用绿色建材，应用减量化设计新技术、新方法。

（2）促进垃圾资源化和减少进入填埋场的数量，宜对可回收垃圾、建筑垃圾、大件废物类、有害垃圾类等装修垃圾类型进行分类运输。

（3）提高装修垃圾分类效果和保障资源化产品质量，对装修垃圾处理设备展开研究，包括多种处理手段以及多种处理方式的分选工艺。

（4）有效提高装修垃圾减量化，从智能化管理平台方面对装修垃圾进行精准管控。

5. 工程泥浆减量化

我国工程泥浆非法收运、偷排乱倒的无序处置现象普遍存在，资源化利用技术水平较低、环保措施不到位、易造成环境污染，各管理部门协作机制不健全。工程为了达到建筑泥浆减量化、资源化、无害化的处置目标，恢复生态环境，保障居民健康的生活环境，全国各地开始出台了有关建筑泥浆的管理法规，甚至有些城市已经具体到了建筑泥浆处置的管理细则。我国工程泥浆的技术和措施主要包括脱水减量处理、分离技术减量化、固化剂的固化技术减量化处理。

12.1.3 三个建筑工程阶段减量化理念的实现

1. 规划减量

建筑垃圾源头减量化施工模式是指施工单位在整个施工过程中要贯穿将建筑垃圾"降在源头"的系统理念，在设计和施工组织方面采取措施利用优化的施工组织措施将建筑垃圾削减的一种施工新模式。具体减量化措施包括以下几个方面：

（1）与城市规划编制体系相协同；

（2）优化施工方案，减少建筑垃圾产生；

（3）提前对建筑垃圾产生量进行预测；

（4）加快制定城市建筑垃圾治理专项规划；

（5）加大绿色建筑和装配式建筑的占比，提高居住舒适性。

2. 规划减量化的评价标准和方法

（1）建筑垃圾规划减量化评价指标体系

建筑垃圾规划减量化评价指标体系包括目标、设计原则、评价指标体系、评价指标四个方面。目标层即"城市建筑垃圾规划减量化综合评价"。设计原则是建筑垃圾规划减量化的完整指标体系，构建覆盖建筑垃圾生命周期全部环节，即产生、收集、运输、处理、资源化利用五个环节。根据分层处理的原则，对其进行综合评价的指标体系包括目标层、子目标层、指标层三个层次。目标层包括环境影响评价、社会经济评价和设施布局评价这三个子目标层。每个子目标下又细分为不同的具体指标。

（2）建筑垃圾规划减量化评价方法

建立指标评价标准体系，用指标评分的方法对每个指标进行评分，采用百分制打分，得分越高，代表对建筑垃圾减量越有利。

2. 设计减量

（1）优化设计

优化设计方案，推广建筑工业化，扩大使用标准化构件，优选绿色、高性能材料，减少材料用量，促进建筑垃圾再生产品的应用。

（2）运用 BIM 技术

运用 BIM 技术对工程或工序进行仿真模拟，提前发现问题，减少工程变更，从而实现源头减量化。

（3）采用分包合同

分包合同模式可以减少材料浪费，如包工包料的材料浪费最小。

（4）建立设计标准

建立完善、可操作性强的设计标准，促进建筑垃圾源头减量化。

3. 施工减量

（1）施工现场建筑垃圾减量化控制措施。从人员角度减少废物产生。实施人员责任制，加强现场监管，技术人员熟悉图纸、操作人员和材料人员密切配合，严把质量关，杜绝材料浪费。从管理方法角度减少废物，如采用分包的方式将单项工程承包给个人，通过效益手段刺激减少建筑垃圾产生。从施工工艺方面减少废物。如尽量采购周转次数高、使用周期长的建材和构件，减少耗材。推广绿色建材，减少废物产生。

（2）施工现场建筑垃圾的场内再利用措施。金属，经分拣、集中和重新回炉，减少废物产生。砖、石、混凝土等废料可加工成骨料或建材替代品，从而减少废物产生。建筑废渣作填料，减少废物产生。

（3）施工现场建筑垃圾常规源头减量措施。消防管线永临结合技术，减少临时材料形成的废物。施工道路永临结合技术，避免施工后期施工道路破除的材料浪费。成品隔油池、化粪池、泥浆池、沉淀池应用技术，重复使用，绿色环保，减少废物产生。铝合金模板应用技术，耐久性强，间接减少废物产生。定型模壳施工技术，使构件减重抗震，强度高，节约建材。早拆模板施工技术，其"拆板不拆柱"工作原理减少了建筑垃圾产生。覆塑模板应用技术，耐用性好，宜重复使用，减少建筑垃圾。压型钢板、钢筋桁架楼承板免支模施工技术，适用钢结构建筑楼板施工阶段，主要体现在节材与材料资源利用方面。拼装式可周转钢制（钢板和钢板路基箱）路面应用技术，宜用于临时施工运输道路的铺设，其构造坚固，无污染，可循环利用。高层建筑封闭管道建筑垃圾垂直运输及分类收集技术，封闭管道垂直运输固体废弃物，避免散落，间接减少废物产生。全自动数控钢筋加工技术，采用微电脑精准控制，减少了废物。钢木龙骨技术，强度和刚度高，宜长期重复使用，减少了废物。

（4）施工现场建筑垃圾数字化源头减量。应用主体材料数字减量技术，结合基于 BIM

技术的成品机电管线有效控制施工建材废物产生。前期合理优化，临时用材精准投入，有效减少现场废物产生。

12.2 未来建筑垃圾减量化理论和技术的发展展望

1. 建筑垃圾减量化评价

我国建筑垃圾存在产生量大、底数不清的现状。因此，应进一步准确量化建筑垃圾的产出量，科学、合理地预测其发展趋势，为建筑垃圾的适当管理提供基础数据支持，也为有效量化区域水平的垃圾减量化及其效益提供数据支持。我国建筑垃圾仍以简易堆置和填埋为主，环境风险高，宜侧重流向管理特征和环境污染特征的研究，探明建筑垃圾有害成分，特别是重金属及有机污染物的污染特征及来源，量化其环境风险，并制定切实可行的废物管理措施和防控手段。

目前，建筑垃圾资源化利用率低，资源化处理设备设施水平不高，产业链不健全，资源化产品的相关政策法规不健全，尚未形成产生、运输、处理、再利用整个生命周期的全过程监管体系，逐步完善监管体系是建筑垃圾管理领域的必然要求。我国建筑垃圾政策法规体系不完善，缺少具有可操作性的细则和办法，使各监管部门责任权限混淆不清，下一步的研究应侧重完善相关管理政策、法规、标准和各类激励措施，加强相关方的责任，促进源头减量、过程减量，同时研发高效的资源化工艺技术及设备，促进末端减量化即提高资源化利用率。利用并深入开发网络大数据平台，对建筑垃圾全过程进行数据采集及过程监管，有效提高建筑垃圾资源化利用率，进一步积极推动建筑垃圾的精细化分类及分质利用，推动建筑垃圾生产再生骨料等建材制品、筑路材料和回填利用，推广成分复杂的建筑垃圾资源化成套工艺及装备的应用，完善收集、清运、分拣和再利用的一体化回收系统。

2. 工程渣土减量化

我国渣土产出量大，减量化发展方向宜侧重源头（设计和规划）减量化，建筑过程减量。将渣土减量化纳入建筑设计和规划管理中，结合城市发展趋势、地块规划用途和项目建设时序，坚持"多点、就近"原则，积极探索与城市绿化项目的结合，科学合理地布局建筑垃圾临时消纳点，适时启动建筑垃圾永久消纳场建设，满足区域项目和临时消纳点难以平衡的需要。施工图阶段，将工程渣土种类和数量预测、利用、处置等方面列为重要审查内容，综合考虑项目社会、经济和环境效益。

工程渣土的末端减量是应对目前大量渣土的有效措施之一。针对目前建筑垃圾消纳场地和资源化利用场地配套建设不足的问题，进一步宜强化相关激励措施，出台工程渣土资源化利用特许经营的相关管理规定，加快工程渣土减量化的发展；宜引入先新技术和仪器设备，实现渣土的最大限度回收利用和资源化利用；完善工程技术标准，并依据标准将不宜直接利用的先处理再利用；宜加强网络信息共享，建筑项目渣土供应方与需求方（如洼地回填、填海造陆等）实施项目信息共享，为渣土利用提供迅速、便捷渠道。

实现工程渣土全过程减量化，强化源头管理，信息互通共享，狠抓责任落实，发挥政府、企业（建设方、施工方和运输方）等各部门"共建共管共规范"的作用机制，积极构建"全过程监管、区域内平衡、资源化利用"的工程渣土处置体系。

3. 工程垃圾减量化

"减量化"宜与"资源化"同步，进一步研究推动工程垃圾资源化再利用的技术、设施、以及分类设备的研究和创新，研发工程垃圾的高效处理工艺和设备，研发工程垃圾高效分拣技术和设备，研发以工程垃圾为原材料的建筑材料的制备工艺和设备。创新生产技术，提高工程垃圾再生制品原料的品质，提高再生建筑材料的市场竞争力。完善再生建筑材料标准体系建设，形成统一的质量保证体系。

结合我国工程建设的发展方向，拓宽工程垃圾再生建筑材料的应用范围，如与海绵城市建设结合，将工程垃圾应用于透水、蓄水材料的生产；与装配式建筑建设结合，考虑再生建筑材料在建筑预制构件中的应用。

4. 拆除垃圾减量化

我国虽然有地方和国家的拆除垃圾减量化以及资源化相关技术和配套法规，拆除垃圾减量化工作已进入一个新的发展阶段，但依然面临建筑垃圾资源化利用率偏低，拆除垃圾的处理处置技术区域发展不平衡、技术不稳定等问题。因此，下一步，政府主管部门宜强力推动拆除垃圾的治理工作，出台具体的、配套的建筑垃圾拆除过程中前期源头减量、拆除后期资源化利用的管理制度、管理机制和措施，以及促进绿色建材的应用措施。

5. 装修垃圾减量化

装修垃圾成分复杂、通常含有重金属和有机污染物等有害成分，资源化利用难度大、利用率低，仍以简易堆置和填埋为主，环境风险高，因此，减量化是克服现阶段安全处置难度大的重要举措。下一步的研究可从装修垃圾的智能管控入手，建立智慧云平台，实现对装修垃圾生命周期阶段，特别是源头和末端的精准管控。

建筑施工中宜推广"预制装配式结构体系设计、绿色建材的使用"，这不仅能实现装修垃圾源头减量化，也能降低了装修垃圾的回收利用难度。

6. 工程泥浆减量化

工程泥浆源头减量化即在规划和设计阶段实施减量，工程泥浆的脱水技术是末端减量化和资源化技术的关键因素和难点。现有的，化学固化法和分离法难以在施工现场解决工程泥浆的处置难题，下一步应研究施工现场泥水分离技术，研究方向适应市场和用户需求，向资源化、减量化和无害化方向发展，特别是减量化。

7. 规划减量化

目前，国内建筑垃圾的污染控制主要为成本高、技术难度大的末端治理，城乡规划领域的宏观控制研究较少。随着城市更新改造工作的进行，城市建筑垃圾围城问题也随之严峻，进一步的研究宜侧重于源头减量化的污染控制措施，将建筑垃圾减量化落实到城乡规划编制体系的各个环节中去，不局限于总规、控规、修规三个层面的衔接。

8. 设计减量化

目前，国内建筑垃圾的减量化侧重于末端减量化（资源化利用），而建筑垃圾减量化设计在国内尚属新兴的研究课题，需要结合国内外调研进行研究，同时可参照日本和新加坡等发达国家的减量化设计成功经验，侧重前端设计产生环节的相关研究，同时构建和完善指导性、控制性标准。

设计阶段因减量化设计因素之间的错综复杂，在实施设计过程中，必须综合考虑建筑技术、建筑设计、材料管理规划、外部制度、设计师能力、设计师行为态度等因素的影响及相互作用关系，有针对性地制定以设计导则为基础的解决方案，逐步转换建筑设计师的设计方式，推进设计阶段废弃物减量化的实施，从而提高建筑废弃物减量化水平，以更好地推动向资源节约型、环境友好型社会快速发展。

9. 施工减量化

目前，施工现场建筑垃圾减量化重视程度不足，缺乏源头分类技术的相关理论研究，缺少减量分类全过程管理的理论和标准；减量化技术研发不足，标准零散，现场控制和设备、资源化产品标准缺失，相关法规缺失。针对建筑垃圾施工减量化阻碍因素，用建立和完善施工减量化相关法规和标准，强化宣传，充分发挥部门、企业、社会等各方力量，共同参与和监督城市建筑垃圾管理工作，实行共建共管共规范；应进一步加强垃圾分类技术的研究和应用，以及科学、合理的建筑垃圾减量化评估方法；应加大研发减量、收集、利用为一体的新技术、新工艺、新设备及应用；应创新生产技术，提高建筑垃圾再生制品原料的品质，提高再生建筑材料的市场竞争力；应建立健全施工现场建筑垃圾减量分类全过程管控体系，增加施工现场建筑垃圾综合利用，实现整体减量。

10. 减量化验证

遥感手段可实现不同区域水平上建筑垃圾的动态监测和评估，也为建筑垃圾类型减量化和工程阶段减量化的验证提供技术手段。然而目前卫星遥感只能监测垃圾堆放场地的平面面积，无法精准监测堆放的高度和获取精准的垃圾体量数据。随着航天技术的发展和遥感预测系统性能的持续改进，将多源遥感和空间技术手段融合是建筑垃圾精准管控的发展方向。如将天基卫星遥感、空基低空遥感或无人机及地基视频监控技术结合，进行建筑垃圾的"天、空、地"一体化监测是建筑垃圾减量化技术的必然趋势。技术融合的减量化研究方向包括：构建基于多源遥感的大范围快速识别与体量估算模型，并建立相应的监测技术体系；研究基于低空无人机高光谱及 LiDAR 的精准识别及体量测算方法，建立重点区域建筑垃圾类型与体量智能监测技术体系。

12.3 建筑垃圾减量化目标实现的管理展望

12.3.1 基于市场导向，完善建筑垃圾处理行业管理体系

1. 完善法律法规

建筑垃圾的处置需要建筑企业和当地政府部门共同努力、协作处理。地方政府应完善各项管理制度，加大巡查力度，做好垃圾的分类处理监管工作；健全和完善体制机制，坚持统筹规划与平衡相结合、部门管理与公众参与互动；按照各部门的职责分工，强化源头管理，狠抓责任落实，积极主动配合，信息互通共享，逐步建立市区建筑垃圾消纳处置长效管理机制。

（1）强化宣传贯彻，使拟开工和开工项目的建设单位、施工单位、渣土运输单位、工程车驾驶员提前掌握相关政策法规规定和核准流程要求，使各个主体真正把建筑垃圾管理作为硬指标来完成，充分发挥部门、企业、社会等各方力量，共同参与和监督城市建筑垃圾管理工作，实行共建共管共规范。

（2）完善相关规划管理，不断提高管理工作的计划性和前瞻性。一方面抓紧编制区域建

筑垃圾消纳处置布点规划，另一方面，还要适时启动建筑垃圾永久消纳场建设，以满足区域内项目之间和临时消纳点的平衡需求。

（3）完善年度建筑渣土消纳平衡计划。全面预测掌握年度区域内所有拟开工和在建项目建筑渣土供需状况，科学合理地制定市区建筑渣土平衡调剂方案，做到有规划、有计划、有方案。政府部门也要结合实际，不断完善建筑垃圾管理的配套制度建设。比如建立黑名单制度，对违反规定的行为严厉打击，同时，建筑企业内部也要健全管理制度，推动建筑垃圾处置方案得以施行。

2. 有力推行政策标准

通过我国与欧美、日本等发达国家和地区建筑垃圾相关政策法规的对比，我国可以从建筑垃圾产生的源头上加强控制，加强相关方的责任，减少建筑垃圾的产生量并提高资源化利用率。同时，利用并深入开发网络大数据平台，对建筑垃圾全程进行数据的采集及过程的监管，有效提高建筑垃圾资源化利用率，致力智慧城市的建设。在实际过程中，需要政府主导，多方协作，共同努力。积极推动建筑垃圾的精细化分类及分质利用，推动建筑垃圾生产再生骨料等建材制品、筑路材料和回填利用，推广成分复杂的建筑垃圾资源化成套工艺及装备的应用，完善收集、清运、分拣和再利用的一体化回收系统。

3. 提高公民的绿色建筑意识

建筑垃圾的来源广泛，不仅来源于各个工程阶段，也来源于居民的任意丢弃。因此，既要加强对建筑行业从业人员的绿色施工意识，也要提高公众参与度，在平常的生活和建筑装修、使用中减少建筑垃圾的产生。

12.3.2 对标循环经济，创新多元化建筑垃圾行业减量处理模式

未来，我国建筑垃圾资源化利用产业将朝着更加创新与多元化的方向发展。要高效处理和利用建筑废弃物，发展循环经济就必须要形成完整的建筑废弃物处理产业链。建筑垃圾行业有以下几种发展模式。

1. 多种固废协同利用和区域产业协同发展减量模式

目前，水泥工业、建材行业已经利用本行业设施开展固体废物利用协同处理实践。其他行业，也已经取得了很好的效果。可以期待，未来建筑垃圾及其他多种固废协同处置将有长足的发展，并实现固废产生者、处理者和处置设施拥有者的三赢局面，推动建筑垃圾综合利用产业向纵深发展，从而在模式上减量。

2. 综合利用产品的高技术加工、高性能化、高值化减量模式

创新生产技术，提高建筑垃圾再生制品原料的品质，提高再生建筑材料的市场竞争力，是增加建筑垃圾循环，实现整体减量的根本。产品全生命周期的评价方法，让工业固废综合利用的技术方案评价有更科学的方法。随着绿色制造、绿色建筑理念的发展，产品标准和绿色建筑评价标准要求将会越来越高，市场需求将倒逼建筑垃圾综合利用产业的创新发展和转型升级，促进该产业向高性能化、高价值化方向发展。

3. 精细化利用减量模式

随着新材料和新技术的不断应用，一些更加先进的建筑垃圾处理方式也可以运用到建筑垃圾处置中，对建筑垃圾进行统一的回收，并运送到资源一体化处理工厂，在工厂分拣、筛选、分类和处置，采用高度智能化和自动化技术进行垃圾处理，实现回收效率的提升。

4. 促进产业融合和拓宽应用范围

建筑垃圾资源化产业需要和住宅产业化、建筑工业化、装配式建筑融合。在设计、施工方面考虑将来材料的拆除和资源再利用，不仅要考虑装配式建筑如何方便安装，也要考虑将来如何拆除，如何尽可能利于资源回收利用。拓宽建筑垃圾再生建筑材料的应用范围。例如，结合海绵城市建设，研制和应用透水砖等透水、蓄水的建材；结合装配式建筑，考虑再生建筑材料在建筑预制构件中的应用。

12.3.3　多学科融合，加强预测监控新技术研究

1. 结合 BIM 技术，提高区域建筑垃圾特征的定量预测数据

废物产出量特征是进行定量分析和评价废物减量化的基础数据，利用 BIM 技术建立单一信息源模型并指导现场施工，确保了所使用信息的准确性和一致性，降低设计修改造成的资源浪费。制定和完善设计阶段减量化的规则制度，同时辅助控制工程垃圾的产生量。

2. 结合 DEM 数据提高"天、空、地"一体化监测的精度

随着航天技术的持续发展和遥感观测系统性能的不断改进，将遥感多种空间技术手段即"天、空、地"一体化监测融合应用于建筑垃圾减量是未来建筑垃圾精准管控的方向。然而目前利用遥感手段对建筑垃圾减量化进行验证也有一定的局限性，无法精准监测到垃圾堆的高度，单纯依靠平面面积进行统计会对垃圾量的估算造成偏差。如果能够获取到多时相高精度 DEM 数据，就可以精确计算出垃圾体积，甚至可以准确估算出垃圾体积的年度变化。

3. 发展建筑垃圾的智能管控

智能化管控云平台能有效实现各部门信息共享和接受社会公众监督，统筹管理建筑垃圾源头企业，规范运输行为、合理规划消纳设施及资源化处置设施布局，促进资源化产品再利用。为进行建筑垃圾减量化的精准管控，宜大力发展云平台模式进行垃圾类型特别是装修垃圾、工程垃圾、工程渣土和工程泥浆的在线管控。